基于荧光碳点的传感分析及应用

FLUORESCENT CARBON DOTS-BASED SENSING ANALYSIS AND APPLICATION

◎王琦 著

重庆大学出版社

内容提要

碳点是一种新兴的碳基纳米材料，兼具绿色低耗和特异荧光发射的优点。本书以荧光碳点在传感分析中的应用为主要内容，系统地介绍了荧光碳点的制备、荧光性能以及基于碳点特性构建的荧光传感方法，重点探讨了荧光碳点在离子、小分子、药物等方面的分析应用。

本书可作为纳米材料、分析化学等领域学者进行荧光纳米材料及其分析应用研究的学术参考书，也可作为分析化学专业研究生学习纳米材料光谱分析等研究方向的参考书，还可作为化学化工类本科生学习分析化学课程的扩展读物。

图书在版编目(CIP)数据

基于荧光碳点的传感分析及应用 / 王琦著. -- 重庆 :
重庆大学出版社, 2024. 12. -- ISBN 978-7-5689-5101-2
Ⅰ. TP212.2

中国国家版本馆 CIP 数据核字第 2024FJ4785 号

基于荧光碳点的传感分析及应用
JIYU YINGGUANG TANDIAN DE CHUANGAN FENXI JI YINGYONG
王　琦　著
策划编辑:范　琪
责任编辑:姜　凤　　版式设计:范　琪
责任校对:谢　芳　　责任印制:张　策
*
重庆大学出版社出版发行
出版人:陈晓阳
社址:重庆市沙坪坝区大学城西路 21 号
邮编:401331
电话:(023) 88617190　88617185(中小学)
传真:(023) 88617186　88617166
网址:http://www.cqup.com.cn
邮箱:fxk@cqup.com.cn (营销中心)
全国新华书店经销
重庆新生代彩印技术有限公司印刷
*
开本:720mm×1020mm　1/16　印张:15.25　字数:223 千
2024 年 12 月第 1 版　　2024 年 12 月第 1 次印刷
ISBN 978-7-5689-5101-2　定价:88.00 元

序　言

本书是著者在荧光纳米材料及其光谱分析应用领域研究近十年的工作积累。著者对完成的一系列研究成果进行了归纳总结,包括"A carbon nanodots-based fluorescent turn-on probe for iodide""Chinese food seasoning derived carbon dots for highly selective detection of Fe^{3+} and smartphone-based dual-color fluorescence ratiometric visualization sensing""Dual role of BSA for synthesis of MnO_2 nanoparticles and their mediated fluorescent turn-on probe for glutathione determination and cancer cell recognition""Graphene quantum dots wrapped square-plate-like MnO_2 nanocomposite as a fluorescent turn-on sensor for glutathione""A graphene quantum dots-Pb^{2+} based fluorescent switch for selective and sensitive determination of D-penicillamine""Multiple fluorescence quenching effects mediated fluorescent sensing of captopril Based on amino Acids-Derivative carbon nanodots""Metal ion-mediated carbon dot nanoprobe for fluorescent turn-on sensing of N-acetyl-L-cysteine""N, S, Br co-doped carbon dots: One-step synthesis and fluorescent detection of 6-mercaptopurine in tablet",这些成果发表在*Journal of Molecular Structure*、*Analyst*、*Talanta*、*Spectrochimica Acta A*、*Luminescence*、*Journal of Pharmaceutical Analysis* 等期刊上。同时,本书也得到了著者所主持的太原工业学院引进人才科研资助项目"新型碳基纳米荧光探针的构筑及其光谱性能调控和分析应用研究"(项目编号:2022KJ058)、山西省应用基础研究计划青年项目"二氧化锰纳米材料调控的荧光开关体系的构建及巯基类药物的识别研究"(项目编号:201901D211454)、山西省基础研究计划面上项目"基于表面在位化学的新型共轭多色碳点的制备及可视化荧光传感研究"(项目编号:202303021221188)等项目的支持,是这些项目研究结晶的凝练。

本书的内容以荧光碳点为中心，旨在系统地向读者介绍碳点的制备、荧光性能，以及基于碳点特性构建的荧光传感方法，重点探讨了碳点在离子、小分子和药物等方面的分析应用。全书分为 3 个部分，共 10 章，第 1 章概括介绍了碳点的发展、分类、性质、制备方法、分析应用、传感原理等基于碳点的分析应用范畴。第 2 章、第 3 章介绍了基于荧光碳点的离子检测分析，分别构筑碳点的荧光开关体系和荧光比率体系，对碘离子和铁离子实现了分析检测。第 4 章、第 5 章讲述了基于荧光碳点的小分子分析，通过二氧化锰介导的荧光开关，构筑荧光碳点的谷胱甘肽检测和细胞成像分析。第 6—9 章讲述了基于碳点药物分析，通过金属离子、二氧化锰等多重荧光猝灭效应的介导，构筑 D-青霉胺、卡托普利、N-乙酰-L-半胱氨酸、巯嘌呤的药物分析检测。此外，在分析方法建立和实际样品分析的基础上，重点对碳点荧光传感的构建和荧光传感机理进行了深入的讨论。第 10 章对全书的主要结论和创新特色进行了总结，并对碳点的制备及其荧光分析应用的研究前景、发展趋势、前沿热点进行了展望。

本书在撰写过程中得到了山西大学双少敏教授、董川教授、四川大学吕弋教授等师长前辈的大力支持，得到了太原工业学院引进人才科研资助项目、太原工业学院青年学术带头人、山西省应用基础研究计划青年项目、山西省基础研究计划面上项目的大力支持。

书中不足之处在所难免，敬请读者批评指正！

太原工业学院　王琦

2024 年 9 月

目　录

第 1 章　绪　论

碳元素作为地球上含量最多的元素之一，对自然界、生命体以及人类生产生活等社会活动都有着不可替代的重要作用。包括金刚石、石墨、活性炭到煤炭在内的由碳元素组成的材料，都与我们的生活息息相关。进入 20 世纪的纳米技术领域以来，新型的碳质纳米材料为科学研究和生产生活带来了更多更大的惊喜和贡献。富勒烯、碳纳米管、纳米金刚石、碳纳米纤维等具有纳米维度的新型碳材料不断兴起，并且以其特有的功能性质在众多领域中得到了广泛应用。2004 年，石墨烯的发现这一契机，将对新型碳质纳米材料的研究推到了一个前所未有的高度，并且取得了众多的成果。在这种背景下，碳点的发现以及在实验理论和应用方面的进展，进一步拓展了碳质纳米材料的范围，完善了该领域的研究，也为碳质纳米材料的发展提出了新的方向，从而逐渐成为科学研究的热点。

1.1　碳点的发现和发展

随着人类认识水平的提高和科学技术的不断发展，碳质纳米材料一次次地给科研工作者带来惊喜，并且在多个领域取得了广泛应用。1985 年，Kroto 和 Smalley 等人发现了零维的富勒烯；1991 年，日本科学家 Iijima 等人观察到了单层或多层卷曲形态的一维碳纳米管；2004 年，曼彻斯特大学的 Novoselov 和 Geim 等人制备出了石墨烯，这是一种具有单层原子结构的二维碳质纳米材料。

这些新型碳质纳米材料引领着无数科研工作者投身其中，取得了广泛的研究兴趣和科研成果。

2004 年，Xu 等人利用电弧放电的方法制备单壁碳纳米管，对材料进行电泳分离纯化时，偶然发现了一种具有荧光性质的碳纳米颗粒。2006 年，Sun 等人利用激光消融碳靶物的方法，制备出了荧光性质更为优越的碳纳米粒子，并且首次称其为碳点（Carbon Dots，CDs），并致力于研究碳点的掺杂和表面钝化对荧光的影响。至此，荧光碳点在过去的十几年中得到了长足的发展。Yang 课题组率先将 CDs 应用于荧光成像，Dong 等人则开发了 CDs 在荧光分析传感中的应用。2016 年，Ding 等人发现了表面状态对 CDs 荧光的影响，为 CDs 的荧光机理奠定了基础。

随着越来越多的研究致力于新型碳点的制备，以及其在各个领域的应用研究，已建立起了成熟、有效的碳点合成方法，并且探索了其在化学、物理、生物、环境等应用领域的广泛应用。荧光碳点的发展里程碑，如图 1.1 所示。

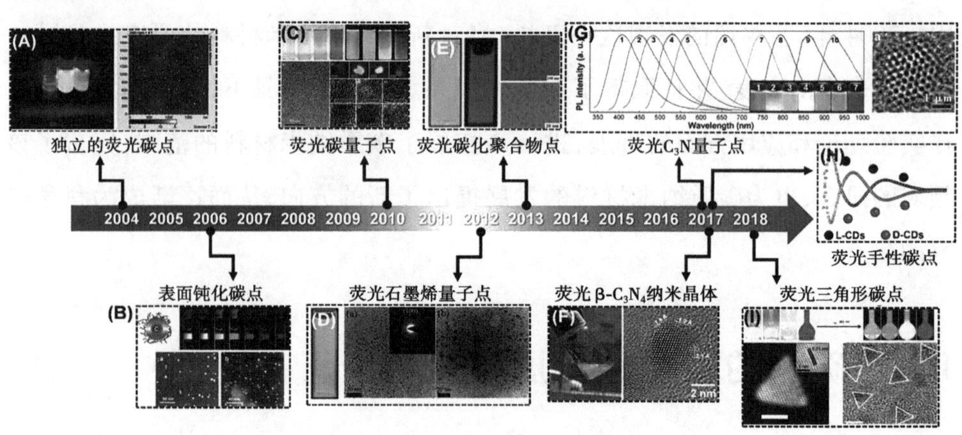

图 1.1　荧光碳点的发展里程碑

1.2　碳点的分类

由于碳点制备的前驱体来源广泛，合成方法多样，不同反应条件下得到的碳点形貌不同、成分复杂、结构各异、性能也多样化。2012 年,Long 等人根据碳点晶型不同,在概念上把碳点分为两类:无定型的碳纳米点和具有石墨晶型的石墨烯量子点。随着对碳点的深入研究和合成方法的日趋成熟,越来越多种类的碳点被开发合成,碳点的概念范畴覆盖面也越来越广。2019 年,Yang 课题组的研究人员将碳点分为 4 种类型:石墨烯量子点(Graphene Quantum Dots, GQDs)、碳量子点(Carbon Quantum Dots, CQDs)、碳纳米点(Carbon Nanodots, CNDs)和碳化聚合物点(Carbonized Polymer Dots, CPDs)。GQDs 是由一片或几片石墨烯组成的小尺寸石墨烯碎片,它具有明显的石墨晶形,且在石墨烯边缘或层间缺陷处带有多种化学基团。CQDs 呈现出球形或类球形的形貌结构,同样具有明显的晶格条纹,且在表面带有多种化学基团。CNDs 则具有较高的碳化程度,表面存在一些化学基团,但通常并未表现出明显的晶格结构或聚合物特征。Yang 等人提出的 CPDs 是一类由碳核和具有丰富的官能团/聚合物链的表面组成的聚合物/碳杂化结构体。尽管上述碳点结构不同,但均表现出优异的物理、化学性能,尤其具有优异发光特性。

1.3 碳点的性质

1.3.1 碳点的形貌及结构

碳点主要由碳元素和氧元素组成,由于合成原材料的不同,有的碳点还包含有一定量的氮、硫以及其他元素。它们的直径一般在 10 nm 以下,通常由内部碳核和外部碳壳组成,外部碳壳被各种聚合物链或表面官能团(如 C—OH、C ═O、═N 和 O—C ═O)所修饰。在制备过程中或合成之后,碳点通常会进行进一步处置,如表面的氧化或功能钝化处理,这使得碳点具有了良好的水溶性和荧光性质。图 1.2 所示为邻苯二胺制备的 3 种碳点的形貌及微观结构。

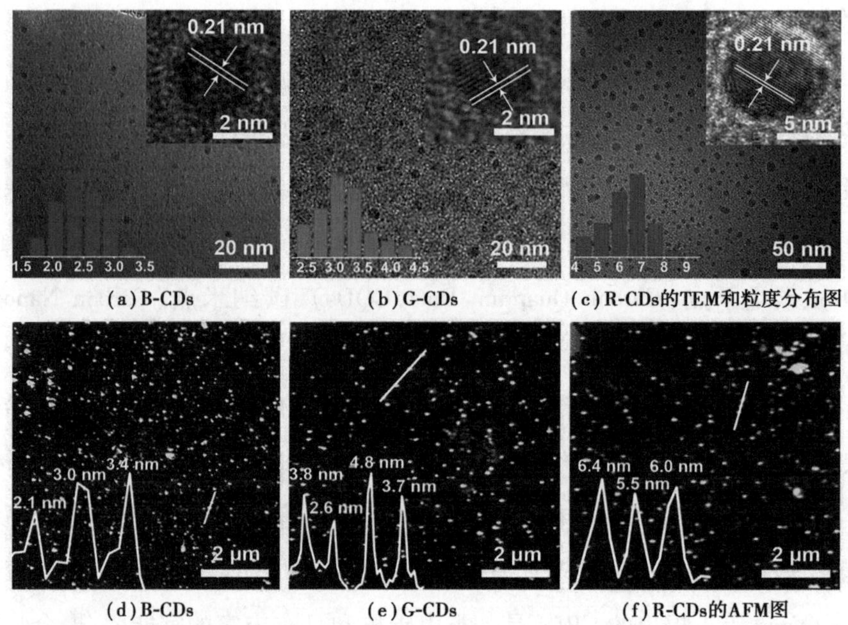

(a) B-CDs (b) G-CDs (c) R-CDs的TEM和粒度分布图

(d) B-CDs (e) G-CDs (f) R-CDs的AFM图

图 1.2 邻苯二胺制备的 3 种碳点(B-CDs、G-CDs、R-CDs)的透射电镜(TEM)、粒度分布和原子力显微镜(AFM)图(彩图见附录)

1.3.2 碳点的发光性质

一般来说,碳点在光谱的紫外区表现出一个宽的吸收带,并且拖尾至可见光区,与共轭前驱体制备的碳点相比,并未表现出明显的特征吸收峰,而后者在可见区往往表现出明显的吸收峰。不同合成方法制备得到的碳点的吸收光谱也不尽相同,这是前驱体碳源以及合成方法的不同导致的碳点微观结构的差异,从而表现出了形态各异的吸收光谱。类似于传统的半导体量子点,碳点表现出了优良的荧光发射性质和光稳定性。此外,碳点所表现出的尺寸和激发波长依赖的发光性质也引起了科研工作者的广泛兴趣。图 1.3 所示为蜡烛灰制备的碳点在不同激发光下的荧光发射光谱及相应的照片。

碳点发光的机理众说纷纭。目前,被广泛接受的荧光机理主要有 5 种:第一种机理为量子限域效应,它认为碳点的荧光发射由碳核决定,该机理可以解释CQDs和GQDs的荧光发射。第二种机理为共轭结构调控发光，共轭体系越大，碳点发射波长越红移，这一观点已成为共识。第三种机理为表面官能团发光，它认为碳点结构中碳链及其连接的官能团决定了碳点的发光特性。第四种机理为分子态发光，它指的是在碳点合成过程中附着在碳点上的小分子发射荧光。第五种机理为交联增强发射效应，它认为碳点荧光强度的增强是由于亚荧光团的振动和旋转的减弱，这一机理主要用于非共轭分子形成的CPDs的荧光发射。然而，到目前为止，由于碳点的化学结构未知，关于碳点的荧光机理仍然没有明确的说法。

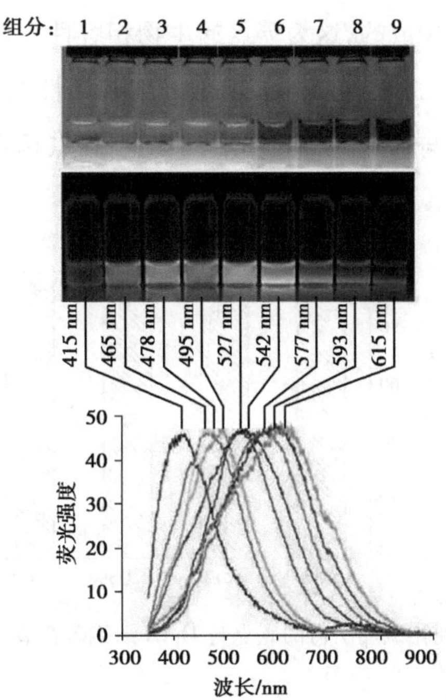

图1.3　蜡烛灰制备的碳点在日光和紫外灯下的照片以及荧光发射光谱图（彩图见附录）

除了优异的荧光特性，碳点还表现出上转换发光（Up Conversion Photoluminescence）、聚集诱导发光（Aggregation Induced Emission）、室温磷光（Room Temperature Phosphorescence）、化学发光（Chemiluminescence）、电化学发光（Electrochemiluminescence)等性能。这些特性极大地丰富了碳点的发光形式,有利于基于碳点的发光分析。

1.3.3 碳点的低毒性和生物相容性

量子点因其良好的发光性质和较小的尺寸被广泛应用于生物成像中。然而,传统的半导体量子点含有重金属元素,这导致其毒性较高,细胞存活率低。与半导体量子点相比,碳点避免了重金属元素的存在,从而大大降低了其毒性。众所周知,组成生命体和承载生命活动的蛋白质、糖类、核酸等生物单元都是以碳链为框架的小分子构成的,这为碳点的生物相容性提供了基础。图 1.4 所示为不同钝化试剂所得的碳点对 HeLa 细胞的细胞活性情况。到目前为止,已有大量研究考察了碳点与细胞的相互作用,证明了碳点具有良好的生物相容性和低细胞毒性。

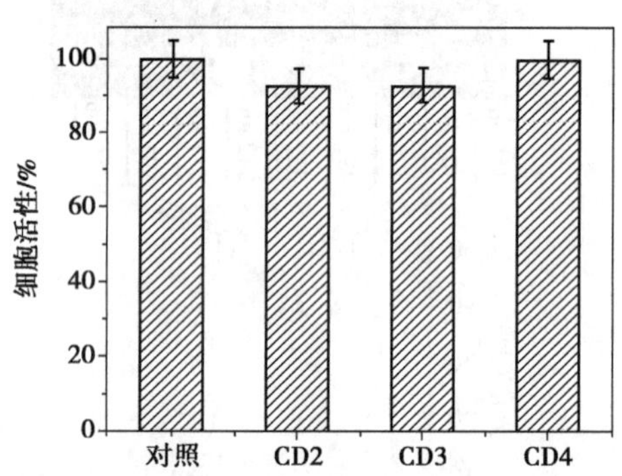

图 1.4　不同钝化试剂所得的碳点与 HeLa 细胞孵育 24 h 后的细胞毒性

1.3.4 碳点的催化性能

碳点类似于碳纳米管和氧化石墨烯的催化机制,也具有催化分解过氧化氢的性能。如图 1.5(a)所示,Shi 等人研究了碳点作为过氧化氢模拟酶在葡萄糖检测中的应用。碳点首先催化分解过氧化氢产生羟基自由基(·OH),进一步氧化 3,3′,5,5′-四甲基联苯胺(3,3′,5,5′-Tetramethylbenzidine,TMB)显色,通过测定体系的吸光度变化，从而实现对过氧化氢浓度的检测。Kang 课题组一直致力于研究碳点与金属氧化物复合材料在有毒气体或者有机污染物光降解中的应用。研究表明，碳点能够增强这些金属氧化物的光催化活性。碳点-氧化铁复合材料的催化性能如图 1.5(b)所示。

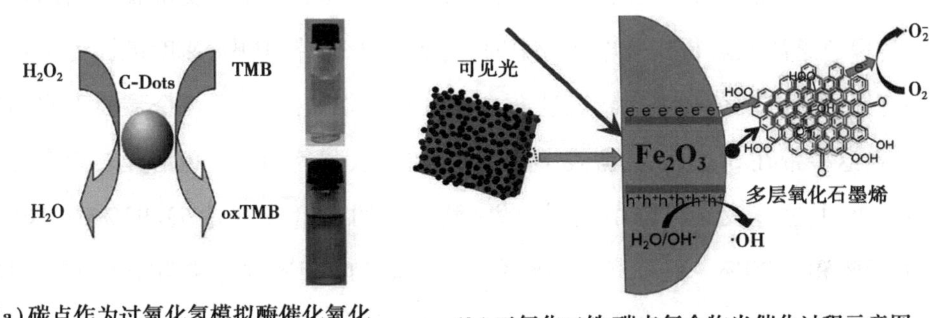

(a)碳点作为过氧化氢模拟酶催化氧化TMB显色示意图

(b)三氧化二铁/碳点复合物光催化过程示意图

图 1.5 碳点-氧化铁复合材料的催化性能

碳点具有优异的光电特性，表现出良好的电子存储和电子运输能力。因此，碳点可以作为光催化剂，应用于能源和环境领域，如废水修复、太阳能转化和绿色化学品领域。此外，碳点特定的电子结构也可直接或间接地用于电催化应用。

1.3.5 碳点的其他性质

除了上述几种优良性质，碳点还具有耐光漂白性、高抗盐性、光热转化性能、室温铁磁性、抗菌活性以及抗癌活性等特性。这些优良特性赋予了碳点多样化的应用潜能，并且已经被科研工作者广泛应用到多个领域。

1.4 碳点的制备

到目前为止，国内外的科研工作者选择了不同的原材料作为碳源，利用物理和化学手段，设计了种类繁多的合成碳点的方法，并取得了令人满意的成果。

总体来说,已经报道的制备方法主要有以下几种:

1.4.1 电弧放电法

Xu 等人用电弧放电的方法制备单壁碳纳米管,在对硝酸和氢氧化钠处理过的黑色悬浊液进行凝胶电泳分离时,得到了 3 个带,其中,速度最快的带在紫外灯照射下出现荧光现象。通过进一步的电泳分离,得到了 3 个粒径不同的荧光带,这些带在 366 nm 的激发下分别发射绿色、黄色和橘红色的光。元素分析结果表明,这些发光组分中碳、氢、氧、氮元素的含量分别是 53.93%、2.56%、40.33% 和 1.20%。红外光谱的研究表明,碳点的荧光并非来自实验中使用的原料多环芳烃。

1.4.2 激光消融法

Sun 等人首次利用激光消融碳靶物的方法制备出了荧光碳纳米粒子,并且首次称其为碳点。他们将碳粉和黏土混合后,在氩气条件下经加热、烘烤、退火等处理制得碳靶物。随后将碳靶物置于 900 ℃ 的水蒸气和氩气流下,用 Nd-YAG 激光器进行消融处理得到初产物,但该初产物并没有荧光性质。将该初产物进一步进行硝酸回流和 PEG-1500N 或者 PPEI-EI 钝化后,得到荧光的碳点。遗憾的是,这种方法过程较为复杂,操作复杂。在此基础上,Hu 等人对激光消融法进行了简化,将激光消融和表面钝化的方法同时进行,进一步完成了制备过程。首先把炭黑和不同的有机钝化剂混合,其次在超声条件下用 Nd-YAG 激光器照射 2 h,最后采用离心法除去大颗粒杂质,获得了直径约 3 nm 的荧光碳点,还发现,可以通过改变溶剂来实现荧光碳点的最大发射波长的变化。

1.4.3 电化学法

Zhou 等人首次报道了用电化学方法来制备荧光碳点。他们把多壁碳纳米管作为碳源和工作电极，通过循环伏安法电解四丁基胺高氯酸盐的乙腈溶液。随着电解时间的延长，电解液颜色逐渐变深，最终成为深棕色，最后纯化后的碳点的粒径约 2.8 nm。然而，这种方法不适合大量制备，且无法在水溶液中合成。为解决此问题，Zhao 等人设计了在水溶液中电化学氧化石墨棒合成碳点的方法，并通过超滤分离得到了发出不同颜色荧光的碳点。此外，Lu 等人通过离子液体辅助手段，电化学剥离石墨电极制备碳点，其中离子液体不仅作为溶剂存在，而且还起到了催化作用。通过控制水和离子液体的比例，成功制备了不同结构的碳纳米材料。图 1.6 所示为石墨棒电化学法合成碳点示意图。

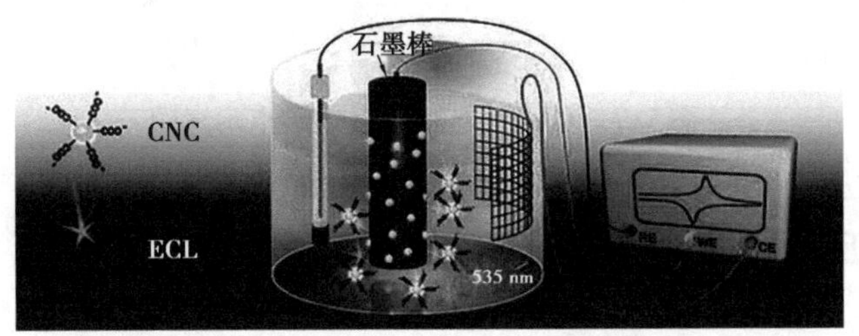

图 1.6　石墨棒电化学法合成碳点示意图

1.4.4　热氧化/热解法

Liu 等人首先报道了通过浓酸热回流氧化合成碳点的方法。一方面，他们以蜡烛灰为碳源，用浓硝酸在加热条件下回流处理，然后将深棕色溶液纯化、分离，得到了不同粒径发射不同颜色荧光的碳点。Peng 等人则是先将糖类用浓硫酸碳化后再进行酸氧化合成碳点。除此之外，一些天然的“绿色”碳源材料（如咖啡渣、草、橘子汁、柚子皮、烤鸡、茶叶等）也被科研工作者成功地用于合成荧光碳点。图 1.7 所示为橘子汁水热法合成碳点示意图。另一方面，研究人员发现高温热解或者煅烧有机物也可得到碳点。Bourlinos 等人以柠檬酸作为前驱体，在有机包被剂存在条件下直接煅烧得到了荧光碳点。类似地，Dong 等人在无须钝化剂的情况下，通过柠檬酸在高温下的热解，简单地制备了碳点和石墨烯。我们课题组以半胱氨酸、组氨酸、天冬氨酸为碳源，通过一步热解法分别得到了氮、硫掺杂的荧光碳点。

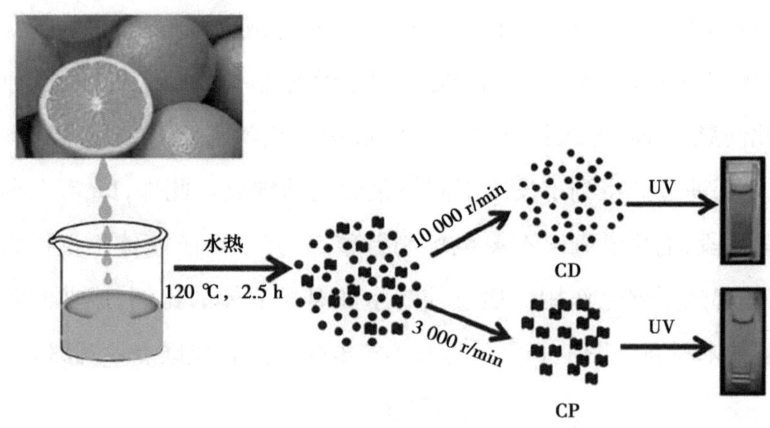

图 1.7　橘子汁水热法合成碳点示意图

1.4.5　微波和超声法

Zhu 等人利用微波技术，以葡萄糖或者蔗糖为碳源，PEG-200 作为包被剂，通过微波处理一段时间即可制得碳点。如图 1.8 所示，随着微波处理时间的延长，溶液逐渐由无色变为浅黄色直至深棕色，不同的微波处置时间可以控制生成碳点的粒径大小，且粒径越大，发射波长越红移。我们课题组以鸡蛋壳膜灰（Eggshell Membrane Ashes）为碳源，在氢氧化钠的辅助下，通过微波处置也得到了荧光碳点。此外，Li 等人利用超声技术，在强酸或强碱条件下，从葡萄糖中合成了碳点。Zhuo 等人在强碱条件下，通过超声从氧化石墨烯中制备了荧光碳点，并进行了光催化应用研究。

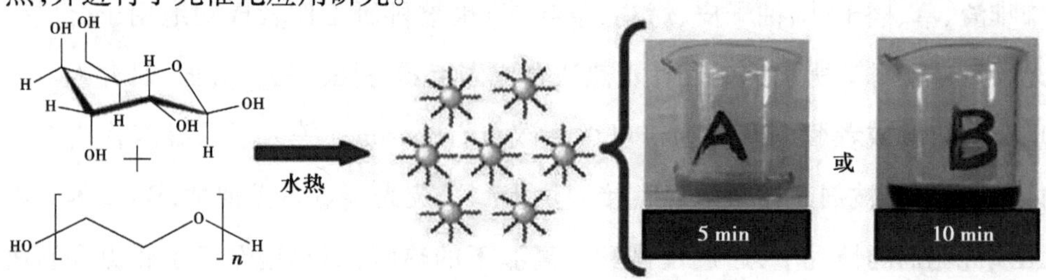

图 1.8　微波法合成碳点示意图

1.4.6 其他方法

随着对碳点研究的深入,越来越多的新颖方法被成功开发,用于合成碳点。除上述几种合成方法外,科研工作者们还报道了模板法、自组装法、溶液化学氧化缩合法、微乳液法等。各式各样的制备方法具有各自的优点,为碳点的应用研究打下了坚实的基础。

1.5 碳点的应用

随着碳点制备技术的深入研究,合成手段日趋成熟,越来越多的科研工作者把碳点应用于分析检测、生物传感、药物传递、癌症诊疗、防伪加密、光电设备、环境保护等多个领域,基于碳点应用的报道也如雨后春笋般涌现而出。本书主要讨论碳点在荧光传感分析中的应用。

1.5.1 生物成像

碳点具有优异的耐光漂白性质、可调的荧光发射、低毒性和良好的生物相容性,这些优点使得碳点具有了作为一种新型的生物标记和成像试剂的潜能。目前,研究者们已经把碳点广泛地应用于细胞成像和活体成像。2007 年,Cao 等人首次考察了碳点的生物成像研究。他们将碳点与人类乳腺癌细胞 MCF-7 一起孵育,在适当的温度下,碳点依靠细胞的内吞作用进入细胞内,并通过双光子荧光显微镜观察到了细胞成像的效果。Li 等人把转铁蛋白修饰到了碳点表面后,再与细胞孵育进行生物成像研究。由于转铁蛋白能够在癌细胞表面过量表达其受体,所以修饰有转铁蛋白的碳点可以与癌细胞更好地结合,实现靶向示踪。随后,Sun 课题组将碳点的生物成像从细胞做到了活体,他们将 PEG-1500 钝化的碳点注入小鼠体内,进行了活体的生物成像研究。

1.5.2 离子检测

金属离子可以通过电子转移等过程实现对量子点荧光的猝灭，碳点作为一种新型的荧光材料已被成功用于检测金属离子。Goncalvesa 等人用聚乙烯醇和 N-乙酰-L-半胱氨酸修饰碳点，首次报道了对 Hg^{2+} 的检测。如图 1.9 所示，Dong 等人合成了聚乙烯亚胺功能化的碳点，实验发现 Cu^{2+} 可以通过内滤效应猝灭碳点荧光，由此建立了 Cu^{2+} 的荧光探针。我们课题组基于 Fe^{3+} 与碳点的静态结合，建立了高选择性的荧光检测 Fe^{3+} 的方法；Benesi-Hildebrand 理论研究表明，碳点与 Fe^{3+} 的结合常数高于其他金属离子，证明了高选择性的来源。

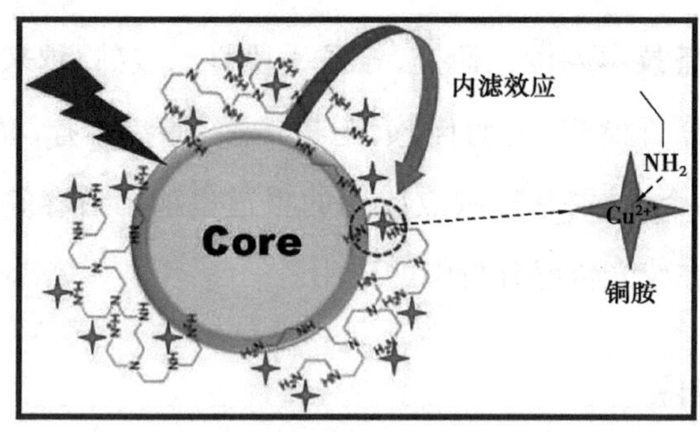

图 1.9　基于碳点的荧光猝灭检测 Cu^{2+}

此外，Zhao 等人设计了检测 PO_4^{3-} 的荧光探针，其机理如下：首先利用 Eu^{3+} 与碳点表面羧基配位猝灭荧光，然后加入 PO_4^{3-} 后，其与 Eu^{3+} 更强的结合倾向，实现了荧光恢复。利用类似的竞争结合机理，课题组建立了 Hg^{2+} 介导的碳点荧光开关探针，用于检测 I^-。Lin 等人利用碳点在 $NaNO_2$-H_2O_2 体系中的化学发光性质，建立了识别亚硝酸根的探针。Dong 等人报道了自由氯破坏碳点表面的钝化状态导致荧光猝灭的现象，并且以此建立了检测水中自由氯的探针。

1.5.3 小分子检测

Zhou 等人和 Lu 等人设计了基于碳点的荧光开关探针来检测巯基试剂。他

们发现 Hg^{2+} 能够猝灭碳点荧光,而巯基试剂可以特异性地结合 Hg^{2+},从而恢复荧光,实现巯基试剂的检测,检测流程图如图 1.10 所示。基于同样的原理,我们建立了 Cu^{2+} 介导的荧光开关传感谷胱甘肽(Glutathione,GSH),用于碳点对 GSH 的检测;此外,利用 GSH 与二氧化锰的特异反应,还建立了二氧化锰介导的碳点荧光开关用于 GSH 的检测,进一步根据降解产物的不同,实现了半胱氨酸、高同型半胱氨酸、谷胱甘肽 3 种生物硫醇的区分识别。Bai 等人在阳离子亚甲基蓝猝灭碳点荧光后,加入双链 DNA 与之竞争性结合,使得体系荧光恢复,从而对 DNA 进行了检测。Shi 等人利用碳点的模拟过氧化氢酶的性质,结合葡萄糖氧化酶,催化氧化 TMB 显色来测定葡萄糖的含量。我们利用葡萄糖与银氨溶液的还原反应生成银纳米颗粒,建立了基于碳点的比色和荧光检测葡萄糖的方法。Qu 等人合成了表面带有邻苯二酚的碳点,由此建立了识别 Fe^{3+} 和多巴胺的荧光开关探针。同样利用 Fe^{3+} 介导的碳点荧光开关,我们建立了三磷酸腺苷(Adenosine Triphosphate,ATP)的荧光分析方法。结合金属有机骨架化合物(Metal Organic Framework,MOFs)、金属纳米团簇(Gold Nanoclusters,AuNCs)和荧光碳点,建立了荧光比率分析方法检测二吡啶酸,用于炭疽感染的快速检测和诊断。

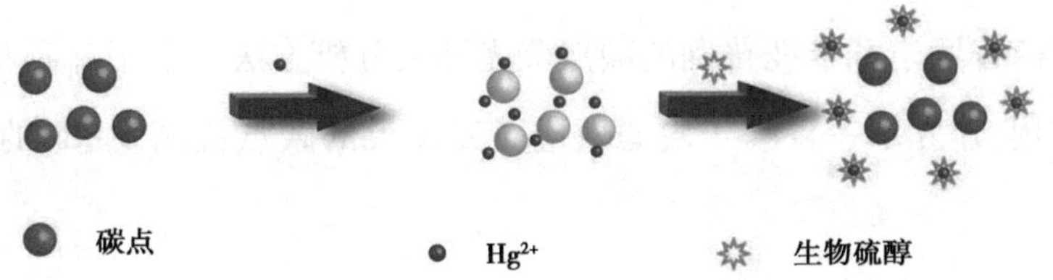

图 1.10 基于碳点的荧光开关检测生物硫醇

1.5.4 药物分析

Shi 等人基于 N、S 共掺杂的荧光碳点,通过四环素分子和碳点表面形成氢键进而猝灭碳点荧光,建立了荧光猝灭型探针识别抗生素四环素。Feng 等人发现,碳点的激发能量能够用于四环素分子与碳点之间新化学键的形成,导致荧光猝灭，由此实现了对四环素的荧光识别。如图 1.11 所示，Lu 等人通过邻苯二胺和 4-氨基丁酸制备了黄色荧光的碳点，并发现喹诺酮类药物能够和碳点特异性结合从而猝灭荧光，由此建立了识别喹诺酮类药物的荧光分析方法。Hua 等人发现，诺氟沙星和环丙沙星由于与碳点表面的氢键作用和电荷转移，起到了碳点的荧光增敏剂的作用，增强了碳点的荧光，因此，建立了基于碳点的荧光药物分析方法。Yuan 等人发现，Hg^{2+} 猝灭碳点荧光之后，青霉胺与 Hg^{2+} 结合，阻断了电子转移，实现荧光恢复，由此建立了基于碳点的荧光开关识别青霉胺。

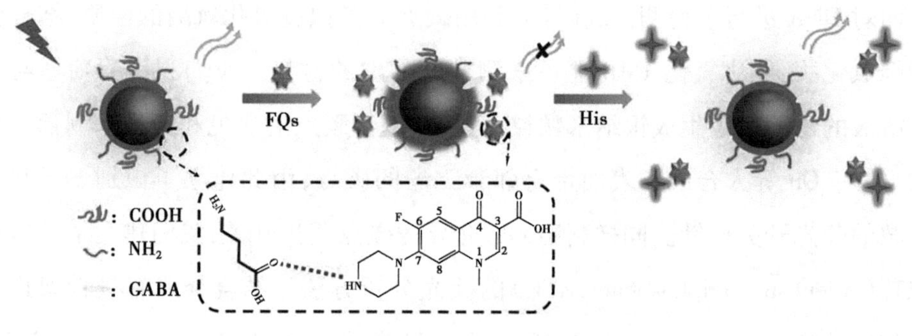

图 1.11　基于碳点的喹诺酮类药物分析

基于 Pb^{2+}、Ag^{+}、Mn^{2+} 等金属离子介导的碳点荧光开关，分别建立了青霉胺和 N-乙酰-L-半胱氨酸的分析方法。此外，基于巯基与二氧化锰的特异反应，建立了用于硫普罗宁和卡托普利的碳点荧光开关分析方法。基于巯嘌呤（6-MP）的吸光作用，建立了一种基于内滤效应荧光猝灭的碳点检测 6-MP 的荧光分析方法。

1.5.5　其他应用

除了上述几种分析应用外，碳点还被广泛应用于 pH 测定、温度传感、细胞识别、食品分析、环境分析等方面。图 1.12 所示为基于碳点的 pH 测定示意图。碳点及其复合材料具有优异的特质，使得其在分析测试、环境监测、光电设备以及生化研究等领域有着广阔的应用前景，值得广大科研工作者为之潜心研究。

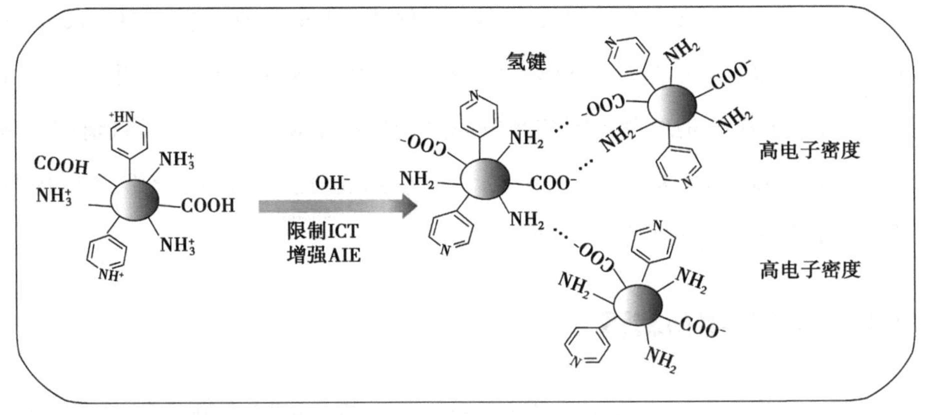

图 1.12 基于碳点的 pH 测定

1.6 碳点的荧光传感机理

根据识别基团与被分析物之间的相互作用,基于碳点的荧光探针的设计策略主要分为超分子相互作用和化学反应两大类:第一类作用是通过超分子相互作用识别分析物,如氢键、静电相互作用,配位、抗原-抗体相互作用,核酸适体与靶标的特异性结合等。在第二类作用中,识别基团可以通过特定的化学反应识别分析物,如催化反应、氧化还原反应、加成反应、保护和脱保护反应等,从而引起荧光团光谱性质的变化。这两种策略的区别在于,超分子相互作用是一种非反应的方法,是可逆的,而后者涉及化学反应的发生,是不可逆的。一般来说,基于碳点的荧光探针有 6 种传感机制,分别为光诱导电子转移、分子内电荷转移、共振能量转移、内滤效应、聚集诱导猝灭和聚集诱导发光。

1.6.1 光诱导电子转移

光诱导电子转移(Photo-induced Electron Transfer,PET)系统由一个信号响应单元和连接在一起的识别单元组成。在该系统中,受体和荧光团之间的电子转移造成了荧光猝灭。根据电子转移方向,PET 可分为两类,分别命名为 a-PET

和 *d*-PET。在 *a*-PET 中，受体最高占据分子轨道（Highest Occupied Molecular Orbital，HOMO）的能级远高于荧光团的能级，电子从受体转移到荧光团。相反，在 *d*-PET 中，电子转移是从荧光团的激发态到受体的最低未占据分子轨道（Lowest Unoccupied Molecular Orbital，LUMO）。然而，当受体选择性地识别分析物时，PET 过程被中断，从而实现荧光恢复。

1.6.2 分子内电荷转移

分子内电荷转移（Intramolecular Charge Transfer，ICT）类型的荧光探针通常具有一个电子给体（Donor，D）和一个电子受体（Acceptor，A），形成一个大的 D-π-A 共轭结构。分析物的加入会影响 D 或 A 的作用，从而导致荧光光谱的蓝移或红移。此外，在与分析物作用后，ICT 探针的荧光寿命和量子产率也会发生变化。

1.6.3 共振能量转移

Förster 共振能量转移（Förster Resonance Energy Transfer，FRET）系统包含两个荧光团，即能量供体和能量受体。在 FRET 过程中必须满足两个条件：一是供体的发射光谱和受体的吸收光谱之间有显著的重叠；二是供体和受体之间的距离要求为 1 ~ 10 nm。当使用供体的激发波长激发荧光探针时，非辐射能量转移从供体到受体，受体发出荧光。然而，分析物的加入可能改变供体和受体之间的距离或改变供体或受体的吸收或发射光谱，从而干扰 FRET 过程，导致荧光波长和强度的变化。显然，FRET 过程发生在供体的激发态，导致荧光猝灭，同时荧光寿命降低。

1.6.4　内滤效应

内滤效应(Internal Filter Effect,IFE)与 FRET 相似,也取决于荧光团和吸收剂之间的光谱重叠。但是,与 FRET 相反,IFE 来源于辐射能量转移,供体的能量扰动主要发生在基态。因此,在 IFE 中只观察到荧光猝灭,荧光寿命无明显变化。此外,IFE 与 FRET 的另一个主要区别是,在 IFE 中没有严格的能量供体和吸收体之间的距离要求。

1.6.5　聚集诱导猝灭

大多数荧光团在稀溶液中表现出较强的荧光,但在高浓度或固态时,发光性能下降甚至完全消失。这种现象称为聚集诱导猝灭(Aggregation-Caused Quenching, ACQ)。导致荧光猝灭的原因有很多,包括荧光团与猝灭剂之间的碰撞、高浓度荧光团的自猝灭。ACQ 探针可能受到许多因素的影响,如堆积、氢键、疏水效应和静电吸引等。

1.6.6　聚集诱导发光

聚集诱导发光(Aggregation-Induced Emission,AIE)是一种与 ACQ 效应完全相反的发光效应。AIE 材料在稀溶液中不发光,而在高浓度或固体中表现出强烈的荧光。这种现象是由于分子在稀溶液中的动态分子内旋转耗散了分子的激发态能。在聚集状态下,分子内旋转受到极大阻碍,导致非辐射能量衰减受到抑制,因此荧光得到了增强。

1.7 研究内容及意义

1.7.1 研究内容

本书以荧光碳点的制备和传感分析的构建为核心，制备了多种发光性能优异、传感特性多样的荧光碳点，建立了基于荧光猝灭、荧光开关、荧光比率型等传感形式的分析方法，用于离子、小分子和药物的分析检测，并重点对基于碳点的荧光分析传感机理进行了研究。

本书的主要内容如下：

(1)以鸡蛋壳膜灰为碳源，通过微波辅助法制备荧光碳点，并提出了一种简单、低成本、灵敏且高选择性的荧光"off-on"的传感模式。以荧光碳点和 Hg^{2+} 复合体系为基础，建立了快速检测碘化物的新方法。CDs 的荧光首先被 Hg^{2+} 猝灭，然后在碘化物的存在下可实现荧光恢复，因此，CDs、Hg^{2+} 和碘化物之间存在竞争性的反应。荧光强度的变化与碘化物浓度在 0.05 ~ 5 mmol/L 范围内呈线性关系，检测限(Limit of Detection，LOD，3σ)低至 46 nmol/L。与其他阴离子检测方法相比，该方法在检测碘化物方面具有优异的选择性和灵敏度。

(2)通过简单、绿色的透析过程从中国传统调味品糖色中提取得到碳点。糖色碳点(Tangshai-derived Carbon Dots，TSCD)表现出优异的荧光性能，并可被 Fe^{3+} 高选择性地猝灭。基于 Benesi-Hildebrand 方程的研究，表明 TSCD+Fe^{3+} 的结合常数是 TSCD+Fe^{2+} 的 10 倍，因此，TSCD 具有优异的选择性。随后建立了一种高选择性检测 Fe^{3+} 的荧光方法，其检测线性范围为 1 ~ 80 μmol/L 和 200 ~ 500 μmol/L，检测限为 0.41 μmol/L，并可应用于实际样品的检测。同时辅以能被 Fe^{3+} 增强荧光的橙色碳点(Orange Carbon Dots，OCD)，将其与 TSCD 结合，建立了一种基于双色荧光比率传感器检测 Fe^{3+}，并运用智能手机，实现了可视化

检测 Fe^{3+}。从中国传统调味品糖色中提取得到 CDs,并清楚揭示了 TSCD 高选择性检测 Fe^{3+} 的机理,为 CDs 的绿色合成提供了新的思路,并完善了重金属离子的检测方法。

(3)建立了一种二氧化锰纳米颗粒(MnO_2 NPs)介导的荧光“turn-on”探针,用于灵敏、选择性地检测谷胱甘肽(Glutathione,GSH)和癌细胞识别。将牛血清白蛋白(Bovine Serum Albumin,BSA)与 $KMnO_4$ 混合,通过原位氧化还原反应,简单快速地合成了 MnO_2 NPs,其中,BSA 同时作为模板和还原剂而发挥作用。研究发现,由于 FRET 过程,MnO_2 NPs 作为有效的能量受体猝灭了 CDs 的荧光。随后加入 GSH,促进了 MnO_2 的分解,阻断了 FRET 过程,从而使得 CDs 的荧光恢复。基于这一机理,对 GSH 进行了定量检测。在最佳条件下,获得了令人满意的 0.05 ~ 90 μmol/L 的线性范围和 39 nmol/L 的检测限,并检测了人血清样品中 GSH 的含量。此外,利用癌细胞中 GSH 水平高于正常细胞的特点,应用 MnO_2 NPs-CDs 探针来区分 SMMC-7721 癌细胞和 L02 正常细胞。MnO_2 NPs-CDs 的 FRET 过程被癌细胞中过度表达的 GSH 阻断,并观察到强烈的荧光,实现了癌细胞的区分识别。MnO_2 NPs 介导的 GSH“turn-on”荧光探针可以改善基于 CDs 的 MnO_2 纳米复合材料的生化分析应用。

(4)以高锰酸钾为原料,加入聚烯丙基胺盐酸盐(Polyallylamine Hydrochloride,PAH)后,在超声作用下,通过原位氧化还原反应合成石墨烯量子点(Graphene Quantum Dots,GQDs)包裹的方盘状 MnO_2 纳米复合材料。通过有效的 FRET 过程和 IFE 效应,GQDs 的荧光被二氧化锰有效地猝灭。此外,谷胱甘肽的引入使 MnO_2 发生分解,从而使得 GQDs 的荧光恢复。因此,建立了一种 MnO_2 介导的荧光点亮型纳米传感器检测 GSH 的新方法。该方法具有令人满意的线性范围 0.07 ~ 70 μmol/L,检测限低至 48 nmol/L。此外,由于癌细胞微环境中 GSH 含量明显高于正常细胞,因此实现了 GQDs-MnO_2 纳米复合物的特异性荧光识别癌细胞。这种纳米传感器是在含有 PAH 的 GQDs 溶液中直接构建的,没有进行复杂的修饰或连接,是一种简单、新颖的 GSH 纳米传感器,为未来基于碳点的荧光检测 GSH 提供新的思路。

(5)基于金属诱导的荧光猝灭和青霉胺(D-Penicillamine,D-PA)的良好配位作用,设计了一种以 GQDs 为基础的检测 D-PA 的荧光开关方法。以柠檬酸为碳源制得的 GQDs 富含羧基和羟基官能团,使 GQDs 能够与 Pb^{2+} 结合,通过 PET 过程,GQDs 的荧光被 Pb^{2+} 猝灭。随后加入 D-PA,因为 D-PA 与 Pb^{2+} 之间具有较强的配位作用,促使 Pb^{2+} 远离 GQDs,从而使 GQDs 的荧光恢复。因此,建立了一种 Pb^{2+} 介导的碳点荧光开关传感检测 D-PA 的新方法。荧光恢复效率与 D-PA 浓度在 0.6 ~ 50 μmol/L 范围内呈线性相关,检出限为 0.47 μmol/L 对实际人体尿液样品进行检测,得到了令人满意的加标回收率 96.84% ~ 102.13%。本研究首次建立了高灵敏度、低检出限、宽线性范围的以 GQDs-Pb^{2+} 为基础的荧光开关方法,为 D-PA 的检测进行了补充和改进。

(6)以富含碳元素和氮元素的氨基酸组氨酸为前驱体,通过热解法制备了荧光碳点。利用 CDs 良好的荧光性能,建立了多种由荧光猝灭效应介导的卡托普利(Captopril,CAP)荧光传感方法。MnO_2 NPs 首先通过静电作用与 CDs 结合,基于 FRET 和 IFE 机理,显著猝灭了 CDs 的荧光。随后,CAP 触发了一种独特的氧化还原反应,并促进了猝灭剂 MnO_2 NPs 的分解,从而恢复了 CDs 的荧光。因此,通过建立荧光恢复效率与 CAP 浓度之间的线性关系,实现了对 CAP 的高灵敏度、高选择性检测。该方法的线性范围在 0.4 ~ 60 μmol/L,检出限为 0.31 μmol/L。随后将该传感器进一步应用于实际样品检测,结果令人满意,说明 CDs 具有应用到实际的巨大潜力。CDs 的简单合成方法和全新的传感机理使其成为一种新颖的荧光传感方法,并且可以进一步扩展 CAP 检测的荧光分析法。

(7)以天冬氨酸为前驱体,通过热解法制备得到碳点。利用 CDs 良好的荧光特性,设计了一种用于检测 N-乙酰-L-半胱氨酸(N-Acetyl-L-cysteine,NAC)的金属离子介导荧光探针。首先,锰离子(Mn^{2+})通过静态猝灭效应猝灭 CDs 的荧光,然后引入 NAC,NAC 与 Mn^{2+} 之间发生配位结合,导致 CDs 的荧光恢复。基

于 Mn^{2+}引起的静态猝灭和 NAC 诱导的荧光恢复，建立了一种金属离子介导的荧光"turn-on"型探针检测 NAC 的新方法。该方法的荧光恢复效率与 NAC 浓度在 0.04 ~ 5 mmol/L 范围内呈线性相关，检出限为 0.03 mmol/L。将该金属离子介导的荧光纳米探针应用于人体尿液样品的检测，其加标回收率在 97.62% ~ 102.34%。这是首次使用 Mn^{2+}构建 NAC 荧光纳米探针。与其他重金属离子相比，Mn^{2+}具有良好的生物安全性，避免了应用风险，使得纳米探针具有绿色、安全和生物实用性等优点。CDs 的简单合成和新型金属离子介导的传感模式使其成为一种具有广阔应用前景的药物分析方法。

(8)以溴酚蓝和聚乙烯亚胺为原料，通过简单的水热法合成了 N,S,Br 共掺杂碳点(N,S,Br-CDs)，并建立了巯嘌呤(6-mercaptopurine,6-MP)的荧光猝灭分析方法。结果表明，6-MP 通过静态猝灭效应和内滤效应能够有效地猝灭 N,S,Br-CDs 的荧光，为 6-MP 的荧光检测提供了新思路。荧光猝灭效率与 6-MP 的浓度在 8 ~ 300 μmol/L 范围内呈线性相关，检出限为 3.52 μmol/L。随后将该方法用于实际药物巯嘌呤片中 6-MP 含量的检测，获得了满意的结果。该检测方法中，杂原子通过前驱体一步反应直接掺杂到 CDs 中，合成方法简便，检测 6-MP 操作方便快速，为药物分析中 6-MP 的荧光检测提供了新的思路。

综上，本书研究内容可以分为 3 部分，分别介绍基于碳点的离子检测、小分子检测和药物分析方面的应用。第一部分包括第 2 章和第 3 章，介绍基于碳点对 I^-、Fe^{3+}的分析检测；第二部分包括第 4 章和第 5 章，介绍两种基于碳点的谷胱甘肽检测和细胞成像分析；第三部分包括第 6 章、第 7 章、第 8 章和第 9 章，介绍基于碳点的 D-青霉胺、卡托普利、N-乙酰-L-半胱氨酸、巯嘌呤等药物分析检测。

1.7.2 研究意义

碳点作为一种新兴碳质纳米材料，已在多个领域得到研究者的广泛认可，并在分析化学领域表现出独特的优势。各种碳点的制备方法层出不穷，基于碳点的分析应用数不胜数。本书主要以新型荧光碳点的制备为基础,构建了荧光猝灭、荧光开关、荧光比率型纳米探针,开发了针对金属离子、阴离子、生物小分子、药物分子等的荧光分析方法,构建了新型碳点传感原理,丰富和完善了基于碳点的荧光分析方法。

总之,本书的目的是为碳基纳米材料和荧光分析化学领域提供新材料、新方法和新理论,为基于碳点的荧光分析提供理论和实践支撑。本书立足于新型荧光碳点的制备及传感分析的构建,提出了微波法、热解法、水热法制备碳点及其复合材料的新方法,建立了针对离子、小分子、药物的分析新方法,可供纳米材料及分析化学相关研究人员参考使用。

第 2 章　鸡蛋壳膜衍生的碳点及其荧光开关检测碘离子

2.1　引言

卤素(halogen)是世界上最重要的元素之一,已被广泛应用于塑料、农药、食品等工业领域,且对环境有着直接的影响。在卤素元素中,碘化物在环境保护和生态健康方面发挥着重要作用。碘离子是一种具有重要生物学意义的阴离子,是调节人体生长代谢和甲状腺功能的必需微量元素,在维持生命健康中起着至关重要的作用。人体内碘含量水平在临床上经常被用作检测甲状腺疾病的指标。偏离正常碘含量水平的碘可导致代谢异常,使个体易患各种疾病,如甲状腺功能减退、甲状腺功能亢进、智力低下、自身免疫性疾病、癌症等。因此,实时、高特异性和快速检测碘离子对治疗许多疾病至关重要。

传统检测碘化物的方法有很多,诸如毛细管电泳法、离子选择性电极分析法、电感耦合等离子体-质谱法(Inductively Coupled Plasma-Mass Spectrometry, ICP-MS)、高效液相色谱法(High Performance Liquid Chromatography, HPLC)、电化学分析法、电化学发光法、表面增强拉曼(Surface-Enhanced Raman Scattering, SERS)光谱法以及比色分析法,都已成功建立并应用于碘离子的分析检测。除此之外,荧光探针也可用于分析测定碘。

荧光测定法由于操作简单、响应迅速而得到了广泛的应用。目前已经报道了许多荧光方法检测碘化物,如含有双咪唑和苯并咪唑、噻吩、咔唑、芘或 4-三氟乙酰氨基沙利酰胺的荧光探针识别碘化物。此外,传统的半导体量子点也已用于碘化物的检测。然而,由于复杂的预处理、操作程序和低信噪比等缺点,大大降低了检测方法的灵敏度,使这些探针在一定程度上受到了限制。为解决低信噪比的问题,科学家们构建了许多荧光“off-on”探针以检测碘化物。荧光开关型探针能够避免背景信号产生的干扰,有效提高检测灵敏度。Lin 和 Liu 等人使用自行合成的荧光剂设计了荧光“off-on”探针检测碘离子。Chen 等人用 2,5-二甲氧基苯甲醛缩氨基脲构建了碘化物荧光“turn-on”探针。然而,这些有机荧光探针含有苯环,在某种程度上是不环保的。尽管一些新型纳米材料如金/银纳米团簇、金属有机骨架化合物(Metal-Organic Framework,MOF)、荧光纳米纤维素等已成功构建新型碘离子传感分析方法,但纳米材料合成过程复杂、消耗成本高,在一定程度上限制了实际应用。

碳点作为一种新型的荧光纳米材料,由于其优异的物理和化学性能,特别是它们优异的荧光性能和低毒的优势,已引起研究者的广泛关注。与有机荧光试剂和传统的半导体量子点相比,CDs 不含任何有害成分或重金属,且制备方法便捷,适用于实际的分析应用。到目前为止,CDs 已成功用于检测阳离子、阴离子和小分子等。在本章中,我们建立了一种基于荧光 CDs 的荧光“off-on”探针,该探针能够在 CDs、Hg^{2+}、碘化物三者的竞争反应中识别并检测碘化物。

2.2 实验部分

2.2.1 试剂与仪器

本章中使用的去离子水的电阻率为 18.2 MΩ · cm,来自去离子水净化系统(四川优普超纯科技有限公司)。碘化钾(KI,M_w = 166.00,分析纯)购买自天津津北精细化工有限公司。氢氧化钠(NaOH,优级纯)和其他试剂均至少为分析纯级别,购买自天津市科密欧化学试剂有限公司。鸡蛋壳经过清洗和干燥后,从太原工业学院东区学生食堂收集。鸡蛋壳膜(Eggshell Membrane,ESM)从鸡蛋壳中小心剥下并收集。通过混合 39 mL 0.01 mol/L 的 NaH_2PO_4 溶液和 61 mL 0.01 mol/L 的 Na_2HPO_4 溶液制得 0.01 mol/L pH=7 的 PBS 缓冲溶液,并用浓度均为 0.01 mol/L 的氢氧化钠溶液或盐酸溶液滴定,以制备所需 pH 的 PBS 溶液。

CDs 的透射电子显微镜(Transmission Electron Microscope,TEM)测试在 Tecnai G2 F20 S-Twin 透射电子显微镜(FEI,美国)上进行,加速电压为 200 kV。在超薄碳膜上蒸发产物制备用于 TEM 测试的样品。碳点的尺寸分布是通过统计超过 50 个纳米颗粒来实现的。X 射线光电子能谱(X-ray Photoelectron Spectroscopy,XPS)由 XSAM 800(Kratos)型光谱仪测试,以考察产品的表面成分和化学态,该仪器使用单色 Al K_α 射线作为激发光源。使用 U-2910 紫外可见分光光度计(Hitachi,日本)测试紫外-可见吸收光谱;使用 F-7000 荧光分光光度计(Hitachi,日本)测试荧光光谱。红外光谱由 Nicolet IS10 型号的傅里叶变换红外光谱仪(热电公司,美国)测试。

2.2.2　碳点的合成

在本章中,碳点是通过微波辅助处置过程从鸡蛋膜灰中制备的。在合成过程中,首先小心地从新鲜蛋壳上剥落蛋壳膜,并用去离子水清洗几次以去除蛋清和杂质,其次将 ESM 置于马弗炉中,在 400 ℃下煅烧 2 h 以形成 ESM 灰烬。随后,称取 3 mg ESM 灰分散于 5 mL 1 mol/L 的 NaOH 溶液中。将上述混合溶液在家用微波炉中微波处置 5 min。将产物用去离子水稀释,并在 4 830g 下离心 10 min 以去除大颗粒。最后将溶液装于透析袋中,在去离子水中透析进行纯化 48 h,并在 4 ℃下储存以备后续使用。

2.2.3 碘化物的荧光检测

在室温、中性环境的0.01 mol/L、pH = 7 的 PBS 缓冲溶液中检测 I^-。首先在上述 PBS 缓冲溶液中加入 10 μL CDs 分散液，随后加入 10 μL Hg^{2+} 溶液(25 μmol/L)混合均匀，最后向 CDs-Hg^{2+} 体系中加入不同浓度的 I^-，并保持最终体积为 1 mL。在室温下，测试相应的荧光发射光谱。选择性和灵敏度测试均平行测试 3 次。所有荧光测试均在 360 nm 激发波长、激发和发射狭缝均为 5 nm 的参数设置下进行。

2.3 结果与讨论

2.3.1 合成碳点的机理和条件参数优化

从鸡蛋膜灰中合成碳点大致经历以下 3 个步骤(图 2.1)：

①鸡蛋膜灰在微波处置下破碎成小碎片；

②碎片的聚集和生长；

③颗粒表面的氧化和钝化。

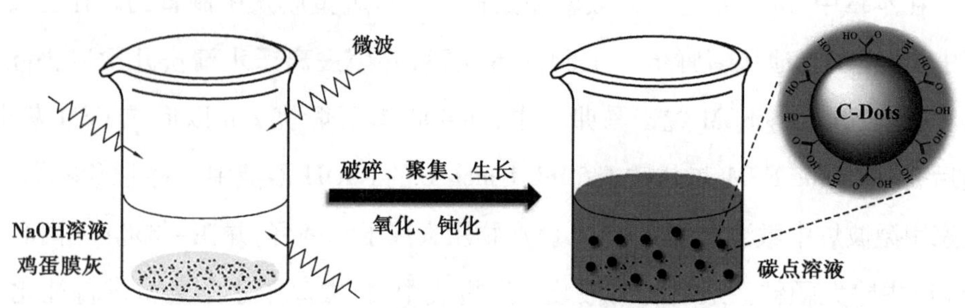

图 2.1 微波辅助合成碳点的示意图

当鸡蛋膜灰处在微波下时，其中的电子在交变的电场下会剧烈旋转和震动。因此，大量的小碎片就会从灰烬上掉落，接着聚集并且生长成具有一定尺寸的纳米颗粒，接着在高温和氢氧化钠存在的情况下，这些颗粒的表面进一步被氧化和钝化。在这种情况下，合成的碳点浓度和荧光强度就会受微波处置的时间和氢氧化钠的浓度影响。用产品的荧光光谱的强度来考察合成的碳点浓度。

对合成碳点的条件参数进行了优化。如图 2.2 所示，合成碳点的荧光强度随着微波处置时间的增加而逐渐增强，这表明了碳点生成的过程。在反应的前 3 min，荧光强度缓慢增加。在此之后的 3 ~5 min 内，荧光强度呈现出急剧增长趋势，并在 5 min 后保持不变。微波处置的时间对合成碳点的荧光强度的影响是通过影响合成的碳点浓度实现的。随着微波时间的延长，更多的能量施加在原材料上，因此，更多的小颗粒从鸡蛋膜灰上脱落，增加了合成材料的碳点浓度，从而增强合成材料的荧光强度。此外，对氢氧化钠的浓度也进行了考察。实验发现，碳点的荧光强度也依赖于 NaOH 的浓度，随着 NaOH 浓度的增加，荧光强度也逐渐增强。我们猜测氢氧根离子通过稳定小颗粒并且进一步辅助碳点表面钝化，参与合成过程，因此，氢氧化钠的浓度影响了合成材料的浓度和荧光强度。然而，在碱辅助合成碳点的报道中，氢氧化钠的具体作用和机理尚不明确，这仅仅是一种猜想。综上所述，我们选择微波处置 5 min、1 mol/L 的 NaOH 作为合成碳点的最佳条件。

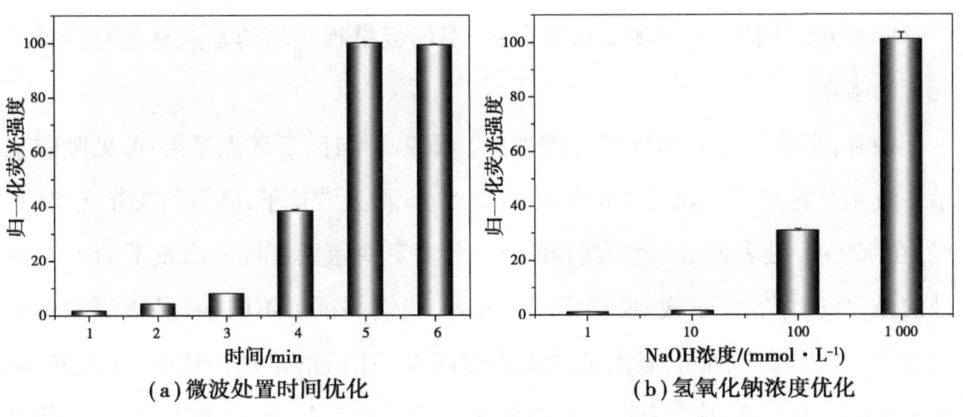

图 2.2　CDs 的合成条件参数优化

2.3.2 CDs 的表征

图 2.3 所示的是合成碳点的 TEM 图和尺寸分布图(图 2.3 插图),它们表明这些碳点是球形的,并且它们的直径大约是 5 nm。傅里叶变换红外光谱(Fourier Transform Infrared Spectrometer, FTIR)用于检测合成碳点的表面官能团。如图 2.4 所示,实线为 CDs 的红外光谱,与鸡蛋膜灰的红外光谱(图 2.4 点线)有显著差异。3 446 cm^{-1} 的峰代表 O—H 的伸缩振动,而 1 647 cm^{-1} 和 1 470 cm^{-1} 的峰证明了$—COO^-$的存在。上述结果表明,合成的碳点表面由羟基和羧基包被,这一点与碳点良好的水溶性表现一致。碳点的表面成分和元素分析通过 XPS 技术来表征(图 2.5)。结果表明,上述方法合成的碳点是由 C、O、N 和 Na 所组成的,它们的相对含量分别是 13.78 %、56.86 %、1.60 % 和 27.75 %。钠元素和部分氧元素可能来自氢氧化钠。在 XPS 全谱[图 2.5(a)]中,287.8、403.0 和 535.3 eV 分别对应于 C 1s、N 1s 和 O 1s。C 1s 分谱[图 2.5(b)]可分成结合能在 284.8、285.5 和 288.2 eV 的 3 个分峰,它们分别对应于 C—C、C—N 和 C ═N/C ═O 键。N 1s 分谱[图 2.5(c)]表现出 398.7 和 400.2 eV 两个分峰,分别对应 C—N—C 和 $N—(C)_3$ 键。此外,在 O 1s 的分谱[图 2.5(d)]中可以观察到 531.2 和 532.4 eV 两个分峰,分别对应 C ═O 和 C—OH/C—O—C 键。因此,上述测试结果表明,用鸡蛋膜制备的纳米点是含有少量氮元素的碳点。

接着,实验研究了 CDs 的光谱性能。图 2.6 测试了碳点紫外-可见吸收光谱和荧光发射光谱。如图 2.6 所示,在 275 nm 激发波长下,碳点的荧光光谱(点线)在 450 nm 处表现出一个发射峰,这一位置和鸡蛋膜在同一激发下的 370 nm 处的最大发射光谱(虚线)明显不同。此外,我们测试了不同 pH 值下碳点的荧光变化。如图 2.7 所示,碳点的荧光强度随着 pH 值的增加而增强,并且在 pH 值 7.0 ~ 12.0 的范围内增强的趋势变缓。值得注意的是,在酸性范围内,荧光强度和 pH 值呈线性关系,这使得碳点存在构建新型 pH 探针的潜在应用。我们对这种现象进行探讨。众所周知,碳点的发光机理可以认为是激子的辐射重组发光,而 pH 值的变化会影响激子的发射、激子的辐射重组以及量子点光产生的电子诱捕,这三种形式互相竞争,从而影响了碳点的荧光强度。除此之外,pH

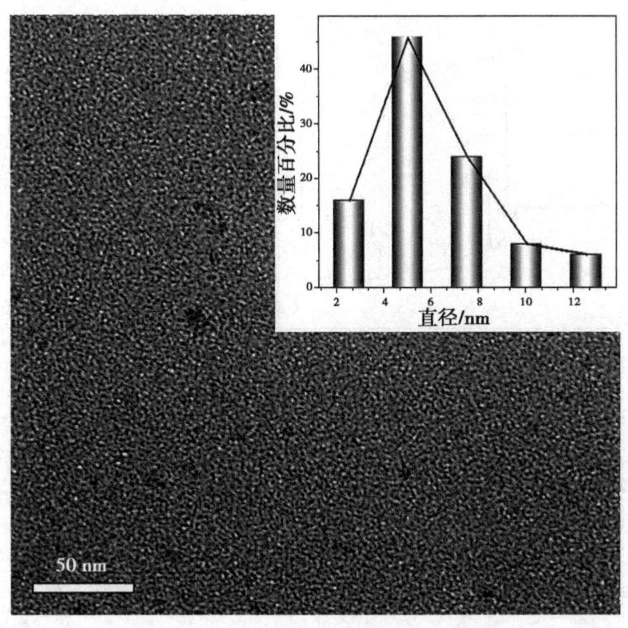

图 2.3　CDs 的 TEM 图和尺寸分布图

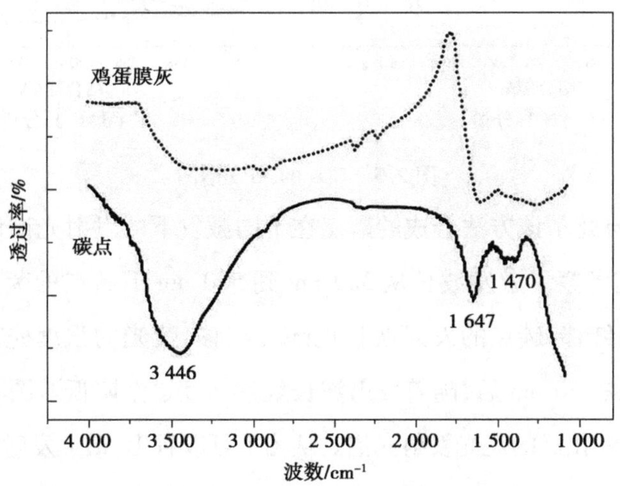

图 2.4　CDs 的 FTIR 光谱图

能够通过调节碳点表面羧基的形式来改变其表面电子分布，因此，随着 pH 值的升高，更多的—COOH 转变成—COO⁻。在这种情况下，碳点之间具有互相排斥的作用，使分散性变得更好，最终导致碳点荧光强度增加。

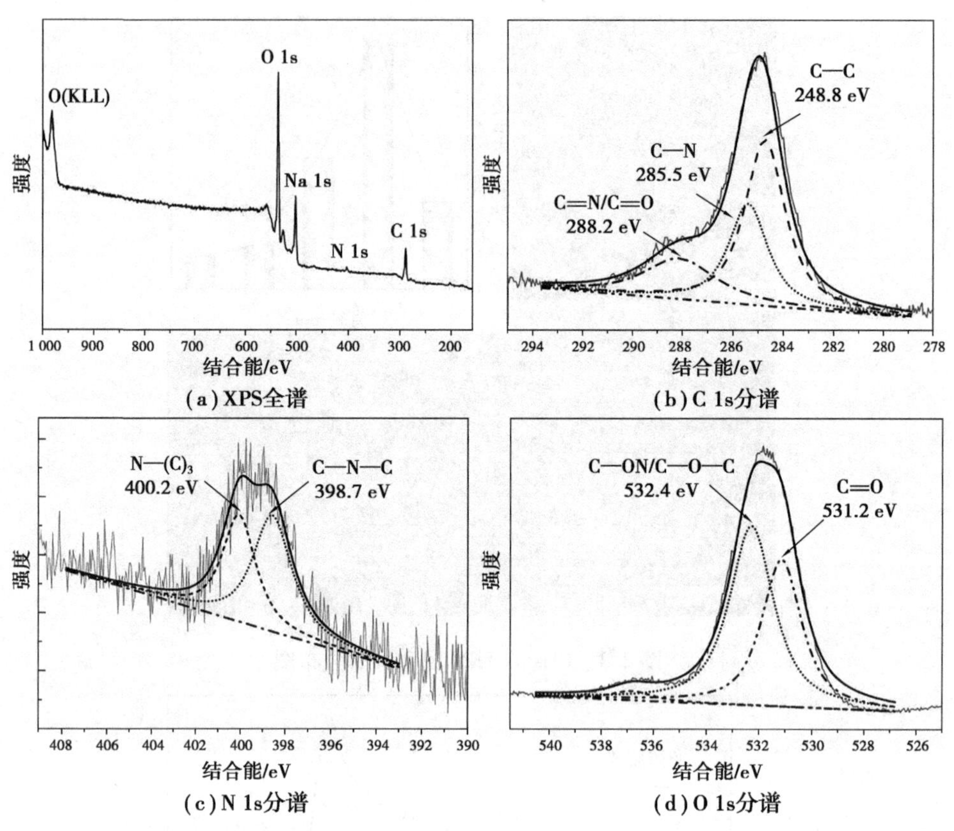

图 2.5　CDs 的 XPS 谱图

接下来，研究了该方法合成的碳点在不同激发下的发射光谱性质，如图 2.8(a)所示，我们考察了激发波长从 320 nm 到 500 nm 下碳点的荧光，可以看出，随着激发波长红移，碳点的发射波长也随之红移，荧光的强度先有一个小范围的增强，然后在 450 nm 后，随着发射波长红移强度逐渐降低。图 2.8(b)所示的是荧光强度归一化后的荧光发射光谱。从图中可以看出，最大发射波长从 430 nm 移动到了 550 nm。结果表明，随着激发波长的红移，其对应的发射波长也发生了红移。自从多色发光的纳米材料被发现后，这一有趣的现象就吸引了许多科

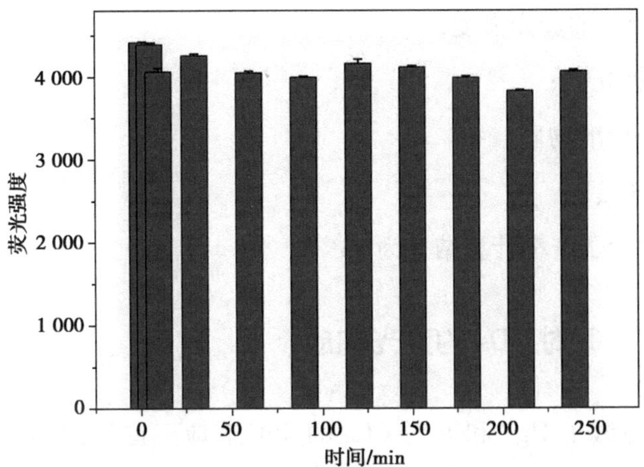

图 2.9　CDs 在不同紫外灯照射时间下的荧光强度

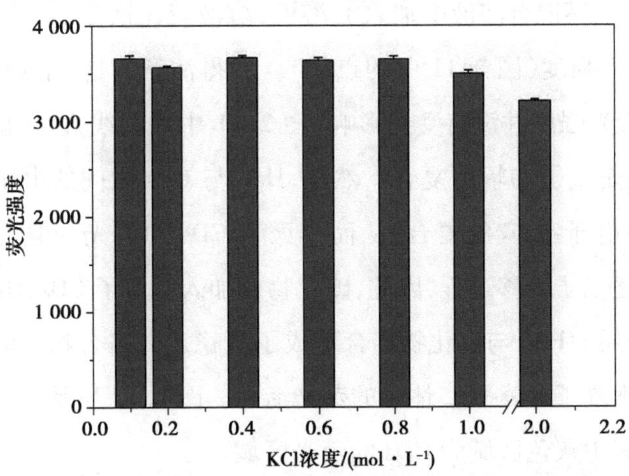

图 2.10　CDs 在不同 KCl 溶液浓度下的荧光强度

2.3.3　CDs 荧光量子产率的测定

合成的碳点的荧光量子产率是通过一个文献报道的方法,以硫酸奎宁为参照测定的。荧光量子产率按下列方程计算。

$$Q_x = Q_{ST}\left(\frac{I_x}{I_{ST}}\right)\left(\frac{A_{ST}}{A_x}\right)$$

式中　Q——量子产率;

I——测量的荧光强度；

A——吸光度；

ST——标准物质；

x——样品。

碳点的量子产率计算结果为 14%。

2.3.4 Hg^{2+}、I^-对 CDs 的荧光响应

图 2.11 测试了 Hg^{2+}和 I^-对 CDs 的荧光响应。首先，在 CDs 溶液中加入 2.5 μmol/L Hg^{2+}溶液，可观察到 CDs 的荧光被迅速猝灭（图 2.11 中的实线和虚线）。随后，在上述混合溶液中加入 I^-溶液，溶液荧光恢复，并且荧光强度接近 CDs 的初始荧光强度（图 2.11 中的点线）。值得注意的是，在 CDs 溶液中加入 I^-溶液后，其荧光强度并没有受到影响（图 2.11 中点划线）。一般认为，CDs 的荧光发射机理是激子的辐射复合。然而，Hg^{2+}与 CDs 之间的电子转移过程，促进了非辐射的电子-空穴的复合，从而猝灭了 CDs 的荧光。但是，加入碘化物后，中断了上述电子转移过程，因此，碘化物的加入引发了 CDs、Hg^{2+}和碘化物之间的竞争性作用。Hg^{2+}与碘化物结合形成了更稳定的络合物。因此，在宏观层面上，碘化物恢复了 CDs-Hg^{2+}体系的荧光活性。图 2.12 所示为该荧光“off-on”探针示意图，其中灰色区域为 CDs 的荧光区域。

图 2.13 所示为逐渐增加的 I^-浓度对 CDs-Hg^{2+}体系的荧光响应，结果表明，随着浓度逐渐增加，CDs 的荧光光谱逐渐上升，最后保持不变。随后研究了 I^-浓度与荧光恢复效率（$\Delta F/F_0$）之间的关系，如图 2.14 所示。$\Delta F/F_0$ 随 I^-浓度的增加而增大，在 I^-浓度为 10 μmol/L 时达到最大。研究发现，Hg^{2+}和 Cu^{2+}都能猝灭 CDs 的荧光，但加入 Cu^{2+}后，体系的荧光“off-on”性能不如 Hg^{2+}好。这是因为碘化汞与碘化铜的结合常数相差较多[$K_{sp}(Hg_2I_2)=10^{-29}$，$K_{sp}(CuI)=10^{-12}$]，Hg^{2+}与 I^-的结合更灵敏，使荧光恢复也更灵敏。因此，Hg^{2+}是该体系的最佳猝灭剂。

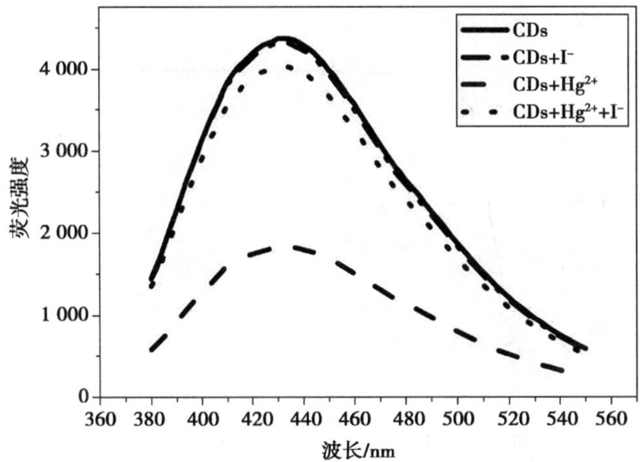

图 2.11　Hg^{2+}和 I^-对 CDs 的荧光强度的响应

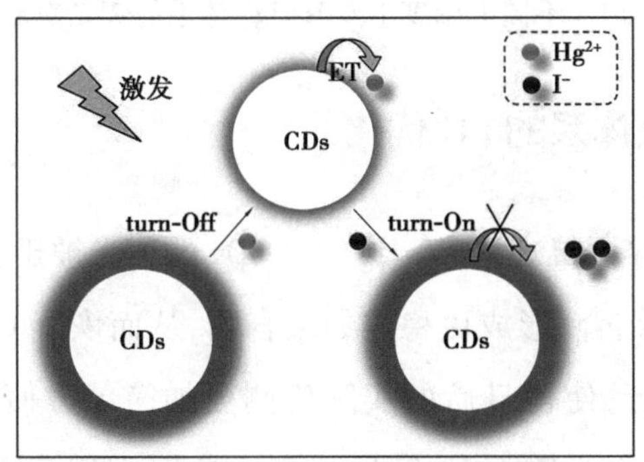

图 2.12　I^-介导的 CDs 荧光开关示意图

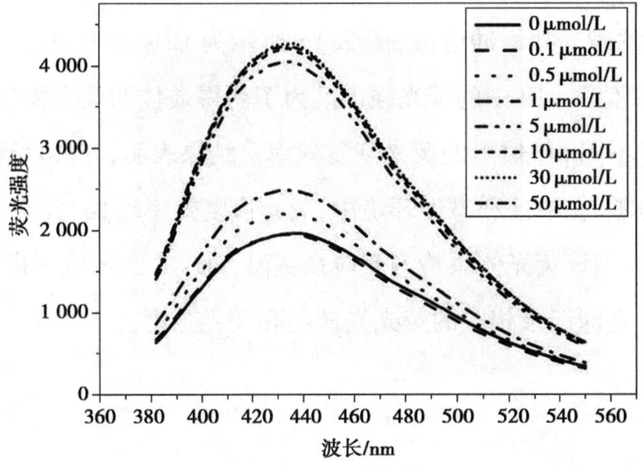

图 2.13　不同 I^-浓度下 CDs-Hg^{2+}体系的荧光发射光谱图

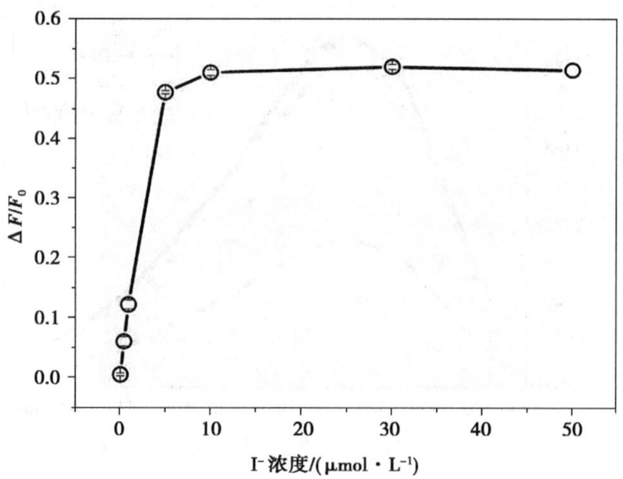

图 2.14　不同 I^-浓度下 CDs-Hg^{2+}体系的荧光恢复效率

2.3.5　荧光恢复体系的 pH 优化

基于上述荧光猝灭机理,加入 Hg^{2+}后,CDs 的荧光被迅速猝灭,加入 I^-后,I^-与 Hg^{2+}发生更强的结合,形成更稳定的络合物,从而恢复 CDs 的荧光。该过程可在室温下快速进行,使得日后的实际检测更加简单方便。实验中,选择 2.5 μmol/L 的 Hg^{2+}溶液作为猝灭剂,满足适当的猝灭程度,可获得更好的线性范围和更低的检出限。随后,测试了该荧光传感体系的最佳反应 pH 值,配制了一系列不同 pH 值的磷酸盐缓冲溶液,图 2.15 所示为 CDs、CDs+Hg^{2+}、CDs+Hg^{2+}+I^- 3 个体系在 pH 值 3~10 中的荧光强度。为了获得最佳的荧光恢复效果,图 2.16 计算并对比了不同 pH 值下的荧光恢复效率。结果表明,在酸性环境中,荧光恢复效率几乎为零;在中性和碱性环境中,荧光恢复效率增加,并在 pH=7 时达到最大。因此,运用该荧光体系检测 I^-应在室温,pH=7 的环境下进行。在最佳条件下加入 I^-后立即记录相应的荧光光谱图和荧光强度。

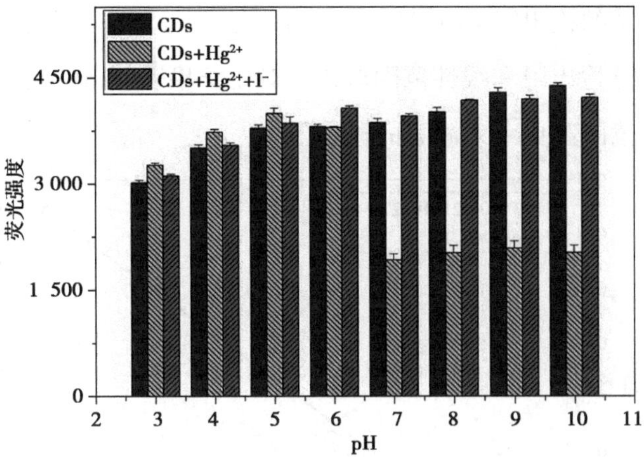

图2.15 CDs、$CDs+Hg^{2+}$、$CDs+Hg^{2+}+I^-$ 3个体系在pH值3~10下的荧光强度

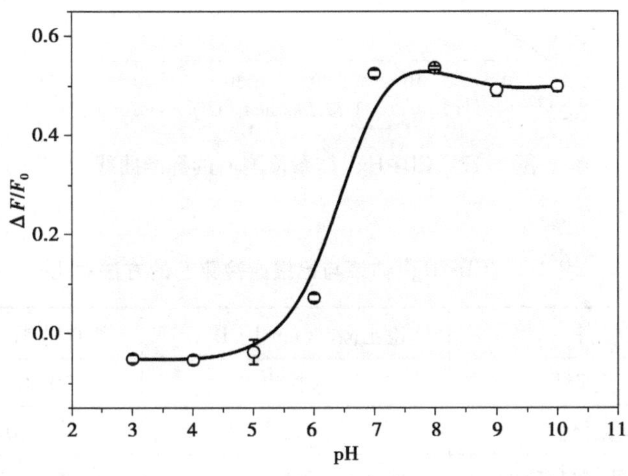

图2.16 不同pH值下的荧光恢复效率

2.3.6 标准曲线、灵敏度和选择性

在上述最佳传感条件下,构建了I^-浓度与$\Delta F/F_0$之间的标准曲线,以用于I^-的检测。如图2.17所示,I^-浓度与$\Delta F/F_0$在0.05~5 μmol/L浓度范围内呈线性相关,其标准曲线方程为$\Delta F/F_0=0.003\ 21+0.127\ 74C$($R^2=0.999\ 9$),其中$C$为$I^-$的浓度(μmol/L),$\Delta F$为荧光恢复强度,$F_0$为CDs的原始荧光强度。

该荧光传感体系的检出限为 0.046 μmol/L。表 2.1 将本章的方法与已报道检测 I^- 的方法进行检出限和线性范围对比。对比结果表明,该荧光体系检测 I^- 具有更宽的线性范围和更令人满意的检出限。

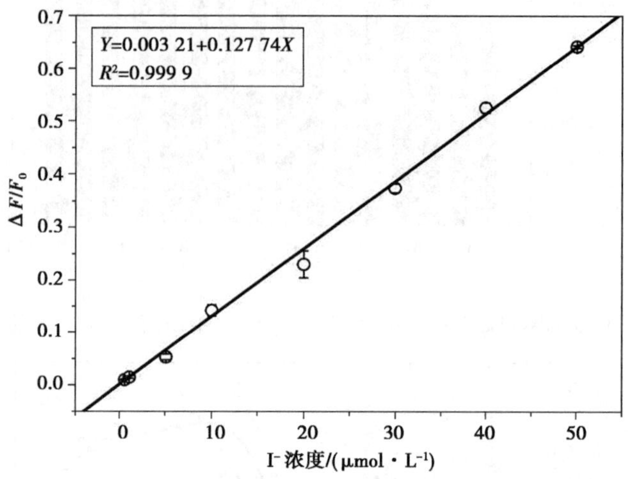

图 2.17　CDs-Hg^{2+} 体系检测 I^- 的标准曲线

表 2.1　CDs-Hg^{2+} 体系与已报道检测 I^- 的方法对比

荧光材料	检出限/(nmol · L^{-1})	线性范围/(μmol · L^{-1})
芘小分子探针	未检出	20 000 ~ 100 000
半导体量子点	1.5	0 ~ 50
二甲氧苯甲醛-胺苯硫脲	84	0.1 ~ 8
胸腺嘧啶-汞离子	12.6	0 ~ 1.5
本方法	46	0.05 ~ 5

此外,还对一些常见的阴离子和卤素离子进行了选择性测试,以研究该荧光探针对 I^- 检测的专一性。如图 2.18 所示,CDs-Hg^{2+} 体系仅对 I^-(5 μmol/L)表现出明显的荧光恢复,其他等浓度的阴离子对 CDs-Hg^{2+} 体系并没有明显的影响。因此,该荧光传感体系检测 I^- 具有优异的灵敏度和选择性。

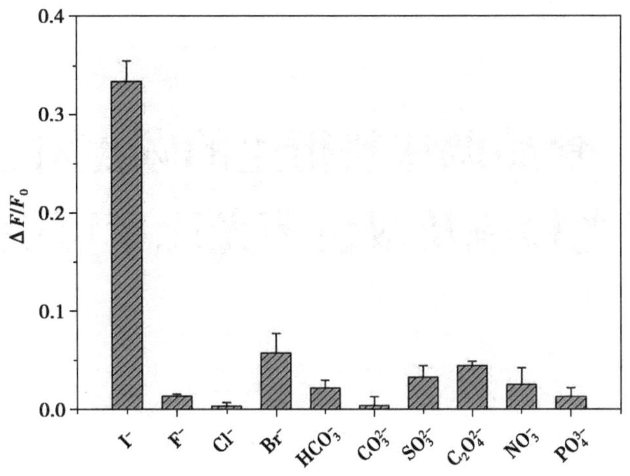

图 2.18　CDs-Hg^{2+}体系检测 I^-的选择性

2.4　结论

利用蛋壳膜合成的荧光 CDs 设计了一种在 PBS 缓冲液中特异性识别碘化物的“off-on”探针。Hg^{2+}与 CDs 之间发生有效的电子转移使 CDs 的荧光猝灭，而在加入 I^-后，I^-与 Hg^{2+}能形成更稳定的络合物，抑制电子转移过程，从而引起 CDs 的荧光恢复。荧光恢复效率与 I^-浓度在 0.05 ~ 5 μmol/L 浓度范围内呈线性相关，检出限为 0.046 μmol/L。荧光“off-on”探针避免了假阳性信号，提高了检测方法的灵敏度。该探针快速的响应、简单的操作和新奇的荧光材料将在未来吸引更多科研人员的关注。

第3章　食品调味料衍生的碳点对铁离子的荧光检测及双色荧光比率可视化

3.1　引言

重金属离子因其毒性高、在生物链中积累和难生物降解等特点，对人类的生命健康和生态环境安全造成了严重威胁，长期接触重金属离子会增加患病风险。铁离子(Fe^{3+})作为一种常见的金属离子，被认为是一种有益的微量元素，它参与多种重要的代谢过程，包括氧运输、神经传导、基因合成和渗透压调节。值得注意的是，Fe^{3+}作为重金属离子可能导致严重的危害，因此，及时监控Fe^{3+}的含量至关重要。人体内Fe^{3+}含量异常会诱发贫血、心脏病、肝炎、神经退行性疾病、阿尔茨海默病及癌症等严重疾病。在这种情况下，有必要严格控制饮用水中的铁含量，其中，Fe^{3+}的规定最高含量为0.3 mg/L。因此，精准、高特异性地检测Fe^{3+}具有重要意义。

文献报道，分析检测Fe^{3+}的方法主要包括原子吸收光谱法(Atomic Absorption Spectroscopy，AAS)、电化学分析法、表面增强拉曼散射法(Surface Enhancement of Raman Scattering，SERS)、质谱法和分光光度法等。这些方法都可以准确检测样品中Fe^{3+}的含量，但需要使用昂贵的仪器，并且有些方法的灵敏度不高。荧光法是一种响应迅速、灵敏度高的检测技术，并且不需要昂贵的仪器和复杂的操作。因此，基于有机探针、量子点、金属纳米团簇、金属有机框架配合物(Metal Organic Framework，MOFs)和碳点等荧光材料，研究者们建立了大量荧光分析方法用于 Fe^{3+} 的检测。但对其他重金属离子的选择性，尤其是对 Fe^{2+} 的选择性是不可忽略的。在这些研究中，要么对 Fe^{2+} 存在干扰，要么没有提及对 Fe^{2+} 的影响。此外，虽然在一些研究中实现了 Fe^{3+} 对 Fe^{2+} 的高选择性，但并没有深入研究其内在的传感机理。因此，Fe^{3+} 的高选择性检测仍具有很大的研究空间。

荧光传感具有响应快、灵敏度高、时空分辨率高、可视化潜力大等特点，在分析检测中发挥着重要作用。荧光检测方法主要通过猝灭或增强的方式产生荧光信号，但在克服背景、仪器或操作条件等干扰方面仍存在局限性。在这种情况下，荧光比率法与可视化相结合，赋予了自校准和视觉感知能力，从而提高了荧光传感的精确度。

CDs 是一类尺寸小于或等于 10 nm 且荧光性能优异的纳米材料。丰富的表面官能团和可修饰性使得 CDs 在荧光传感领域具有显著优势。随着 CDs 逐渐应用于诸多领域，其可调的发射特性、精确控制合成、大规模合成和结构分析等已成为研究热点。其中，以生物质为原料的绿色制备 CDs 也成了另一个非主流的研究热点。生活中常见的焦糖、面包、烤鸡、茶叶等经历美拉德(Maillard)反应得到的食品，已成功应用于 CDs 的制备与提取。但这些方法中不可避免地需要高温、有机溶剂或复杂的制备程序。目前亟须开发一种从绿色、简便的食品中提取 CDs 的新方法。

糖色是一种传统的中国调味料，用于改善食物的颜色和口感。在本章中，通过简单的透析处理即可获得糖色衍生碳点(Tangshai Derived Carbon Dots, TSCD)，并对 Fe^{3+} 表现出比其他重金属离子(包括 Fe^{2+})更高的荧光响应选择性。因此，本章建立了基于 Fe^{3+} 荧光猝灭的检测方法，并用于矿泉水样品中 Fe^{3+} 的检测。结果表明，TSCD 对 Fe^{3+} 的高选择性机理源于高配位常数的优势。此外，结合橙色荧光碳点(Orange-fluorescent Carbon Dots, OCD)，本章构建了基于 TSCD 和 OCD 荧光响应的双色荧光比率可视化传感平台。本章为 CDs 的提取提供了一种绿色、便捷的方法，并完善了 Fe^{3+} 的选择性检测机制。

3.2 实验部分

3.2.1 试剂与仪器

三种糖色调味料分别购买自成都屋头国际贸易有限公司、青岛海汇源食品有限公司和重庆奇可食品有限公司。邻苯二胺(OPD,分析纯)购自上海阿拉丁生化科技股份有限公司。硝酸铁[$Fe(NO_3)_3 \cdot 9H_2O$,分析纯]和硫酸亚铁($FeSO_4$,分析纯)购自天津市科密欧化学试剂有限公司。矿泉水购自太原工业学院的校园超市。本章中使用的去离子水的电阻率为18.2 MΩ·cm。

TSCD和OCD的高分辨透射电镜(High Resolution Transmission Electron Microscope,HRTEM)测试是在Tecnai G2 F20 S-Twin透射电子显微镜(FEI,美国)上进行的。利用AXIS ULTRA DLD电子能谱仪(Kratos,英国)对碳点的表面化学成分进行X射线光电子能谱研究。采用Nano-ZS90激光粒度仪(Malvern,英国)对碳点进行动态光散射(Dynamic Light Scattering,DLS)粒度分布测试。荧光发射光谱和荧光寿命分别在F-7000荧光光谱仪(Hitachi,日本)和FLS-1000寿命和稳态光谱仪(Edinburgh,英国)上记录。紫外-可见(UV-Vis)吸收光谱和傅里叶变换红外光谱分别在TU-1901紫外-可见光谱仪(中国普析)和Nicolet iS50红外光谱仪上(Thermo Fisher,美国)上记录。TSCD和OCD的可视化成像采用365 nm紫外灯的紫外暗箱(WFH-203B,上海仪昕科学仪器有限公司,中国)。实物照片由华为Nova 4智能手机进行拍摄。

3.2.2 TSCD的提取及OCD的合成

TSCD是直接从商品糖色调味料中提取的。首先,取10 mL糖色调味料放入截留分子量(Molecular Weight Cut Off,MWCO)为3500 Da的透析袋中。随后在去离子水中透析 24 h 去除小分子和杂质后，收集棕色溶液并在室温下放置 12 h，然后用 0.22 μm 的微孔滤膜过滤得到澄清的 TSCD 溶液。最后，将 TSCD 溶液储存在冰箱中以备后续使用。将 TSCD 溶液冷冻干燥制成粉末状产品，用于后续表征。

OCD 是根据文献报道合成的，并在本章中做了一些修改。称取 0.108 g OPD 溶解在 10 mL 去离子水中，向其中滴加 1 mL 的浓硫酸溶液。随后将混合溶液转移至 25 mL 的聚四氟乙烯反应釜中，在 200 ℃下加热反应 6 h。与原方法不同的是，本章后续对溶液进行了过滤处理，并将氢氧化钠溶液（0.1 mol/L）调至呈中性。最后，将 OCD 溶液储存在冰箱中以备后续使用。

3.2.3　TSCD 荧光传感 Fe^{3+}

通过将 Fe^{3+} 溶液直接加入 TSCD 溶液中，可在室温下进行 Fe^{3+} 传感。将 100 μL 的 TSCD 分散到 800 μL 的去离子水中，然后加入 100 μL 不同浓度的 Fe^{3+} 溶液。混合均匀后，扫描荧光发射光谱。所有实验均平行测量 3 次，设置参数如下：激发波长为 365 nm、激发狭缝为 5 nm、发射狭缝为 10 nm。

3.2.4　实际样品检测

矿泉水样品可以直接检测，无须任何预处理。将 100 μL 样品分别放入含有 100 μL TSCD 和已知标准浓度的 Fe^{3+} 溶液的 800 μL 去离子水中（Fe^{3+} 的加标浓度分别为 15、80、300 μmol/L）。混合均匀后，测试该混合物在 455 nm 处的荧光强度，并计算矿泉水样品中 Fe^{3+} 的含量和回收率。

3.2.5　OCD 的荧光增强

在室温下，将 OCD 与 Fe^{3+} 溶液混合，Fe^{3+} 诱导 OCD 荧光增强。取 100 μL OCD 溶液分散在 800 μL 的去离子水中，然后加入 100 μL 不同浓度的 Fe^{3+} 溶液。反应 60 min 后测试其荧光发射光谱,记录其在 565 nm 处的荧光强度。采用以下参数并进行3 次平行测量:激发波长为390 nm、激发狭缝为5 nm、发射狭缝为5 nm。

3.2.6 构建双色荧光比率可视化传感平台

在室温用紫外灯照射下,在酶联免疫吸附试验(Enzyme-Linked Immuno Sorbent Assay,ELISA)板上进行 Fe^{3+} 诱导的荧光比率可视化。每孔先混合 50 μL 的 TSCD、20 μL 的 OCD 溶液和 30 μL 的去离子水,随后加入 200 μL 不同浓度的 Fe^{3+} 溶液。60 min 后,将 ELISA 板放入暗箱中,使用智能手机拍摄紫外灯照射下的照片。将可视化照片导入"识色"软件进行色度分析,依次测量并记录每孔的红、绿、蓝(即 RGB)值。

3.3 结果与讨论

为实现 Fe^{3+} 的荧光传感,构建双色荧光比率荧光可视化平台,本章设计了基于 TSCD 的荧光猝灭方法和 TSCD-OCD 的荧光比率可视化传感平台。如图 3.1 所示,TSCD 从糖色中提取,OCD 由 OPD 制备而得。Fe^{3+} 猝灭了 TSCD 的荧光强度,增强了 OCD 的荧光强度,结合智能手机,可对 Fe^{3+} 进行荧光猝灭检测和比率荧光可视化。

3.3.1 TSCD 的表征

本章通过简单的透析,从糖色调味料中提取出 TSCD。糖色是由冰糖在高温下熔融炭化而成,在此过程中,葡萄糖分子不断炭化聚合形成纳米点。通过透析去除小分子和杂质后即得碳点。图 3.2 为 TSCD 的透射电子显微镜(Transmission Electron Microscope,TEM)和高分辨率透射电镜(High Resolution Transmission Electron Microscope,HRTEM)图像,观察到分散性良好的球形碳点。对

TSCD 进行动态光散射(Dynamic Light Scattering,DLS)测试(图 3.3),其尺寸分布范围是 2.696～6.503 nm,平均粒径为 3.89 nm。虽然在 HRTEM 中没有观察到明显的晶格条纹[图 3.2(c)],但 TSCD 的 X 射线衍射(X-ray Diffraction, XRD)图(图 3.4)显示出一个宽的衍射峰,该衍射峰来自石墨结构的(002)面。

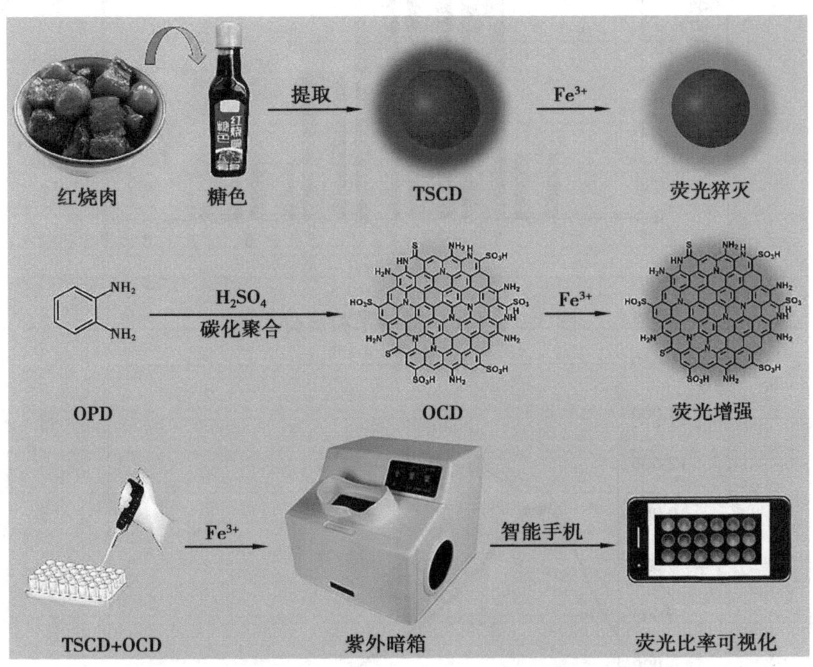

图 3.1　基于 TSCD-OCD 的智能手机辅助荧光可视化传感 Fe^{3+} 示意图

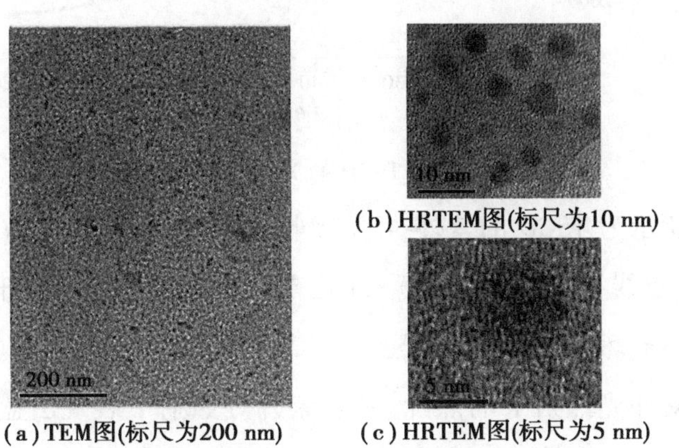

(a) TEM图(标尺为200 nm)　(b) HRTEM图(标尺为10 nm)　(c) HRTEM图(标尺为5 nm)

图 3.2　TSCD 的透射电镜图

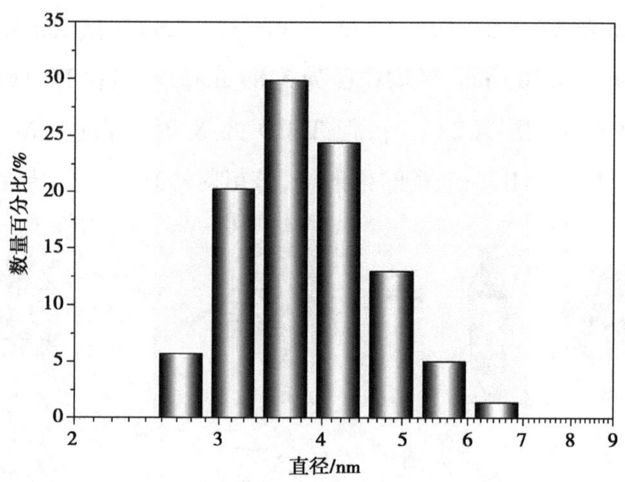

图 3.3　TSCD 的纳米粒度分布图

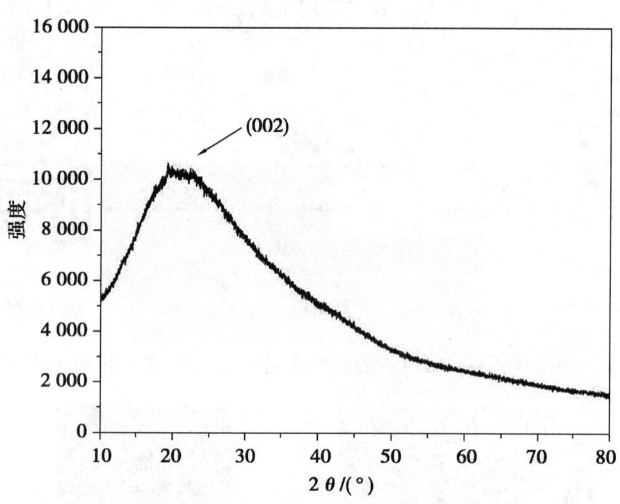

图 3.4　TSCD 的 X 射线衍射图

图 3.5 所示为 TSCD 的紫外-可见吸收光谱(实线)、荧光激发光谱(虚线)和发射光谱(点线)。TSCD 在 280 nm 处有一个宽吸收,这归因于杂原子掺杂共轭结构的 $\pi\rightarrow\pi^*$ 和 $n\rightarrow\pi^*$ 电子跃迁。图 3.5 中插图为 TSCD 在(1)日光照射和(2)365 nm 紫外光照射下的照片,其在紫外灯照射下表现出蓝绿色荧光。从 TSCD 的 3D 荧光光谱(图 3.6)中可以看出,在 365 nm 激发波长下,最佳发射波长为 455 nm,后续实验均在 365 nm 激发波长下,测试其在 455 nm 波长下的荧

光强度。为了证明糖色提取碳点的稳定性，我们购买了不同厂家制造的糖色调味料，经过相同的提取流程得到碳点。不难发现，由不同厂家提取的 CDs 的荧光发射光谱没有显著差异（图 3.7）。因此，不同制造商的影响可以忽略不计。

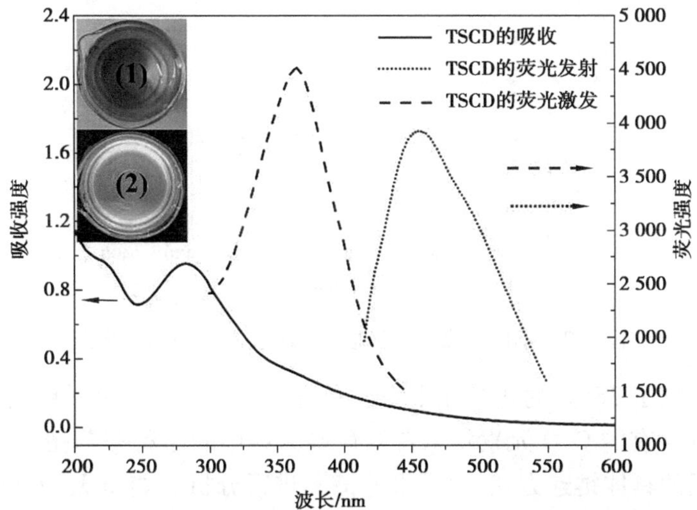

图 3.5　TSCD 的紫外-可见吸收和荧光激发、发射光谱图

（1）TSCD 在日光下的照片；（2）TSCD 在紫外光下的照片

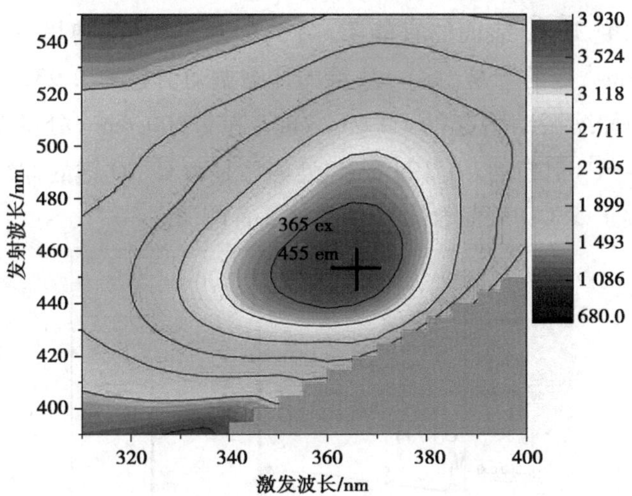

图 3.6　TSCD 的 3D 荧光光谱图（彩图见附录）

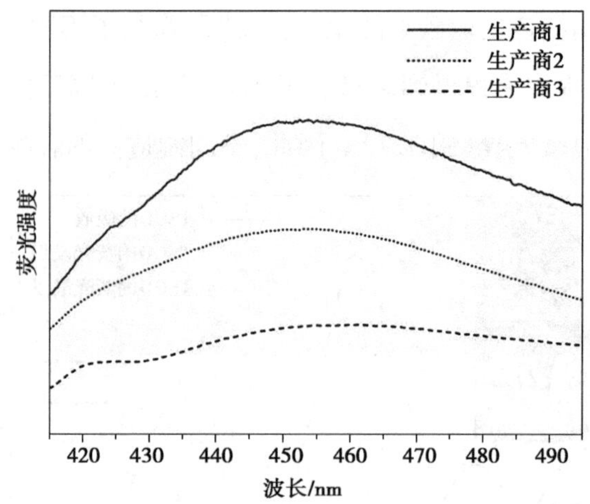

图 3.7　不同厂家糖色提取的 CDs 的荧光发射光谱图

XPS 测试了 TSCD 的化学元素组成和键连方式。XPS 全谱图[图 3.8(a)]显示,TSCD 含有的 C、O 元素均来自糖色调味料中的原料葡萄糖。为了进一步确定元素间的具体键连方式,对元素分谱图进行分析。如图 3.8(b)所示,C 1s 光谱在 284.7、286.2、287.7 和 288.8 eV 处存在 4 个分峰,分别对应于 C—C、C—O、C ═O 和 O ═C—OH。图 3.8(c)为 O 1s 的 XPS 分峰谱图,该谱图可分为 532.6 eV 和 531.6 eV 两个分峰,分别对应于 C—O—H/C—O—C 和 C ═O。为了进一步研究 TSCD 表面的官能团,图 3.9 为 TSCD 的傅里叶变换红外光谱图,在 3 414 cm^{-1} 处的峰是由 O—H 键的伸缩振动引起的,2 939 cm^{-1} 处的峰是由 C—H 键的伸缩振动引起的。1 714 cm^{-1} 和 1 600 cm^{-1} 处的吸收是由双键(C ═O 和 C ═C)引起的。1 199 cm^{-1} 处的峰是由 C—O 键的伸缩振动引起的。上述结果证实了 TSCD 表面含有羟基和羧基官能团。

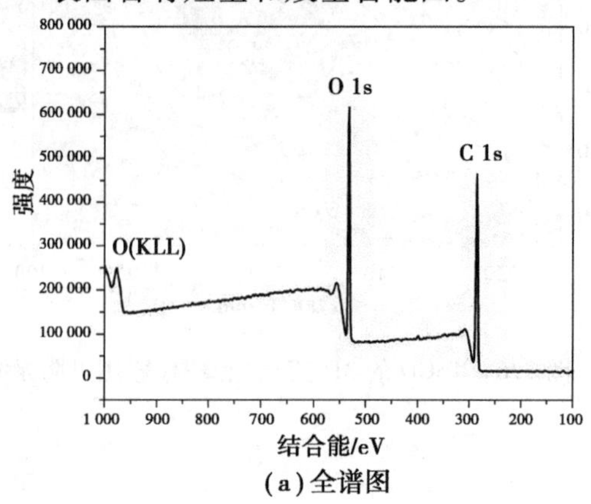

(a)全谱图

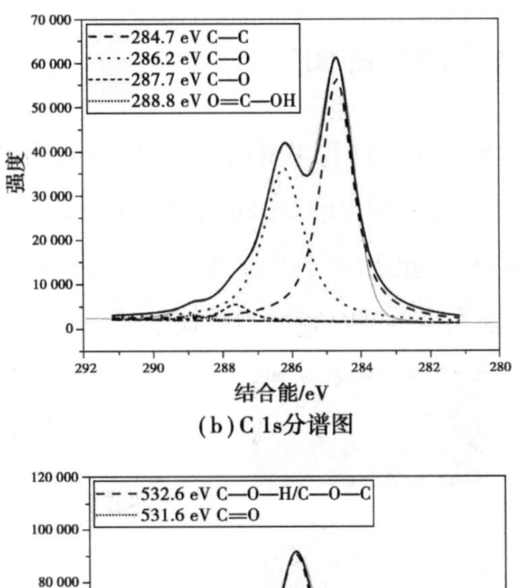

(b) C 1s分谱图

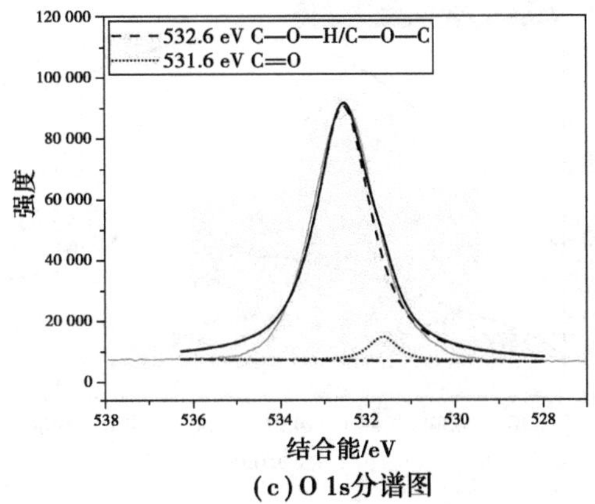

(c) O 1s分谱图

图 3.8　TSCD 的 XPS 谱图

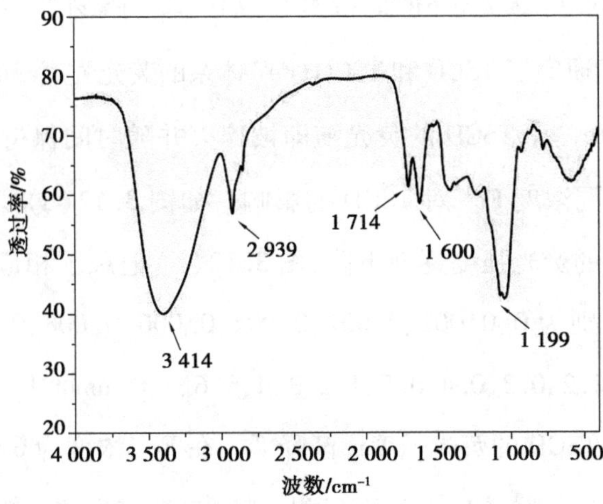

图 3.9　TSCD 的傅里叶变换红外光谱图

3.3.2 TSCD 对 Fe^{3+}的荧光响应

利用 TSCD 的优异荧光特性和丰富的表面官能团,后续研究了 TSCD 荧光传感铁离子的可能性。图 3.10 为加入 Fe^{3+}前(实线)和加入后(虚线)的 TSCD 荧光发射光谱图。结果表明,加入 Fe^{3+}后,TSCD 的荧光强度显著降低。紫外光照射下的实物照片(图 3.10 插图)也能明显观察到荧光猝灭现象。

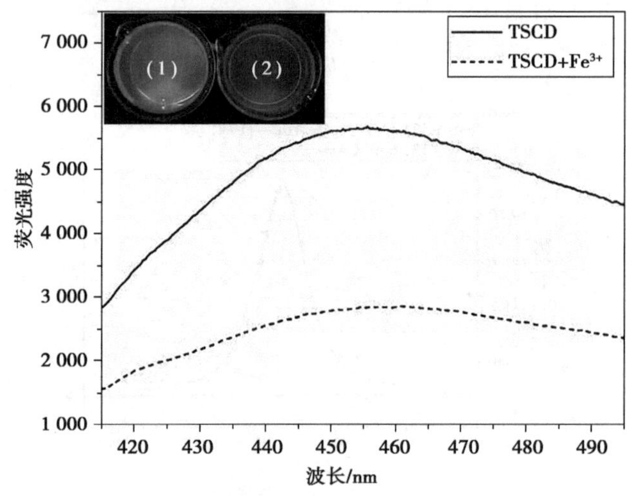

图 3.10 TSCD 加入前后 Fe^{3+}的荧光发射光谱图

(1) TSCD 在紫外灯下的照片;(2) TSCD+ Fe^{3+}在紫外灯下的照片

接下来,我们研究了 TSCD 和 TSCD+Fe^{3+}体系的荧光强度随时间的变化规律。结果发现,加入 Fe^{3+}后,TSCD 的荧光随即被猝灭并随时间保持不变(图 3.11)。进一步研究了不同浓度 Fe^{3+}对 TSCD 的影响。如图 3.12(a)所示,随着 Fe^{3+}浓度的增加,TSCD 的荧光强度逐渐下降,图 3.12(b)记录了相应的荧光强度,其中 Fe^{3+}的浓度分别为 0、0.001、0.002、0.004、0.006、0.008、0.01、0.02、0.04、0.06、0.08、0.1、0.2、0.3、0.4、0.5、1、2、3、4、5、6、7、8 mmol/L。结果表明,随着 Fe^{3+}浓度的增加,TSCD 的荧光强度逐渐降低。在 Fe^{3+}浓度为 6 mmol/L 后,荧光强度几乎保持不变。随着 Fe^{3+}浓度的增加,TSCD 的荧光猝灭现象越来越明显。

这就赋予了 TSCD 通过荧光猝灭来检测 Fe^{3+} 的能力。

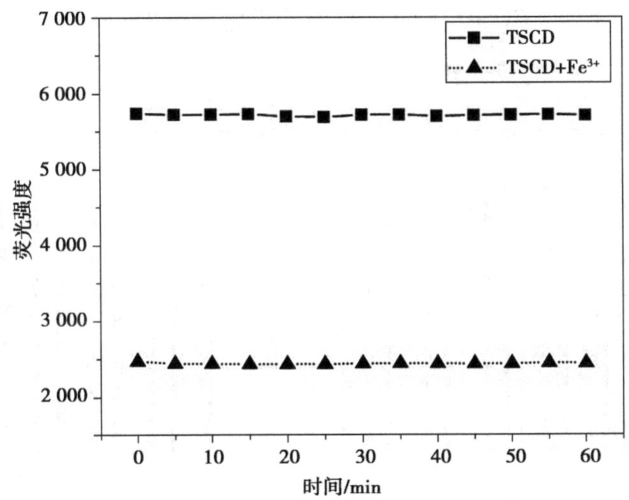

图 3.11　时间对 TSCD 荧光猝灭的影响

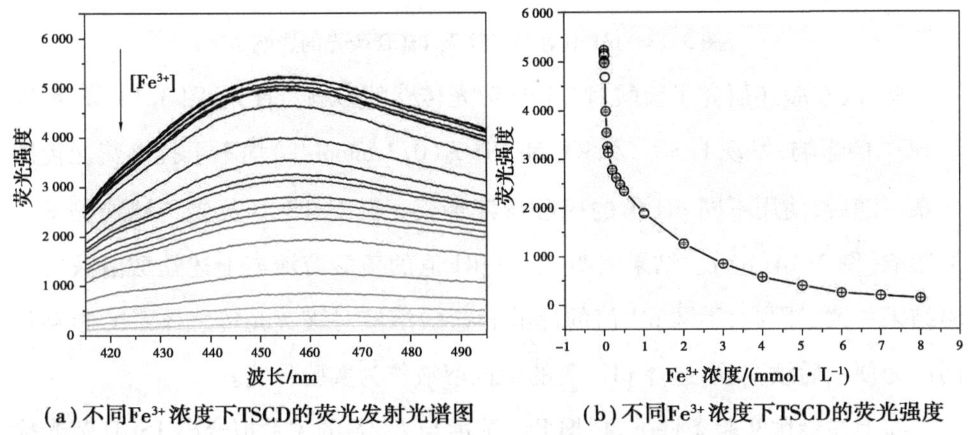

(a) 不同 Fe^{3+} 浓度下TSCD的荧光发射光谱图　(b) 不同 Fe^{3+} 浓度下TSCD的荧光强度

图 3.12　Fe^{3+} 浓度对 TSCD 荧光猝灭的影响

pH 值在荧光传感中起关键作用。因此,采用不同 pH 值的盐酸溶液,研究了 pH 对 TSCD 荧光传感检测 Fe^{3+} 的影响。考虑到 Fe^{3+} 在碱性条件下会发生水解和沉淀,后续只研究酸性和中性 pH 值对荧光传感的影响。图 3.13(a) 比较了 TSCD 和 TSCD+Fe^{3+} 两个体系在不同 pH 值下的荧光强度。相应的荧光猝灭效率(F_0/F,其中 F_0 和 F 分别为加入 Fe^{3+} 前后 TSCD 的荧光强度)列于图 3.13

(b)中。结果证明,随着 pH 值的增加,Fe^{3+}表现出更强的荧光猝灭效果。在酸性条件下,—OH 和—COOH 上的氧原子质子化导致 TSCD 与 Fe^{3+}的结合能力下降,从而降低了 Fe^{3+}的荧光猝灭程度。

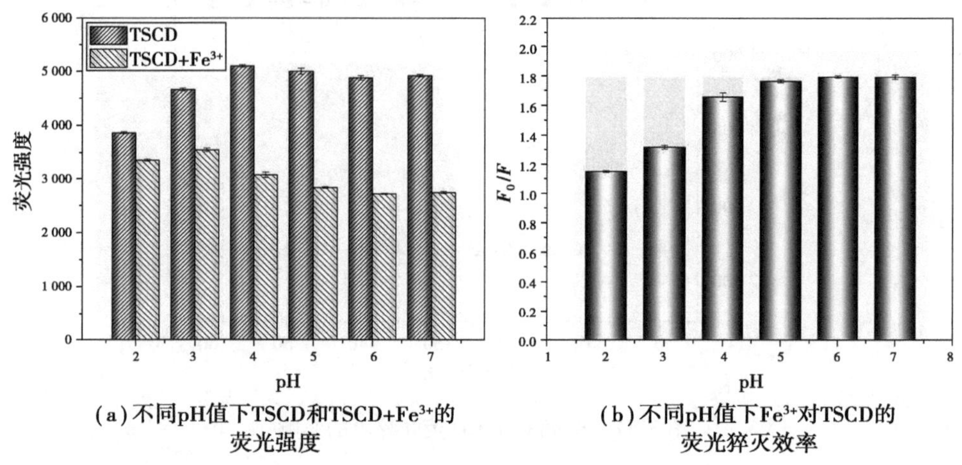

(a)不同pH值下TSCD和TSCD+Fe^{3+}的荧光强度

(b)不同pH值下Fe^{3+}对TSCD的荧光猝灭效率

图 3.13 pH 值对 Fe^{3+}猝灭 TSCD 荧光的影响

此外,实验还研究了硫酸对 TSCD 荧光传感的影响。首先,图 3.14(a)考察了 SO_4^{2-} 的影响,发现 $FeSO_4$、$ZnSO_4$ 和 $NiSO_4$(0.3 mmol/L)均不干扰该荧光传感体系。随后,使用不同 pH 值的硫酸溶液考察了其对 TSCD 荧光传感检测 Fe^{3+}的影响[图 3.14(b)]。结果表明,不同 pH 值的硫酸溶液与上述盐酸溶液的实验结果一致。因此,不同 pH 值的硫酸和盐酸溶液对该荧光传感体系的影响相同。为便于后续实验,选择 pH=7 的中性溶液作为实验环境。

在上述最优实验条件下,根据 Fe^{3+}浓度与 F_0/F 的关系拟合出 TSCD 荧光检测 Fe^{3+}的标准曲线。其结果如图 3.15 所示,其中分为两段线性范围,线性方程分别为 $Y=0.969\ 1+0.008\ 04X$(1 ~ 80 μmol/L)和 $Y=1.652\ 3+0.001\ 13X$(200 ~ 500 μmol/L),检出限为 0.41 μmol/L。

为了探究 Fe^{3+}猝灭 TSCD 荧光的机理,图 3.16 比较了加入 Fe^{3+}前后 TSCD 的紫外-可见吸收光谱。图中观察到 Fe^{3+}加入后,TSCD+Fe^{3+}在 250 nm 之前的吸光度急剧增加,表明—COOH/—OH 与 Fe^{3+}形成了配位。此时,官能团与金属离子之间的配位抑制了 σ 键的旋转，增加了分子骨架的刚性，因此，在光谱上表现为吸光能力增强，吸光度增加。随后测试了加入 Fe^{3+} 前后 TSCD 的 Zeta 电位，如图 3.17 所示。结果表明，TSCD 由于其表面的—OH 和—COOH，其 Zeta 电位为-6.83 mV，而加入 Fe^{3+} 后，Zeta 电位变为+3.40 mV，表明 TSCD 与 Fe^{3+} 发生结合，使 Zeta 电位增加。

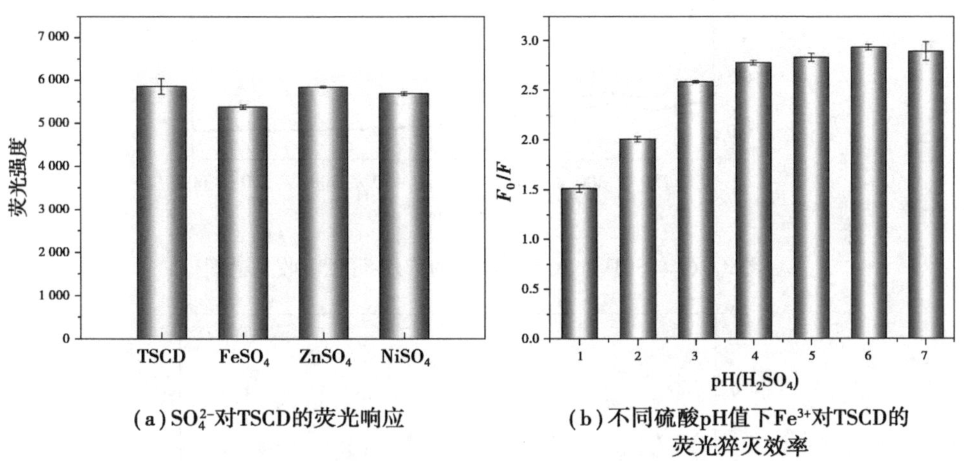

(a) SO_4^{2-}对TSCD的荧光响应

(b) 不同硫酸pH值下Fe^{3+}对TSCD的荧光猝灭效率

图 3.14　硫酸对 TSCD 检测 Fe^{3+} 的影响

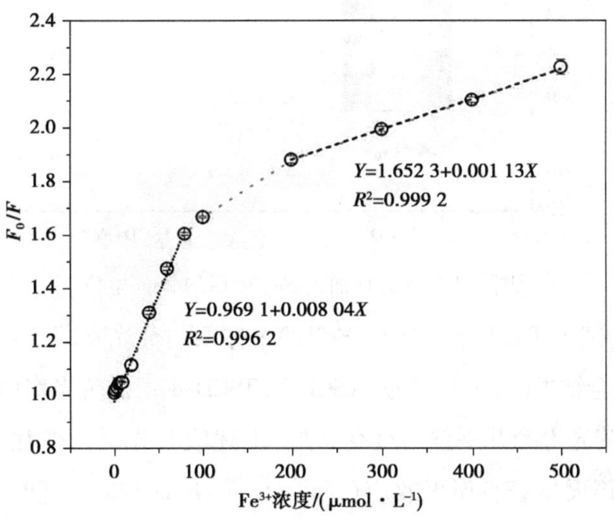

图 3.15　TSCD 荧光检测 Fe^{3+} 的标准曲线

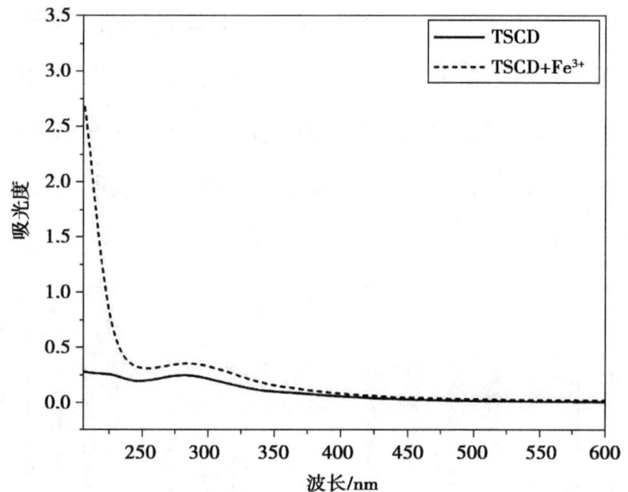

图 3.16　TSCD 加入 Fe^{3+} 前后的紫外-可见吸收光谱图

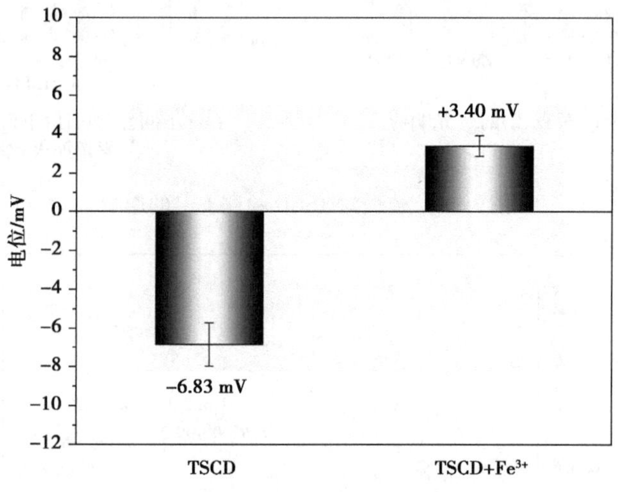

图 3.17　TSCD 加入 Fe^{3+} 前后的 Zeta 电位

进一步测试了 TSCD 和 TSCD+Fe^{3+} 两个体系的荧光衰减光谱,如图 3.18 所示。多指数拟合结果(表 3.1)表明,TSCD 和 TSCD+Fe^{3+} 的荧光寿命分别为 3.10 ns 和 3.02 ns。荧光寿命几乎没有变化,结合上述吸收光谱的变化,证明了 Fe^{3+} 对 TSCD 的荧光猝灭是静态猝灭效应(Static Quenching Effect,SQE)。这也进一步证实了 pH 值对 TSCD 传感铁离子的影响。在酸性条件下,荧光猝灭效率的下降,是由于 TSCD 表面羟基、羧基质子化,使 Fe^{3+} 的结合能力下降所致的。

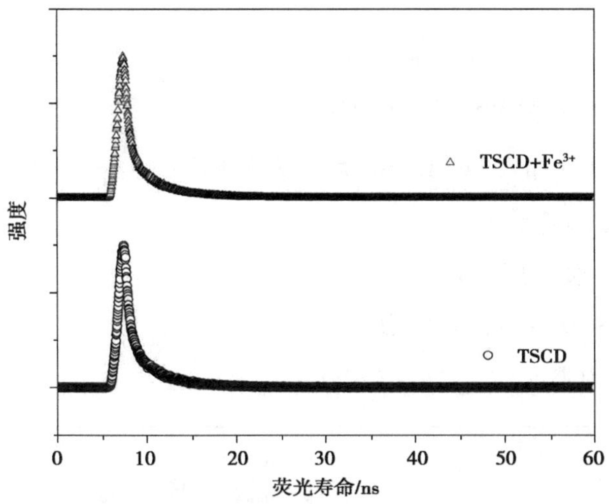

图 3.18　TSCD 和 TSCD+Fe^{3+}的荧光衰减光谱图

表 3.1　TSCD 和 TSCD+Fe^{3+}的荧光衰减多指数拟合表

种类	寿命 1 /ns	寿命 2 /ns	寿命 3 /ns	占比 1 /%	占比 2 /%	占比 3 /%	拟合度 χ^2	平均寿命 /ns
TSCD	0.53	2.93	8.26	25.17	60.27	14.56	1.208	3.10
TSCD+Fe^{3+}	0.56	2.96	7.90	26.34	59.54	14.12	1.286	3.02

3.3.3　TSCD 荧光传感检测 Fe^{3+}的选择性研究

为了考察 TSCD 荧光传感检测 Fe^{3+}的实用性，测试了等浓度(0.3 mmol/L)的金属离子对 TSCD 的影响。如图 3.19(a)所示，除 Fe^{3+}外，包括 Fe^{2+}在内的其他金属离子对 TSCD 均无荧光响应。图 3.19(b)记录了不同金属离子存在下TSCD 的荧光光谱，其中 Fe^{3+}表现出明显的荧光猝灭现象，相应的实物照片也表现出了明显的荧光猝灭现象。

为了揭示 Fe^{3+}猝灭 TSCD 荧光的机理，利用 Benesi-Hildebrand 方程分别计算 TSCD-Fe^{3+}和 TSCD-Fe^{2+}的配位常数。其计算式如下：

$$\frac{1}{F-F_0}=\frac{a}{a-b}\left(\frac{1}{K[M]}+1\right)$$

式中 F_0——TSCD 的初始荧光强度；

F——TSCD 加入 Fe^{3+} 或 Fe^{2+} 后的荧光强度；

M——金属离子；

$[M]$——金属离子的浓度；

K——TSCD-M 的配位常数；

a,b——常数。

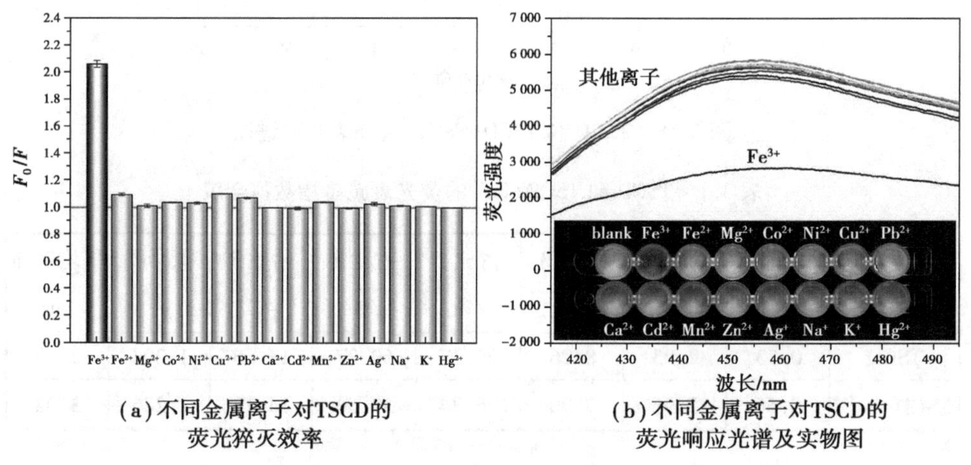

(a)不同金属离子对TSCD的荧光猝灭效率

(b)不同金属离子对TSCD的荧光响应光谱及实物图

图 3.19 TSCD 检测 Fe^{3+} 的选择性

图 3.20 记录了浓度为 0.1 ~ 1 mmol/L 的 Fe^{2+} 对 TSCD 的荧光猝灭效率。结果表明，即使在高浓度下，Fe^{2+} 对 TSCD 的荧光猝灭也很微弱。TSCD-Fe^{3+} 和 TSCD-Fe^{2+} 的 Benesi-Hildebrand 曲线分别如图 3.21(a)和图 3.21(b)所示。通过线性拟合计算得到 TSCD-Fe^{3+} 和 TSCD-Fe^{2+} 的结合常数分别为 2.04×10^4 和 1.49×10^3。K(TSCD-Fe^{3+})比 K(TSCD-Fe^{2+})高 10 倍，说明 TSCD 与 Fe^{3+} 的配位能力远远强于 TSCD 与 Fe^{2+}，有力地证明了 TSCD 对 Fe^{3+} 的高选择性。

3.3.4 矿泉水样中 Fe^{3+} 的检测

以上结果表明，TSCD 具有检测 Fe^{3+} 的巨大潜能。本章选取矿泉水作为实际样品，验证了 TSCD 在食品分析中的可行性。相关数据见表 3.2。其加标回收率为 96.06% ~115.47%，说明 TSCD 检测 Fe^{3+} 具有应用于实际的潜能。

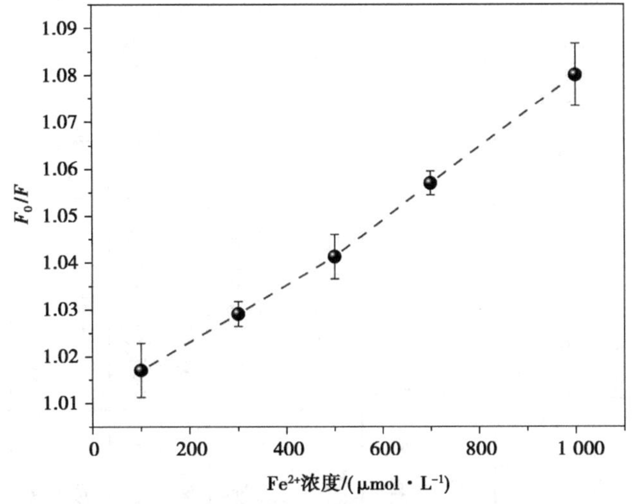

图 3.20　Fe^{2+} 对 TSCD 的荧光猝灭

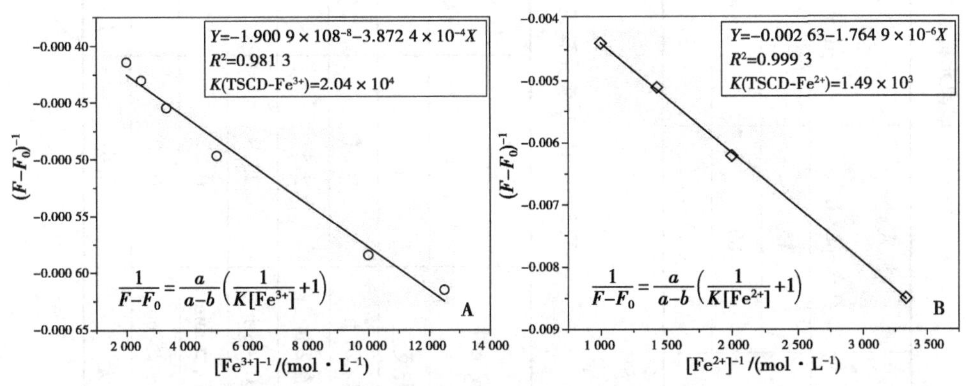

图 3.21　TSCD-Fe^{3+} 和 TSCD-Fe^{2+} 的 Benesi-Hildebrand 曲线

随后依据材料前驱体、反应过程、LOD、线性范围、回收率和选择性，考察了本方法与其他检测 Fe^{3+} 的方法对比，见表 3.3。虽然 LOD 与其他方法相比没有明显优势（在同一浓度数量级），但本方法具有较宽的线性范围，并且包括 Fe^{2+} 在内的其他金属离子在本方法中没有干扰。此外，本方法中的碳点是从糖色调味料中提取的，避免使用复杂的合成方法。

表 3.2 矿泉水样品中铁离子的检测

样品中浓度/(μmol·L^{-1})	加入量/(μmol·L^{-1})	总量/(μmol·L^{-1})	回收率(n=3)/%	相对标准偏差(n=3)/%
未检出	15	15.50	103.32	2.98
	80	76.85	96.06	2.87
	300	346.42	115.47	4.07

表 3.3 TSCD 荧光猝灭法与其他方法对比

材料	合成条件	检出限/(μmol·L^{-1})	线性范围/(μmol·L^{-1})	回收率/%	干扰
有机探针	点击反应	1.3	0~35	99.30~121.30	Fe^{2+}
量子点	45 ℃,24 h	0.31	5~1 000	92.12~109.90	无
量子点	回流 2 h	2.51	10~60	98.60~107.20	Fe^{2+}未提及
MOFs	100 ℃,48 h	23.9	0~500	未提及	Fe^{2+}, Cu^{2+}
CDs	960 W, 5 min	0.27	0~300	90.05~114.00	无
CDs	100 ℃, 25 min	0.28	1~70	96.20~104.20	无
CDs	无	0.41	1~80,200~500	96.06~115.47	无

3.3.5　Fe^{3+}对 OCD 的荧光增强

本章根据已报道的方法，在硫酸的辅助下，以 OPD 为原料制备了 OCD。图 3.22 所示为 OCD 的 HRTEM，图中可观察到直径在 5 nm 以下的纳米点。进一步对 OCD 进行了 XPS、FTIR、XRD 的测试，结果与文献报道基本一致，如图 3.23 和图 3.24 所示。然而，产物的 XRD 谱图中显示出一些尖峰，而不是碳点的宽峰。考虑在 OCD 的制备过程中，我们使用了氢氧化钠进行中和处理，该操作产生了大量的无机盐类，因此，认为 XRD 的尖峰是由无机盐产生的。

图 3.22　OCD 的 HRTEM 图

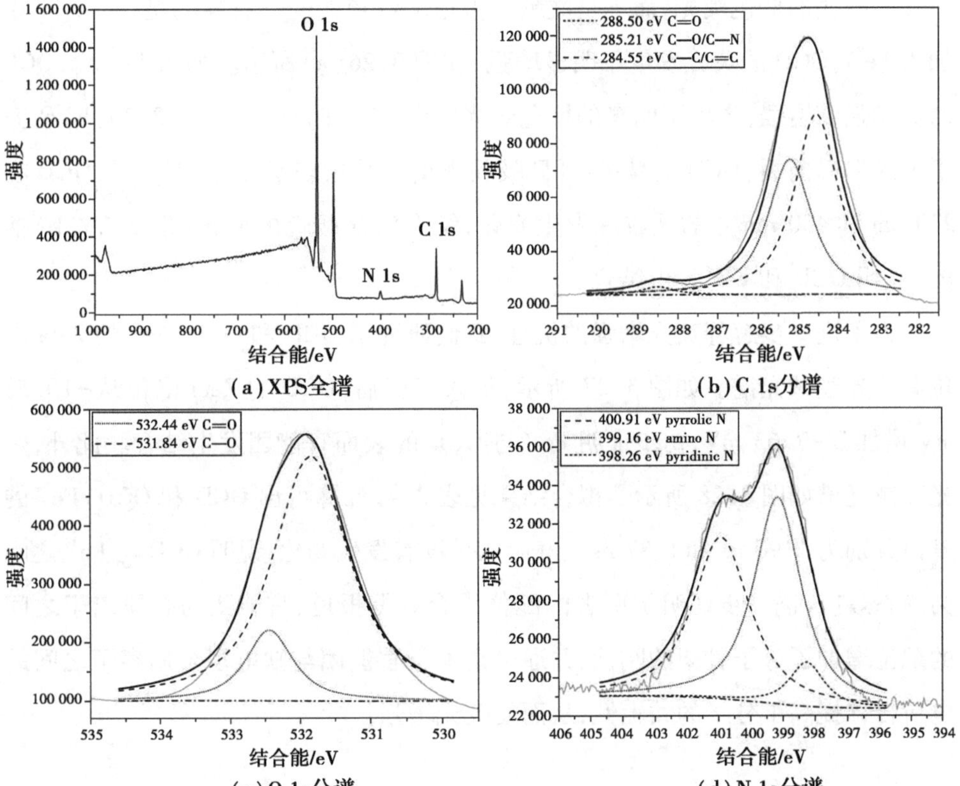

(a) XPS全谱

(b) C 1s分谱

(c) O 1s分谱

(d) N 1s分谱

图 3.23　OCD 的 XPS 图

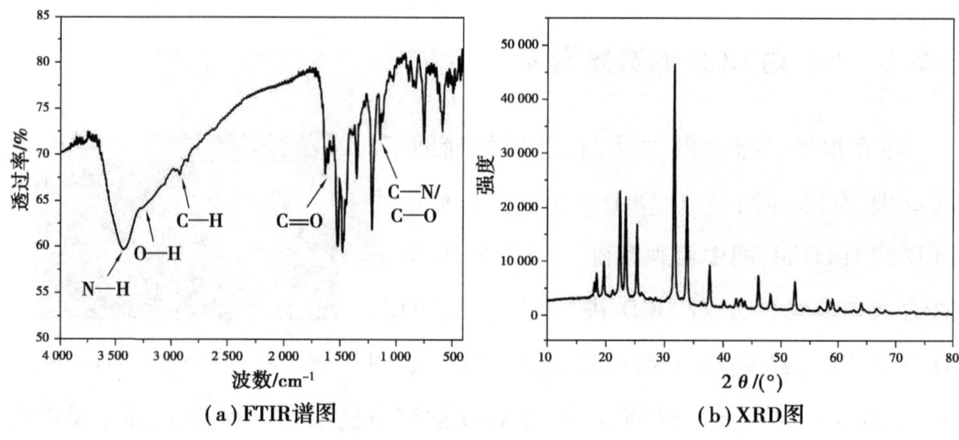

(a) FTIR谱图　(b) XRD图

图 3.24　OCD 的 FTIR 和 XRD 图

此外,OCD 的 3D 荧光光谱如图 3.25 所示。结果发现,OCD 在调节到中性后发出明亮的橙色荧光,而不是文献中报道的红色荧光。有趣的是,向 OCD 中加入 Fe^{3+},OCD 的荧光发生了明显增强,如图 3.26(a)所示。加入 Fe^{3+} 后,OCD 的荧光强度增强,产生了明亮的橙色荧光[图 3.26(a)插图]。图 3.26(b)研究了加入 Fe^{3+} 前后,OCD 的紫外-可见吸收光谱。结果表明,加入 Fe^{3+} 后,OCD 在 270 nm 和 450 nm 处的吸收峰发生变化,结合溶液颜色的变化[图 3.26(b)插图]表明 OCD 和 Fe^{3+} 发生结合。

为了进一步解释荧光增强的机理,我们研究了 OCD 和 OCD+Fe^{3+} 的 Zeta 电位和荧光衰减光谱。如图 3.27 所示,加入 Fe^{3+} 后,OCD 的 Zeta 电位从-10.53 mV 增加到-7.63 mV,初步证明 Fe^{3+} 与 OCD 的表面官能团发生结合。此外,荧光衰减光谱如图 3.28 所示。拟合结果见表 3.4,计算得出 OCD 和 OCD+Fe^{3+} 的寿命分别为 1.90 ns 和 1.87 ns。寿命几乎没有发生变化,说明 OCD 与 Fe^{3+} 之间为静态效应,进一步证明了两者的配位结合。据报道,官能团与金属离子之间的配位增加了分子骨架的刚性,并通过富电子官能团与缺电子金属离子之间的电荷转移提高了分子的共轭性,从而使荧光增强。

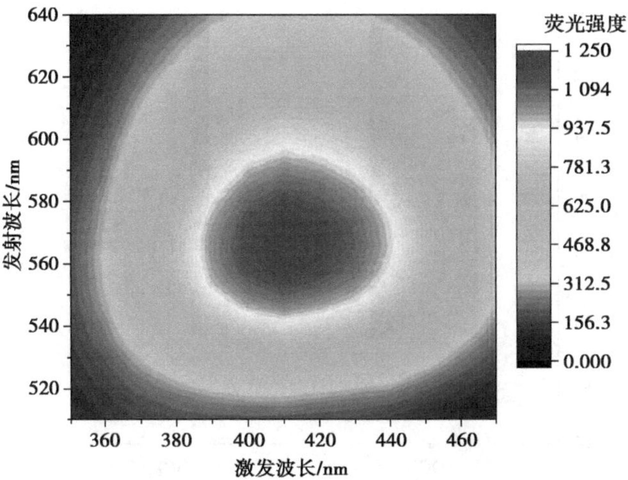

图 3.25　OCD 的 3D 荧光光谱图(彩图见附录)

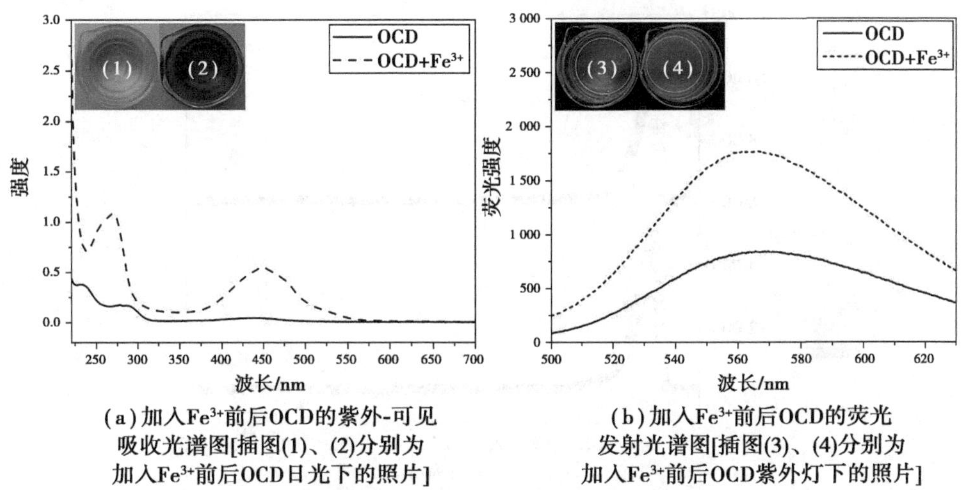

(a)加入Fe^{3+}前后OCD的紫外-可见吸收光谱图[插图(1)、(2)分别为加入Fe^{3+}前后OCD日光下的照片]

(b)加入Fe^{3+}前后OCD的荧光发射光谱图[插图(3)、(4)分别为加入Fe^{3+}前后OCD紫外灯下的照片]

图 3.26　Fe^{3+}对 OCD 光谱的影响

表 3.4　OCD 和 OCD+Fe^{3+}的荧光衰减多指数拟合表

种类	寿命 1/ns	寿命 1/ns	占比 1/%	占比 2/%	拟合度χ^2	平均寿命/ns
OCD	1.71	6.76	96.37	3.63	1.164	1.90
OCD+Fe^{3+}	1.66	9.38	97.40	2.60	1.159	1.87

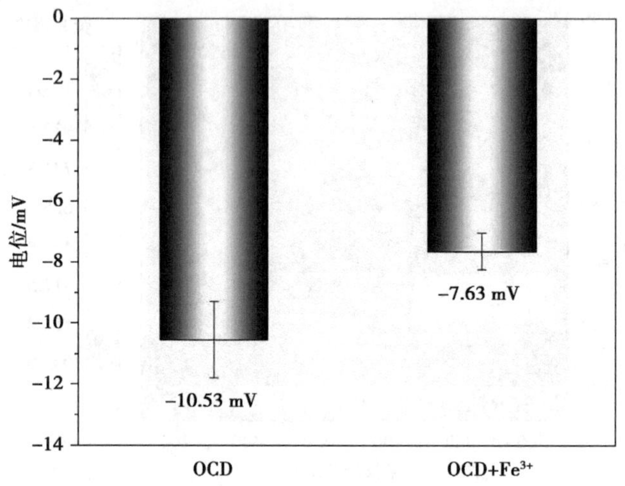

图 3.27　OCD 加入 Fe^{3+}前后的 Zeta 电位

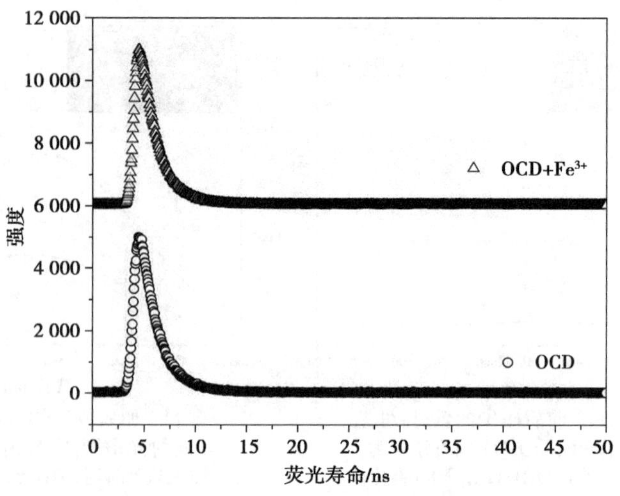

图 3.28　OCD 和 OCD+Fe^{3+}的荧光衰减光谱图

接下来,我们考察了 OCD 通过荧光增强传感 Fe^{3+}的可能性,如图 3.29(a)所示。结果表明,Fe^{3+}浓度与荧光增强效率(F/F_0,其中 F_0 和 F 分别为 OCD 加入 Fe^{3+}前后的荧光强度)之间呈现线性相关。OCD 荧光增强检测 Fe^{3+}的标准曲线为 $Y=0.992\ 81+13.911\ 6X$,检出限为 3.48 μmol/L。图 3.29(b)表明,随着 Fe^{3+}浓度的增加,OCD 的荧光强度逐渐增强。此外,在图 3.30(a)中优化了反应的平衡时间,并在图3.30(b)中记录了相应的荧光光谱。结果表明,60 min为OCD+Fe^{3+}体系的最佳反应时间。进一步研究了OCD检测Fe^{3+}的专一性。如图3.31所示,Fe^{2+}、Cu^{2+}和Hg^{2+}在一定程度上对OCD荧光传感检测Fe^{3+}有干扰,并可通过EDTA消除干扰。

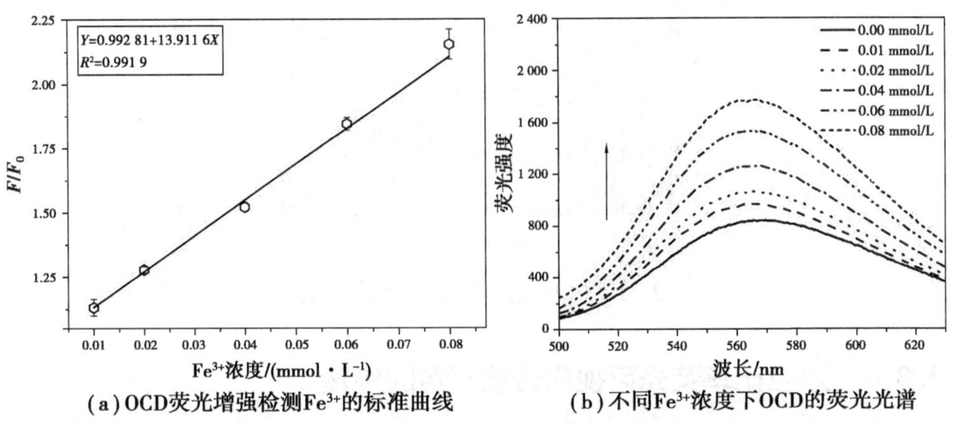

(a)OCD荧光增强检测Fe^{3+}的标准曲线　(b)不同Fe^{3+}浓度下OCD的荧光光谱

图3.29 不同Fe^{3+}浓度对OCD荧光增强的影响

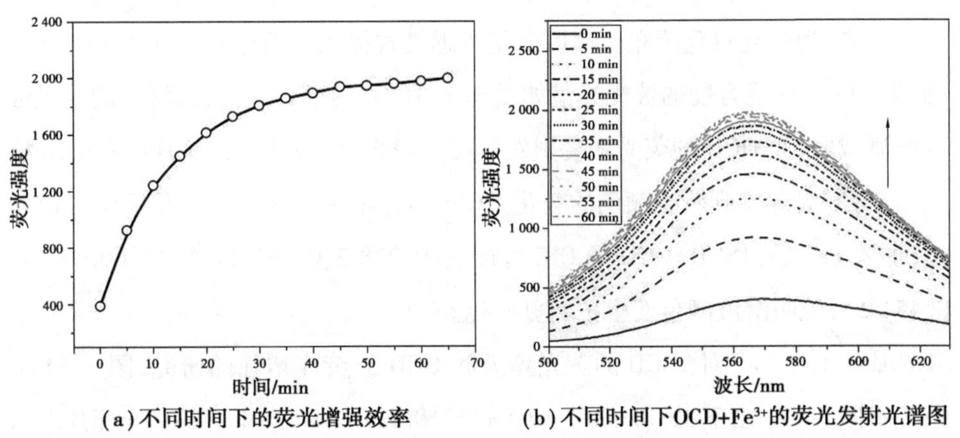

(a)不同时间下的荧光增强效率　(b)不同时间下OCD+Fe^{3+}的荧光发射光谱图

图3.30 不同时间下OCD+Fe^{3+}的荧光强度

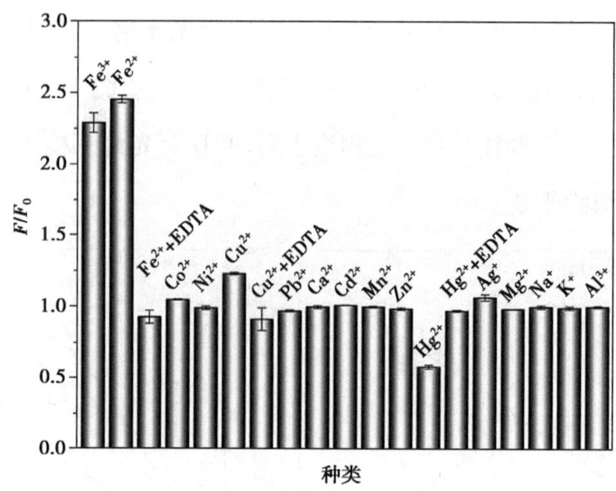

图 3.31　OCD 荧光增强传感 Fe^{3+} 的选择性

3.3.6　双色比率荧光可视化传感平台的构建

上述结果证明了 Fe^{3+} 对 TSCD(荧光猝灭)和 OCD(荧光增强)产生相反的荧光响应,为建立双色荧光比率可视化传感模式提供了新途径。加入 Fe^{3+} 前后的 TSCD+OCD 混合物的荧光光谱如图 3.32 所示。加入 Fe^{3+} 后,TSCD 的荧光强度明显减弱,而 OCD 的荧光强度则发生明显增强,对应的实物照片(图 3.32 插图)也可明显观察到荧光颜色的变化。CIE 坐标如图 3.33 所示,从图中可以看出,加入 Fe^{3+} 后,TSCD+OCD 的 CIE 坐标从(0.228 2,0.292 8)移动到(0.333 4,0.454 2),说明溶液颜色发生了明显变化。

基于上述 Fe^{3+} 对 TSCD 的荧光猝灭和 OCD 的荧光增强的研究,图 3.34 记录了不同 Fe^{3+} 浓度下 TSCD+Fe^{3+}、OCD+Fe^{3+} 和 TSCD+OCD+Fe^{3+} 的荧光照片。从视觉上可直观地观察到,TSCD 的蓝色荧光颜色逐渐减弱,而 OCD 的橙色荧光颜色逐渐加深,TSCD+OCD 体系的荧光颜色则发生由蓝绿色到橙黄色的变化。结合智能手机“识色”App 软件,记录了每个点的 RGB 值,拟合了 Fe^{3+} 浓度与 R/B 的线性关系,如图 3.35 所示。线性方程为 $Y=0.702\ 3+2.402\ 3X$,检出限为 31.12 μmol/L。因此,成功建立了双色比率荧光传感检测平台,可高效、快速地

检测 Fe^{3+}。尽管该平台检测 Fe^{3+} 的灵敏度不如 TSCD 的直接荧光猝灭方法，但是该方法具有快速、直观、可视化的优点，可实现肉眼的半定量分析检测。

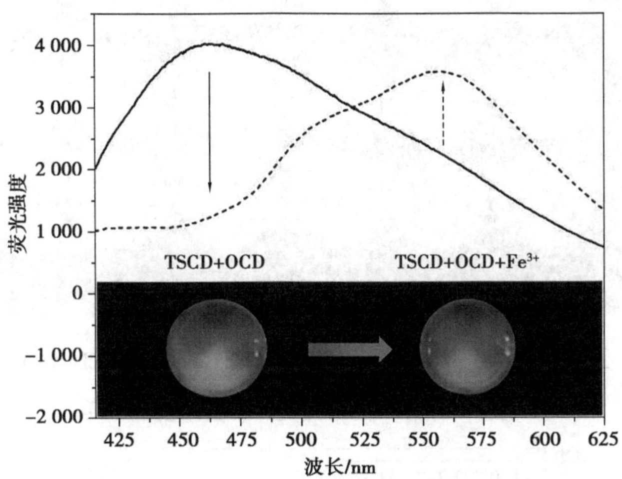

图 3.32　TSCD+OCD 体系加入 Fe^{3+} 前后的荧光发射光谱图

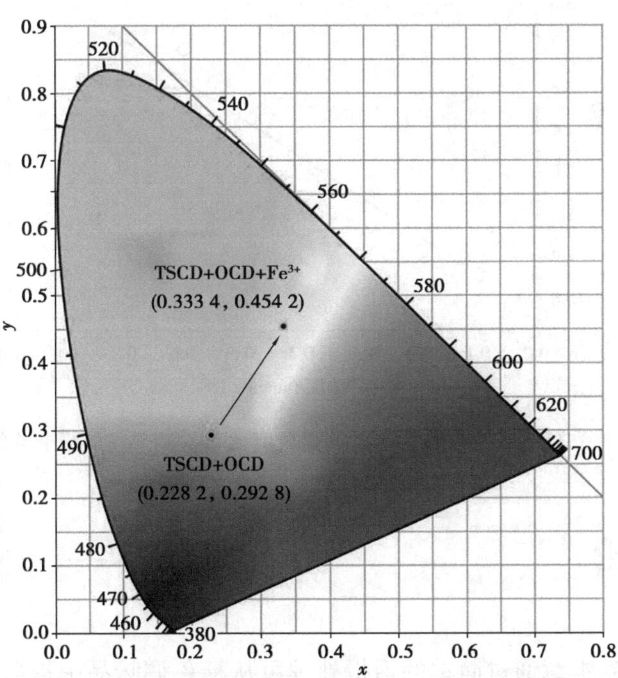

图 3.33　TSCD+OCD 体系加入 Fe^{3+} 前后的 CIE 坐标图（彩图见附录）

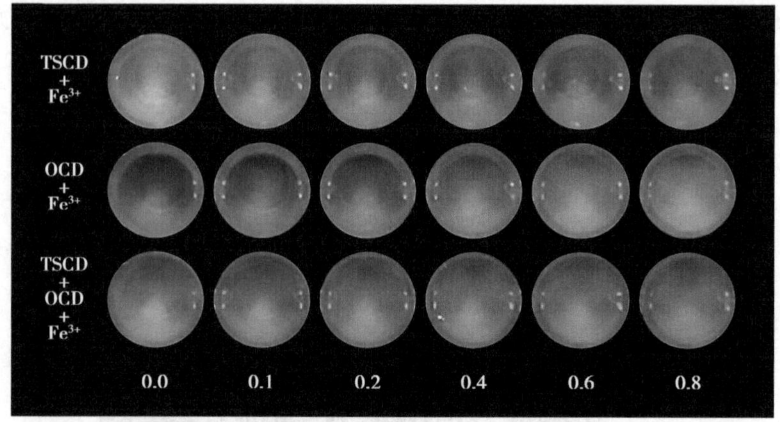

图 3.34　不同 Fe^{3+} 浓度下 TSCD+Fe^{3+}、OCD+Fe^{3+} 和 TSCD+OCD+Fe^{3+} 在紫外暗箱中的荧光图片(彩图见附录)

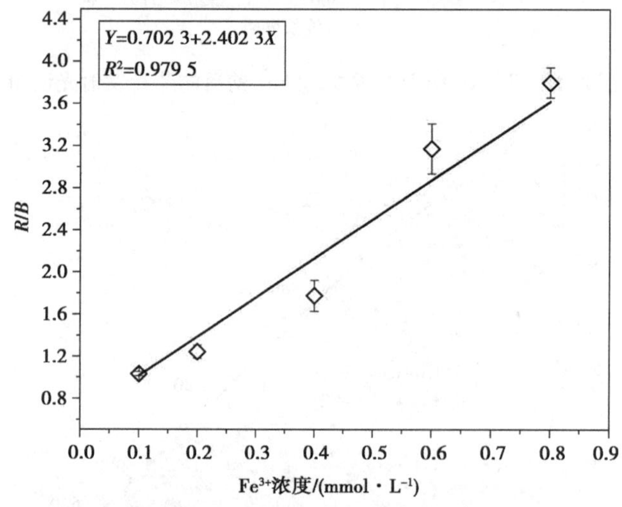

图 3.35　TSCD+OCD 体系荧光色度比率检测 Fe^{3+} 的标准曲线

3.4　结论

综上所述,本章通过简单的透析处理可从糖色调味品中提取到 TSCD,这是一种绿色、简便的 CDs 合成方法。随后发现,TSCD 的荧光可被 Fe^{3+} 猝灭。基于

Benesi-Hildebrand 方程，证明了 TSCD 对 Fe^{3+} 的结合能力远远高于其他金属离子，因此，TSCD 检测 Fe^{3+} 具有较高的专一性。基于此，建立了高选择性、高灵敏度检测 Fe^{3+} 的新方法，并成功应用于实际样品矿泉水中 Fe^{3+} 的检测。此外，基于 Fe^{3+} 对 OCD 的荧光增强效应，构建了一个双色比率荧光可视化传感平台，利用智能手机实现了 Fe^{3+} 的可视化检测。本研究为 CDs 的制备提供了一种绿色合成新方法，并揭示了 CD 对 Fe^{3+} 高度专一性的机理。改进了 CDs 的合成方法，完善了重金属离子的检测方法。

第4章　二氧化锰纳米颗粒介导的碳点荧光开关检测谷胱甘肽及癌细胞识别

4.1　引言

谷胱甘肽(Glu-Cys-Gly,GSH)是一种三肽,在人类健康中发挥着不可替代的作用。谷胱甘肽作为抗氧化剂和解毒剂,通过维持人体内部氧化还原平衡、去除重金属和保护细胞免受自由基的侵害,直接参与一系列生理和代谢过程中。某些疾病,如糖尿病、神经退行性疾病、艾滋病、心脏病和肝损伤等,可能导致人体组织或细胞中 GSH 水平紊乱,因此 GSH 含量成为疾病监测的标志。特别是在癌细胞中发现含量异常高的 GSH,并且过表达的 GSH 可用于区别癌细胞与正常细胞。因此,检测和监控生物体内和细胞中的 GSH 含量具有重要意义。

到目前为止,研究人员已经开发了多种 GSH 检测方法,包括质谱法、高效液相色谱法(High Performance Liquid Chromatography,HPLC)、电化学法、表面增强拉曼散射法、核磁共振(Nuclear Magnetic Resonance,NMR)法、化学发光法、色度法和荧光分析法。荧光分析法因其响应迅速、灵敏度高和多样化的传感模式有利于分析而引起了科研人员的注意,已建立了多种不同原理的荧光法灵敏测定谷胱甘肽。碳点作为一种新型的荧光碳纳米材料,因其具有优异的荧光性能、生物成像性能和低毒性等优点而备受关注。因此,这种新颖的荧光纳米材料可应用于 GSH 的检测。近年来,许多科研人员利用 MnO_2 和 GSH 之间的独特反应,致力于建立以 MnO_2 纳米材料为基础的荧光“turn-on”传感模式检测 GSH 的新方法。以 MnO_2 纳米片修饰的上转换纳米粒子为基础,通过 GSH 刺激的能量转移检测细胞内 GSH 含量已被报道。Cai 等人利用超声法,直接在 CDs 溶液中制得 MnO_2 纳米片,形成荧光纳米复合材料,用于检测人血清样品中的 GSH。He 等人通过静电相互作用将 MnO_2 纳米片与荧光 CDs 结合,建立荧光分析方法检测 GSH。Yang 等人合成了 MnO_2 纳米花,并通过酰胺化反应将 MnO_2 与 CDs 结合,用于 GSH 的检测。Xu 等人建立了用于 GSH 检测的 CDs-MnO_2 纳米平台,并进一步使用具有磁共振活性的 Mn^{2+} 实现了磁共振成像(Magnetic Resonance Imaging,MRI)。此外,科研工作者还用 MnO_2 纳米片构建了铱(Ⅲ)基荧光络合物,通过荧光和磁共振成像双重模式识别 GSH。

本章以 BSA 同时作为模板和还原剂,建立了一种简单、快速合成 MnO_2 纳米颗粒(MnO_2 NPs)的新方法。MnO_2 NPs 通过荧光共振能量转移猝灭碳点的荧光,随后 GSH 通过分解猝灭剂而中止了该过程,从而使得 CDs 的荧光恢复。基于该机理,建立了一种高灵敏度和高选择性检测 GSH 的荧光“turn-on”新方法,并且 MnO_2 NPs-CDs 荧光探针成功应用于人血清样品中 GSH 含量的检测和癌细胞的识别。

4.2 实验部分

4.2.1 试剂与仪器

牛血清白蛋白(BSA,96%)和谷胱甘肽(GSH,98%)购自上海阿拉丁生化科技股份有限公司。高锰酸钾($KMnO_4$,M_w=158.03)和其他试剂均为分析纯试剂,购自天津市科密欧化学试剂有限公司。通过用氢氧化钠溶液或乙酸溶液(均为 0.2 mol/L)滴定 NaAc 溶液(0.2 mol/L)来制备不同 pH 值的 HAc-NaAc

缓冲液(0.2 mol/L)。在实验中使用电阻率为 18.2 MΩ·cm 的去离子水。SMMC-7721 癌细胞、L02 正常细胞和人血清样品均由山西医科大学(中国太原)提供。

在 G2 F20 S-Twin 透射电子显微镜(FEI,美国)上对 MnO_2 NPs 和 CDs 进行透射电子显微镜分析(Transmission Electron Microscope,TEM),用于研究材料的形貌。使用 Nano-ZS90 激光粒度仪(Malvern,英国)进行 DLS 和 Zeta 电位测试,以测量所制备的 MnO_2 NPs 的尺寸分布以及 CDs、MnO_2 NPs 的表面电荷。在 AXIS ULTRA DLD 电子能谱仪(Kratos,英国)上用单色 Al Kα 辐射源,通过 X 射线光电子能谱测定了产物的元素组成和化学状态。在 900 T 原子吸收光谱仪(PerkinElmer,美国)上测量 MnO_2 NPs 中 Mn 元素的含量。在 F-7000 荧光分光光度计(Hitachi,日本)上记录了光致发光光谱。在爱丁堡 FLS 1000 寿命和稳态光谱仪(Edinburgh,英国)上测量加入 MnO_2 NPs 前后 CDs 的荧光寿命。在 TU-1901 紫外-可见分光光度计(普析,中国)上记录紫外-可见吸收光谱。在 FV 1000 共聚焦激光扫描显微镜(Olympus,日本)上进行细胞成像测试。

4.2.2 MnO_2 NPs 与 CDs 的合成

将 $KMnO_4$ 加入牛血清白蛋白溶液中,以 $KMnO_4$ 为原料合成 MnO_2 NPs。称取 50 mg 牛血清白蛋白粉末溶解在 9 mL 去离子水中,形成澄清溶液。随后,在搅拌状态下,将 1 mL 10 mmol/L 的 $KMnO_4$ 溶液逐滴加入 BSA 溶液中。该反应在室温下进行,并持续搅拌 3 min,直至得到棕色混合溶液,然后,将所得溶液以 10 000 r/min 离心 10 min。最后,将上清液用去离子水透析 48 h 以去除未反应的物质,储存在 4 ℃下以备后续使用。通过原子吸收光谱法测量 Mn 元素含量,并根据质量守恒定律计算所制备的 MnO_2 NPs 的浓度。

CDs 按照之前文献报道过的方法合成。称取 3 g 柠檬酸和 3 g 尿素,溶解在 10 mL 去离子水中,并将混合溶液在家用 750 W 微波炉中加热 5 min,获得深棕色固体,然后将固体转移到马弗炉中,在 60 ℃下加热 1 h,以去除残留的小分子。最后,溶解固体并以 3 000 r/min 离心 20 min 后获得 CDs 溶液。通过冷冻干燥获得 CDs 固体,称重后制备 CDs 溶液以备使用。

4.2.3　GSH 检测

GSH 检测在室温、HAc-NaAc 缓冲溶液(0.2 mol/L,pH=5.0)中进行。将 50 μL 的 CDs 溶液加入 650 μL 缓冲液中,然后加入 200 μL 的 MnO_2 NPs,随后将 100 μL 不同浓度的 GSH 加入上述溶液中(最终浓度:CDs 为 3 μg/mL,MnO_2 NPs 为 15 μg/mL)。反应 120 min 后记录相应的荧光发射光谱。灵敏度和选择性实验均平行进行 3 次。所有荧光测试都在相同的条件下进行:激发波长为 360 nm;激发和发射狭缝宽度均为 5 nm。人血清样品在使用前以 10 000 r/min 离心 10 min。将 100 μL 上清液加入含有 CDs(3 μg/mL)、MnO_2 NPs(15 μg/mL)和 GSH(1、50、90 μmol/L)的缓冲液中,保持最终体积为 1 mL。反应 120 min 后,在上述条件下测量荧光强度,并计算人血清样品中 GSH 的含量和回收率。

4.2.4　体外细胞毒性测定

采用 MTT(噻唑蓝)法检测 CDs-MnO_2 NPs 探针对 SMMC-7721 细胞的细胞毒性。将细胞接种在 96 孔板中,在 37 ℃和 5% CO_2 下,在含有 10% 胎牛血清(Fetal Bovine Serum, FBS)、50 mg/mL 青霉素和 50 mg/mL 链霉素的 Dulbecco 改良的 Eagle 培养基(DMEM)中培养。孵育 24 h 后,将培养基中不同浓度(0～50 μg/mL)的 CDs-MnO_2 NPs 加入每个孔中,然后孵育 24 h。随后将 MTT 溶液(0.5 mg/mL)引入每个孔中,再孵育 4 h,最后,使用酶联免疫吸附测定(Enzyme Linked Immunosorbent Assay,ELISA)读取器测量悬浮液在 490 nm 处的吸光度。

4.2.5 细胞成像

为了进一步研究 CDs-MnO_2 NPs 探针区分正常细胞和癌细胞的能力，将 SMMC-7721 癌细胞和 L02 正常细胞接种到 35 mm 培养皿中并培养 12 h。成像前，先用新鲜培养基预处理细胞，并用 PBS 溶液洗涤 3 次，再与 CDs-MnO_2 NPs（32 μg/mL）孵育 3 h。为了降低活细胞中的 GSH 浓度，在 CDs-MnO_2 NPs 孵育前，先用 N-乙基马来酰亚胺（NEM，400 μmol/L）分别处理两种细胞各 20 min。进一步用 PBS 溶液（0.01 mol/L，pH = 7.4）洗涤细胞，随后在室温下进行细胞成像。

4.3 结果与讨论

4.3.1 MnO_2 NPs 与 CDs 的合成与表征

通过混合 $KMnO_4$ 和 BSA 溶液，基于原位氧化还原反应制得 MnO_2 NPs，BSA 在该过程中同时发挥着模板和还原剂的双重作用。据报道，BSA 分子中存在具有还原性的氨基酸残基（如—NH_2、—SH、—OH 等）。$KMnO_4$ 分子在这些活性位点周围被还原成 MnO_2，并在蛋白上逐渐生长，从而获得 BSA 模板化的 MnO_2 NPs。其反应式为：

$$\text{BSA(Red)} + KMnO_4 + H_2O \longrightarrow MnO_2/\text{BSA(Ox)} + K^+ + OH^-$$

如图 4.1 所示为 BSA 基二氧化锰纳米颗粒的合成示意图，当 $KMnO_4$ 溶液颜色变为棕色时，表明 MnO_2 NPs 已成功制备。图 4.2 所示为反应体系前后的照片，从图中可知，反应前高锰酸钾的紫红色（左）在与 BSA 反应后变为棕色（右）。

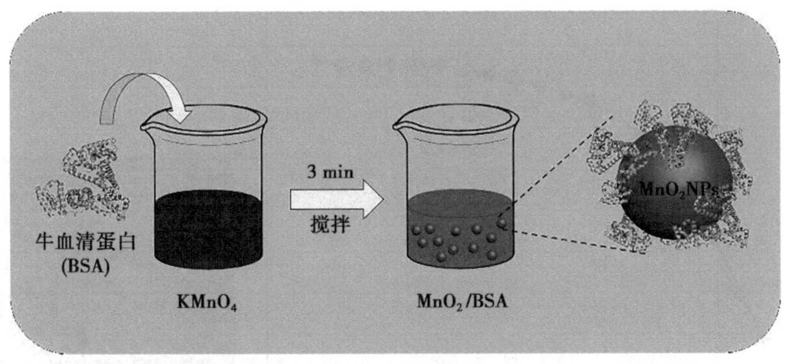

图 4.1　BSA 基二氧化锰纳米颗粒的合成示意图(彩图见附录)

图 4.2　反应体系前后的照片(彩图见附录)

基于上述氧化还原反应,生成的 OH^- 会导致溶液的 pH 值增大。如图 4.3 所示,随着反应时间的推移,反应体系的 pH 值逐渐增大,并在 180 s 后基本保持不变,表明该氧化还原反应已基本完成。图 4.4 所示为 MnO_2 NPs 的 TEM 图,从图中可观察到均匀分散的纳米颗粒。图 4.5 所示为 MnO_2 NPs 的纳米粒度分布图,计算可得该纳米颗粒的平均粒径为 3.6 nm。MnO_2 NPs 的 HRTEM 如图 4.6 所示,从图中可观察到明显的晶格条纹,该晶格条纹宽约为 3.5 Å,能够与 α-MnO_2 的(220)面很好吻合。

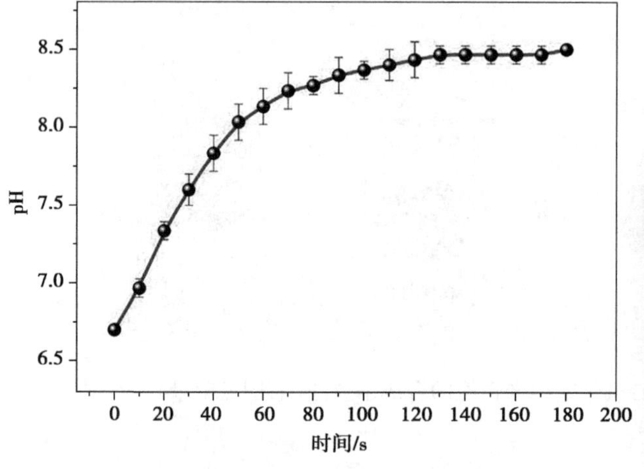

图 4.3　不同时间下反应体系的 pH 值

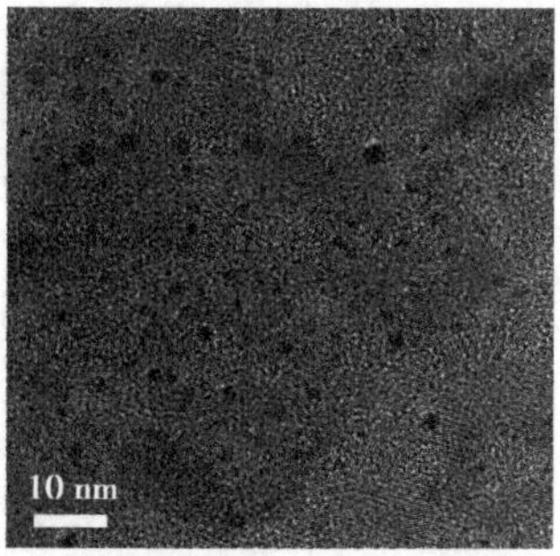

图 4.4　MnO_2 NPs 的 TEM 图

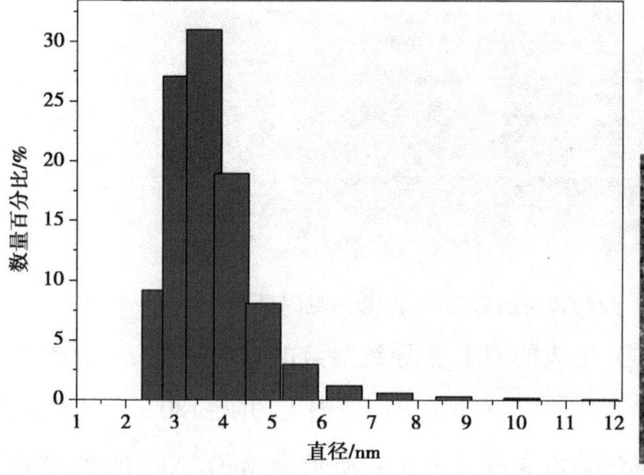

图 4.5　MnO_2 NPs 的纳米粒度分布图

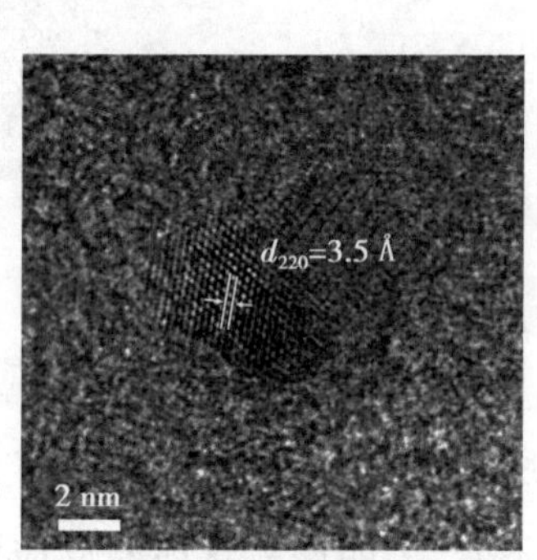

图 4.6　MnO_2 NPs 的 HRTEM 图

通过 XPS 技术测定 MnO_2 NPs 的组成元素，并将其谱图列于图 4.7 中。XPS 全谱图［图 4.7(a)］表明该纳米材料主要由锰、氧、氮和碳 4 种元素组成。其中，碳、氮和一部分的氧元素来自 BSA。Mn 2p 的 XPS 分峰谱图［图 4.7(b)］可分为 653.6 和 641.9 eV 两个峰，分别代表 Mn $2p_{(1/2)}$ 和 Mn $2p_{(3/2)}$。O 1s 的 XPS 分峰谱图如图 4.7(c)所示，可分为 532.5、531.5 和 530.8 eV 处的分峰，分别代表 H—O—H、Mn—O—H 和 Mn—O—Mn。上述分析结果表明了 MnO_2 NPs 的成功制备。

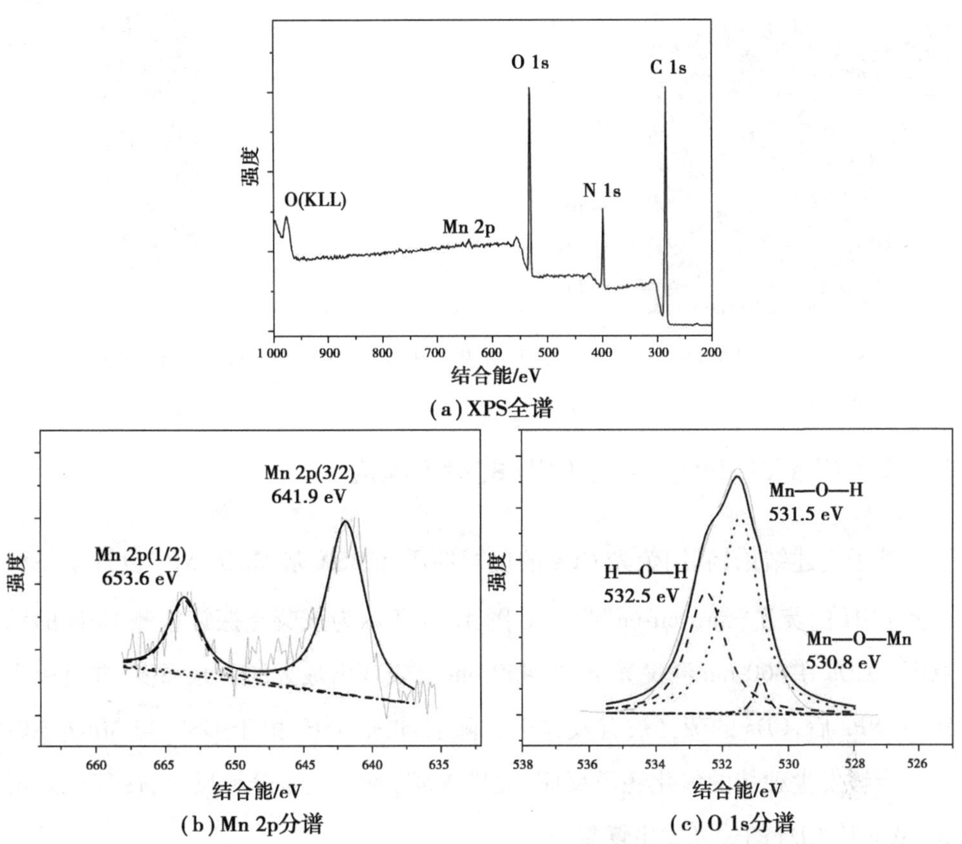

(a) XPS全谱

(b) Mn 2p分谱

(c) O 1s分谱

图 4.7　MnO_2 NPs 的 XPS 谱图

图 4.8 所示为 CDs 的 TEM 图,图 4.9 为 CDs 和 MnO_2 NPs 的 Zeta 电位图。结果表明,CDs 的 Zeta 电位为+0.95 mV。这是因为氮原子通过原材料尿素掺杂在 CDs 中,材料中氮原子在水溶液中质子化,使 CDs 带正电。MnO_2 NPs 的 Zeta 电位为-12.87 mV,这是因为 MnO_2 在水溶液中的表面存在 $Mn—O^-$ 基团,使得 MnO_2 NPs 带负电。带正电的物质与带负电的物质基于静电作用而结合,因此,CDs 与 MnO_2 NPs 能够通过静电作用发生很好的结合。

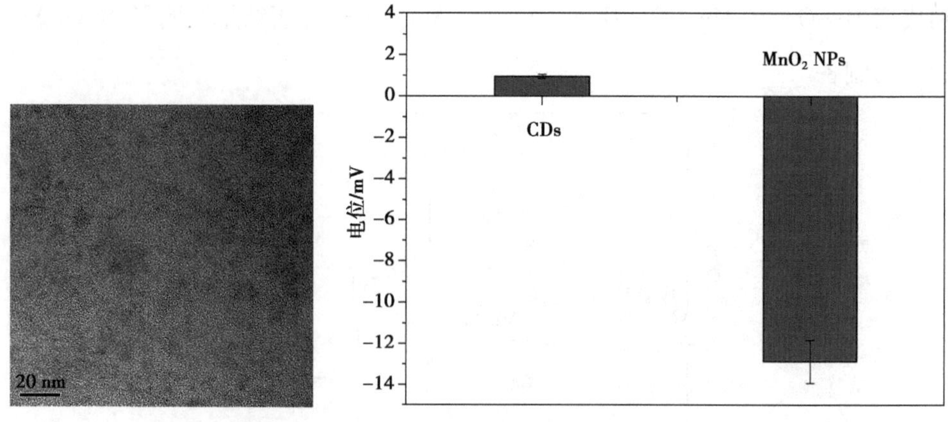

图 4.8　CDs 的 TEM 图　　　图 4.9　CDs 和 MnO_2 NPs 的 Zeta 电位图

4.3.2　CDs 对 MnO_2 NPs、GSH 的荧光响应

基于上述结论，利用荧光 CDs 的优异性质和 BSA 基 MnO_2 NPs 设计了一种检测 GSH 的荧光“turn-off-on”探针。图 4.10 所示为该荧光探针检测 GSH 的示意图。CDs 在 360 nm 激发光下，在 450 nm 处表现出最大的荧光强度，并且引入 MnO_2 NPs 后，CDs 的荧光被有效猝灭。随后加入 GSH，由于 GSH 与 MnO_2 NPs 之间能够发生独特的氧化还原反应，促进 MnO_2 NPs 发生分解反应，使猝灭剂消失，从而使 CDs 的荧光发生恢复。

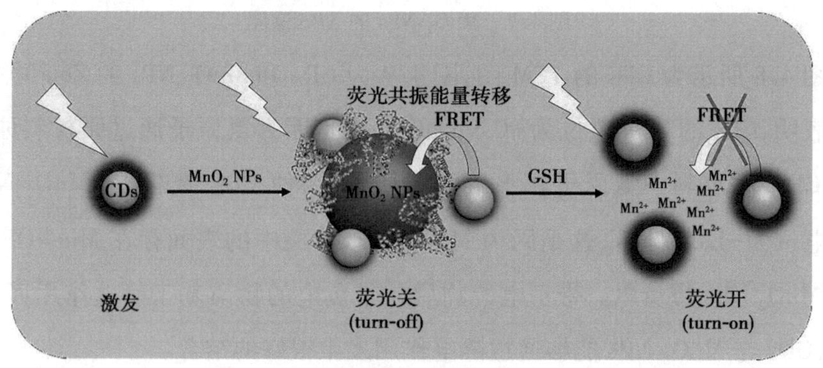

图 4.10　CDs-MnO_2 NPs 荧光探针检测 GSH 的示意图

图 4.11 所示为 CDs、CDs + MnO_2 NPs、CDs + MnO_2 NPs + GSH 和 CDs + GSH NPs 的荧光光谱曲线，可以清楚地观察到荧光“turn-on-off”现象。为研究该荧光猝灭机理，分别测试了 CDs 的荧光光谱图与 MnO_2 NPs 的紫外-可见吸收光谱图。将二者重叠后如图 4.12 所示，发现两个光谱图存在有效的光谱重叠。随后测试了加入 MnO_2 NPs 前后的 CDs 的荧光寿命，荧光衰减光谱图如图 4.13 所示，并将多指数拟合结果列于表 4.1。结果表明，加入 MnO_2 NPs 后，CDs 的荧光寿命由 9.24 ns 降至 7.44 ns。

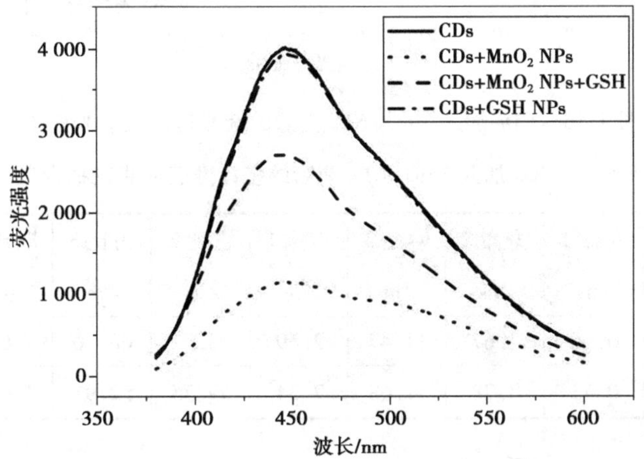

图 4.11　CDs、CDs+MnO_2 NPs、CDs+MnO_2 NPs+GSH 和 CDs+GSH NPs 的荧光光谱曲线图

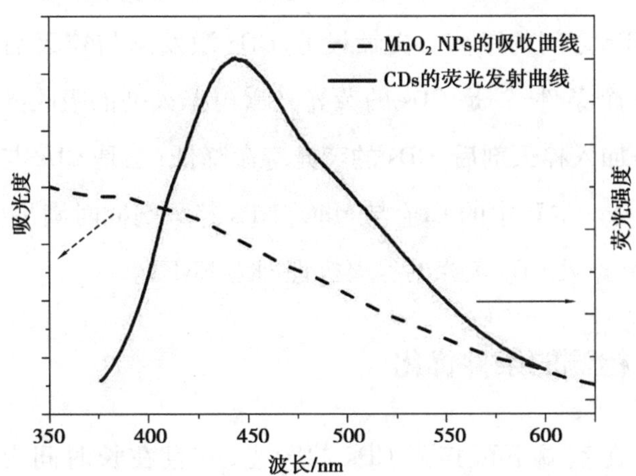

图 4.12　CDs 的荧光光谱图与 MnO_2 NPs 的紫外-可见吸收光谱图

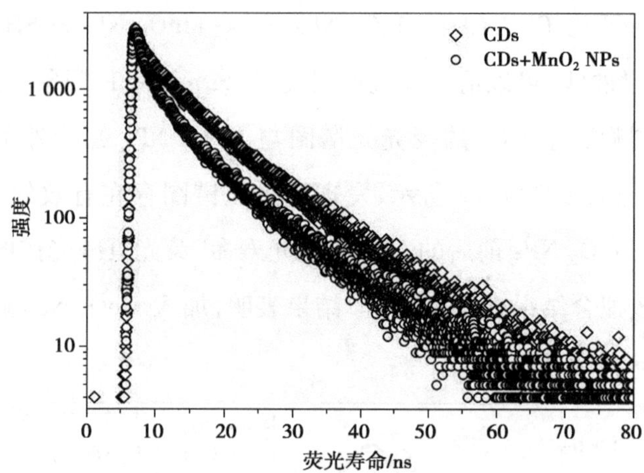

图 4.13　CDs 加入 MnO_2 NPs 前后的荧光寿命衰减光谱图

表 4.1　CDs 加入 MnO_2 NPs 前后的多指数荧光衰减拟合表

种类	寿命 1 /ns	寿命 2 /ns	寿命 3 /ns	占比 1 /%	占比 2 /%	占比 3 /%	拟合度 χ^2	平均寿命 /ns
CDs	0.66	4.67	11.47	2.59	28.71	68.70	1.041	9.24
CDs+MnO_2 NPs	0.73	3.78	11.68	7.34	39.75	52.91	1.007	7.74

结合上述 CDs 和 MnO_2 NPs 的 Zeta 电位结果分析，静电吸引作用缩短了 CDs 与 MnO_2 NPs 之间的距离。文献报道，CDs 激发态与猝灭剂基态之间发生 FRET 需满足 3 个条件：一是 CDs 的荧光光谱与猝灭剂的吸收光谱发生有效的光谱重叠；二是加入猝灭剂后，CDs 的荧光寿命降低；三是 CDs 与猝灭剂之间的距离为 1 ~ 100 Å。本章中的 CDs 与 MnO_2 NPs 猝灭剂同时满足上述 3 个条件，因此，MnO_2 NPs 猝灭 CDs 荧光的猝灭机理即为 FRET。

4.3.3　GSH 检测的条件优化

MnO_2 NPs 在室温下可猝灭 CDs 的荧光，并且在长时间内保持不变(图 4.14)，表明在室温下 MnO_2 NPs 与 CDs 形成了非常稳定的复合物。因此，检测精密度不会受环境的影响。本章采用 200 μL MnO_2 NPs 作为猝灭剂，最终在溶液中的实际浓度为 15 μg/mL。随后探讨了时间和溶液 pH 值对 GSH 恢复 CDs 荧光的影响。图 4.15(a)所示为荧光恢复效率($\Delta F/F_0$)与 GSH 加入时间的关系图，图 4.15(b)为相应 GSH 加入时间下的荧光光谱图，可观察到 GSH 与 MnO_2 NPs 的反应在 120 min 后达到稳定，其荧光光谱图也支持该结论。

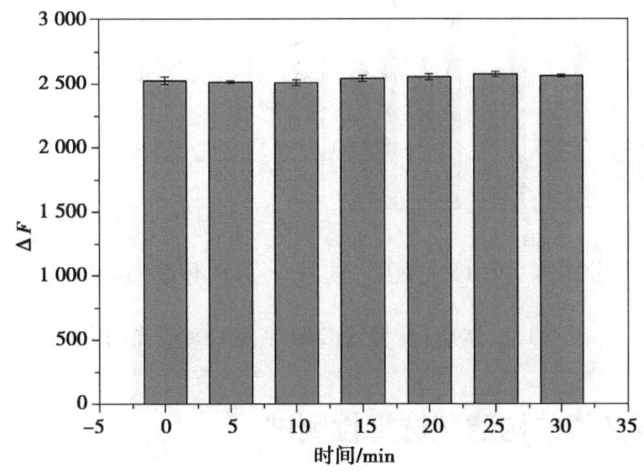

图 4.14　不同时间下 CDs 被 MnO_2 NPs 猝灭后的荧光强度

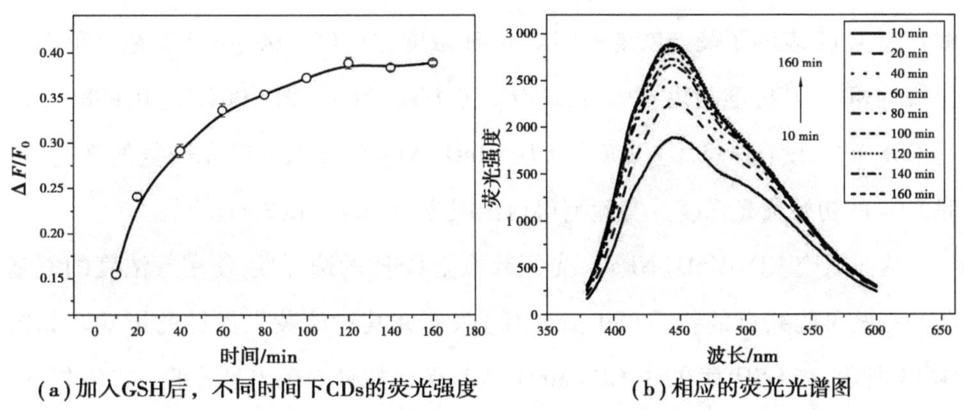

(a)加入GSH后，不同时间下CDs的荧光强度　(b)相应的荧光光谱图

图 4.15　时间对 GSH 恢复 CDs 荧光的影响

此外，配制了一系列不同 pH 值的 HAc-NaAc 缓冲溶液，以探究 pH 值对该荧光体系的影响。图 4.16(a)所示为 CDs、CDs+MnO_2 NPs、CDs+MnO_2 NPs+GSH 在 pH 值 2～7 中的荧光强度，图 4.16(b)所示为相应的荧光恢复效率。结

果表明，在 pH=5 的环境中，CDs-MnO_2 NPs 荧光探针检测 GSH 的荧光恢复效率达到最大，这是因为 CDs 具有 pH 值依赖的荧光发射特性和 MnO_2 在 pH=5 的环境中表现出的强氧化能力共同作用的结果。

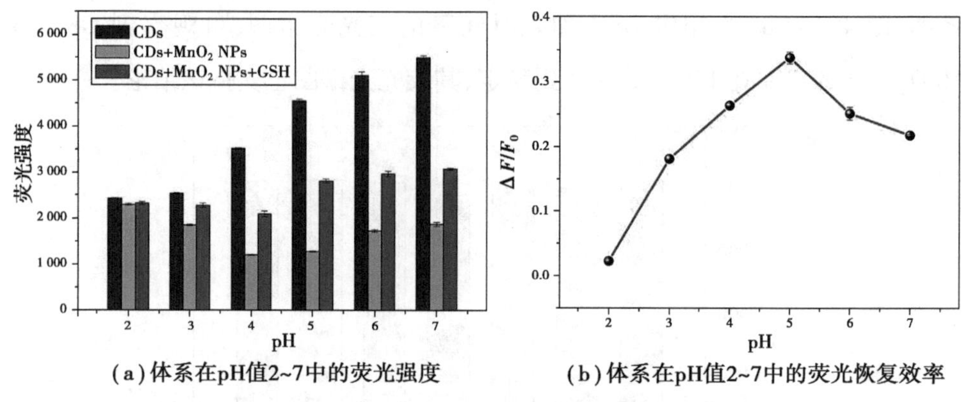

(a)体系在pH值2~7中的荧光强度　(b)体系在pH值2~7中的荧光恢复效率

图 4.16　体系 pH 值对 GSH 恢复 CDs 荧光的影响

4.3.4　标准曲线的构建和选择性测试

在最佳反应条件下，为检测 GSH 而构建了 $\Delta F/F_0$ 与 GSH 浓度的标准曲线。图 4.17 表明了荧光恢复效率与 GSH 浓度在 0.05～90 μmol/L 浓度范围内呈线性相关，其标准曲线方程为 $\Delta F/F_0=0.004\ 93C+0.015\ 06$($R^2=0.998\ 4$)，$C$ 是 GSH 的浓度(μmol/L)，ΔF 是 CDs-MnO_2 NPs 荧光探针荧光恢复的强度，F_0 是 CDs 的初始荧光强度。实验测得检出限为 39 nmol/L(3σ)。

为了研究 CDs-MnO_2 NPs 荧光探针检测 GSH 的选择性，使用等浓度的氨基酸和一些可能共存的物质(80 μmol/L)来研究其对该荧光探针的影响。如图 4.18 所示，在 GSH 存在时，CDs-MnO_2 NPs 荧光探针表现出显著的荧光恢复，而其他物质则没有表现出相同的现象。值得注意的是，Hcy 和 Cys 也在一定程度上对 CDs-MnO_2 NPs 荧光探针表现出荧光恢复，这是因为 GSH、Hcy 和 Cys 三者都存在硫醇结构。但在细胞中，Hcy 和 Cys 的含量远远低于 GSH 的含量，并且有相关文献报道，GSH 的浓度大约是 Hcy 和 Cys 的 1 000 倍。我们还对 Hcy 和

Cys 的荧光干扰进行了对比实验，其中 Hcy 和 Cys 的浓度是 GSH 的千分之一。图 4.19 表明低浓度的 Hcy 和 Cys 并不影响 GSH 的检测，因此，可以忽略 Hcy 和 Cys 对 GSH 检测的影响。CDs-MnO_2 NPs 荧光探针检测 GSH 表现出良好的选择性。

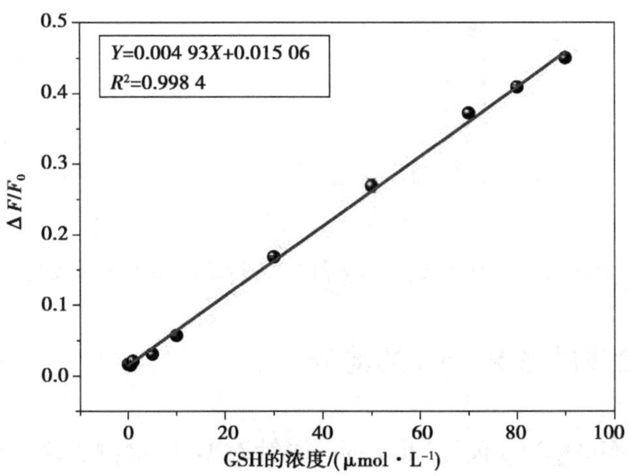

图 4.17　GDs-MnO_2 NPs 荧光探针检测 GSH 的标准曲线

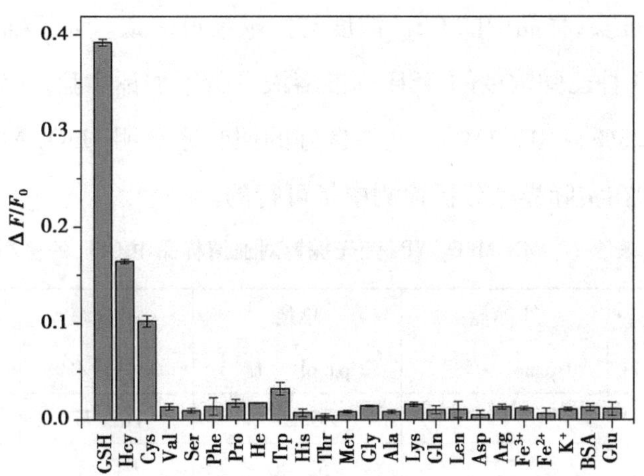

图 4.18　CDs-MnO_2 NPs 荧光探针检测 GSH 的选择性

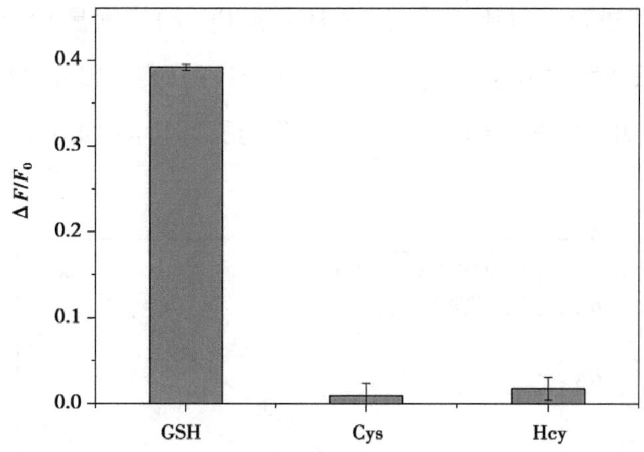

图 4.19　千分之一 GSH 浓度的 Hcy 和 Cys 对 CDs-MnO_2 NPs 荧光探针的干扰

4.3.5　人血清样品中 GSH 的检测

由于 CDs-MnO_2 NPs 荧光"turn-on"探针对 GSH 检测表现出优异的灵敏度和选择性,我们将该荧光探针应用于人血清样品中 GSH 的检测。测定结果见表 4.2。结果证实,样品中的 GSH 浓度与文献报道一致。为了确保该方法的准确性,我们对 3 种已知浓度的 GSH 标准溶液进行了加标实验,并计算了回收率。回收率为 94.28% ~102.77%。这一良好的回收率表明 MnO_2 NPs 介导的荧光"turn-on"探针在实际样品分析检测中是可行的。

表 4.2　CDs-MnO_2 NPs 荧光探针对血清样品中 GSH 的检测

样品中浓度 /(μmol·L^{-1})	加标量 /(μmol·L^{-1})	总量 /(μmol·L^{-1})	回收率 (n=6)/%	相对标准偏差 (n=6)/%
5.26	1	6.29	102.77	2.33
	50	52.40	94.28	1.38
	90	96.78	101.69	1.08

4.3.6　特异性识别癌细胞

图 4.20 测定了不同浓度的 CDs-MnO_2 NPs 孵育后的 SMMC-7721 细胞活性，以此来研究 CDs-MnO_2 NPs 的细胞毒性。结果表明，CDs-MnO_2 NPs 荧光探针的细胞毒性非常低。

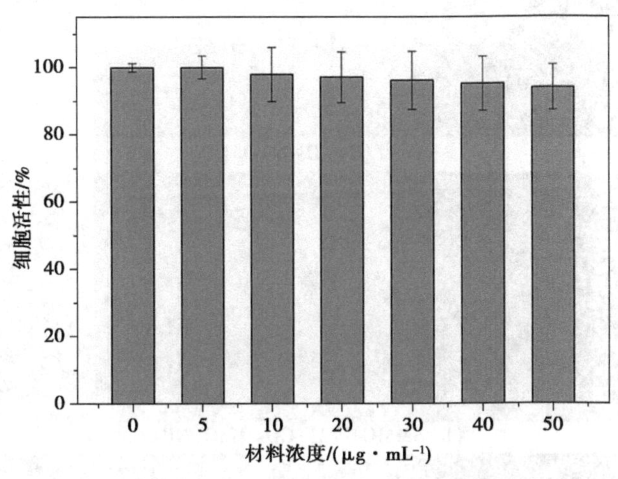

图 4.20　CDs-MnO_2 NPs 的细胞毒性

因为癌细胞与正常细胞中 GSH 水平有着显著差异，可将 MnO_2 NPs 介导的荧光"turn-on"传感模型应用于细胞成像中，用于特异性识别癌细胞。图 4.21 分别记录了 L02 正常细胞与 SMMC-7721 癌细胞的激光扫描共聚焦显微镜(Confocal Laser Scanning Microscope, CLSM)图像并进行对比。图 4.21(a)为 CDs-MnO_2 NPs 孵育的 L02 正常细胞的激光扫描共聚焦显微镜图像，图 4.21(b)为 CDs-MnO_2 NPs 孵育的 SMMC-7721 癌细胞的激光扫描共聚焦显微镜图像，可以在 SMMC-7721 癌细胞中明显观察到强烈的蓝色荧光，而 L02 正常细胞中并没有观察到类似现象。结果表明，癌细胞中高水平的 GSH 使得 CDs-MnO_2 NPs 荧光探针的荧光得到恢复。为进一步探究细胞间 GSH 水平的影响，在用 CDs-MnO_2 NPs 处理之前，先将 GSH 清除剂 N-乙基马来酰亚胺(N-ethylmaleimide, NEM)添加到两个细胞样品中。如图 4.21(c)、(d)所示，NEM 处理后，癌细胞的荧光信号明显减弱，而正常细胞仍不明显。这是因为 NEM 处理后，细胞内的 GSH 水平显著下降，使荧光恢复不明显。上述结果表明，MnO_2 NPs 介导的荧光 "turn-on"模型可以从正常细胞中特异性识别癌症细胞。

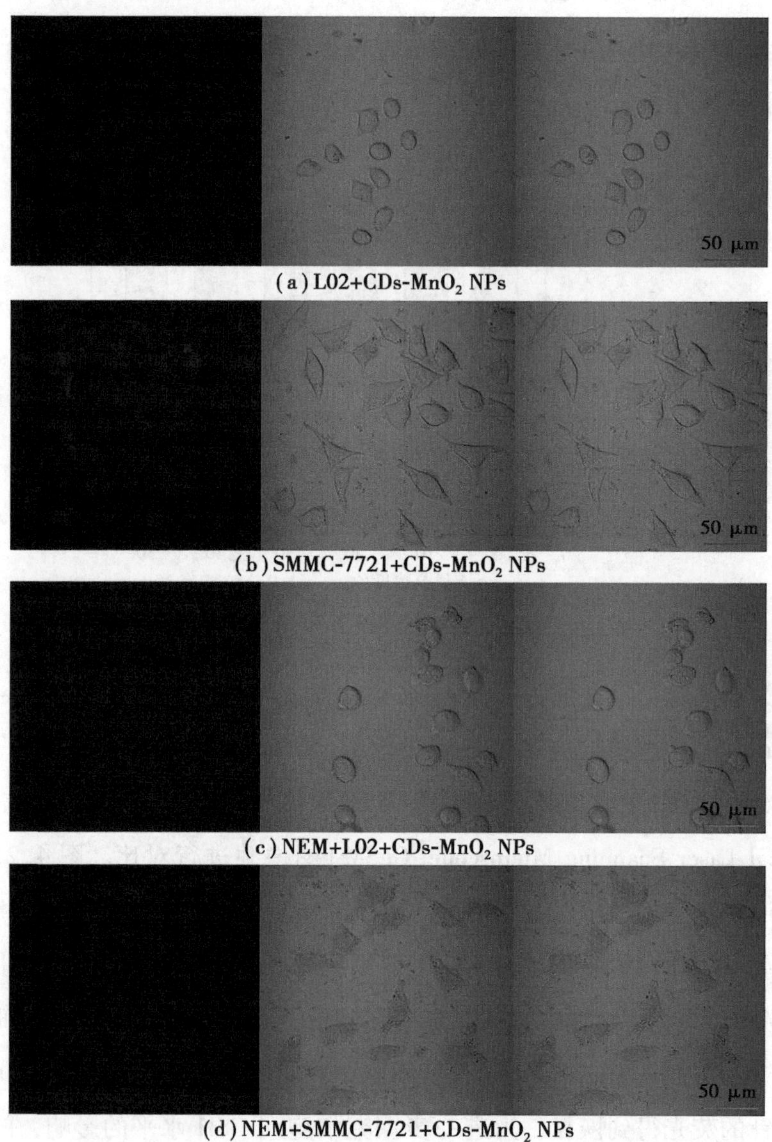

图 4.21 L02 正常细胞与 SMMC-7721 癌细胞和 CDs-MnO_2 NPs 孵育后的共聚焦激光扫描显微镜图像

4.4　结论

本章通过混合 $KMnO_4$ 和 BSA 溶液，基于原位氧化还原反应制得 MnO_2 纳米颗粒。这些纳米颗粒通过静电作用与 CDs 结合，基于 FRET 荧光猝灭机理使 CDs 荧光猝灭，进而建立了 MnO_2 介导的荧光“turn-on”模型，用于 GSH 的检测和癌细胞的特异性识别。该荧光传感方法具有优异的灵敏度和选择性，并已应用于人血清样品中 GSH 含量的检测，获得了令人满意的线性范围和较高的荧光恢复率。在癌细胞中观察到的明亮荧光有助于区分正常细胞与癌细胞。MnO_2 纳米颗粒介导的荧光“turn-on”传感模型在实际生物分析化学中具有巨大的应用潜力和广阔的发展前景。

第 5 章　碳点-二氧化锰纳米复合材料的构筑及荧光点亮型检测谷胱甘肽

5.1　引言

硫醇是生物体内不可或缺的分子，在维持生物氧化还原稳态方面发挥着至关重要的作用。谷胱甘肽（Glutathione，GSH）作为细胞中最丰富的非蛋白硫醇（浓度为 1～10 mmol/L），被认为是对抗活性氧的最佳防御手段，并在病理条件下发挥着关键作用。事实证明，许多疾病（如获得性免疫缺陷综合征、人类免疫缺陷病毒、阿尔茨海默病、心脏病、糖尿病等）都与 GSH 含量异常有关。更重要的是，有文献报道肿瘤细胞与健康细胞的 GSH 含量存在显著差异，GSH 的过表达可以用于癌症的诊断。因此，监测生物系统中谷胱甘肽的含量具有重要意义。

MnO_2 纳米材料因具有制备成本低、表面积大、摩尔吸光系数大、生物相容性好等优点，吸引了许多科研人员的关注。特别是，MnO_2 纳米材料在人体内可分解为无毒的 Mn^{2+}，可通过肾脏排出，证明了 MnO_2 不会对人体健康造成危害。在这个背景下，因其优异的光学吸收和电子转移性能，MnO_2 纳米材料已被广泛用作荧光纳米传感器检测分析物。目前，已经研究和开发了包括碳点、金纳米簇、铜纳米簇、金属络合物、氮化硼量子点、二氧化硅纳米球和上转换纳米颗粒，与 MnO_2 纳米材料集成，构建荧光纳米传感体系，其中 MnO_2 纳米材料起到了荧光猝灭剂的作用。

对于 MnO_2 纳米传感器检测 GSH，MnO_2 纳米材料不仅诱导荧光猝灭，而且通过其独特的氧化还原反应还提供了 GSH 的识别功能。自首次报道利用 MnO_2 纳米片和上转换纳米材料系统检测细胞内 GSH 含量以来，各种 MnO_2 纳米材料已被用于构建体内或体外 GSH 刺激的荧光"turn-off-on"传感器。为了产生有效的荧光猝灭，MnO_2 和荧光材料需保持在较短的距离内。因此，静电相互作用和化学键合是构建以 MnO_2 为基础的纳米传感器所需要关注的问题。已有文献报道，通过静电吸收和酰胺化反应将碳点与 MnO_2 纳米材料结合用于 GSH 的荧光检测。同样，荧光 AgNPs 也能够通过静电作用与 CPs@ MnO_2 结合并用于 GSH 的检测。此外，还研究了 MnO_2 纳米材料与荧光材料的直接杂化，将 MnO_2 纳米材料固定在荧光材料表面形成纳米复合材料。例如，将高锰酸钾直接引入碳点、g-C_3N_4 纳米片和金属有机骨架中，构建 GSH 响应纳米复合材料，并应用于 GSH 传感。然而，静电吸附法和化学键合法都需要对材料进行必要的表面修饰，因此，简单、便捷的原位合成法备受关注。但在原位反应中，MnO_2 的合成通常需要高温、高压或较长的反应时间等严格的条件，而且制备得到的纳米复合物大多是纳米片结构。

本章中，以 $KMnO_4$ 为原料，利用聚烯丙胺盐酸盐（PAH）辅助，在超声作用下，通过原位氧化还原反应合成了 GQDs 包裹 MnO_2 纳米复合材料。因为 GQDs 的薄层结构与 PAH 诱导的静电聚集导致了材料堆叠，并最终形成了独特的方盘状 MnO_2 纳米复合物。由于荧光共振能量转移，GQDs 的荧光被 MnO_2 猝灭。随后加入 GSH，促进了 MnO_2 的分解，进而使 GQDs 的荧光恢复。因此，有望建立一种在体内/体外检测 GSH 的荧光"turn-off-on"传感方法。本章中，在 PAH 的帮助下，通过简单、便捷的原位氧化还原反应制得 MnO_2 纳米材料，该反应在开放环境下，15 min 即可完成，无须复杂的反应设备，避免了复杂的反应环境。此外，MnO_2 纳米材料直接在 GQDs 上形成了方盘状纳米复合物。通过便捷的原位合成方法制备得到了新奇形貌的 MnO_2 纳米复合物，这一拓展，为日后合成以 MnO_2 为基础的纳米传感器提供新的合成思路，避免了复杂的修饰和连接。

5.2 实验部分

5.2.1 试剂与仪器

谷胱甘肽(GSH,98%)、聚丙烯胺盐酸盐(PAH,95%)和柠檬酸(99.8%,优级纯)购于上海阿拉丁生化科技股份有限公司。分析纯级别的高锰酸钾($KMnO_4$)来自天津市科密欧化学试剂有限公司。用等浓度的 NaOH 或 HCl 溶液滴定 NaAc 溶液至所需的 pH 值,制备浓度为 0.02 mol/L 的 HAc-NaAc 缓冲液。本研究使用的细胞样品来自山西医科大学(中国太原),人血清样品来自山西医科大学一名健康志愿者。

采用美国 FEI 公司的 G2 F20 S-Twin 透射电镜对 GQDs 和 GQDs-MnO_2 纳米复合材料的形貌进行了研究。采用 JSM-7200F 透射电镜(JOEL,日本)对 GQDs-MnO_2 纳米复合材料进行扫描电镜测试。采用 Nano-ZS90 激光粒度仪(Malvern,英国)对产品进行 DLS 粒度分布测试。采用 AXIS ULTRA DLD 电子能谱仪(Kratos,英国)研究了 GQDs-MnO_2 纳米复合材料的化学元素组成和表面状态。产品的紫外-可见光谱在中国普析 TU-1901 紫外-可见光谱仪上测量。荧光发射光谱用 F-7000 荧光光谱仪(Hitachi,日本)记录,荧光寿命测试在 FLS 1000 寿命和稳态光谱仪(Edinburgh,英国)上测试。使用 LSM-880 共聚焦激光扫描显微镜(Zeiss,德国)进行细胞成像。

5.2.2 GQDs 和 GQDs-MnO_2 纳米复合材料的合成

石墨烯量子点的合成方法参考了已经报道的文献,并做了相应修改。首先,称取 2 g 柠檬酸粉末置于 50 mL 烧杯中,并将其放置在加热套上。在 200 ℃下加热 30 min 后,得到橙色液体,表明 GQDs 形成,其次,加入 100 mL 浓度为

10 mg/mL 的 NaOH 溶液以溶解反应产物。最后，将溶液在去离子水中透析 48 h，并通过冷冻干燥制得 GQDs 固体粉末。

通过超声波还原 $KMnO_4$，合成了 GQDs-MnO_2 纳米复合材料。首先，在超声清洗机中，将 500 μL PAH（40 mg/mL）滴入 0.5 mL 的 GQDs 溶液中。加入 PAH 后，溶液开始变混浊，其次，加入 1 mL 浓度为 3.5 mg/mL 的 $KMnO_4$ 溶液，反应 15 min，整个过程均进行超声波处理。最后，紫色混合物恢复澄清并逐渐变成棕色，标志着 GQDs-MnO_2 纳米复合材料的形成。将得到的溶液在去离子水中透析 48 h，并在 4 ℃下保存，以备后续使用。

5.2.3　GSH 的荧光响应

在室温下，将 30 μL GQDs-MnO_2 纳米复合溶液加入 870 μL pH = 3 的 HAc-NaAc 缓冲液中，然后加入 100 μL 不同浓度的 GSH 溶液或缓冲液（作为空白对照）到上述混合溶液中。反应 30 min 后，记录相应的荧光发射光谱。实验均在相同的测量参数下进行：激发波长为 360 nm，激发和发射狭缝宽为 5 nm。实际样品测定时，人血清样品在 10 000 r/min 下离心，并稀释 300 倍。将 30 μL GQDs-MnO_2 纳米复合溶液加入 900 μL 缓冲液中，再加入 100 μL 的人血清上清液，然后加入标准浓度（3、25、45 μmol/L）的 GSH，反应 30 min 后测定其荧光强度，最后计算人血清样品中 GSH 的含量和该方法的回收率。

5.2.4　体外细胞活性测试

采用 MTT（噻唑蓝）法检测 GQDs-MnO_2 纳米复合材料对 SMMC-7721 细胞的细胞毒性。在最佳条件下，孵育 SMMC-7721 细胞 24 h 后，将不同浓度（0、5、10、20、30、40、50 μg/mL）的 GQDs-MnO_2 纳米复合溶液加入细胞培养液中再孵育 24 h，然后加入浓度为 0.5 mg/mL 的 MTT 溶液。反应 4 h，最后采用酶联免疫吸附法（Enzyme Linked Immunosorbent Assay，ELISA）记录 490 nm 处的吸收强度。

5.2.5 细胞成像

通过细胞成像研究 GQDs-MnO_2 纳米复合材料传感 GSH 和识别癌细胞的能力。首先,将癌细胞(SMMC-7721)和相应的正常细胞(L02)置于培养皿中培养。其次,用 PBS(0.01 mol/L,pH=7.4)溶液洗涤细胞 3 次,孵育 3 h 前,加入 50 μL GQDs-MnO_2 纳米复合材料。最后,用 PBS 溶液再冲洗 3 次,进行成像实验。

5.3 结果与讨论

5.3.1 GQDs 与 GQDs-MnO_2 纳米复合物的表征分析

以柠檬酸为前驱体,通过热解法制得石墨烯量子点。图 5.1 所示为 GQDs 的 TEM 和 HRTEM 图,可通过 HRTEM 图像观察到明显的晶格条纹,约为 0.24 nm,能够很好地与石墨烯的(110)面吻合。为了探究 GQDs 的粒径分布,运用动态光散射技术对其进行测试,图 5.2 所示为 GQDs 的纳米粒度分布图,计算得出其平均粒径为 4.5 nm。随后以高锰酸钾为原料,加入了聚烯丙胺盐酸盐(Poly Allylamine Hydrochloride,PAH),在超声作用下,通过原位氧化还原反应合成了 GQDs 包裹的 MnO_2 纳米复合材料。首先,PAH 这种阳离子聚合电解质通过静电作用与带负电的 GQDs 结合,诱导 GQDs 的聚集。随后加入 $KMnO_4$ 作为反应前驱体,导致 PAH 与 $KMnO_4$ 发生氧化还原反应。最终生成了 MnO_2,并与 GQDs 形成特殊结构的 GQDs-MnO_2 纳米复合材料。图 5.3 所示为合成过程中的图片。加入 PAH 后,GQDs 的淡黄色溶液[图 5.3(a)]立即变浑浊,表明 GQDs-PAH 的形成[图 5.3(b)]。与 $KMnO_4$ 反应后,混合物变得清澈,最终变成深棕色[图 5.3(c)],标志着 GQDs-MnO_2 纳米复合材料的形成。

图 5.1　GQDs 的透射电镜图（插图为 HRTEM 图）

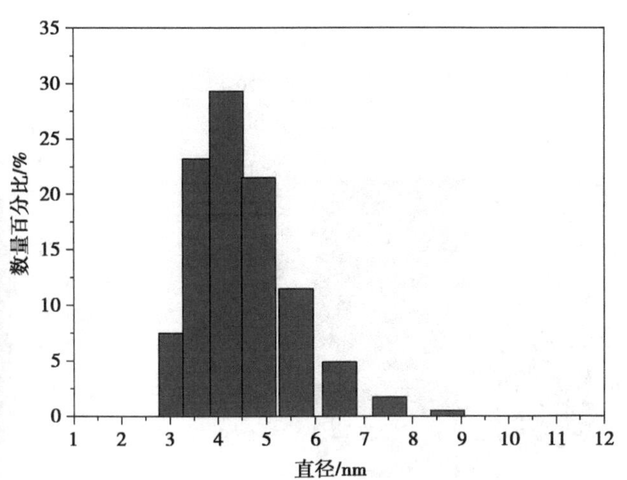

图 5.2　GQDs 的纳米粒度分布图

(a) GQDs　　(b) GQDs+PAH　　(c) GQDs+PAH+$KMnO_4$

图 5.3　GQDs-MnO_2 纳米复合材料制备过程图片（彩图见附录）

GQDs-MnO_2 纳米复合材料的 TEM 图像如图 5.4 所示，可明显观察到正方形结构。动态光散射测试表明 GQDs-MnO_2 纳米复合材料的平均直径为 168 nm（图 5.5）。为了进一步研究制备纳米材料的形貌，扫描电镜如图 5.6 所示。GQDs-MnO_2 纳米复合材料的三维结构清晰可见，厚度为 60 ~ 70 nm。图 5.7 显示了单个块体的着色 SEM 图像，其中大量小颗粒被固定在主体材料的表面。将小颗粒与 GQDs 的尺寸进行对比，最终确定这些小颗粒为 GQDs。这些数据充分证明了 GQDs-MnO_2 纳米复合材料的方盘状形貌。

图 5.4　GQDs-MnO_2 纳米复合材料的 TEM 图

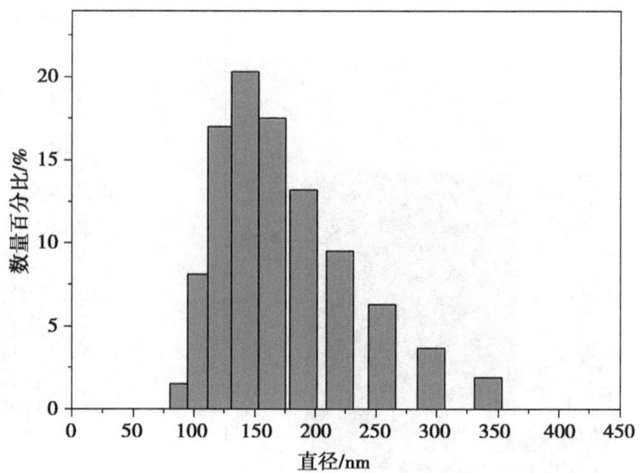

图 5.5　GQDs-MnO_2 纳米复合材料的动态光散射图

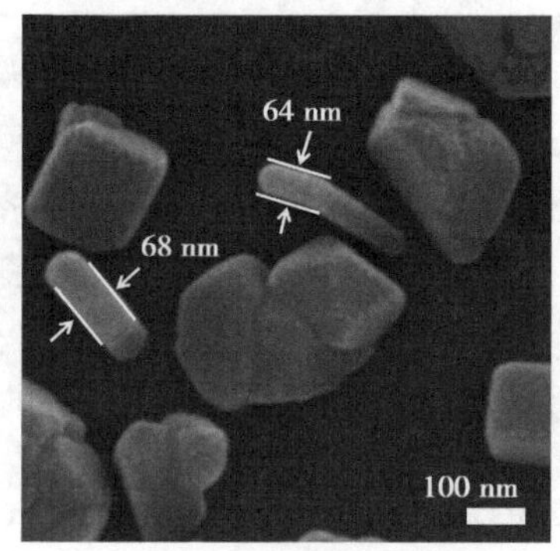

图 5.6　GQDs-MnO_2 纳米复合材料的 SEM 图

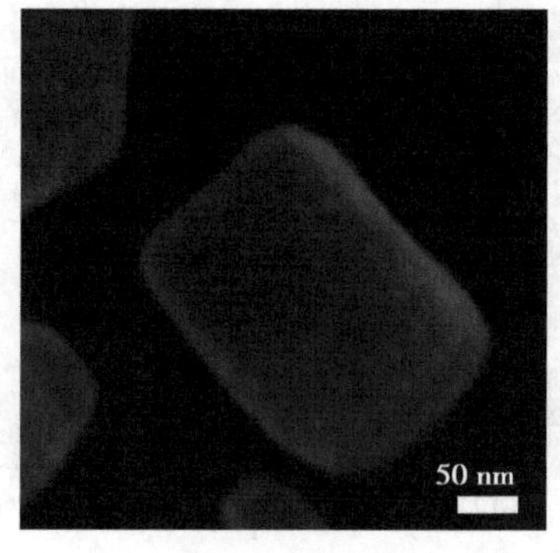

图 5.7　GQDs-MnO_2 纳米复合材料的着色 SEM 图

为确定纳米材料的化学组成和表面状态，对其进行了 X 射线光电子能谱图分析。图 5.8 所示为 GQDs-MnO_2 纳米复合物的 XPS 全谱图，表明该纳米材料主要由锰、氧、氮、碳 4 种元素组成。元素锰和氧来自 MnO_2、碳元素和氧元素来自 GQDs、氮元素来自 PAH。为了进一步确定元素之间的具体键连方式，对元素分谱图进行了分析，谱图列于图 5.9。图 5.9(a)为锰元素的 XPS 分峰谱图，可分为 653.9 和 642.4 eV 两个分峰，分别对应于 Mn $2p_{(1/2)}$ 和 Mn $2p_{(3/2)}$。图 5.9(b)为氧元素的 XPS 分峰谱图，可分为 532.8、531.4 和 529.8 eV 处的分峰，分别对应于 H—O—H/C—O—H、Mn—O—H 和 Mn—O—Mn。碳元素的 XPS 分峰谱图为图 5.9(c)，可分为 288.5、286.0 和 284.8 eV 3 个分峰，分别对应于 O ═C—OH、C—N 和 C—C。图 5.9(d)为氮元素的 XPS 分峰谱图，可分为 400.9 和 399.5 eV 两个分峰，分别对应于 N—$(C)_3$ 和 C—N—C。以上数据证明了 GQDs-MnO_2 纳米复合物的成功制备。

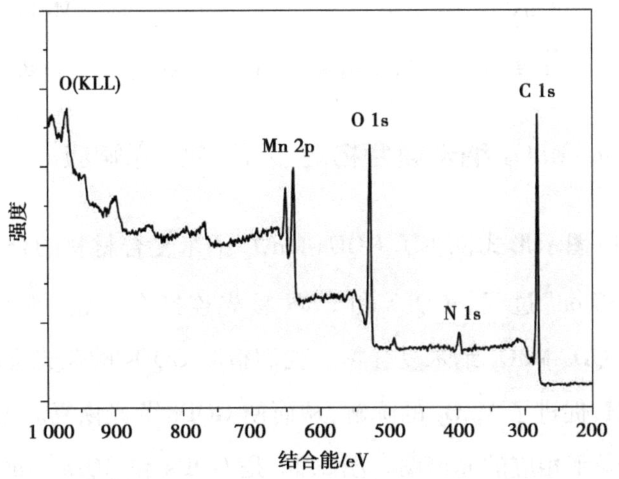

图 5.8　GQDs-MnO_2 纳米复合材料的 XPS 全谱图

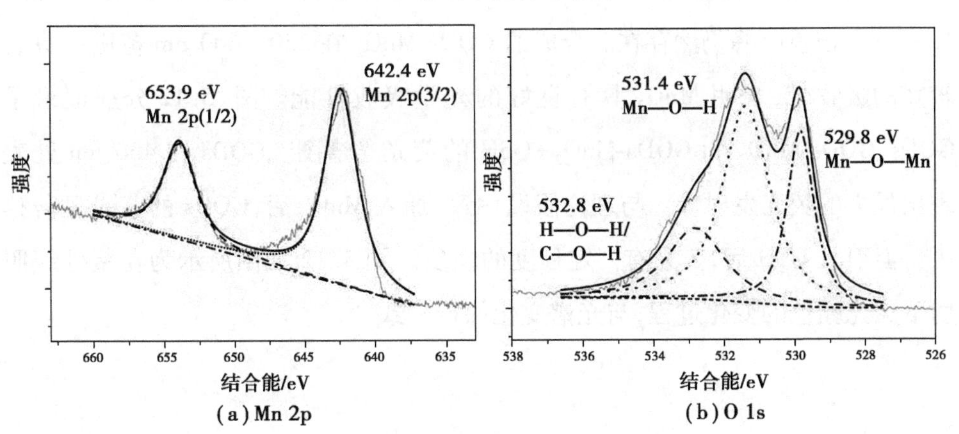

(a) Mn 2p　　(b) O 1s

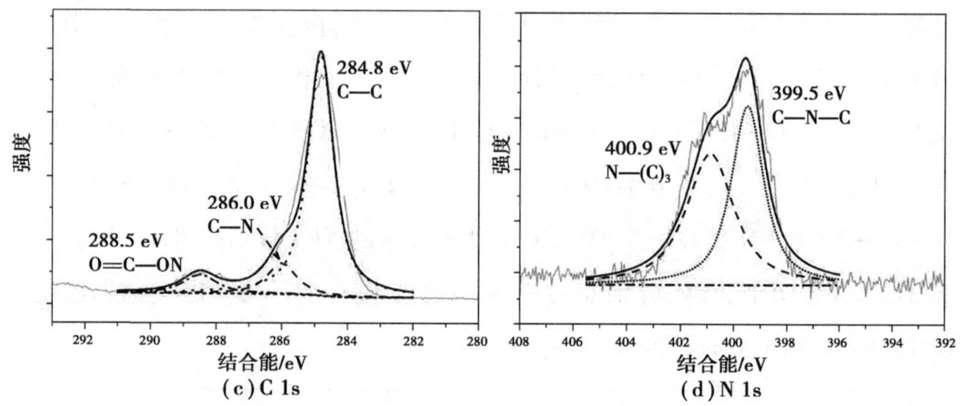

图 5.9　GQDs-MnO_2 纳米复合材料的 XPS 元素分谱图

5.3.2　GQDs-MnO_2 纳米复合物对 GSH 的荧光响应

图 5.10 以图示形式说明了 GQDs-MnO_2 纳米复合材料的合成和 GSH 刺激的荧光“turn-off-on”过程。GQDs 和 PAH 首先连接在一起，加入 $KMnO_4$ 后，形成方盘状的 GQDs-MnO_2 纳米复合物。我们猜测 GQDs 的荧光会被 MnO_2 猝灭，随后加入 GSH，促进了 MnO_2 的降解，从而使 GQDs 荧光恢复。为了证实这一猜想，测试并记录了相应的光谱图。图 5.11 是 GQDs 和 GQDs-MnO_2 的紫外-可见吸收光谱图，插图为日光下的照片。GQDs 在 200 nm 处有明显的吸收峰，加入 MnO_2 后，该吸收峰仍然存在。合成的 GQDs-MnO_2 在 250 ~ 600 nm 范围内具有较宽的吸收带，表明 MnO_2 具有良好的光学吸收性能。图 5.12 分别记录了 GQDs、GQDs-MnO_2 和 GQDs-MnO_2+GSH 的荧光光谱图。GQDs 在 460 nm 处表现出最大的荧光发射峰。与理论假设一致，加入 MnO_2 后，GQDs 的荧光显著猝灭。但引入 GSH 后，荧光有一定程度的恢复。图 5.12 插图所示为在紫外线照射下荧光颜色的变化过程，与光谱变化保持一致。

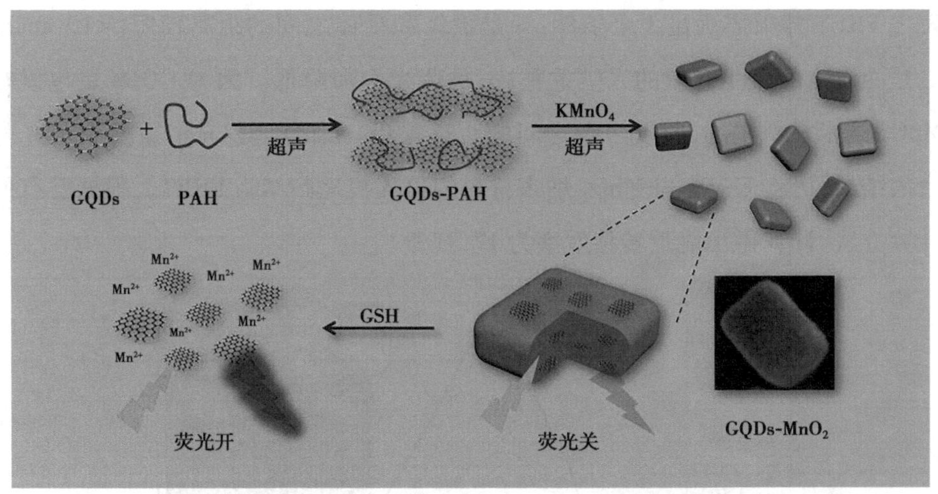

图 5.10　GQDs-MnO_2 复合材料的制备过程及 GSH 刺激的荧光开关示意图

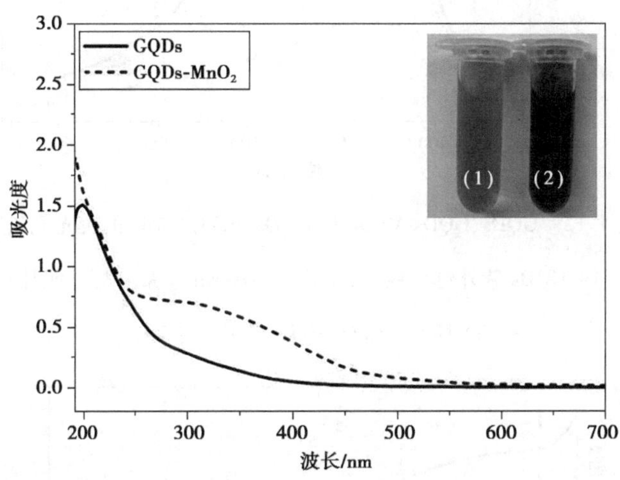

图 5.11　GQDs 和 GQDs-MnO_2 的紫外-可见吸收光谱图

（1）GQDs 日光下的照片；（2）GQDs-MnO_2 复合材料日光下的照片

为了研究荧光猝灭机理，图 5.13 将 GQDs 的荧光发射光谱与 GQDs-MnO_2 纳米复合材料的紫外-可见吸收光谱进行比较，发现两者存在较大的光谱重叠（阴影部分）。此外，实验还测试了体系的荧光寿命，在图 5.14 和表 5.1 中测试了 GQDs、GQDs-MnO_2 和 GQDs-MnO_2+GSH 的荧光寿命。结果表明，形成 GQDs-MnO_2 纳米复合材料后，GQDs 的荧光寿命从 2.03 ns 降至 1.67 ns。文献报道，发生 FRET 猝灭需满足 3 个条件:一是供体和受体之间的距离较短(<10 nm);二是两者之间发生有效的光谱重叠;三是荧光寿命降低。因为 GQDs 是包裹在 MnO_2 纳米材料中的,所以两者之间的距离很近。结合上述光谱重叠和荧光寿命的结果,可将 GQDs 与 MnO_2 纳米材料的猝灭机理归结为 FRET。根据已有的计算方法,计算得出能量转移效率为 17.73%。

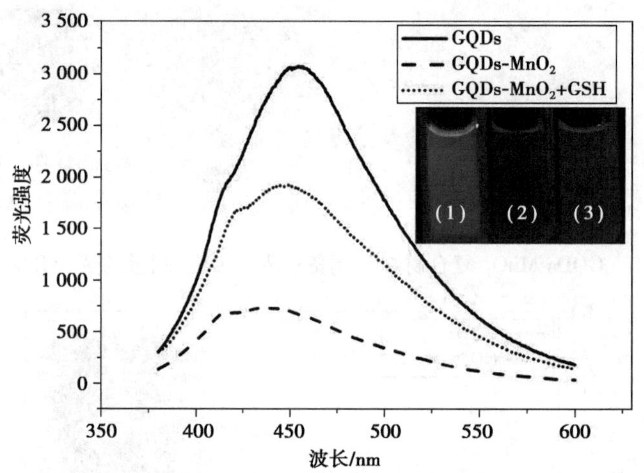

图 5.12　GQDs、GQDs-MnO_2 和 GQDs-MnO_2+GSH 的荧光光谱图

(1) GQDs 紫外灯下照片;(2) GQDs-MnO_2 紫外灯下照片;

(3) GQDs-MnO_2+GSH 紫外灯下照片

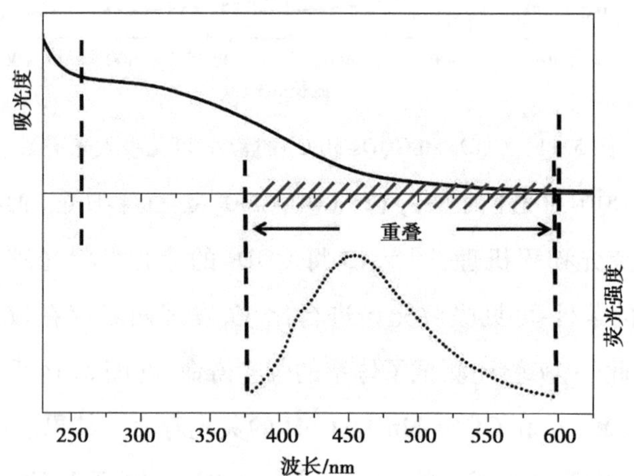

图 5.13　GQDs 的荧光发射光谱与 GQDs-MnO_2 的紫外-可见吸收光谱图对照

考虑到 MnO_2 宽的吸收波长(250～600 nm)与 GQDs 的激发波长(360 nm)和发射波长(460 nm)发生光谱重叠,所以内滤效应(Inner Filter Effect,IFE)也是导致荧光猝灭的原因之一。此外,图 5.15 通过紫外-可见吸收光谱研究了 GSH 对 MnO_2 的降解。与 GSH 反应后,MnO_2 的宽吸收带消失,同时 MnO_2 固有的褐色也消失(如插图所示),证明 GSH 诱导了 MnO_2 的分解。为了证实是由 GSH 与 MnO_2 的氧化还原反应实现的后者降解,实验选用抗坏血酸(Ascorbic Acid,AA)进行对照实验。AA 是一种常见的还原剂,能够与 MnO_2 发生氧化还原反应使其降解褪色。图 5.16 验证了 AA 对 MnO_2 的降解。如图 5.16 所示,与 AA 反应后,MnO_2 的宽吸收消失。该结果与 GSH 刺激的褪色结果一致。因此,由于猝灭剂的分解,GSH 刺激的 GQDs 荧光恢复具有信服力。

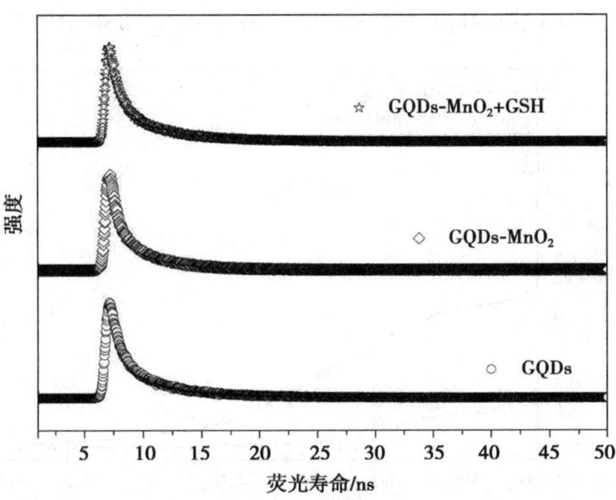

图 5.14　GQDs 复合 MnO_2 前后的荧光寿命衰减光谱图

表 5.1　GQDs 复合 MnO_2 前后的多指数荧光衰减拟合表

种类	寿命 1/ns	寿命 2/ns	占比 1/%	占比 2/%	拟合度 χ^2	平均寿命/ns
GQDs	0.96	4.84	72.45	27.55	0.998 4	2.03
GQDs-MnO_2	0.68	3.51	64.95	35.05	0.998 5	1.67
GQDs-MnO_2+GSH	0.88	4.56	71.37	28.63	0.998 6	1.93

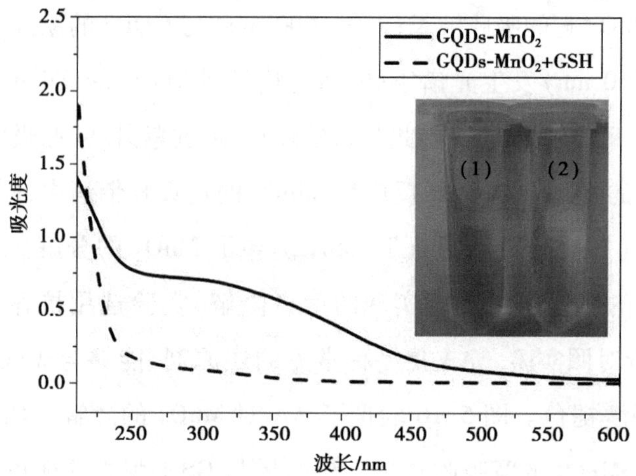

图 5.15 GQDs-MnO_2 加入 GSH 前后的紫外-可见吸收光谱图

(1) GQDs-MnO_2 的照片；(2) GQDs-MnO_2+GSH 的照片

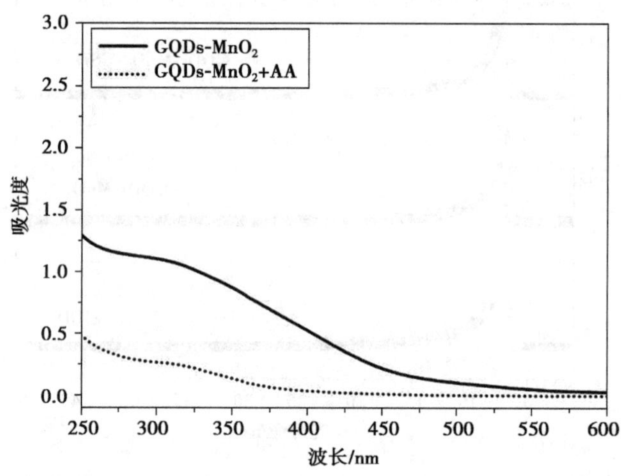

图 5.16 GQDs-MnO_2 加入 AA 前后的紫外-可见吸收光谱图

5.3.3 GSH 检测的条件优化

以上研究证明,GQDs-MnO_2 纳米复合材料具有 GSH 刺激的荧光响应特性,可作为 GSH 传感的荧光纳米传感器。图 5.17(a)为在 GQDs-MnO_2 纳米复合材料溶液中加入 GSH 反应不同时间的吸收强度,其中,波长 350 nm 处的吸收强度逐渐下降,30 min 后保持不变。同时,图 5.17(b)记录了 GQDs-MnO_2 纳米复合材料的荧光强度变化,同样在 30 min 后荧光强度变化趋于平缓。所以 MnO_2 和 GSH 的反应在 30 min 后完成,后续选择 30 min 作为 GSH 的测试时间。此外,在图 5.18(a)和图 5.18(b)中,还研究了不同 pH 值的 HAc-NaAc 缓冲液对 GSH 传感器的影响。总的来说,由于 GSH 与 MnO_2 具有良好的氧化还原活性,因此,GSH 在酸性和碱性条件下都表现出良好的荧光恢复效率。随着 pH 值的提高,荧光恢复效率(F/F_0)略有下降,这可能是因为 MnO_2 在酸性条件下对氧化敏感性变高的原因。最终选择 pH=3 为最佳反应 pH,因为其荧光恢复效率较高,且与 pH=2 时的荧光恢复效率基本相同。

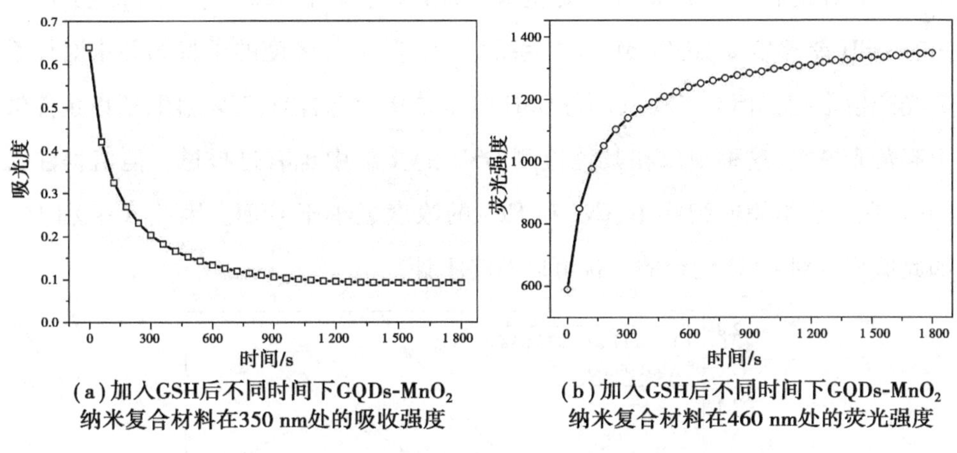

(a)加入GSH后不同时间下GQDs-MnO_2纳米复合材料在350 nm处的吸收强度

(b)加入GSH后不同时间下GQDs-MnO_2纳米复合材料在460 nm处的荧光强度

图 5.17　时间对 GSH 检测的影响

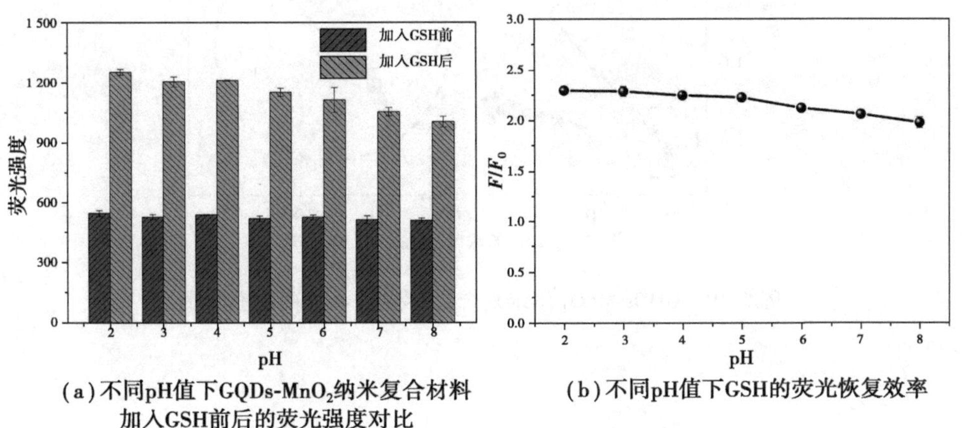

(a)不同pH值下GQDs-MnO_2纳米复合材料加入GSH前后的荧光强度对比

(b)不同pH值下GSH的荧光恢复效率

图 5.18　pH 值对 GSH 检测的影响

5.3.4 标准曲线与选择性测试

在上述最佳反应条件下，建立了荧光恢复效率（F/F_0）与 GSH 浓度之间的校准曲线（图 5.19），两者在 0.07～70 μmol/L 浓度范围内呈线性相关，拟合方程为 $F/F_0 = 1.117\ 2 + 0.0226\ 4C$（$R^2 = 0.998\ 0$），其中 C 为 GSH 浓度（μmol/L），F_0 和 F 分别为 GQDs-MnO_2 纳米复合材料在 GSH 加入前后的荧光强度。检出限低至 48 nmol/L。为了验证 GQDs-MnO_2 纳米复合材料在实际应用中检测 GSH 专一性，对该荧光纳米传感器进行了选择性测试，选择了一些在实际应用中可能存在的物质，如 Na^+、K^+、氨基酸等，结果列于图 5.20 中。结果表明，除了只有 GSH 能够恢复 GQDs-MnO_2 体系的荧光，其他等浓度的干扰物并未对体系荧光产生影响。但 Cys 和 Hcy 与 GSH 分子结构中都含有硫醇基团，所以也能够引起荧光恢复，这种现象在其他检测 GSH 的文献中也有过报道。但值得注意的是，在生物组织或细胞中，Cys 和 Hcy 的浓度远小于 GSH。因此，Cys 和 Hcy 如此低浓度对 GSH 测定的干扰可以忽略不计。

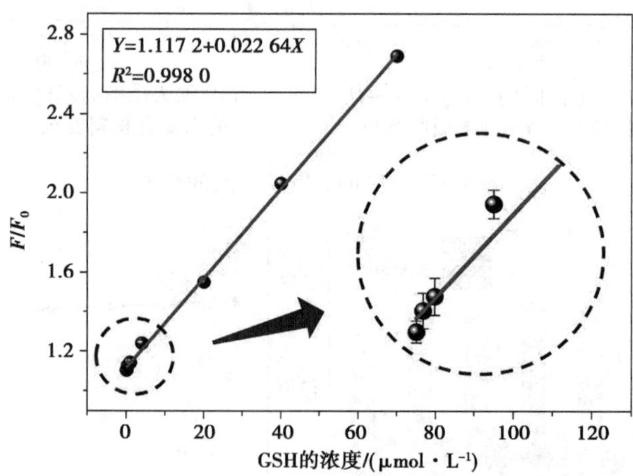

图 5.19 GQDs-MnO_2 纳米复合材料检测 GSH 的标准曲线

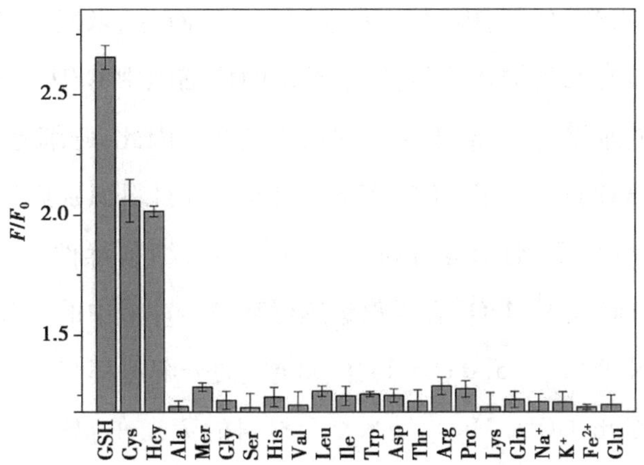

图 5.20　GQDs-MnO_2 纳米复合材料检测 GSH 的选择性

5.3.5　实际样品中 GSH 的检测和特异性识别癌细胞

因为 GQDs-MnO_2 纳米复合材料对 GSH 具有良好的灵敏度和选择性,可以将其用于实际样品中 GSH 含量的检测。据报道,健康人血清中 GSH 含量为 400 ~ 1 200 μmol/L。表 5.2 测试了人血清样品中的 GSH 含量,根据稀释倍数计算可知,样品中 GSH 浓度与文献报道一致。为了保证该方法的准确性,用 3 种已知浓度的 GSH 标准溶液进行了加标回收实验,并计算了加标回收率。结果表明,加标回收率为 102.67% ~106.84%,证明了 GQDs-MnO_2 纳米复合材料荧光"turn-on"传感方法检测 GSH 的可靠性。

表 5.2　人血清样品中的 GSH 含量测定

样品中浓度 /(μmol · L^{-1})	加入量 /(μmol · L^{-1})	总量 /(μmol · L^{-1})	回收率 (n=6) /%	相对标准偏差 (n=6) /%
1.66	3	4.74	102.67	3.22
	25	28.37	106.84	2.61
	45	49.37	106.02	1.16

此外,由于 GSH 在癌细胞中过表达,GQDs-MnO_2 纳米复合材料也被用于癌细胞识别。随着时间的推移,不同细胞类型的癌细胞中 GSH 的含量不同,可达到毫摩尔每升的水平,且远高于相应的正常细胞。因此,癌细胞中 GSH 含量与正常细胞的明显差异赋予了 GQDs-MnO_2 纳米复合材料识别癌细胞的能力。图 5.21 证明 GQDs-MnO_2 纳米复合材料具有很小的细胞毒性,可以用于细胞识别。图 5.22(a)研究了 MnO_2 在类癌细胞微环境缓冲液中的吸收强度。在类癌细胞微环境缓冲液(PBS 5.0+GSH)中,MnO_2 的分解速率与其他缓冲液相比存在明显差异。因此,GQDs-MnO_2 纳米复合材料的荧光在 pH=5.0+GSH 的 PBS 缓冲液中恢复最快[图 5.22(b)]。因此可以猜想 GQDs-MnO_2 纳米复合材料在癌细胞中可以通过更高含量的 GSH 实现明显的荧光"turn-on"。随后对其进行细胞成像测试,验证了上述猜想的合理性。GQDs-MnO_2 纳米复合材料孵育细胞的共聚焦激光扫描显微镜图像如图 5.23(a)、(b)所示。与正常细胞 L02 细胞的微弱荧光[图 5.23(a)]相比,癌细胞 SMMC-7721 细胞的荧光更明显[图 5.23(b)]。因此,GQDs-MnO_2 纳米复合材料可以利用癌细胞中过表达的 GSH 来区分癌细胞与正常细胞。

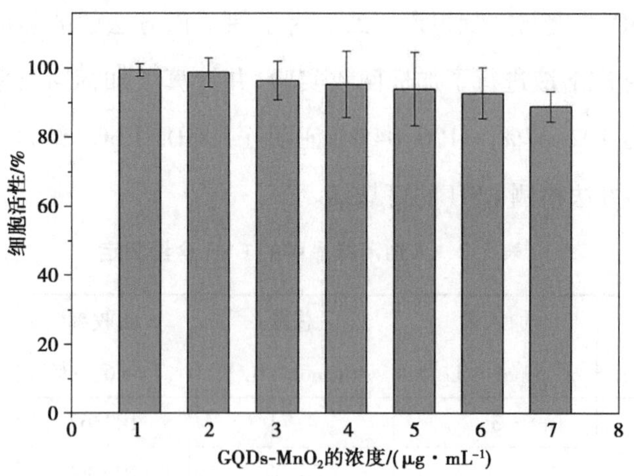

图 5.21 GQDs-MnO_2 纳米复合材料的细胞毒性

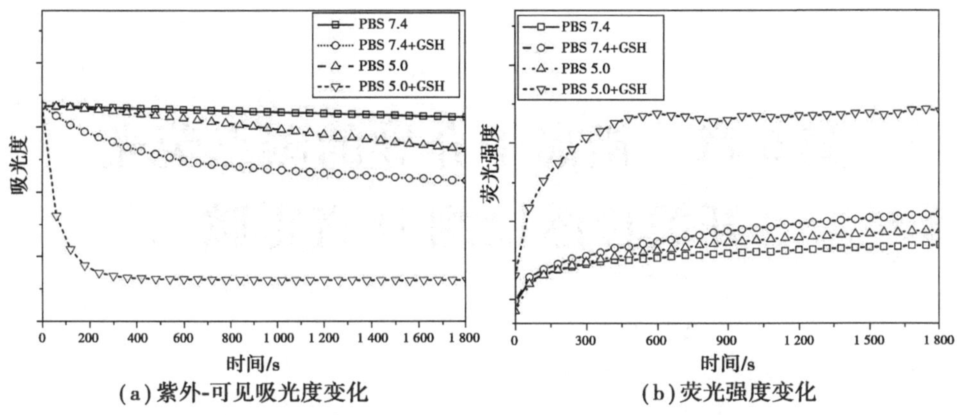

(a) 紫外-可见吸光度变化　　(b) 荧光强度变化

图 5.22　GQDs-MnO_2 纳米复合材料在类癌细胞微环境中的稳定性

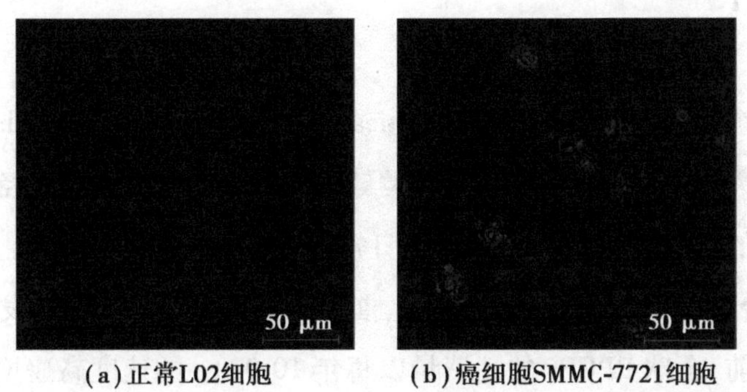

(a) 正常L02细胞　　(b) 癌细胞SMMC-7721细胞

图 5.23　基于 GQDs-MnO_2 纳米复合材料的癌细胞成像识别(彩图见附录)

5.4　结论

综上所述,以 $KMnO_4$ 为原料,在超声条件下合成了 GQDs 包裹的方盘状 MnO_2 纳米复合材料。基于 FRET 和 IFE 猝灭机理,MnO_2 可显著猝灭 GQDs 的荧光。此外,GQDs@ MnO_2 纳米复合材料显示了 GSH 刺激的荧光"turn-on"响应,从而实现了 GSH 传感。该纳米传感器通过原位反应直接构建在 GQDs 中,形成 MnO_2 基方盘状纳米复合材料,避免了复杂的反应条件和后续修饰。纳米复合材料的简单合成方法和新颖的形貌将丰富 MnO_2 纳米复合材料在纳米传感器中的应用。

第6章　铅离子介导的碳点荧光开关传感检测 D-青霉胺

6.1　引言

药品和个人护理产品(Pharmaceuticals and Personal Care Products,PPCPs)作为一种新兴污染物,严重威胁着人类健康和生态环境安全,已经引起了研究人员和大众的关注。PPCPs 代表一类日常生活中使用的化学产品,包括各类抗生素、人工合成麝香、止痛药、降压药、催眠药、减肥药、发胶、染发剂和杀菌剂等。截至目前,全球 PPCPs 的消费量以每年 10 000 t 的速度高速增长。随着消费量的不断在上升,问题也随之而来,这些产品中的活性成分,如药物、抗生素、防腐剂等,已经通过尿液、排泄物、废水、污水、肥料等泄漏到环境中。其中,药物可以在环境中长期存在并且不易被自然降解,很容易通过食物链的富集而破坏生态平衡,严重威胁人类和自然环境的安全。因此,建立一种能够快速、灵敏、选择性地检测药物的方法十分重要。

目前,大众认为青霉素的主要水解代谢产物是青霉胺(2-氨基-3-巯基-3-甲基丁酸)。青霉胺的 D 型对映体(D-Penicillamine,D-PA)是一种能够治疗多种疾病的有效药物,在临床和生物医学领域发挥着重要作用。然而,不当地摄入 D-PA 可能会引起一些副作用,如口腔溃疡、阿尔茨海默病、红斑等。因此,D-PA 的准确检测具有重要意义。到目前为止,已经建立了多种选择性检测 D-PA 的方法,如高效液相色谱法、毛细管电泳法、流动注射分析法、电化学传感法、化学发光分析法、紫外-可见分光光度法和荧光分析法。其中，不同传感原理的荧光法具有快速、简便、灵敏等优点，在药物分析中备受关注。包括 Au NCs、Cu NCs、MOFs、有机纳米颗粒、CdS 量子点和碳点在内的荧光纳米材料已被用于 D-PA 的测定。在这些方法中，荧光开关由于其特殊的传感模式，具有低信噪比和高灵敏度的优点，引起了科研人员的广泛关注。荧光纳米材料的荧光首先被 Fe^{3+}、Cu^{2+}、Hg^{2+}、Au^{3+} 等重金属离子猝灭，然后加入 D-PA，利用 D-PA 与金属离子的良好配位能力诱导荧光纳米材料的荧光恢复。因此，建立了金属离子诱导的荧光开关来检测 D-PA 的分析方法。然而，目前并没有基于铅离子的荧光开关检测 D-PA 的文献报道。

石墨烯量子点（Graphene Quantum Dot，GQDs）是一种具有良好发光性能的纳米级石墨烯碎片。它结合了石墨烯和碳点的优点，在各个研究领域，尤其是荧光分析领域展现了优势。GQDs 优异的光学性能来自量子限域效应和边缘效应，因此，具有应用于荧光分析中的巨大潜力。目前已成功应用 GQDs 检测了金属离子、阴离子、小分子等目标检测物。

本章中，首次利用铅离子建立了以 GQDs 为基础的荧光开关检测 D-PA 的新方法。以柠檬酸为碳源制备得到的 GQDs 表面富含羧基和羟基等基团。Pb^{2+} 易与 GQDs 表面的基团结合，使得 GQDs 的荧光猝灭。随后加入 D-PA，D-PA 与 Pb^{2+} 存在很强的配位作用，阻断了 Pb^{2+} 与 GQDs 的结合，进而使 GQDs 的荧光恢复。基于上述机理，成功建立了铅离子介导的荧光传感 D-PA 的新方法。本章将 GQDs+Pb^{2+} 荧光传感体系应用于 D-PA 的检测中，为日后检测 D-PA 提供了新的思路。

6.2 实验部分

6.2.1 试剂与仪器

D-青霉胺(D-PA,98%)和柠檬酸(99.5%,分析纯)购于上海阿拉丁生化科技股份有限公司。实验中使用的其他试剂均为分析纯级试剂,购于天津市科密欧化学试剂有限公司。通过氢氧化钠或盐酸溶液将混合溶液(39 mL NaH_2PO_4 溶液和 61 mL Na_2HPO_4 溶液,其浓度均为 0.02 mol/L)滴定至所需的 pH 值,用以制备不同 pH 值的磷酸盐缓冲溶液(PBS,0.02 mol/L)。整个实验中所使用的去离子水电阻率为 18.2 MΩ · cm,来自四川优普超纯科技有限公司的纯水净化系统。从健康成年志愿者身上采集人体尿液样品,并在分析检测前稀释 20 倍。

GQDs 的高分辨透射电子显微镜(HRTEM)在 JEM-F200 透射电子显微镜上(JEOL,日本)进行形态研究。通过在 Nano-ZS90 激光粒度仪(Malvern,英国)上通过 DLS 测试 GQDs 的尺寸分布,可得到更准确的结果。在 XSAM 800 电子能谱仪(Kratos,英国)上,利用单色 Al Kα 辐射,通过 X 射线光电子能谱技术研究了 GQDs 的元素组成和表面状态。在 TU-1901 紫外-可见分光光度计(普析,中国)上记录 GQDs 的紫外-可见吸收光谱。在 F-7000 荧光分光光度计上记录 GQDs 的荧光光谱和荧光强度(Hitachi,日本)。在 FLS 1000 寿命和稳态光谱仪(Edinburgh,英国)上测试 GQDs 的荧光寿命。

6.2.2 GQDs 的合成

本章参考已经报道过的方法,通过柠檬酸的热解合成 GQDs。称取 2 g 柠檬酸粉末放入 50 mL 烧杯中,并在 200 ℃ 的加热套中加热。固体粉末熔化后,继续加热 30 min,溶液逐渐变为橙色,表明 GQDs 的形成,然后在超声作用下逐滴加入浓度为 10 mg/mL 的 NaOH 溶液,直到产物完全溶解。最后,将溶液在去离子水中透析 48 h 进行纯化,并在 4 ℃下储存以备后续使用。通过旋转蒸发获得 GQDs 固体粉末。

6.2.3　D-PA 的荧光检测

在室温下,用 GQDs-Pb^{2+}体系的荧光开关在 PBS 溶液(0.02 mol/L,pH=7)中测定 D-PA。首先将所得的 GQDs 溶液稀释 10 倍,并取 100 μL 上述溶液加入到 700 μL 的 pH=7 的 PBS 溶液中,然后加入 100 μL 浓度为 1 mmol/L 的 Pb^{2+}溶液并混合均匀。接下来,在 GQDs-Pb^{2+} 混合溶液中加入一系列不同浓度的 D-PA 溶液或去离子水(作为对照组)。在室温下记录相应的荧光发射光谱。所有荧光测量均在相同的参数设置下进行:激发波长 360 nm,激发和发射狭缝宽度均为 5 nm。灵敏度和选择性测试均平行 3 次。

6.2.4　人体尿液样品测试

对于人体尿液样品检测,将 100 μL 样品溶液加入含有 GQDs 溶液(100 μL)、Pb^{2+}溶液(100 μL)和已知浓度 D-PA 溶液(10.00、30.00、50.00 μmol/L)的 PBS 溶液(0.02 mol/L,pH=7.0)中,最终体积保持在 1 mL。在上述条件下测量荧光强度,并计算人体尿液样品中 D-PA 的含量和回收率。

6.3　结果与讨论

6.3.1　GQDs 表征结果分析

图 6.1 所示分别为 GQDs 的 TEM 和 HRTEM 图,可以在图 6.1(a)中观察到均匀分散的纳米颗粒,图 6.1(b)中观察到明显的晶格条纹。0.24 nm 的晶面间

距为石墨的(110)面,这与之前的文献报道保持一致。为了得到 GQDs 的纳米粒径分布,对其进行了动态光纳米散射测试。如图 6.2 所示,GQDs 的粒径主要分布在 3.6~10.1 nm,计算得出其平均粒径为 5.6 nm。为了确定 GQDs 的化学组成和表面状态,对其进行了 X 射线光电子能谱图分析。图 6.3(a)所示为 GQDs 的 XPS 全谱图,主要由 C、O 两种元素组成。C 1s 的 XPS 分峰谱图[图 6.3(b)]可分为 284.8、286.2 和 287.5 eV 3 个分峰,分别代表 C—C、C—O 和 C ═O 的结合方式。O 1s 的 XPS 分峰谱图[图 6.3(c)]可分为 531.7 和 532.7 eV 两个分峰,分别代表 C ═O 和 C—OH/C—O—C 的结合方式。上述形貌、粒径和元素组成的分析证明了 GQDs 的成功制备。

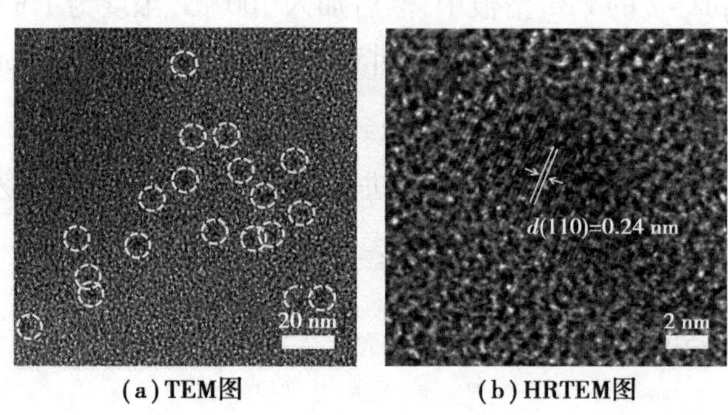

(a)TEM图　　(b)HRTEM图

图 6.1　GQDs 的透射电镜图

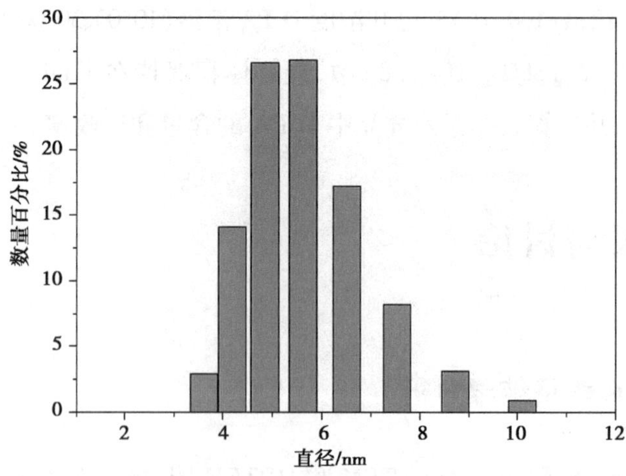

图 6.2　GQDs 的纳米粒度分布图

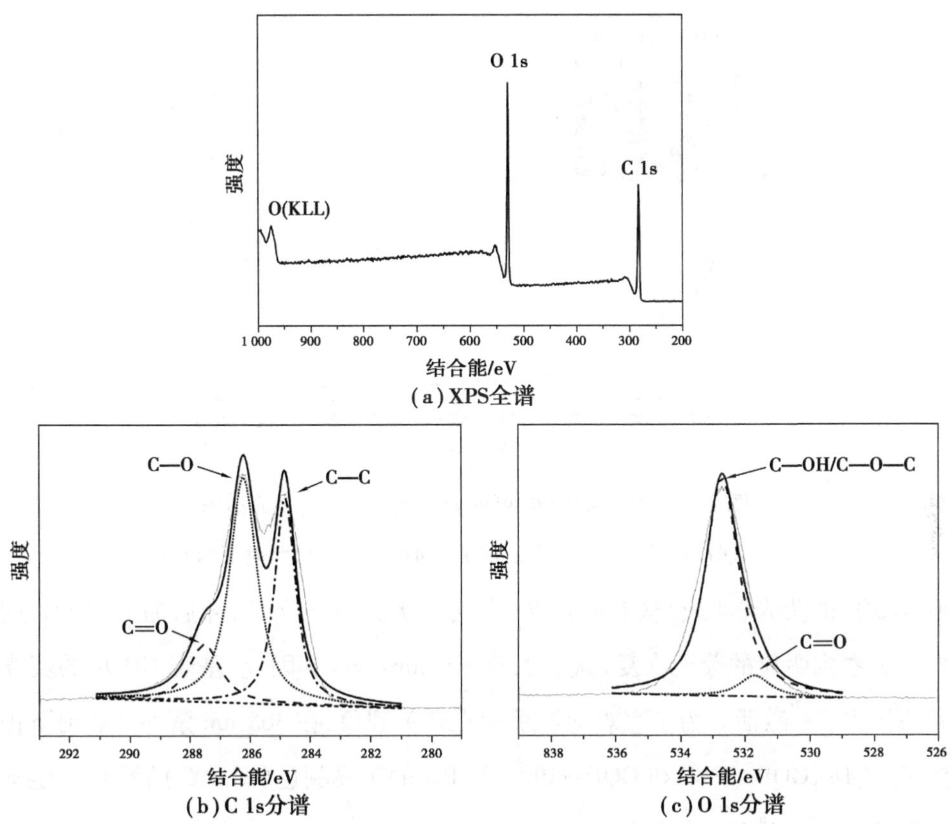

(a) XPS全谱

(b) C 1s分谱

(c) O 1s分谱

图 6.3　GQDs 的 XPS 谱图

6.3.2　Pb^{2+}、D-PA 对 GQDs 的荧光响应

制得的 GQDs 表现出优异的光学性能，图 6.4 为 GQDs 的紫外-可见分光光谱图和荧光光谱图。从图中可观察到，GQDs 在 220～400 nm 内有一个较宽的吸收带(实线)。此外，GQDs 在 360 nm 激发光照射下，其荧光发射峰在 460 nm 处(虚线)，在紫外灯照射下显示出明亮的蓝色荧光(图 6.4 插图)。

基于金属离子介导的荧光猝灭和 D-PA 与金属离子之间优异的配位作用，将 GQDs 应用于 D-PA 调控的荧光开关中。图 6.5 分别记录了 GQDs、GQDs+Pb^{2+} 和 GQDs+Pb^{2+}+D-PA 的荧光发射光谱曲线。从图中可清楚地观察到加入 Pb^{2+}

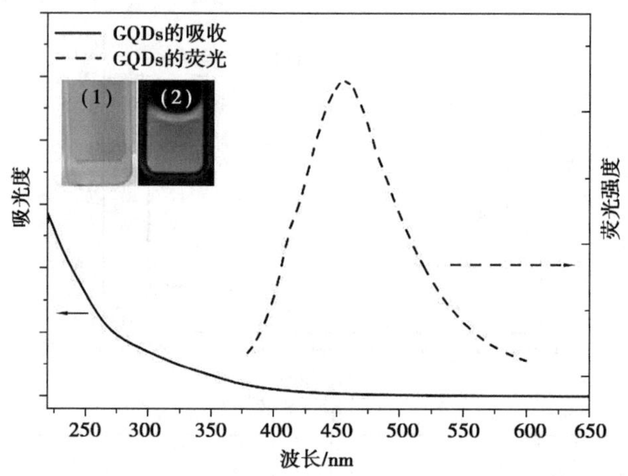

图 6.4　GQDs 的紫外-可见分光光谱图和荧光光谱图

(1) GQDs 在日光下的照片；(2) GQDs 在紫外灯照射下的照片

后,GQDs 的荧光(实线)被有效猝灭(点线),荧光"turn off",随后加入 D-PA,同样可观察到明显的荧光恢复(虚线),荧光"turn on"。因此,基于 GQDs 的荧光开关被 D-PA 激活。为了直观地展示荧光开关现象,在 365 nm 紫外灯照射下拍摄了 GQDs、GQDs+Pb^{2+}和 GQDs+Pb^{2+}+D-PA 的荧光颜色(图 6.5 插图),可生动地观察到荧光开关现象。

图 6.6 为 D-PA 调控的荧光开关示意图,其中蓝色阴影部分为 GQDs 的荧光。Pb^{2+}与 GQDs 的表面基团结合,使得 GQDs 的荧光减弱。随后加入 D-PA,因为 D-PA 与 Pb^{2+}之间具有较强的配位作用,阻断了 Pb^{2+}与 GQDs 的结合,进而使得 GQDs 的荧光恢复。为了探究 Pb^{2+}和 D-PA 的荧光传感机理,测试记录了 GQDs、GQDs+Pb^{2+}和 GQDs+Pb^{2+}+D-PA 3 个体系的荧光寿命,其荧光寿命记录在图 6.7 和表 6.1 中。通过拟合计算得出 GQDs、GQDs+Pb^{2+}和 GQDs+Pb^{2+}+D-PA 的荧光寿命分别为 3.57、3.51 和 3.54 ns。因此,在荧光"turn off"和"turn on"过程中荧光寿命几乎不变,认为该荧光传感机理为静态猝灭。Pb^{2+}通过与 GQDs 表面的羧基官能团发生强的结合作用,使得两者之间发生电子转移(Electron Transfer,ET)过程,导致 GQDs 荧光猝灭。在荧光恢复过程中,因 D-PA 与 Pb^{2+}

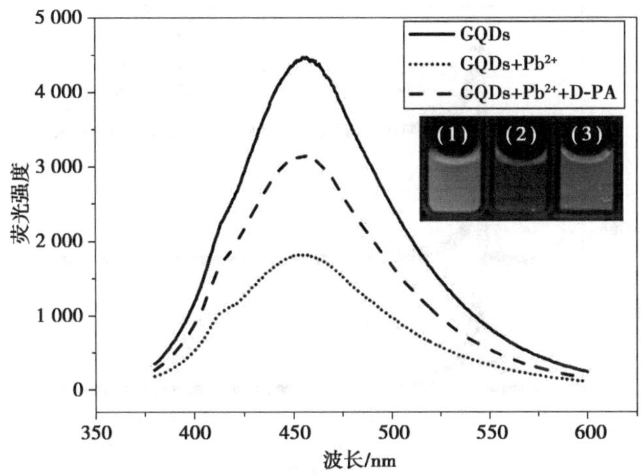

图 6.5　GQDs、GQDs+Pb^{2+}和 GQDs+Pb^{2+}+D-PA 的荧光发射光谱图

（1）GQDs 紫外灯下的照片；（2）GQDs+Pb^{2+}紫外灯下的照片；

（3）GQDs+Pb^{2+}+D-PA 紫外灯下的照片

能够以 2∶1 的比例形成更稳定的络合物，因此，两者之间能够发生强的配位作用，从而使 D-PA 在该荧光传感体系中发挥激活作用。在 GQDs-Pb^{2+}体系中引入 D-PA 后，将 Pb^{2+}从 GQDs 表面脱落，进而使 GQDs 的荧光恢复。

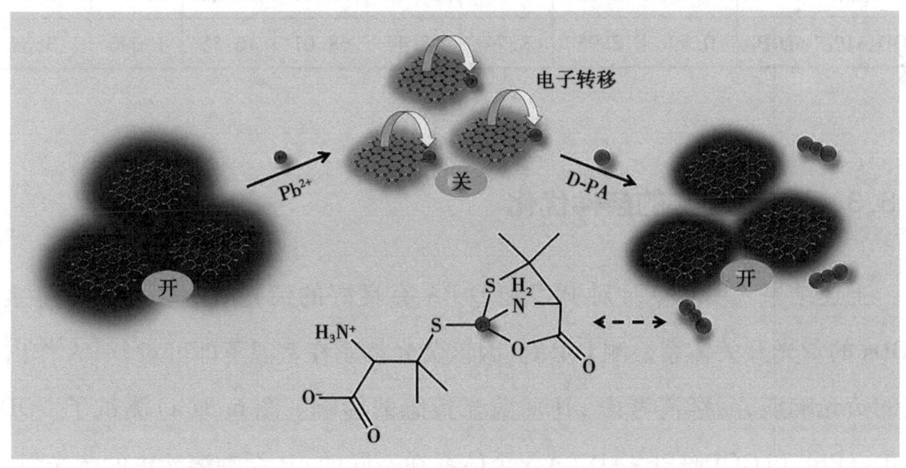

图 6.6　基于 GQDs 的荧光开关检测 D-PA 示意图

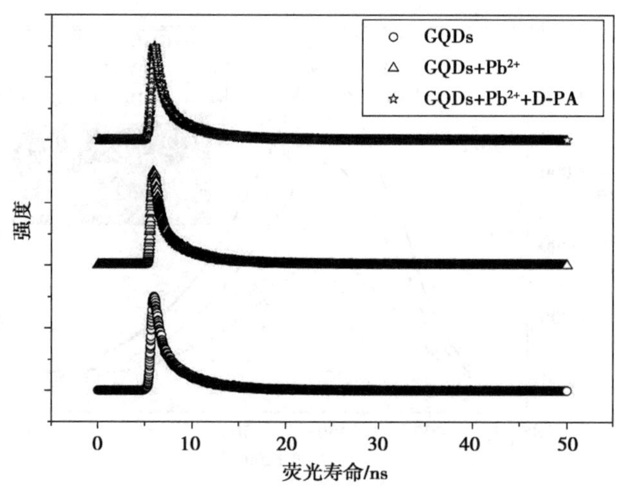

图 6.7　GQDs、GQDs+Pb^{2+}和 GQDs+Pb^{2+}+D-PA 的荧光衰减光谱图

表 6.1　GQDs、GQDs+Pb^{2+}和 GQDs+Pb^{2+}+D-PA 的多指数荧光衰减拟合表

种类	寿命 1 /ns	寿命 2 /ns	寿命 3 /ns	占比 1 /%	占比 2 /%	占比 3 /%	拟合度 χ^2	平均寿命 /ns
GQDs	0.63	2.96	8.15	16.82	63.83	19.35	1.069	3.57
GQDs+Pb^{2+}	0.55	2.85	7.56	13.40	66.12	20.48	1.105	3.51
GQDs+Pb^{2+}+D-PA	0.59	2.95	8.74	15.44	68.01	16.55	1.096	3.54

6.3.3　D-PA 检测的条件优化

上述结果表明，GQDs 对 Pb^{2+}和 D-PA 有良好的荧光响应，因此，可建立以 GQDs 的荧光开关体系检测 D-PA。因该荧光体系在室温下即可对 D-PA 作出快速的荧光响应，后续需考虑 pH 对荧光传感的影响。图 6.8(a)测试了 GQDs、GQDs+Pb^{2+}和 GQDs+Pb^{2+}+D-PA 3 个体系在不同的 pH 缓冲溶液中的荧光强度，并在图 6.8(b)中计算了相应 pH 值下的荧光恢复效率($\Delta F/F_0$)，结果表明了 pH 依赖的荧光恢复效率，并且 $\Delta F/F_0$ 随着 pH 值的增加而增加。已有文献报

道，D-PA与Pb^{2+}倾向于在碱性环境中形成稳定的络合物，这与pH依赖得到荧光恢复效率的现象一致。

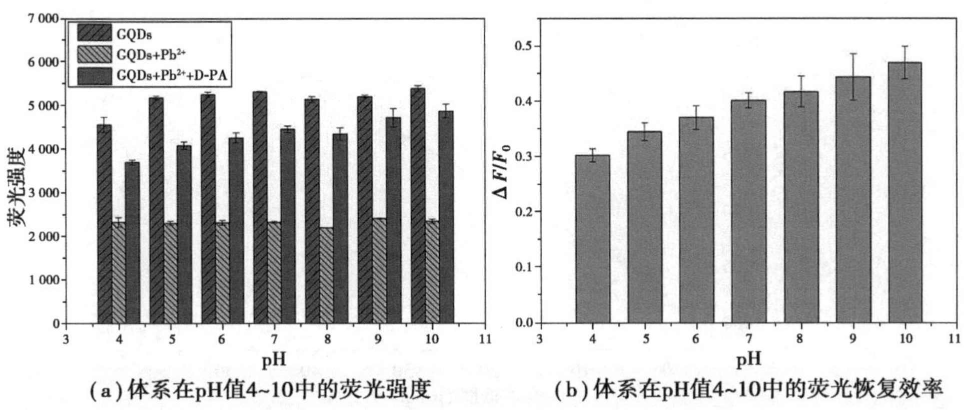

(a)体系在pH值4~10中的荧光强度　(b)体系在pH值4~10中的荧光恢复效率

图6.8　体系pH对D-PA恢复CDs-Pb^{2+}体系荧光的影响

6.3.4　标准曲线与选择性测试

在最佳反应条件下，利用GQDs+Pb^{2+}荧光开关体系检测D-PA，并建立线性标准曲线，如图6.9所示，可以清楚地看到GQDs+Pb^{2+}体系的荧光恢复效率与D-PA浓度在0.6~50 μmol/L呈线性相关，其标准曲线方程为$\Delta F/F_0=0.030\ 7+0.00\ 467C$($R^2=0.993\ 1$)，其中，$C$为D-PA的浓度(μmol/L)，$\Delta F$是加入D-PA后GQDs+$Pb^{2+}$体系的荧光强度变化，$F_0$是GQDs的初始荧光强度。计算其检出限为0.47 μmol/L(3σ)。表6.2对比了本方法与其他已经报道的荧光开关法的检出限和线性范围，GQDs+Pb^{2+}体系检测D-PA表现出更令人满意的线性范围和更低的检出限。

随后，对该荧光开关检测D-PA的新方法进行了选择性测试，考察了一系列在实际应用时可能共存的物质。测试了等浓度的D-PA、一些金属离子(Na^+、Zn^{2+}、Fe^{3+})、NH_4^+、抗坏血酸、硫脲、尿酸、葡萄糖、多巴胺和尿素对GQDs+Pb^{2+}体系的荧光恢复效率，结果列于图6.10中。该结果表明，除D-PA表现出明显的荧光恢复外，其他等浓度的干扰物对GQDs+Pb^{2+}体系并没有影响。因此，基于

GQDs 的荧光开关检测 D-PA 表现出良好的选择性。

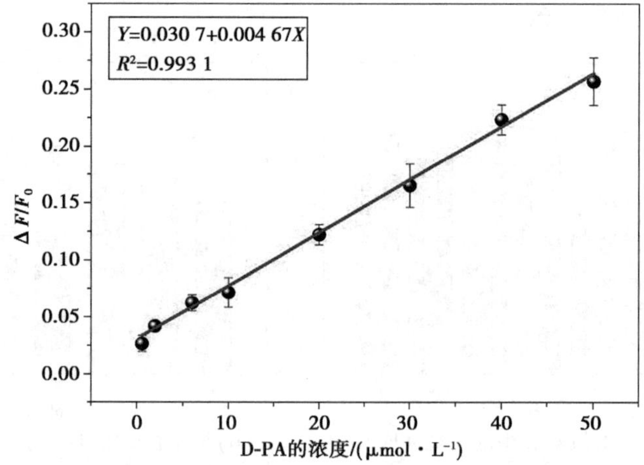

图 6.9 基于 GQDs 的荧光开关检测 D-PA 的标准曲线

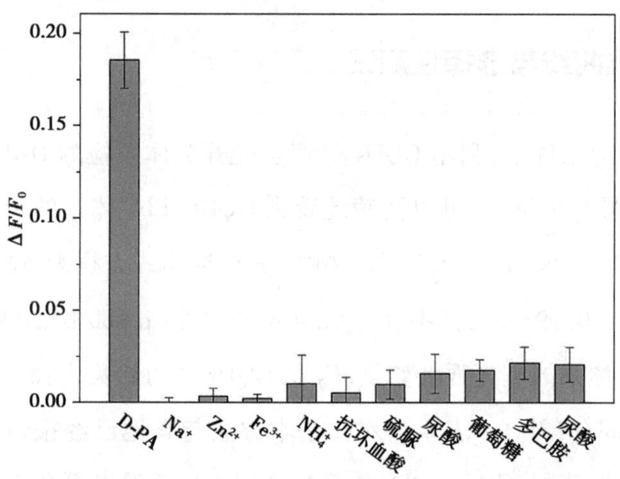

图 6.10 基于 GQDs 的荧光开关检测 D-PA 的选择性

表 6.2 基于 GQDs 的荧光开关检测 D-PA 与其他荧光开关检测方法的对比

开关	检出限	线性范围
Au NCs-Cu^{2+}	0.08 μm	1～10.5 μm
CDs-Cu^{2+}	0.09 μg/mL	0.1～1.0、1.0～50 μg/mL
CDs-Fe^{3+}	7.4 μg/mL	0～48 μg/mL

续表

开关	检出限	线性范围
CDs-Hg^{2+}	0.6 μm	2 ~ 24 μm
Probe-Au^{3+}	3.26 nm	0.01 ~ 20 μm
GQDs-Pb^{2+}	0.47 μm	0.6 ~ 50 μm

6.3.5 人体尿液样品中 D-PA 的检测

上述结果表明,基于 GQDs 的荧光开关具有在实际样品中检测 D-PA 的潜力。我们选择人体尿液作为实验样品来验证该方法检测 D-PA 的能力。在分析前将尿液样品稀释 20 倍。将结果列于表 6.3 中,该方法的标准回收率为 96.84% ~102.13%。因此,该方法检测 D-PA 具有可靠性,未来可将其应用到实际应用中。

表 6.3 人体尿液样品中 D-PA 的检测

样品中浓度 /(μmol · L^{-1})	加入量 /(μmol · L^{-1})	总量 /(μmol · L^{-1})	回收率 (n=3) /%	相对标准偏差 (n=3) /%
未检出	10	10.02	100.20	3.79
	30	30.64	102.13	2.61
	50	48.42	96.84	1.66

6.4 结论

总的来说,本章研究设计并建立了一种基于 GQDs 的荧光开关,用于高灵敏度、高选择性的检测 D-PA。柠檬酸合成的 GQDs 富含羧基和羟基官能团,赋予了 GQDs 与 Pb^{2+}结合的能力。因此,通过电子转移过程,GQDs 的荧光被 Pb^{2+}猝灭。此外,由于 D-PA 和 Pb^{2+}之间的强配位,D-PA 的加入阻断了 Pb^{2+} 与 GQDs 的结合,使得 GQDs 的荧光恢复,基于此原理,实现了用于检测 D-PA 的荧光开关分析方法。该方法具有令人满意的线性范围和较低的检出限,并对实际样品中 D-PA 的含量进行了检测。本研究首次利用 Pb^{2+} 构建荧光开关,对 D-PA 的荧光检测方法进行了补充,具有应用到实际中的巨大潜力。

第7章　多重荧光猝灭效应介导的荧光碳点传感检测卡托普利

7.1　引言

卡托普利((2S)-1-[(2S)-2-甲基-3-巯基丙基]吡咯烷-2-羧,CAP)是一种广泛应用于血管紧张素转换酶(Angiotensin Converting Enzyme,ACE)抑制剂的药物,可以降低高血压、保护血管,防止血栓形成。由于其优点,CAP已被广泛应用于高血压和心力衰竭的治疗。此外,对类风湿关节炎、雷诺氏现象、糖尿病肾病、糖尿病视网膜病变等疾病也有显著疗效。虽然它在临床上已经使用了几十年,并且取得了令人满意的效果,CAP的剂量需要谨慎对待,过量摄入CAP可能会导致缺锌、腹泻、皮疹、蛋白尿和肾病综合征等副作用。因此,测定药品和体液样品中CAP的含量具有重要意义。

除了传统的色谱分析法,目前已经报道了许多分析检测CAP的方法,如毛细管电泳法、电化学分析法、分光光度法、化学发光法、质谱法、圆二色谱法等。但这些方法的设备昂贵、操作复杂或耗时长,在一定程度上阻碍了它们的应用。荧光光谱法因其灵敏度高、测量速度快、使用方便、仪器易操作等优点而受到科研人员的关注。目前,已成功开发了发光量子点、氧化石墨烯、荧光染料、荧光聚合物、贵金属纳米团簇等荧光材料,并设计了通过荧光传感方法检测CAP。这些检测策略和令人满意的结果使荧光光谱法成为检测CAP的有力工具。

二十多年来,碳点(CNDs)在物理光学、分析化学和生物医学等领域受到了广泛关注。与有机染料、传统量子点和贵金属团簇不同,CNDs 具有合成简单、毒性低、生物相容性好等优点。除了它们自身的发光特性,杂原子的掺杂使 CNDs 具有可操作性和灵活性,从而获得优异的发光性能。基于以上优点, CNDs 具有应用于前沿生物传感的巨大潜力。此外,近年来,CNDs 在药物分析领域也显示出较高的应用价值,已成功应用 CNDs 荧光分析法检测氟喹诺酮类、四环素、青霉胺等药物。因此,制备成本低、绿色、具有优异光学特性的碳点为 CAP 分析检测提供了新的思路和选择。

在本章中,以组胺酸为前驱体,通过简单的热解法合成了 CNDs。基于 CNDs 良好的荧光性能,建立了多重荧光猝灭效应介导的 CAP 检测荧光传感器。MnO_2 NPs 首先通过静电作用与 CNDs 结合,基于 FRET 和 IFE 猝灭机理,显著猝灭了 CNDs 的荧光。随后,CAP 触发了一种独特的氧化还原反应,并促进了猝灭剂的分解,从而恢复了 CNDs 的荧光。因此,建立了一种以 CNDs 为基础的荧光传感器高灵敏度、高选择性的检测 CAP 的新方法。CNDs 的简单合成方法和全新的传感机理使其成为一种新颖的荧光传感方法,并且完善了 CAP 的分析检测方法。

7.2 实验部分

7.2.1 试剂与仪器

在本实验中使用的氢氧化钠和其他试剂均为分析纯级别。以 NaAc 溶液为基础,分别用等浓度的氢氧化钠溶液或乙酸滴定,制备了浓度为 0.02 mol/L、不同 pH 值的 HAc-NaAc 缓冲液。在整个工作中使用去离子水(电阻率为 18.2 MΩ · cm)。人体尿液样品来自健康志愿者。

采用美国 FEI 公司的 G2 F20 S-TWIN 透射电镜(TEM)对 CNDs 和 CNDs-MnO_2 NPs 的形貌进行了研究。采用 Nano-ZS90 激光粒度仪(Malvern,英国)对 CNDs 和 MnO_2 NPs 进行 DLS 粒度分布测试和 Zeta 电位测试。采用 AXIS ULTRA DLD 电子能谱仪(Kratos,英国)研究产品的化学元素组成和表面状态。产品的紫外-可见光谱在中国普析 TU-1901 紫外-可见光谱仪上测量。荧光发射光谱记录在 F7000 荧光光谱仪上(Hitachi,日本),荧光寿命测试记录在 FLS 1000 寿命和稳态光谱仪(Edinburgh,英国)上。红外光谱记录在 Nicolet iS50 红外光谱仪上(Thermo Fisher,美国)。

7.2.2 CNDs 和 MnO_2 NPs 的合成

以组胺酸为前驱体,采用直接热解法制备 CNDs。首先,称取 1 g 组胺酸,细磨后放入烧杯中,然后,在 300 ℃ 下加热粉末 5 min。自然冷却后,将 4 mL NaOH(100 mg/L)加入上述深褐色粉末中,搅拌后在超声波清洗机中分散 30 min,然后将所得产品以 5 000 r/min 离心 10 min 以去除大颗粒。取上清液在去离子水中透析 48 h 进行纯化。最后,将产物放入冰箱中以备后续使用,使用时需稀释 10 倍。采用冷冻干燥法制备 CNDs 粉体。

根据之前文献报道的方法合成了 MnO_2 NPs,并进行了一些修改。首先,称取 100 mg 牛血清白蛋白溶于 40 mL 去离子水中,搅拌下滴加 200 μL Mn^{2+}(0.1 mol/L);其次,在上述溶液中加入 200 μL NaOH 溶液(1 mol/L)搅拌 6 h。将上述溶液在 10 000 r/min 下离心 10 min;最后,在去离子水中透析 48 h 进行纯化。

7.2.3 荧光传感 CAP

在 CAP 检测中,将 100 μL CNDs 和 100 μL MnO_2 NPs 或缓冲液(作为对照组)均匀分散到 700 μL 缓冲液(pH=3.0)中,然后向其中加入 100 μL 不同浓度的 CAP 溶液或缓冲液(作为空白组)。混合后,测量溶液的荧光发射光谱,并记录其在 430 nm 处的荧光强度。所有的测量都在相同的参数设置下进行:340 nm 的激发波长;激发狭缝 2.5 nm,发射狭缝 5 nm。所有实验均平行进行 3 次。

7.2.4 实际样品检测

检测前先过滤尿液样品,并稀释 10 倍。将 100 μL CNDs 和 100 μL MnO_2 NPs 均匀分散到 700 μL 缓冲液(pH=3.0)中,然后向其中加入 100 μL 样品溶液或 CAP 溶液(2、20、50 μmol/L)。混合后,记录 430 nm 处的荧光强度,计算样品中 CAP 的含量和回收率。

7.3 结果与讨论

7.3.1 CNDs 和 MnO_2 NPs 的表征结果分析

以组胺酸为前驱体,采用一步热解法制备了 CNDs。以 BSA 作为生物模板,采用模板法制备了 MnO_2 NPs。在热解过程中,高温可以使前驱体快速碳化,并在短时间内形成碳点。用 NaOH 溶液中和过量的组胺酸,溶解制备的 CNDs。与传统的水热合成 CNDs 的方法相比,该方法大大缩短了制备时间,使合成更加地绿色简便。图 7.1 和图 7.2 分别显示了 CNDs 和 MnO_2 NPs 的 TEM 图像,从图中均可观察到球形颗粒。为了探究 CNDs 的粒径分布,运用动态光散射技术对其进行了测试,图 7.3 测量了 CNDs 的尺寸分布。结果表明,CNDs 的粒径分布范围为 2.70 ~ 8.72 nm,经计算得出其平均直径为 4.33 nm。

图 7.1　CNDs 的 TEM 图

图 7.2　MnO_2 NPs 的 TEM 图

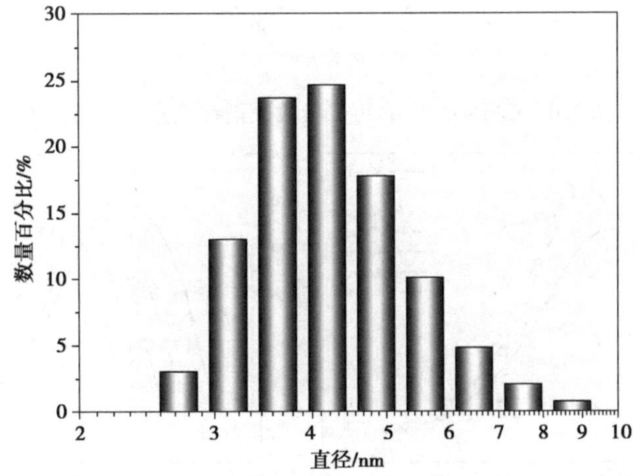

图 7.3　CNDs 的纳米粒度分布图

接着,实验测试了 CNDs 的光谱特性。图 7.4 为 CNDs 的紫外-可见吸收光谱曲线(实线)和荧光发射光谱曲线(虚线)。结果表明,CNDs 在 200 ~ 400 nm 范围内存在较宽的吸收,这是由于 C ═C 的 π-π^* 和 C ═O 的 n-π^* 电子跃迁。此外,CNDs 在 340 nm 激发下表现出较强的荧光发射,最佳发射峰为 430 nm。图 7.4 中的插图为 CNDs 溶液在日光和紫外光下的照片,其中,黄色溶液在激发光下发出明亮的蓝色荧光。图 7.5(a)记录了 CNDs 在不同激发光下的荧光发射光谱。从不同激发下的归一化发射光谱图[图 7.5(b)]中可以清楚地观察到,随着激发波长在 320 ~ 440 nm 的变化,其相应的发射峰红移了约 90 nm。这种激发依赖的发射特性是由于碳点的尺寸效应和发射位点的分布。

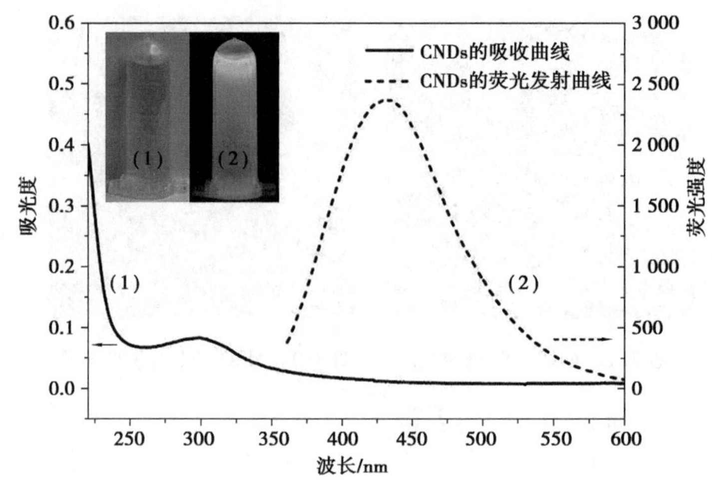

图 7.4　CNDs 的紫外-可见吸收光谱和荧光发射光谱图

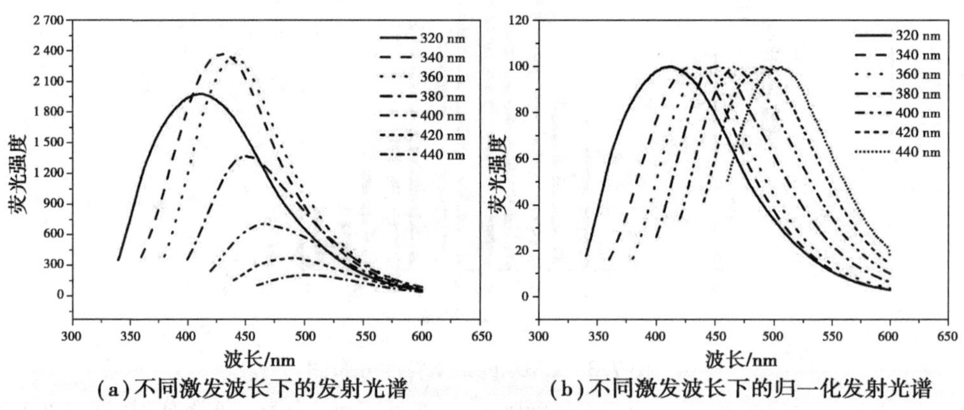

(a)不同激发波长下的发射光谱　(b)不同激发波长下的归一化发射光谱

图 7.5　CNDs 的荧光发射光谱

随后用红外吸收光谱测定了 CNDs 的表面官能团。从图 7.6 中可以看出，在 3 442 cm^{-1} 处的峰表示 O—H 的伸缩振动。由于羟基缔合引起的宽带吸收，N—H(3 500 ~ 3 100 cm^{-1})被掩盖。2 950 cm^{-1} 左右的峰源于甲基中 C—H 的伸缩振动，3 080 cm^{-1} 处的峰来自═C—H 中的 C—H 振动。1 711 cm^{-1} 对应于羧基中 C ═O 的伸缩振动。位于 1 652 和 1 602 cm^{-1} 的两个吸收峰代表 C ═C 的伸缩振动。1 399 cm^{-1} 左右的峰代表—CH_2—或—CH_3 的变形振动。1 203 cm^{-1} 左右的峰代表 C—N 的伸缩振动。

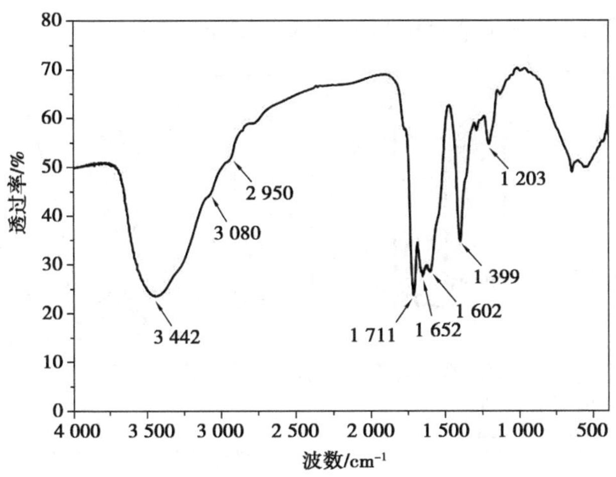

图 7.6　CNDs 的红外吸收光谱图

为进一步研究 CNDs 的元素组成和表面结合形式，在单色 Al Kα 辐射下进行了 XPS 测试。从 XPS 全谱图[图 7.7(a)]中可以看出，CNDs 主要由碳、氧、氮 3 种元素组成，除 C 1s 外，N 1s 处也出现了一个强峰，说明 CNDs 中氮含量较高。为了进一步确定元素之间的具体键连方式，对元素分谱图进行分析。图 7.7(b)为 C 1s 的 XPS 分峰谱图，可分为 284.5、285.3 和 287.5 eV 3 个分峰，分别对应于 C—C、C—N 和 C ═N/C ═O。图 7.7(c)为 N 1s 的 XPS 分峰谱图，该图谱可分为 398.3 和 399.7 eV 两个分峰，分别对应于 C—N—C 和 N—H。图 7.7(d)为 O 1s 的 XPS 分峰谱图，该图谱可分为 532.0 和 531.0 eV 两个分峰，分别对应于 C—O—C 和 C ═O。结合 FTIR 和 XPS 的结果可知，CNDs 表面主要有羟基、羧基和氨基等官能团。

此外，实验还对制备的 MnO_2 NPs 进行了 XPS 测试，结果如图 7.8 所示。从 XPS 全谱图[图 7.8(a)]中可以看出，MnO_2 NPs 主要由碳、氧、氮、锰 4 种元素组成。其中，Mn 2p 和部分 O 1s 来自 MnO_2，C 1s、N 1s 和部分 O 1s 来自 BSA 模板。图 7.8(b)为 Mn 2p 的 XPS 分峰谱图，可分为 653.4 和 641.8 eV 处的分峰，分别对应 Mn $2p_{(1/2)}$ 和 Mn $2p_{(3/2)}$。图 7.8(c)为 O 1s 的 XPS 分峰谱图，可分为 532.5、531.5 和 530.9 eV 3 个分峰，分别对应 H—O—H、Mn—O—H 和 Mn—

O—Mn。综上数据表明了 MnO_2 NPs 的成功制备。

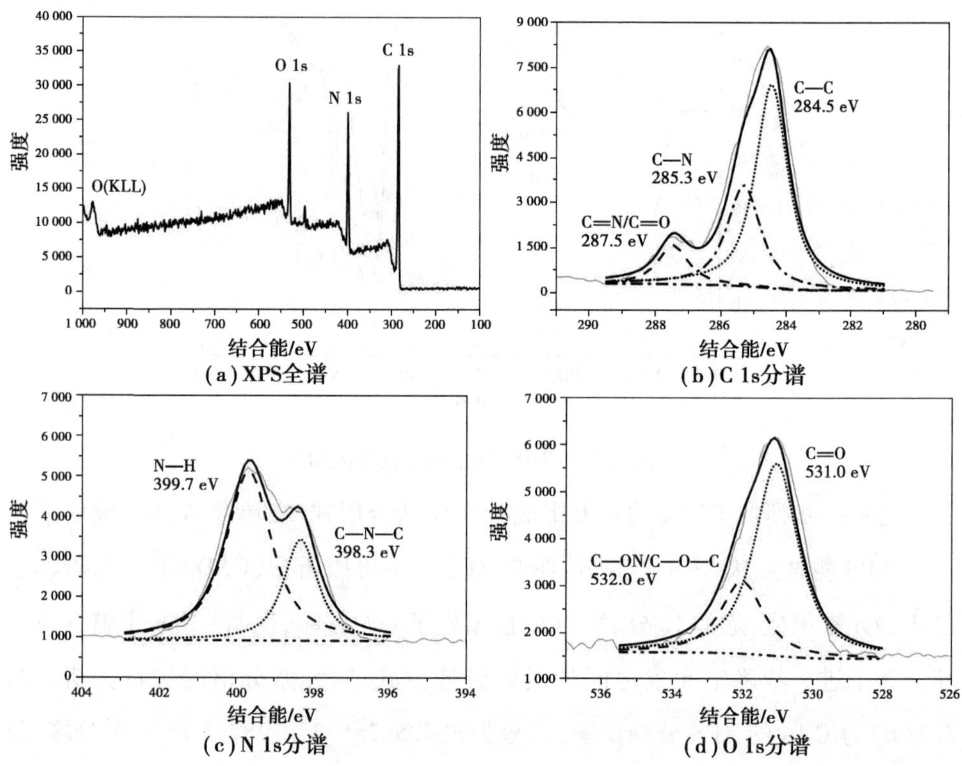

图 7.7 CNDs 的 XPS 谱图

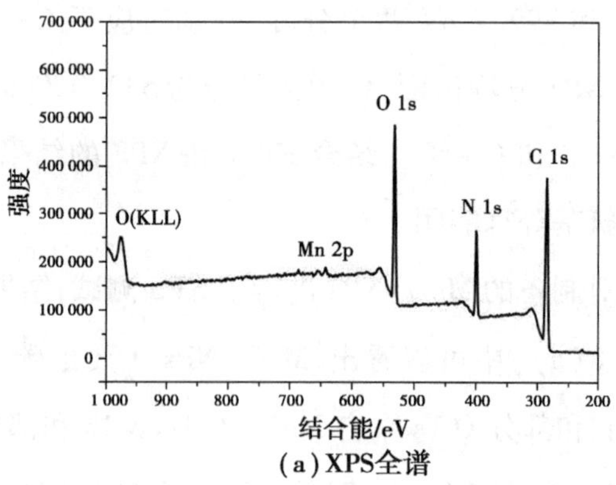

(a) XPS全谱

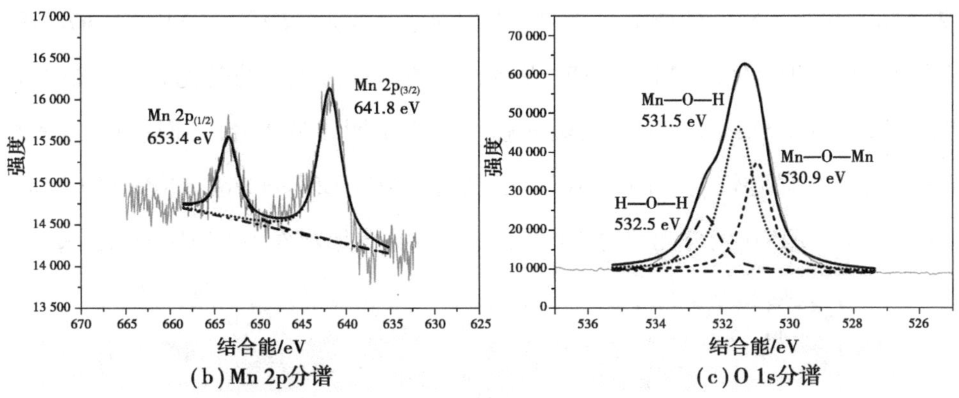

(b) Mn 2p分谱　　(c) O 1s分谱

图 7.8　MnO_2 NPs 的 XPS 谱图

7.3.2　CNDs 的荧光量子产率计算

由已报道的文献可知，以硫酸奎宁为标准品，测量了 CNDs 的荧光量子产率。其计算式为

$$Q_x = Q_{ST}\left(\frac{I_x}{I_{ST}}\right)\left(\frac{A_{ST}}{A_x}\right)$$

式中　Q——量子产率；

I——荧光发射强度；

A——吸光度；

ST——标准样品；

x——测试样品。

根据公式计算得出 CNDs 的荧光量子产率为 14.11%。

7.3.3　MnO_2 NPs 和 CAP 对 CNDs 的荧光响应

以上结果表明 CNDs 具有良好的荧光性能。在此基础上，设计了一种多重荧光猝灭效应介导的荧光“turn-off-on”传感器，用于 CAP 检测。图 7.9 形象地描述了 CNDs 的合成、MnO_2 NPs 诱导的荧光猝灭和 CAP 刺激的荧光恢复过程。

蓝色阴影代表 CNDs 的荧光。图 7.10 记录了 CNDs(实线)、CNDs+MnO_2 NPs (点线)和 CNDs+MnO_2 NPs+CAP(虚线)在 340 nm 激发下的荧光光谱。结果表明,加入 MnO_2 NPs 后,CNDs 的荧光强度发生了明显的下降。随后加入 CAP, CNDs 的荧光强度恢复。图 7.10 中插图为 CNDs、CNDs+MnO_2 NPs 和 CNDs+MnO_2 NPs+CAP 在紫外光照射下的照片,可以直观地观察到 CNDs 的荧光变化。

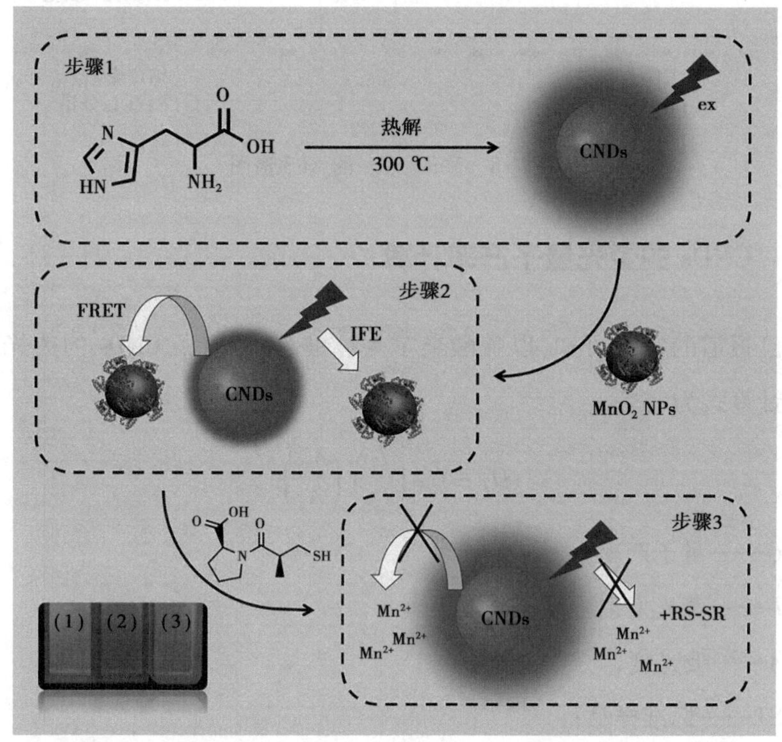

图 7.9　CNDs 的合成及 MnO_2 NPs 和 CAP 诱导的荧光开关示意图

为研究荧光猝灭和恢复机理,实验进行了荧光寿命、紫外-可见吸收光谱和荧光激发发射光谱测定。图 7.11 所示为加入 MnO_2 NPs 和 CAP 前后的 CNDs 时间分辨荧光衰减光谱,对荧光衰减的多重指数拟合结果列于表 7.1 中。结果表明,加入 MnO_2 NPs 后,CNDs 的荧光寿命从 5.05 ns 下降到 4.61 ns,引入 CAP 后,CNDs 的荧光寿命又回升到 5.05 ns。

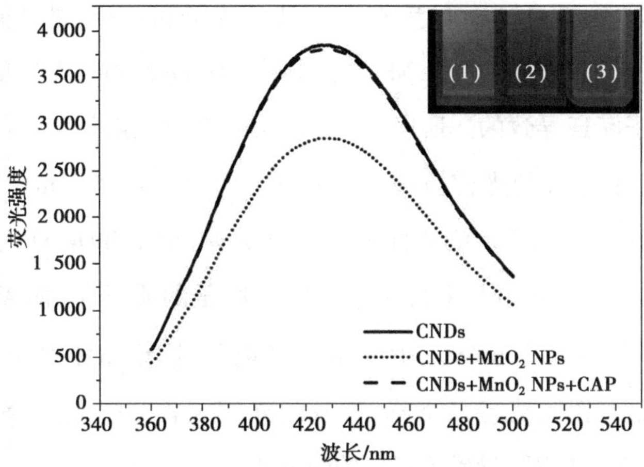

图 7.10　CNDs、CNDs+MnO_2 NPs 和 CNDs+MnO_2 NPs+CAP 的荧光光谱

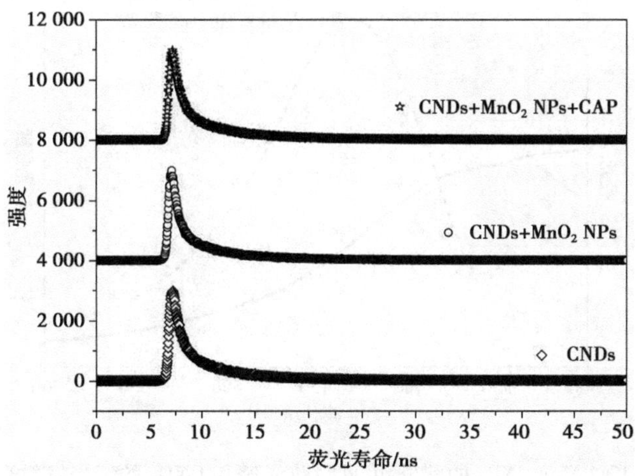

图 7.11　CNDs、CNDs+MnO_2 NPs 和 CNDs+MnO_2 NPs+CAP 的荧光衰减光谱图

表 7.1　CNDs 加入 MnO_2 NPs 和 CAP 前后的多指数荧光衰减拟合表

种类	寿命 1 /ns	寿命 2 /ns	寿命 3 /ns	占比 1 /%	占比 2 /%	占比 3 /%	拟合度 χ^2	平均寿命 /ns
CNDs	0.66	3.49	10.88	18.94	52.64	28.42	1.083	5.05
CNDs+MnO_2	0.59	3.34	10.21	21.44	51.52	27.04	1.146	4.61
CNDs+MnO_2+CAP	0.65	3.46	10.97	19.14	52.59	28.27	1.194	5.05

此外，比较了 MnO_2 NPs 的紫外-可见吸收光谱和 CNDs 的荧光发射光谱，如图 7.12 所示。结果表明，MnO_2 NPs 在 300～600 nm 内有一个宽吸收带，这是由 Mn 的 d-d 电子跃迁导致的。所以 CNDs 的荧光发射光谱与猝灭剂 MnO_2 NPs 的吸收光谱发生了有效的光谱重叠。最后测定了 CNDs 和 MnO_2 NPs 的表面电荷。如图 7.13 所示，CNDs 的表面电荷为+36.90 mV，MnO_2 NPs 的表面电荷为−2.21 mV。CNDs 的正电荷来自纳米点中氮原子的质子化，而 MnO_2 NPs 的负电荷则是由于其表面的 Mn-O^-基团。相反的电荷赋予这两种纳米材料静电结合的能力。综上所述，荧光寿命下降、有效的光谱重叠和静电结合作用共同证明了 MnO_2 NPs 通过 FRET 导致 CNDs 的荧光猝灭。

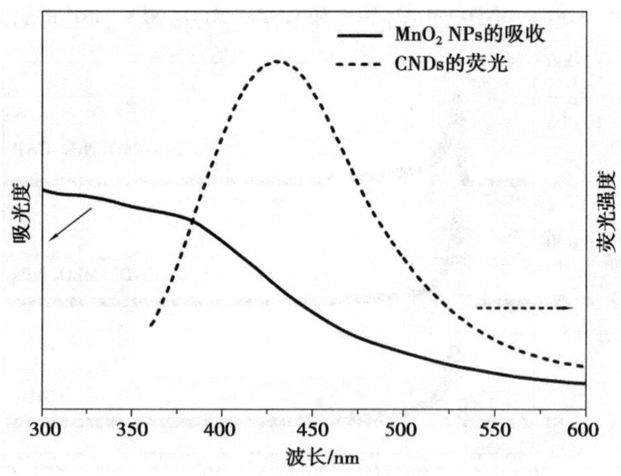

图 7.12　MnO_2 NPs 的紫外-可见吸收光谱和 CNDs 的荧光发射光谱图

考虑 MnO_2 NPs 的宽吸收，图 7.14 比较了 MnO_2 NPs 的紫外-可见吸收光谱和 CNDs 的荧光激发光谱。结果表明，因为 CNDs 在 340 nm 左右的激发区几乎完全被 MnO_2 NPs 的吸收曲线所覆盖，所以 MnO_2 NPs 也可能通过 IFE 猝灭 CNDs 的荧光。因此，MnO_2 NPs 引起的荧光猝灭效应可以归结为 FRET 和 IFE 的多重荧光猝灭效应。

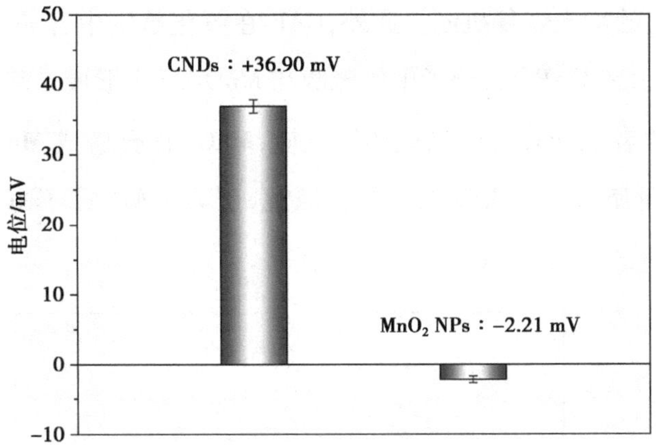

图7.13　MnO_2 NPs和CNDs的Zeta电位图

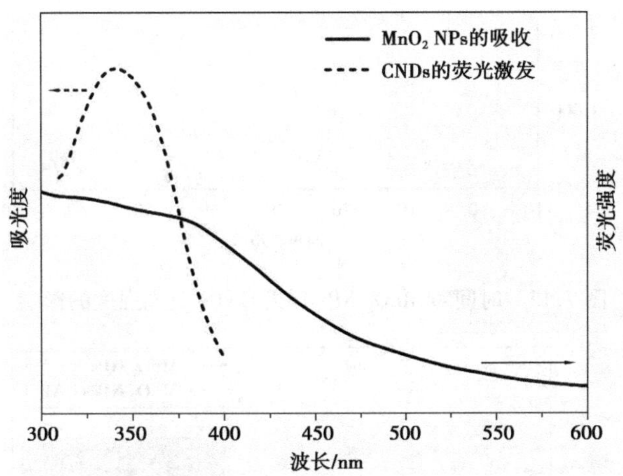

图7.14　MnO_2 NPs的紫外-可见吸收光谱和CNDs的荧光激发光谱图

此外，CNDs-MnO_2 NPs的荧光强度随着时间的变化如图7.15所示。结果表明，加入MnO_2 NPs后，CNDs的荧光立即猝灭，并随时间延长而保持不变。以上结果表明，MnO_2 NPs诱导的荧光猝灭具有较高的稳定性。

为了进一步研究CAP刺激的荧光恢复机理，图7.16记录并比较了MnO_2 NPs在加入CAP前后的紫外-可见吸收光谱。如图所示，在CAP诱导下，MnO_2 NPs的宽吸收带消失，且MnO_2 NPs发生了明显的褪色。据报道，MnO_2可以通过独特的氧化还原反应与硫醇发生反应。根据这些文献，我们提出了硫醇刺激

MnO_2 NPs 分解的荧光恢复机制。此外，CAP 在氧化氛围中容易形成二硫化物。因此，一方面，引入 CAP 后，分子中的硫醇与 MnO_2 反应形成二硫键(S—S)。另一方面，通过两者之间独特的氧化还原反应，MnO_2 被分解成 Mn^{2+}，Mn^{2+}没有光吸收能力，从而使 CNDs 的荧光恢复。因此，引入 CAP 后，CNDs 的荧光得以恢复。

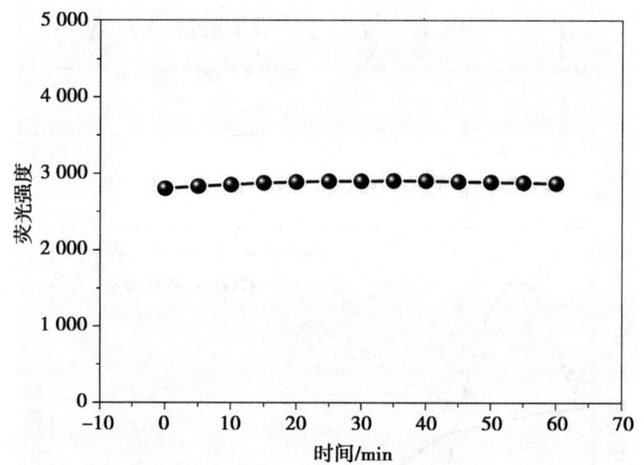

图 7.15　时间对 MnO_2 NPs 猝灭 CNDs 荧光强度的影响

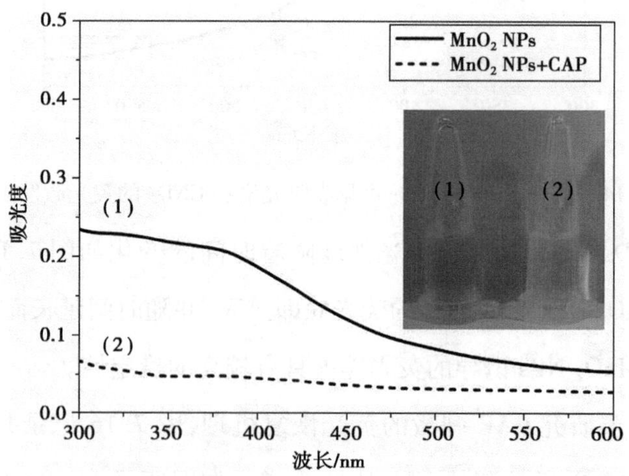

图 7.16　MnO_2 NPs 加入 CAP 前后的紫外-可见吸收光谱图

7.3.4　CNDs-MnO_2 NPs 检测 CAP 的条件优化

基于 MnO_2 NPs 介导的荧光猝灭和 CAP 诱导的荧光恢复,将 CNDs 应用于 CAP 的荧光传感。为了达到最佳的荧光传感效果,对反应体系的 pH 和时间进行了优化。图 7.17(a)分别显示了 CNDs、CNDs + MnO_2 NPs 和 CNDs +MnO_2 NPs+CAP 在不同 pH 值下的荧光强度。通过计算不同 pH 值下的荧光恢复效率来确定 CNDs 荧光传感 CAP 的最佳 pH 值。如图 7.17(b)所示,荧光恢复效率($\Delta F/F_0$)在 pH=3 时达到最大值。这是因为 CNDs 具有 pH 依赖的荧光特性,以及 MnO_2 在酸性条件下氧化能力变强。然而,环境过酸也会影响 MnO_2 的稳定性,从而影响荧光传感。

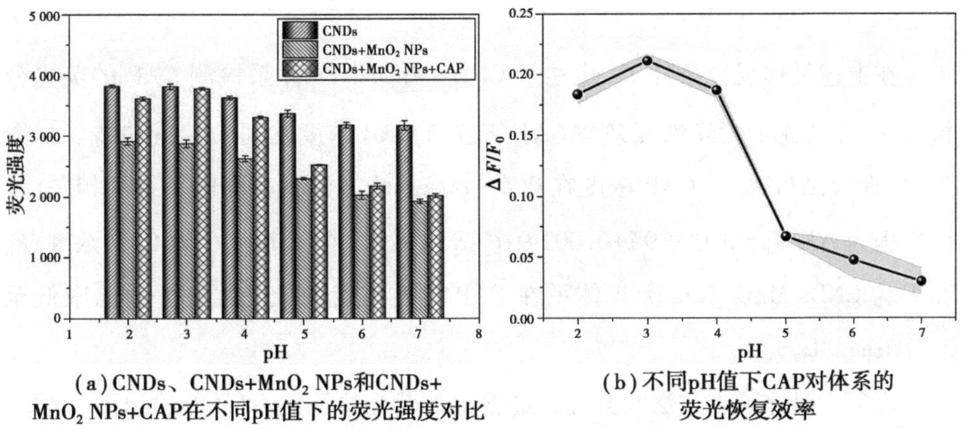

(a)CNDs、CNDs+MnO_2 NPs和CNDs+MnO_2 NPs+CAP在不同pH值下的荧光强度对比

(b)不同pH值下CAP对体系的荧光恢复效率

图 7.17　pH 值对 CAP 检测的影响

随后对反应时间进行了优化,如图 7.18(a)所示,加入 CAP 后,CNDs-MnO_2 NPs 体系的荧光强度显著上升,10 min 后几乎没有变化。与此同时,反应 10 min 后,体系的荧光恢复效率也达到最大,如图 7.18(b)所示。因此,选择在 pH=3 的环境中反应 10 min 进行后续实验。

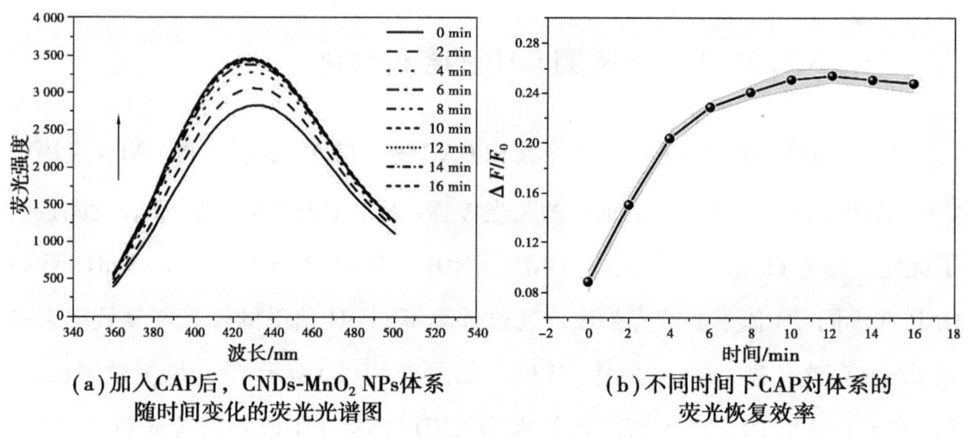

(a)加入CAP后，CNDs-MnO_2 NPs体系随时间变化的荧光光谱图

(b)不同时间下CAP对体系的荧光恢复效率

图 7.18 时间对 CAP 检测的影响

7.3.5 标准曲线与选择性测试

在上述最佳反应条件下,建立了 CNDs-MnO_2 NPs 体系检测 CAP 的荧光分析方法,并建立了荧光恢复效率($\Delta F/F_0$)与 CAP 浓度之间的校准曲线。如图 7.19 所示,$\Delta F/F_0$ 与 CAP 浓度在 0.4 ~ 60 μmol/L 浓度范围内呈线性相关,线性方程为 $\Delta F/F_0 = 0.054\ 95 + 0.002\ 97C$($R^2 = 0.992\ 4$),其中,$C$ 为 CAP 浓度,F_0 和 F 为 CNDs-MnO_2 NPs 荧光体系在 CAP 存在前后的荧光强度。检出限低至 0.31 μmol/L。

表 7.2 对比了本方法与其他已经报道的荧光法检测 CAP 的检出限,CNDs-MnO_2 NPs 体系在检测 CAP 时表现出令人满意的线性范围和低检出限。在保证低检出限和宽线性范围的前提下,本方法可以快速制备荧光材料,是一种简单、新颖的检测 CAP 的方法。

为将该荧光传感器检测 CAP 的新方法应用到实际中,还需考虑实际测试中可能存在的干扰物对 CNDs-MnO_2 NPs 荧光体系的影响,如 Na^+、K^+、氨基酸等。结果如图 7.20 所示,除 CAP 对体系荧光产生明显的荧光恢复效果外,其他等浓度的干扰物并未对体系荧光产生影响。综上所述,该纳米荧光传感器检测 CAP 具有高灵敏度和高选择性,具有应用到实际中的巨大潜力。

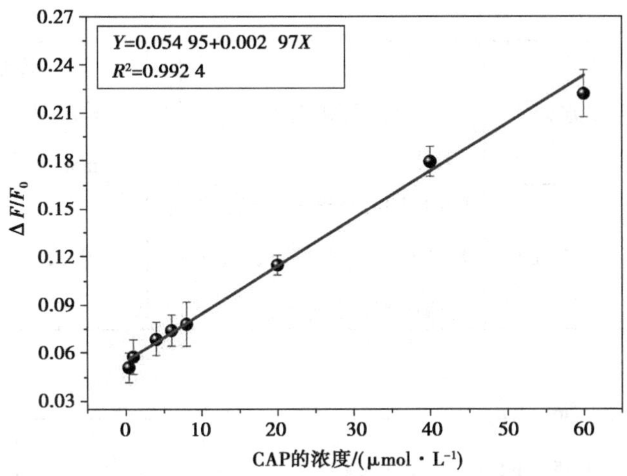

图 7.19　CNDs-MnO_2 NPs 体系检测 CAP 的标准曲线

表 7.2　CNDs-MnO_2 NPs 体系与其他荧光检测 CAP 方法的对比表

荧光纳米材料	合成方法	传感机理	传感性能	
			检出限/(μmol · L^{-1})	线性范围/(μmol · L^{-1})
MoO_x QDs	一锅法 50 min	Cu^{2+}诱导的静态猝灭和 CAP 竞争结合引起的荧光恢复	0.51	1.0 ~ 150
GQDs	热解法 2 min	荧光猝灭，光谱移动，Fe^{3+}诱导的荧光开关	1.40	4.8 ~ 380
GO	Hummers 方法>5 d	Ag NPs 引起的荧光共振能量转移和 CAP 引起的 Ag NPs 聚集	0.16	0.5 ~ 10.5
HP-β-CD 聚合物	一步交联法>12 h	Fe^{3+}诱导的光电子转移和 CAP 刺激的氧化还原反应	0.18	0.9 ~ 460
Ag NCs	生物模板法>9 h	Ag NCs 保护层降解引起的荧光猝灭	0.23	0 ~ 2.3

续表

荧光纳米材料	合成方法	传感机理	传感性能	
			检出限 /(μmol · L^{-1})	线性范围 /(μmol · L^{-1})
CNDs	热解法 5 min	MnO_2 NPs 介导的荧光共振能量转移和内滤效应以及 CAP 刺激的氧化还原反应	0.31	0.4 ~ 60

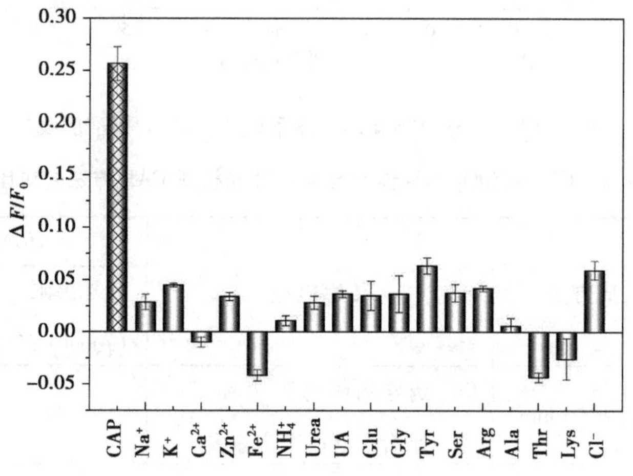

图 7.20　CNDs-MnO_2 NPs 体系检测 CAP 的选择性

7.3.6　人体尿液样品中 CAP 的检测

通过对实际样品和人体尿液样品的检测,验证了该纳米荧光传感器应用到实际生活中的可能性。将实验结果列于表 7.3 中。该方法的加标回收率为 103.24% ~106.54%。从而证明了 CNDs-MnO_2 NPs 荧光传感器检测 CAP 的可靠性。

表 7.3 人体尿液样品中 CAP 的检测

样品中浓度 /(μmol·L^{-1})	加入量 /(μmol·L^{-1})	总量 /(μmol·L^{-1})	回收率 (n=3)/%	相对标准偏差 RSD(n=3)/%
未检出	2.00	2.13	106.54	7.17
	20.00	20.65	103.24	1.41
	50.00	52.05	104.11	2.42

7.4 结论

本方法以组胺酸为前驱体,通过简单的热解法合成荧光 CNDs。前驱体快速碳化,并在短时间内形成 CDs,与传统的水热法制备相比,大大缩短了制备时间。并且基于 CNDs 良好的荧光特性,利用 MnO_2 NPs 建立了基于多重荧光猝灭效应介导的荧光传感器。MnO_2 NPs 通过 FRET 和 IFE 荧光猝灭机理猝灭 CNDs 的荧光,随后由于 CAP 刺激猝灭剂对 MnO_2 NPs 的分解,从而使 CNDs 的荧光恢复。基于此原理,建立了一种高灵敏度、高选择性检测 CAP 的纳米荧光传感器,并将其进一步应用于实际样品的检测。CNDs 的简单合成方法和全新的传感机理使其成为一种新颖的荧光传感方法,并且完善了 CAP 的荧光分析检测方法。

第 8 章　金属离子介导的荧光碳点传感 N-乙酰-L-半胱氨酸

8.1　引言

N-乙酰-L-半胱氨酸是 L-半胱氨酸的重要衍生物,已作为解黏液剂或解毒剂,广泛应用于慢性呼吸系统疾病和肝中毒的临床治疗。多年的临床经验表明,NAC 在治疗 Sjogren 氏综合征、支气管炎、戒烟、流感、丙型肝炎、肌阵挛性癫痫、肺结核、肺气肿、淀粉样病变、肺炎、胃炎、心绞痛、肝毒性、心脏病发作等多种疾病中也显示出良好的疗效。特别是通过增加细胞内谷胱甘肽含量,NAC 可作为一种有效的抗氧化剂在体内抵抗氧化应激,其分子结构中的活性巯基使其能够有效地清除自由基/活性氧。因此,NAC 在控制和治疗由自由基或氧化损伤引起的不良后果方面发挥着重要作用。利用这些优势可以治疗诸如癌症、呼吸系统疾病、心血管疾病、对乙酰氨基酚毒性、人类免疫缺陷病毒(Human Immunodeficiency Virus,HIV)和神经退行性疾病等疾病。

由于 NAC 在生物和医学领域的优势,人们对 NAC 的检测进行了多年研究,并设计和实现了多种检测 NAC 的方法。色谱法、电泳分析法、质谱法、化学发光分析法、电化学法、分光光度法和荧光分析法等仪器分析方法已成功用于人体组织和药物样品中 NAC 的测定。其中,荧光分析法具有操作简单、反应迅速、灵敏度高、检测方便等优点,是一种很有前景的药物分析方法。

CDs 作为传统半导体量子点的替代品,保留了其良好的光致发光、宽带吸收、化学性质稳定、发射可调等特点，同时避免了重金属离子对环境和生命健康的危害。根据其结构，CDs 一般分为石墨结构的石墨烯量子点和非晶型结构的 CDs 两大类。虽然 CDs 的发光机理尚不完全明确，但科研人员认为在 CDs 结构中掺杂杂原子可以显著提高 CDs 的发光性能。除了优异的光学性能，CDs 在生物分析和生物医学应用中也表现出优异的生物相容性，因此，它们已被广泛应用于传感、成像、药物递送和癌症治疗等领域。此外，已有许多利用荧光 CDs 识别和定量检测药物含量的报道，证实了荧光 CDs 在药物分析中的应用。

本章以天冬氨酸（Aspartic Acid，Asp）为前驱体，通过简易的热解法制备得到荧光 CDs。由于 Asp 分子中含有氮元素，所制备的 CDs 直接掺杂了 N。CDs 发出明亮的绿色荧光，并且其荧光通过静态猝灭效应（SQE）被 Mn^{2+} 有效地猝灭。随后，NAC 凭借其优异的配位能力与 Mn^{2+} 发生竞争性结合，中断了 Mn^{2+} 与 CDs 的结合，使 CDs 的荧光恢复。因此，利用金属离子介导的荧光“turn-off-on”，建立了用于荧光检测 NAC 的 CDs 纳米探针。这是首次利用 Mn^{2+} 构建金属离子介导的荧光探针检测 NAC，进一步完善了基于 CDs 的荧光药物分析方法，扩展了 NAC 的荧光检测思路。

8.2　实验部分

8.2.1　试剂与仪器

L-天冬氨酸（Asp，99%）和四水合醋酸锰（$MnAc_2 \cdot 4H_2O$，分析纯）购于上海麦克林生化科技股份有限公司。N-乙酰-L-半胱氨酸（NAC，99%）购于上海阿拉丁生化科技股份有限公司。实验中所有试剂均为分析纯级别，无须进一步纯化。以 NaAc 溶液为基础，分别用等浓度的氢氧化钠溶液或乙酸滴定，制备了浓度为 0.02 mol/L、不同 pH 的 HAc-NaAc 缓冲液。实验用水均为超纯水，电阻率为 18.2 MΩ · cm。人体尿液样品来自健康志愿者。

采用美国 FEI 公司的 G2 F20 S-TWIN 透射电镜（TEM）对 CDs 的形貌进行了研究。采用 AXIS ULTRA DLD 电子能谱仪（Kratos，英国）研究产品的化学元素组成和表面状态。采用 Nano-ZS90 激光粒度仪（Malvern，英国）对 CDs 进行 DLS 粒度分布测试。紫外-可见光谱在中国普析 TU-1901 紫外-可见光谱仪上进行测量。荧光发射光谱记录在 F-7000 荧光光谱仪上（Hitachi，日本），荧光寿命测试在 FLS 1000 寿命和稳态光谱仪（Edinburgh，英国）上进行。红外光谱用 Nicolet iS50 红外光谱仪（Thermo Fisher，美国）测试。

8.2.2 CDs 的合成与条件优化

称取 1 g Asp 粉末在烧杯底部展开，并转移到电热套中，在 300 ℃下加热 10 min，可观察到白色粉末逐渐变为深褐色。随后向其中加入 4 mL 浓度为 100 mg/L 的 NaOH 溶液，使粉末尽可能溶解。浸泡 1 h 后，置于超声波清洗机中分散 30 min，随后置于离心机中，在 5 000 r/min 的转速下离心 10 min，去除大颗粒，收集上清液。将上清液置于去离子水中透析 48 h。最后将纯化后的溶液放入冰箱中保存，稀释 10 倍以备后续使用。采用冷冻干燥法制备 CDs 固体粉末。

对合成温度和合成时间进行优化。首先，将 3 个装有 1 g Asp 粉末的烧杯转移到电热套中，温度分别设置为 100、200 和 300 ℃，加热 10 min。重复上述 CDs 的合成操作，制得不同温度下的 CDs 溶液。其次，固定合成温度为 300 ℃，改变热解时间为 5、10、15 min，同样重复上述 CDs 的合成操作，制得不同合成时间下的 CDs 溶液。最后，测定不同条件下制备的 CDs 的荧光强度来优化合成条件。

8.2.3 荧光传感 NAC

在室温下，对 NAC 进行荧光传感测试。将 100 μL CDs 溶液加入含有

5 mmol/L Mn^{2+} 的 800 μL 缓冲液(0.02 mol/L,pH=7)中,然后加入 100 μL 不同浓度的 NAC 溶液或超纯水(作为空白组)。混合均匀后,将溶液转移到石英比色皿中,记录其在 430 nm 处的荧光发射光谱和荧光强度。荧光实验均在设置参数下进行:激发波长为 340 nm;激发和发射狭缝宽度为 5 nm。所有实验均平行进行 3 次。

8.2.4　实际样品检测

在检测前,将人体尿液样品过滤并稀释 10 倍。将 100 μL CDs 溶液加入含有 5 mmol/L Mn^{2+} 的 800 μL 缓冲液(0.02 mol/L,pH=7)中,然后,将 100 μL 样品溶液和已知浓度的 NAC 溶液(1、3、5 mmol/L)加入上述混合溶液中。混合均匀后,将溶液转移到石英比色皿中,记录 430 nm 处的荧光发射光谱和荧光强度,计算样品中 NAC 的含量和加标回收率。

8.3　结果与讨论

8.3.1　CDs 的合成与表征

通过热解 Asp 制得 CDs。通过测定不同合成条件下制备的 CDs 的荧光强度,对 CDs 合成的热解温度和时间进行优化。如图 8.1 所示,CDs 的荧光强度随热解温度的升高而急剧增大,100 ℃制备的产物中几乎没有检测到荧光,而 300 ℃则呈现出强烈的荧光。因此,热解温度为 300 ℃。随后对热解时间进行了优化,如图 8.2 所示。结果表明,CDs 的荧光强度随热解时间的延长略有增强,变化并不明显。综合考虑效率和产率,选择 10 min 作为热解时间。因此,在 300 ℃下加热 10 min Asp 即可合成 CDs。

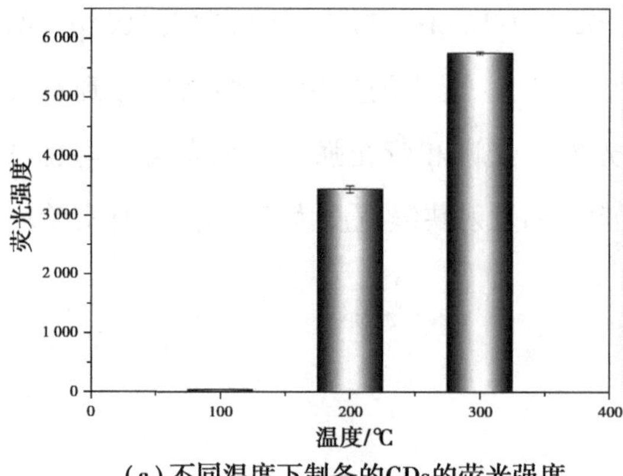

(a)不同温度下制备的CDs的荧光强度

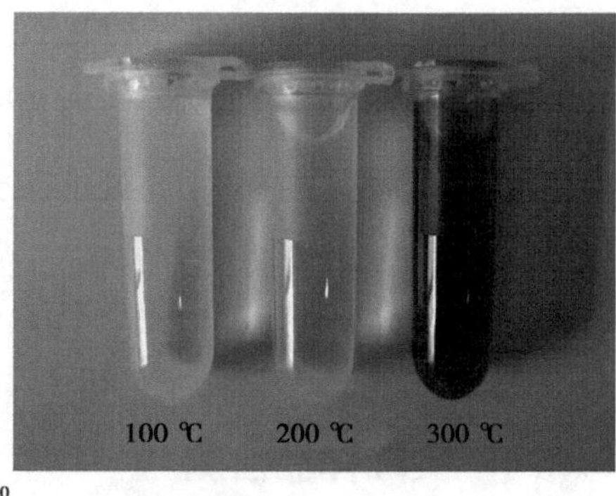

(b)不同温度下制备的CDs

图 8.1 热解温度对 CDs 制备的影响

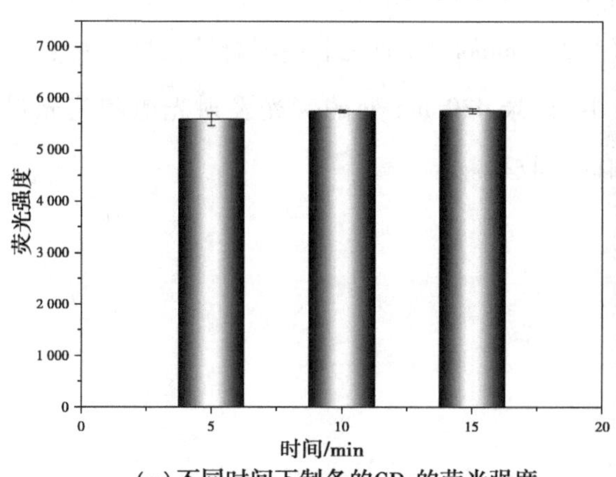

(a)不同时间下制备的CDs的荧光强度

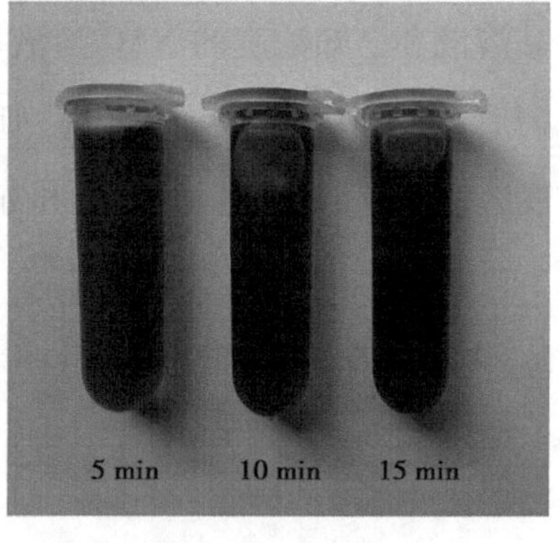

(b)不同时间下制备的CDs

图 8.2 热解时间对 CDs 制备的影响

随后对制备所得的 CDs 的形貌、成分、结构进行了表征。图 8.3 所示为 CDs 的 TEM 图像,可观察到分散良好的碳点。为了探究 CDs 的粒径分布,运用动态光散射技术对其进行测试,结果如图 8.4 所示,CDs 的尺寸分布在 3.12 ~6.50 nm,计算得其平均粒径为 4.26 nm。

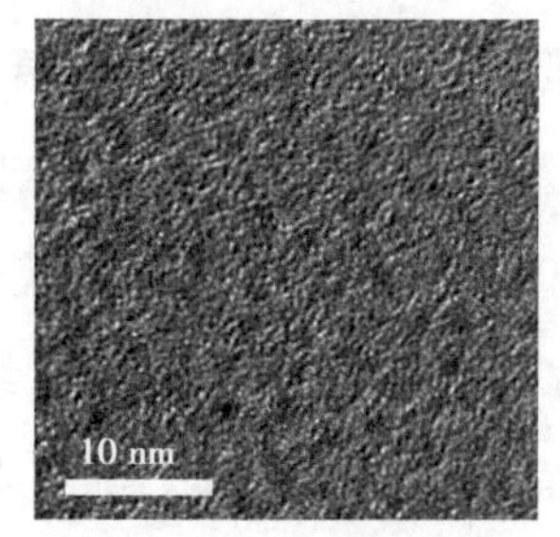

图 8.3 CDs 的 TEM 图片

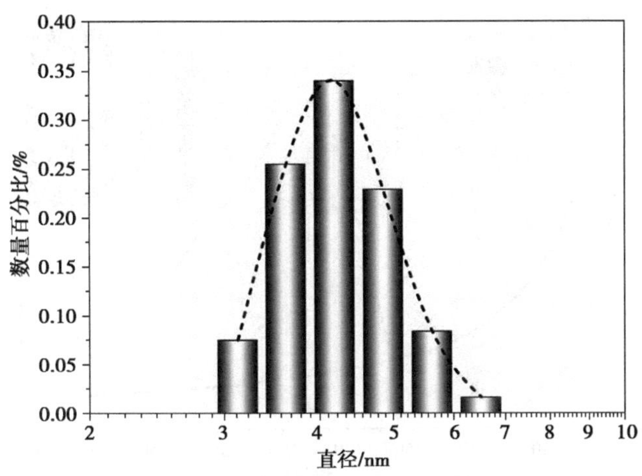

图 8.4　CDs 的纳米粒度分布图

为了研究制备的 CDs 的光学性能，图 8.5 记录了紫外-可见吸收光谱（实线）、荧光激发光谱（点线）和荧光发射光谱（虚线）。紫外-可见吸收光谱（实线）显示 CDs 在紫外区有宽吸收，是由 C ═C 的 π-π^* 电子跃迁和 C ═O 的 n-π^* 电子跃迁引起的。此外，在日光（图 8.5 插图 1）和紫外灯照射下（图 8.5 插图 2）观察 CDs 的荧光颜色，可观察到明亮的绿色荧光。随后记录了激发波长在 320 ~ 460 nm 的荧光发射光谱，如图 8.6 所示，CDs 的发射光谱从 420 nm 到 525 nm，证明了该 CDs 具有激发依赖的荧光发射特性。考虑 CDs 的最大荧光发射强度，选择了 340 nm 作为激发波长进行后续实验。

为进一步研究 CDs 的元素组成和表面结合形式，在单色 Al Kα 辐射下进行 XPS 测试。结果如图 8.7 所示。图 8.7(a) 为 CDs 的 XPS 全谱，发现 CDs 主要由碳、氧、氮 3 种元素组成。图 8.7(b) 为 C 1s 的 XPS 分峰谱图，可分为 288.0、284.7 和 285.8 eV 3 个分峰，分别对应于 C ═O、C—N/C—O 和 C—C。图 8.7(c) 为 O 1s 的 XPS 分峰谱图，该谱图可分为 532.0 和 531.1 eV 两个分峰，分别代表 C—O—H/C—O—C 和 C ═O。图 8.7(d) 为 N 1s 的 XPS 分峰谱图，该谱图可分为 400.0 和 399.4 eV 两个分峰，分别对应于 N—H 和 C—N 的形成。以上数据证明了 CDs 的成功制备。

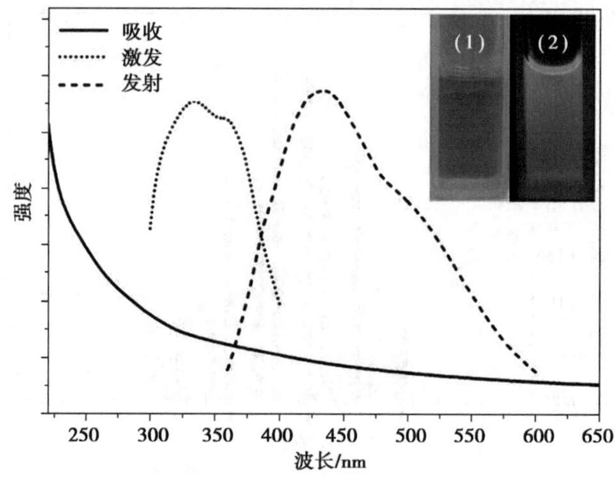

图 8.5　CDs 的紫外-可见吸收、荧光激发和发射光谱图

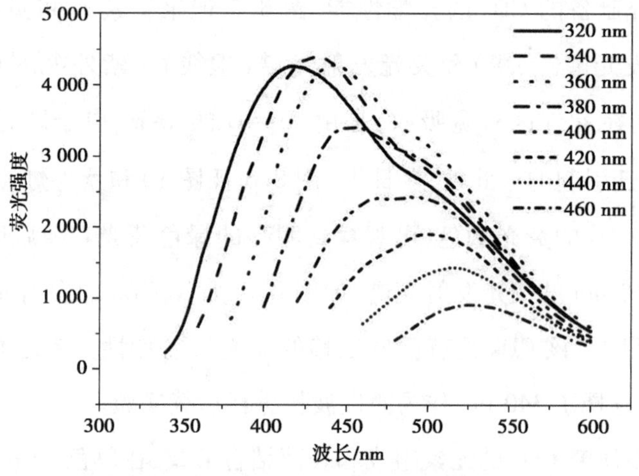

图 8.6　CDs 在不同激发下的荧光发射光谱图

随后用红外吸收光谱法测定了 CDs 的表面官能团。如图 8.8 所示,3 414 cm^{-1} 处的峰表示 O—H 的伸缩振动。3 072 和 2 939 cm^{-1} 处的峰分别代表═C—H 和—C—H 的伸缩振动,1 397 cm^{-1} 处的峰为—CH_2 或—CH_3 的变形振动。1 714 cm^{-1} 处的尖峰为羧基上 C ═O 的伸缩振动。1 199 cm^{-1} 处的峰源自 C—N 的伸缩振动,1 600 cm^{-1} 处的峰来自酰胺基团。因此,上述 XPS 和红外结果表明了 CDs 表面存在羟基、羧基和氨基。

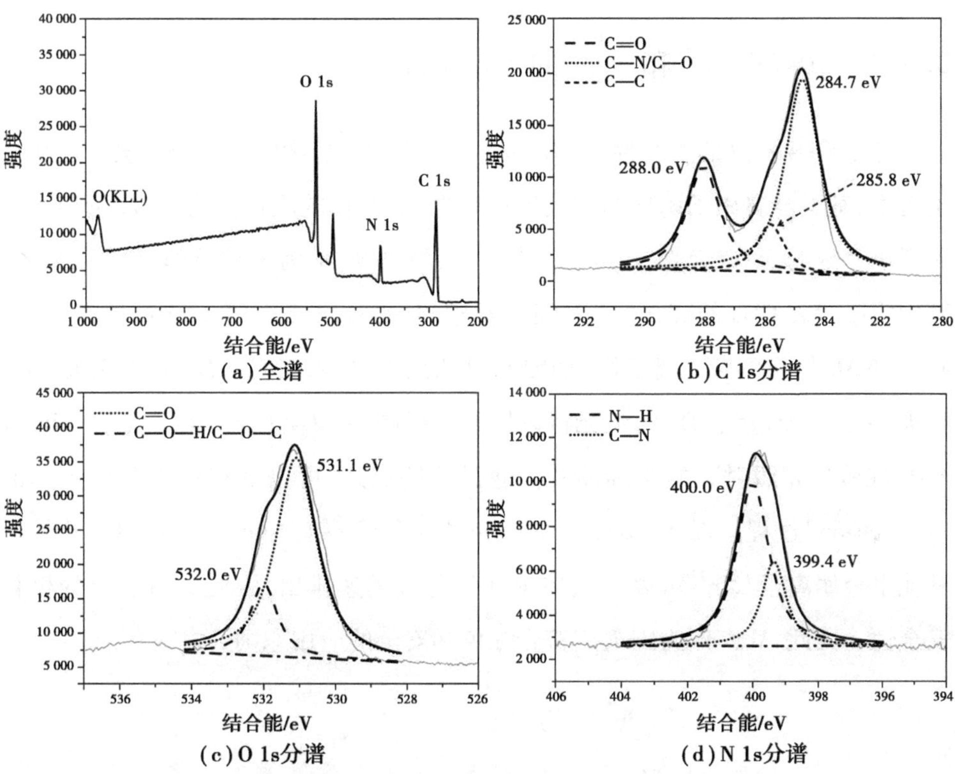

图 8.7　CDs 的 XPS 谱图

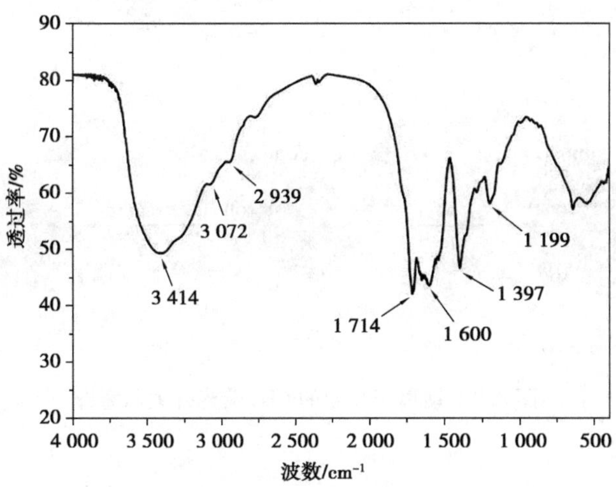

图 8.8　CDs 的红外光谱图

8.3.2 CDs 对 Mn^{2+}和 NAC 的荧光响应

鉴于 CDs 良好的发光性能,有望将 CDs 应用在药物定量分析检测中。从理论上说,基于金属离子诱导的荧光猝灭现象和 NAC 的配位能力,CDs 可用于金属离子介导的 NAC 荧光“turn-on”传感。图 8.9 所示为该传感体系的示意图,其中阴影代表 CDs 的荧光。为验证上述猜想,实验记录了 CDs、CDs+Mn^{2+}、CDs+Mn^{2+}+NAC 体系的荧光光谱图,如图 8.10 所示。结果表明,CDs 的荧光被 Mn^{2+}猝灭,引入 NAC 后,CDs 的荧光得以恢复。插图为 CDs、CDs+Mn^{2+}、CDs+Mn^{2+}+NAC 在紫外光照射下的实际照片。通过这些照片,可以直观地观察到荧光的“turn-off-on”过程。因此,实现了 Mn^{2+}介导的 NAC 荧光“turn-on”传感。相较于其他重金属离子,Mn^{2+}可以在人体中通过肾脏迅速排出,因此具有优异的生物安全性。因此,Mn^{2+}作为猝灭剂符合绿色和安全的应用原则。

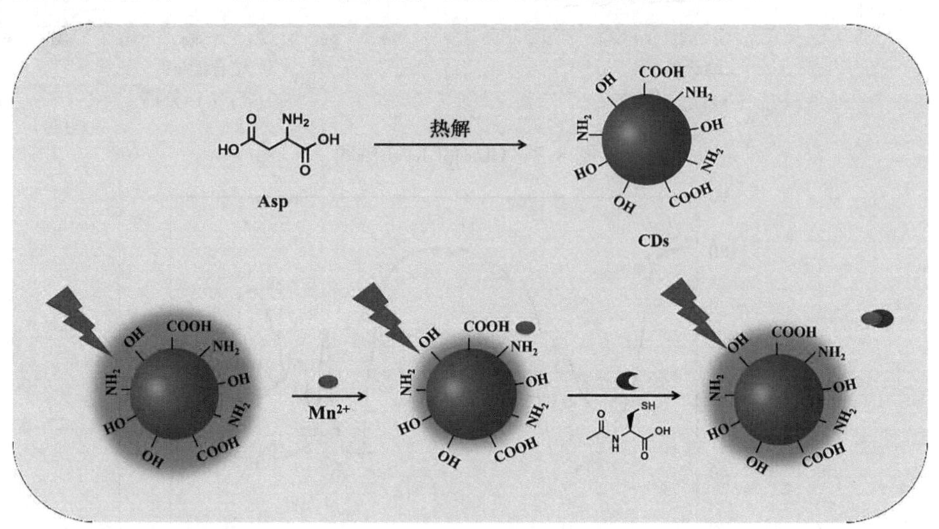

图 8.9 锰离子介导的 CDs 荧光开关示意图

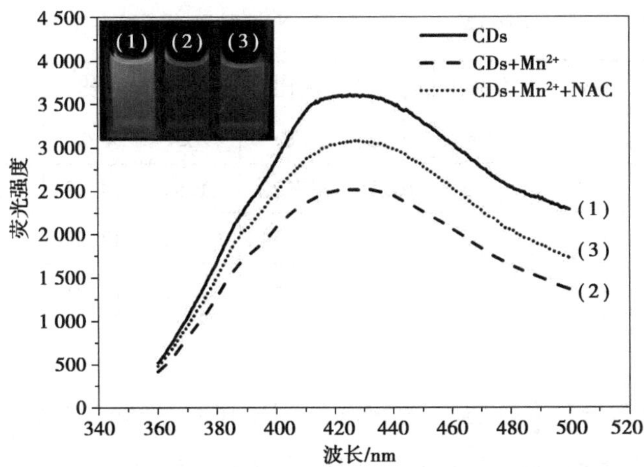

图 8.10　CDs、CDs+Mn^{2+}、CDs+Mn^{2+}+NAC 的荧光光谱图

(1) CDs 在紫外灯下的照片；(2) CDs+Mn^{2+}在紫外灯下的照片；

(3) CDs+Mn^{2+}+NAC 在紫外灯下的照片

为了揭示 NAC 的荧光猝灭和恢复的机理，图 8.11 对 CDs、CDs+Mn^{2+}和 CDs+Mn^{2+}+NAC 进行了时间分辨荧光衰减测试。根据表 8.1 的多指数拟合结果，CDs、CDs+Mn^{2+}、CDs+Mn^{2+}+NAC 的荧光寿命分别为 4.05、4.27 和 4.24 ns。结果表明，加入 Mn^{2+}和 NAC 后，CDs 的荧光寿命几乎没有变化，Mn^{2+}猝灭 CDs 荧光为静态猝灭效应。

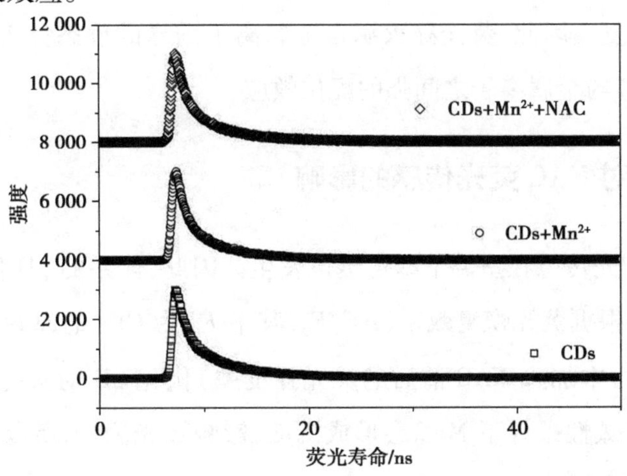

图 8.11　CDs、CDs+Mn^{2+}、CDs+Mn^{2+}+NAC 的荧光衰减光谱图

表 8.1　CDs、CDs+Mn^{2+}、CDs+Mn^{2+}+NAC 的荧光衰减多指数拟合表

种类	寿命 1 /ns	寿命 2 /ns	寿命 3 /ns	占比 1 /%	占比 2 /%	占比 3 /%	拟合度 χ^2	平均寿命 /ns
CDs	0.88	3.73	10.55	17.72	61.99	14.99	1.269	4.05
CDs+Mn^{2+}	0.78	3.53	10.78	18.34	64.45	17.22	1.187	4.27
CDs+Mn^{2+}+NAC	0.88	3.61	10.13	20.52	61.27	18.21	1.241	4.24

为了验证这一猝灭机理,实验记录了 CDs 和 CDs+Mn^{2+}的紫外-可见吸收光谱。如图 8.12 所示,加入 Mn^{2+}前后 CDs 的光谱没有明显变化。因为 CDs 的紫外-可见吸收光谱没有明显的特征峰,所以很难观察到其变化。为了证实静态猝灭效应,我们进行了测试并绘制了 CDs 在不同温度下的 Stern-Volmer 图(图 8.13)。结果表明,60 ℃时的猝灭常数(K_{sv})比 20 ℃时低。据文献报道,在动态猝灭中,温度的升高有利于碰撞,猝灭更显著,猝灭常数随温度升高而增大,而在静态猝灭中则相反,温度升高不利于静态猝灭的发生。因此,较高温度下较低的 K_{sv} 则为静态猝灭,Mn^{2+}猝灭 CDs 荧光为静态猝灭效应。引入 NAC 后,NAC 分子中含有羧基、巯基和亚氨基等官能团,能够作为配体提供极好的配位能力。因此 NAC 会与 Mn^{2+}竞争性地结合,中断了 Mn^{2+}与 CDs 的结合,从而使 CDs 的荧光恢复。因此,荧光猝灭源自金属离子诱导的静态猝灭效应,荧光恢复则源自 NAC 与金属离子之间强的配位效应。

8.3.3　pH 对 NAC 荧光传感的影响

NAC 的荧光传感在室温下即可迅速发生。因此,体系的 pH 值是影响传感的关键参数。根据荧光恢复效率($\Delta F/F_0$,其中 F_0 为 CDs 的原始荧光强度,ΔF 为在 CDs+Mn^{2+}中加入 NAC 前后的荧光强度差)优化 pH 对荧光传感的影响。因为考虑了在碱性条件下 Mn^{2+}会形成沉淀,影响荧光测量,所以未考察 pH 值大于 7 的条件。图 8.14(a)比较了不同 pH 值下 CDs、CDs+Mn^{2+}和 CDs+Mn^{2+}+

NAC 的荧光强度,荧光恢复效率如图 8.14(b)所示。结果表明,在酸性条件下 NAC 对体系几乎没有荧光恢复,在 pH=7 时荧光恢复效率达最大。因此,荧光传感 NAC 应在室温、pH=7 的条件下进行。

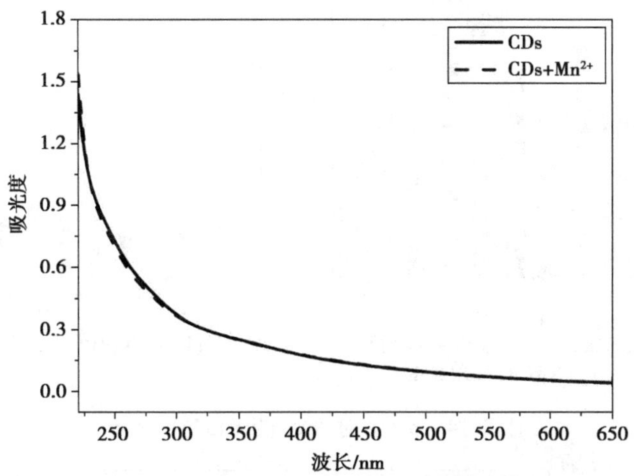

图 8.12　CDs 和 CDs+Mn^{2+}的紫外-可见吸收光谱图

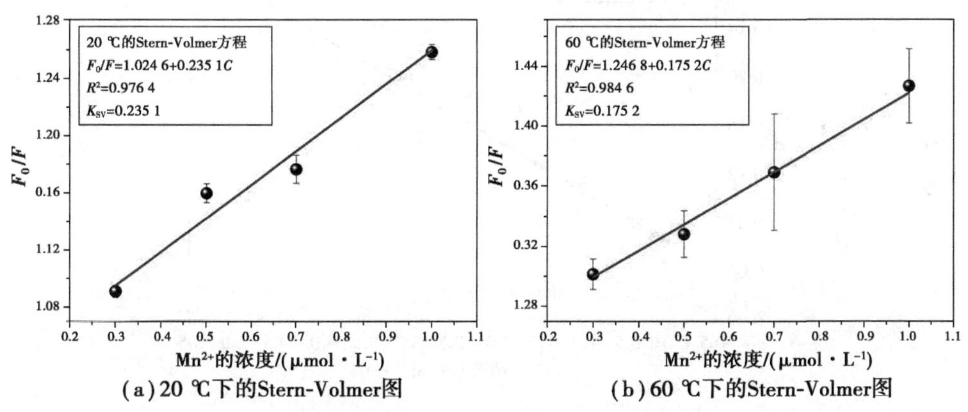

(a) 20 ℃下的Stern-Volmer图　　(b) 60 ℃下的Stern-Volmer图

图 8.13　不同温度下 Mn^{2+}对 CDs 猝灭的 Stern-Volmer 图

8.3.4　标准曲线与选择性测试

在上述最佳条件下进行了 Mn^{2+}介导的荧光"turn-on"检测 NAC。图 8.15 建立了荧光恢复效率与 NAC 浓度之间的线性关系,两者在 0.04 ~ 5 mmol/L 浓度范围内呈线性相关,标准曲线方程为 $Y=0.043\ 26X+0.062\ 9(R^2=0.994\ 9)$,其中 Y 为荧光恢复效率($\Delta F/F_0$),X 为 NAC 浓度,检出限为 0.03 mmol/L(3σ)。

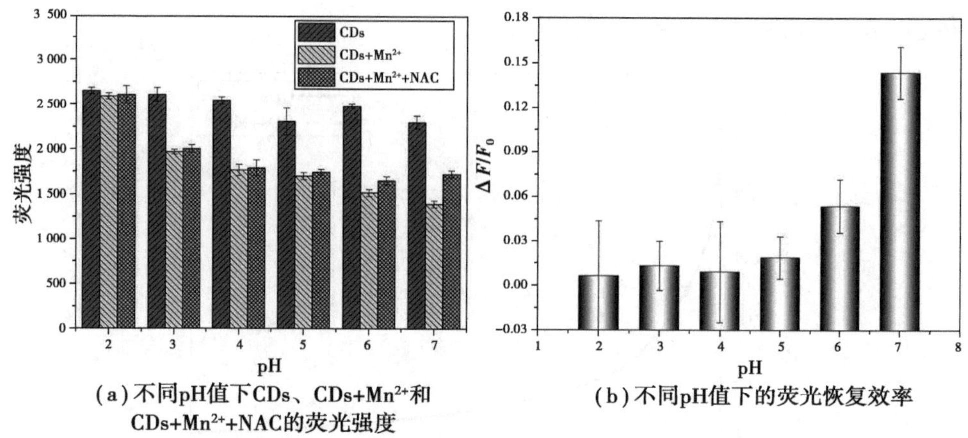

(a)不同pH值下CDs、CDs+Mn^{2+}和CDs+Mn^{2+}+NAC的荧光强度

(b)不同pH值下的荧光恢复效率

图 8.14　pH 值对 NAC 荧光传感的影响

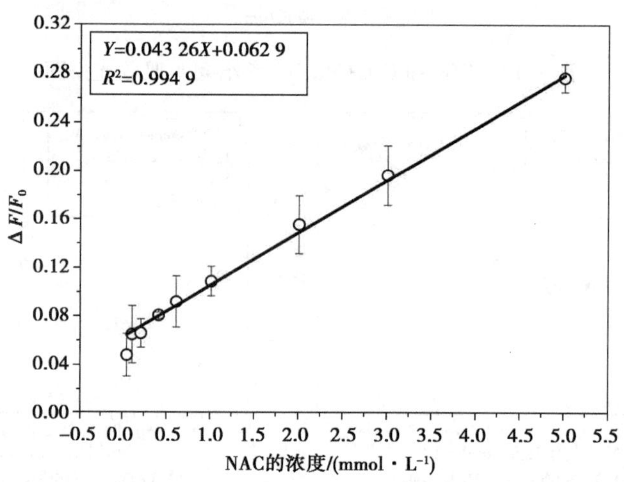

图 8.15　Mn^{2+}介导的荧光"turn-on"检测 NAC 的标准曲线

为将该荧光体系检测 NAC 的新方法应用到实际应用中,还需考虑实际测试中可能存在的干扰物对 CDs+Mn^{2+}荧光体系的影响,如 Na^+、K^+、尿酸和氨基酸等。结果如图 8.16 所示,除 NAC 表现出明显的荧光恢复外,其他等浓度的干扰物并未对体系荧光产生影响(图中分别为 NAC、Na^+、K^+、Ca^{2+}、Zn^{2+}、Fe^{3+}、NH_4^+、尿素、尿酸、葡萄糖、多巴胺、甘氨酸、酪氨酸、丝氨酸、精氨酸、丙氨酸、苏氨酸、

赖氨酸、Cl^-）。综上所述，Mn^{2+}介导的荧光“turn-on”检测 NAC 具有较高的灵敏度和选择性，具有应用于实际的潜力。

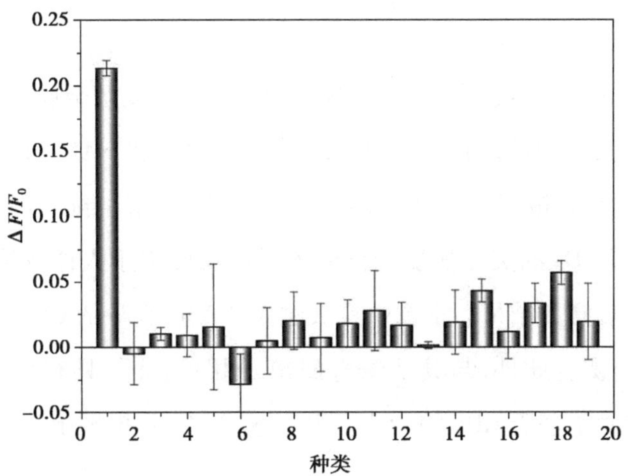

图 8.16　Mn^{2+}介导的荧光“turn-on”检测 NAC 的选择性

8.3.5　实际样品中 NAC 的检测

上述结果验证了金属离子介导的 CDs 荧光纳米探针检测 NAC 具有可行性。随后运用该方法检测人体尿液样品中 NAC 的含量。测试前将样品稀释 20 倍，实验结果见表 8.2。该方法的标准回收率为 97.62% ~102.34%，证明了纳米荧光探针检测实际样品中 NAC 的有效性和可行性。

表 8.2　人体尿液样品中 NAC 含量的测定

样品中浓度 /(mmol · L^{-1})	加入量 /(mmol · L^{-1})	总量 /(mmol · L^{-1})	回收率 (n=3) /%	相对标准偏差 (n=3)/ %
未检出	1	1.02	102.34	2.23
	3	3.06	102.06	4.20
	5	4.97	97.62	1.90

8.4 结论

本章通过简单的热解法制备得到荧光 CDs,并建立了金属离子介导的荧光“turn-on”纳米荧光探针,用于高灵敏度、选择性地检测 NAC。通过静态猝灭效应,CDs 的荧光首先被 Mn^{2+}猝灭。随后,利用 NAC 优异的配位能力与 Mn^{2+}发生结合,从而使得 CDs 的荧光恢复。将该体系成功应用于人体尿液样品的检测,并得到了令人满意的结果。本章中首次建立了 Mn^{2+}介导的 CDs 纳米荧光探针,用于 NAC 的检测。此外,与其他重金属离子相比,Mn^{2+}具有良好的生物安全性。进一步完善了基于 CDs 的荧光药物分析方法,并扩展了 NAC 的荧光检测思路。

第9章　氮、硫、溴-共掺杂的碳点荧光检测巯嘌呤

9.1　引言

巯嘌呤又名6-巯基嘌呤(6-mercaptopurine,6-MP)是一种具有生物医学价值的嘌呤衍生物(3,7-二氢嘌呤-6-硫酮)。它作为一种免疫抑制药物已被广泛开发和应用于临床疾病的治疗,如白血病、淋巴瘤、骨髓瘤、红斑狼疮、类风湿性关节炎和其他自身免疫性疾病等。然而,当人类血浆中6-MP的含量异常时,可能会导致严重的副作用。研究表明,6-MP及其伴随代谢物可通过脱氧硫鸟苷包埋抑制RNaseH的功能,从而产生细胞毒性,威胁人类的身体健康。因此,精准定量测定人体内和药物中的6-MP含量具有重要意义。

到目前为止,研究人员仍在开发检测6-MP的方法。液相色谱-质谱法(Liquid Chromatography /Mass Spectrometry,LC-MS)、毛细管电泳法、电化学分析法、表面增强拉曼散射法(Surface-enhanced Raman Scattering,SERS)、化学发光法、紫外-可见吸收光谱法、荧光光谱法等分析检测方法已应用于6-MP的测定。在上述方法中,荧光分析法克服了溶剂毒性、设备昂贵、前处理复杂等缺点,同时具有较高的精密度和灵敏度。因此,荧光分析已成为检测6-MP的有利方法。

CDs是一类尺寸小(<10 nm)、具有优异荧光性能的碳纳米材料,主要由碳、氧、氢3种元素组成。为调节和增强CDs的荧光性能,向其中掺杂杂原子是一种有效的方法。杂原子掺杂能够改变CDs的能级结构,使其具有发光可调、量

子产率高等特点。制备掺杂碳点的元素可分为金属元素和非金属元素。但金属元素的掺杂会引入较高浓度的金属离子,对生物体有一定的毒性,限制了金属元素掺杂碳点的发展应用。非金属元素掺杂碳点近年来引起了研究者的广泛关注。目前多种研究表明 CDs 在药物分析中具有较高的实用价值,证明其具有检测 6-MP 的潜力。

本章以溴酚蓝(Bromophenol Blue,BPB)和聚乙烯亚胺(Polyethyleneimine,PEI)为前驱体,采用一步水热法制备了氮、硫、溴三元素共掺杂的 CDs(N,S,Br-CDs)。前驱体中的杂原子在碳化和聚合过程中直接掺杂到产物中。N,S,Br-CDs 表现出良好的荧光发射性能,6-MP 通过静态猝灭效应(SQE)和内滤效应(IFE)显著猝灭了 N,S,Br-CDs 的荧光发射。基于荧光强度的变化,实现了 6-MP 的定量检测,并将其应用于实际药品巯嘌呤片中 6-MP 的检测。该检测方法中,杂原子掺杂 CDs 合成方法简便,检测 6-MP 操作方便,为药物分析中 6-MP 的荧光检测提供了新的合成思路。

9.2 实验部分

9.2.1 试剂与仪器

溴酚蓝(BPB,分析纯)购于北京 57601 工厂。聚乙烯亚胺(PEI,99%)和 6-巯基嘌呤(6-MP,98%)购于上海阿拉丁生化科技股份有限公司。氢氧化钠(NaOH)和本实验中其他试剂均为分析纯级别,无须进一步纯化。实验用水为超纯水,电阻率为 18.2 MΩ · cm。巯嘌呤片购于附近药店。

采用美国 Thermo Scientific 公司的 Talos F200X 高分辨透射电子显微镜(HRTEM)对 N,S,Br-CDs 的形貌进行了研究。采用英国 Kratos 公司的 XSAM 800 电子能谱仪研究产品的化学元素组成和表面状态。采用英国 Malvern 公司的 Nano-ZS90 激光粒度仪对 N,S,Br-CDs 进行 DLS 粒度分布测试。紫外-可见光谱在中国普析 TU-1901 紫外-可见光谱仪上测量。荧光发射光谱记录在日本 Hitachi 公司的 F-7000 荧光光谱仪上测定,荧光寿命测试在日本 HORIBA 公司的 FluoroMax-415 荧光光谱仪上测定。

9.2.2　N,S,Br-CDs 的合成

准确称取 0.100 0 g PEI,溶于 20 mL 二次水中,搅拌至完全溶解。随后称取 0.010 0 g BPB 粉末溶于上述溶液中,搅拌片刻后转移至 50 mL 反应釜中,在 180 ℃下反应 12 h。随后将淡黄色溶液转移至 3 500 Da 的透析袋中透析 12 h。透析完成后将溶液保存在冰箱中以备后续使用。

9.2.3　荧光检测 6-MP

在室温、pH = 12 的 NaOH 溶液中对 6-MP 进行荧光检测。取 100 μL 的 N, S,Br-CDs 溶液加入 800 μL NaOH 溶液(pH = 12)中。混合均匀后,加入 100 μL 不同浓度的 6-MP 溶液(溶解于 pH = 12 的 NaOH 溶液中)。反应 20 min 后,记录其在 460 nm 处的荧光发射光谱和荧光强度。该仪器的参数设置为:激发波长为 335 nm,激发狭缝宽度为 5 nm,发射狭缝宽度为 2.5 nm。所有实验均平行进行 3 次。

9.2.4　实际样品检测

实验选用巯嘌呤片作为实际样品进行测试,验证该传感方法在实际样品中的可行性。取一片巯嘌呤片并研磨成粉末,准确称取 0.010 0 g 溶于 20 mL pH = 12 的 NaOH 溶液,在 60 ℃下待其完全溶解,随后将样品溶液稀释 3 倍,以备后续实验使用。在实际样品检测中,将 100 μL 的样品溶液或已知浓度的 6-MP 溶液(0.5、1、2 mmol/L)分别加入含有 100 μL N,S,Br-CDs 的 NaOH 溶液

(pH=12)中,随后加入 800 μL pH=12 的 NaOH 溶液,保持总体积为 1 mL。记录混合物在 460 nm 的荧光光谱和荧光强度,并计算其中 6-MP 的含量和回收率。

9.3 结果与讨论

9.3.1 N,S,Br-CDs 的表征结果分析

图 9.1 所示为 N,S,Br-CDs 的 TEM 图像,可观察到分散良好的球形纳米点,尺寸小于 10 nm。HRTEM(图 8.1 插图)显示晶格条纹的间距为 0.24 nm,这与石墨烯的(110)晶格平面一致。为探究 N,S,Br-CDs 的粒径分布,运用动态光散射技术对其进行测试,结果如图 9.2 所示,N,S,Br-CDs 的尺寸分布在 2.33 ~ 5.61 nm,计算得其平均粒径为 3.77 nm。

图 9.1　N,S,Br-CDs 的 TEM 图

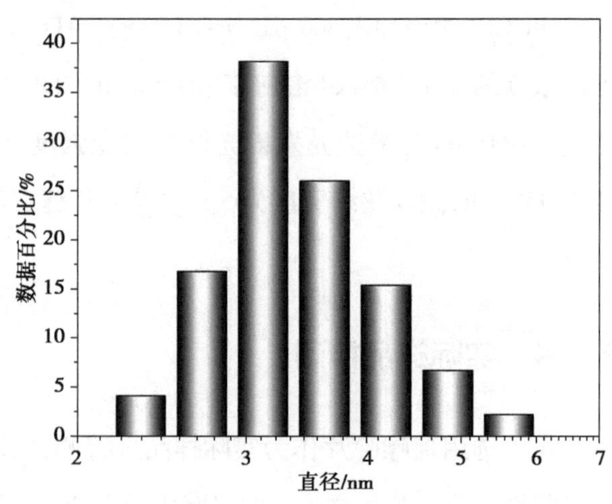

图 9.2　N,S,Br-CDs 的纳米粒度分布图

为测试 N,S,Br-CDs 的光谱特性,图 9.3 记录了其紫外-可见吸收光谱(实线)、荧光激发(点线)和发射光谱图(虚线)。紫外-可见吸收光谱曲线表明

N,S,Br-CDs 在 250 nm 和 350 nm 处有吸收,这是由杂原子掺杂引起的 π-π* 和 n-π* 电子跃迁。插图表明,棕色的 N,S,Br-CDs 溶液在紫外光照射下发出明亮的蓝色荧光。此外,N,S,Br-CDs 在不同激发下的荧光发射光谱(图 9.4)和三维荧光光谱图(图 9.5)表明,在 330 ~ 385 nm 激发波长范围内,N,S,Br-CDs 表现出与激发波长无关的荧光发射特性,且在 335 nm 激发波长下,其在 460 nm 处的荧光强度达最大。

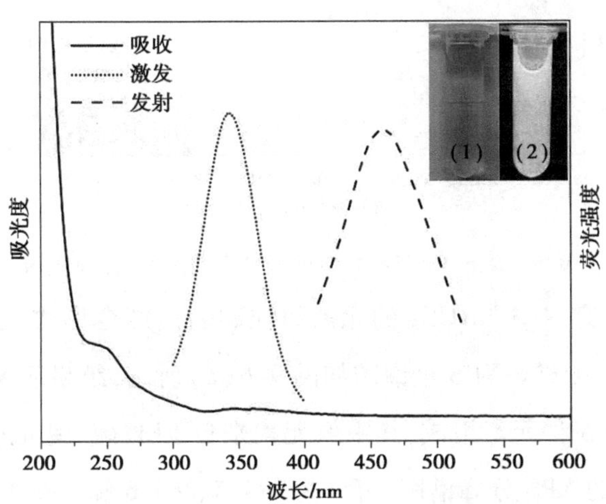

图 9.3　N,S,Br-CDs 的紫外-可见吸收光谱、荧光激发和发射光谱图

(1) N,S,Br-CDs 日光下的照片; (2) N,S,Br-CDs 紫外灯下的照片

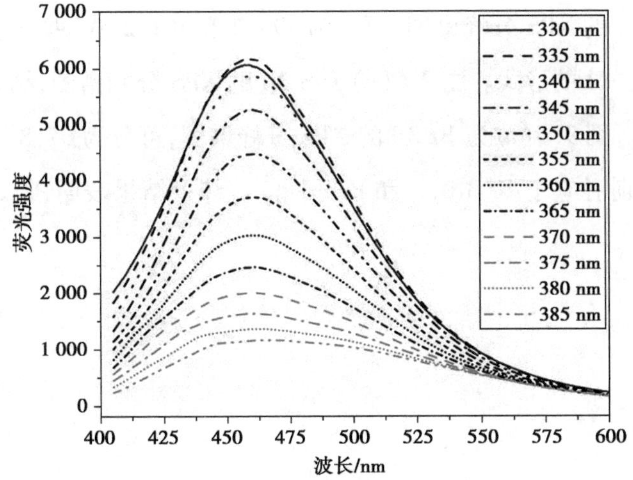

图 9.4　N,S,Br-CDs 在不同激发下的荧光发射光谱图

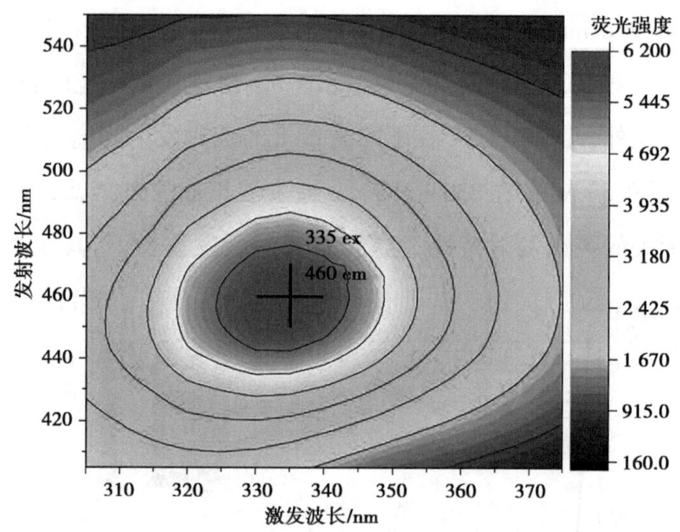

图 9.5　N,S,Br-CDs 的三维荧光光谱图(彩图见附录)

为进一步研究 N,S,Br-CDs 的元素组成和表面结合形式,在单色 Al Kα 辐射下进行了 XPS 测试。XPS 全谱图如图 9.6(a)所示,结果表明该 CDs 主要由碳、氧、氮、硫、溴 5 种元素组成,其中氮元素来自 PEI,硫、溴元素来自 BPB。图 9.6(b)为 C 1s 的 XPS 分峰谱图,可分为 284.5、285.6 和 286.2 eV 3 个分峰,分别对应于 C ═C、C—N 和 C—O 的形式。图 9.6(c)为 O 1s 的 XPS 分峰谱图,可分为 531.0 和 531.9 eV 两个分峰,分别对应 C ═O 和 C—O—C/C—OH。图 9.6(d)为 N 1s 的 XPS 分峰谱图,可分为 399.2 和 401.2 eV 两个分峰,分别对应于 C—N 和 N—H 的形式。图 9.6(e)为 S 2p 的 XPS 分峰谱图,结合能 168.2 eV 对应的 RSO_3^-。图 9.6(f)为 Br 3d 的 XPS 分峰谱图,可分为 67.8 eV 和 70.1 eV 两个分峰,分别对应于 Br $3d_{(5/2)}$ 和 Br $3d_{(3/2)}$。综上结果表明,氮、硫、溴 3 种元素成功掺杂。

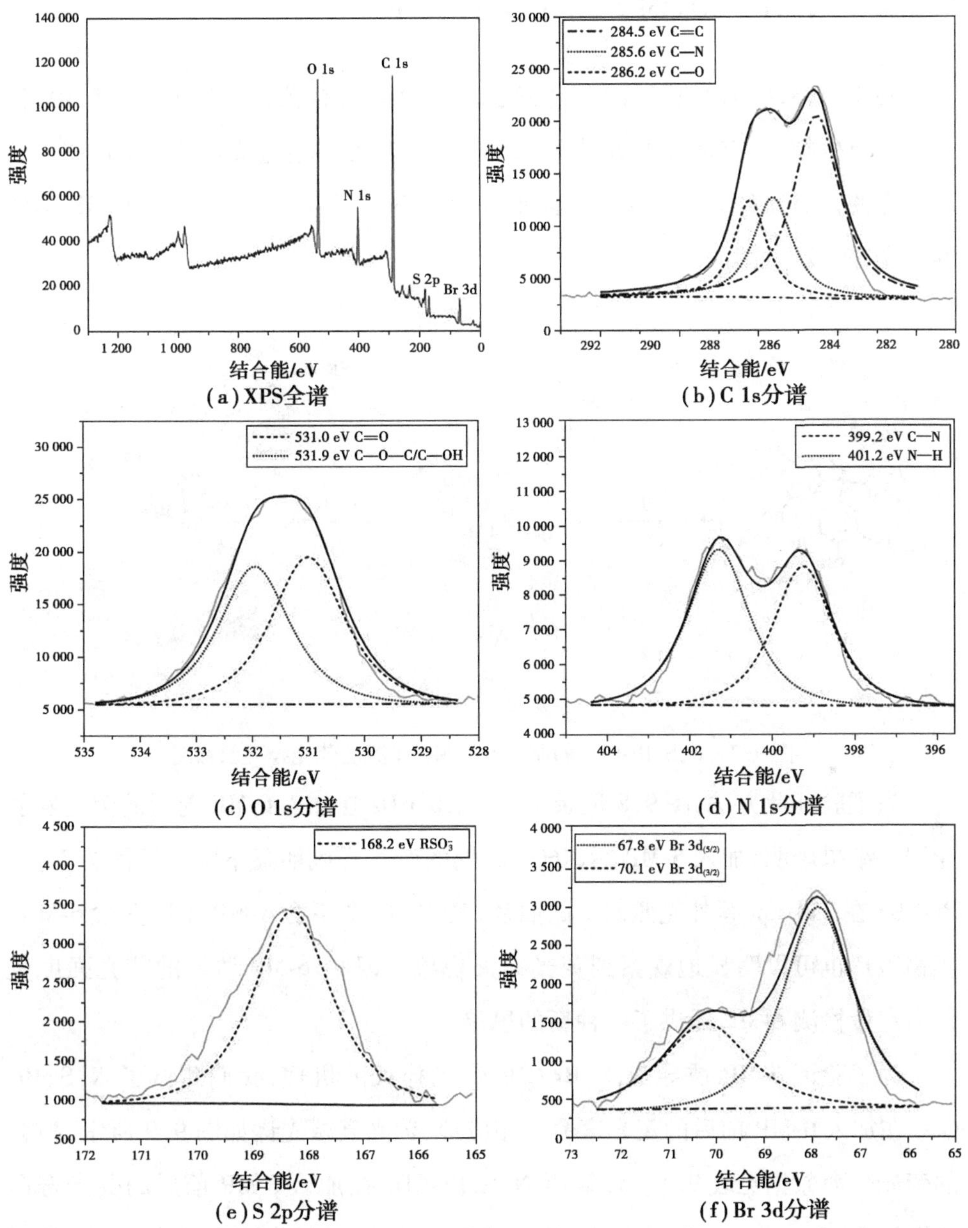

图 9.6　N,S,Br-CDs 的 XPS 谱图

9.3.2 N,S,Br-CDs 对 6-MP 的荧光响应

利用 N,S,Br-CDs 优异的荧光特性,对 6-MP 进行荧光传感测试。6-MP 作为嘌呤衍生物,具有优异的紫外-可见吸收性能,可以通过吸收 N,S,Br-CDs 的激发光使得荧光猝灭。图 9.7 形象地描绘了 N,S,Br-CDs 的制备及 6-MP 刺激的荧光猝灭示意图。

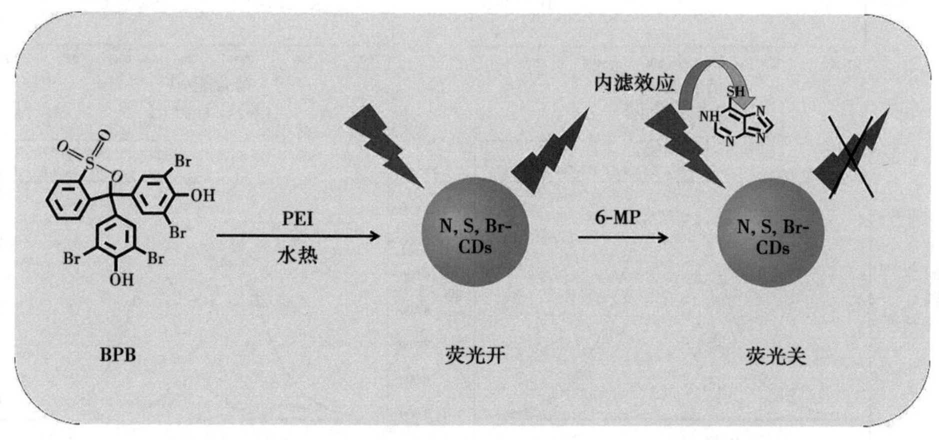

图 9.7 N,S,Br-CDs 的制备及 6-MP 刺激的荧光猝灭示意图

为了验证此方法,图 9.8 记录了 N,S,Br-CDs 在加入 6-MP 前后的荧光发射光谱。结果表明,加入 6-MP 后,460 nm 处的荧光强度明显下降。插图为 N,S,Br-CDs 在 254 nm 紫外光照射下的照片,其中(1)图不含 6-MP,(2)图含 6-MP。实物照片也可以明显地观察到荧光猝灭现象。因此,6-MP 诱导的荧光强度变化为定量检测 6-MP 提供了一种新的思路。

为了验证 6-MP 诱导 N,S,Br-CDs 荧光猝灭的机理,我们测试了 N,S,Br-CDs 在加入 6-MP 前后的荧光寿命。相应地,荧光衰减光谱如图 9.9 所示,拟合的荧光寿命数据见表 9.1。计算得 N,S,Br-CDs 在加入 6-MP 前后的荧光寿命分别为 4.19 ns 和 4.02 ns。荧光寿命几乎保持不变,因此排除了动态猝灭的可能性,6-MP 猝灭 N,S,Br-CDs 为静态猝灭(SQE)。

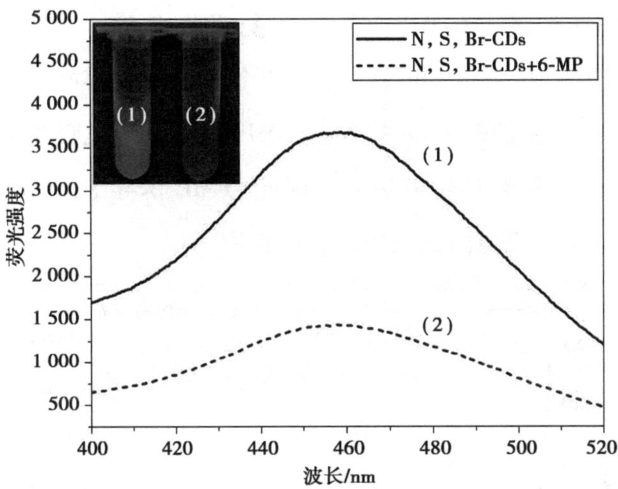

图 9.8　N,S,Br-CDs 在加入 6-MP 前后的荧光发射光谱图

(1) N,S,Br-CDs 在紫外灯下的照片；(2) N,S,Br-CDs+6-MP 在紫外灯下的照片

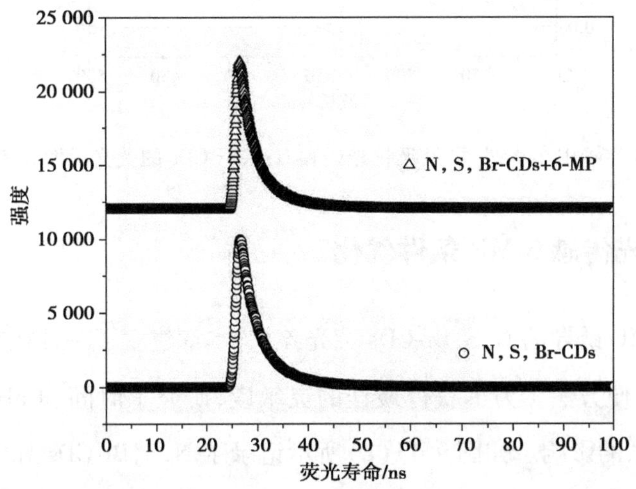

图 9.9　N,S,Br-CDs 在加入 6-MP 前后的荧光衰减光谱图

表 9.1　N,S,Br-CDs 在加入 6-MP 前后的荧光衰减多指数拟合表

种类	寿命 1/ns	寿命 2/ns	占比 1/%	占比 2/%	拟合度 χ^2	平均寿命/ns
N,S,Br-CDs	3.16	8.45	80.47	19.53	0.997 2	4.19
N,S,Br-CDs +6-MP	3.11	8.35	82.59	17.41	1.014 1	4.02

此外,我们还记录了6-MP 的紫外-可见吸收光谱和 N,S,Br-CDs 的荧光激发光谱,如图9.10所示。可观察到,两个光谱之间存在较宽的光谱重叠。N,S,Br-CDs 的激发波长335 nm 包含在6-MP 的紫外-可见吸收范围内,6-MP 即可通过 IFE 猝灭 N,S,Br-CDs 的荧光。因此,6-MP 诱导 N,S,Br-CDs 荧光猝灭的作用机制为静态猝灭与内滤效应的协同作用。

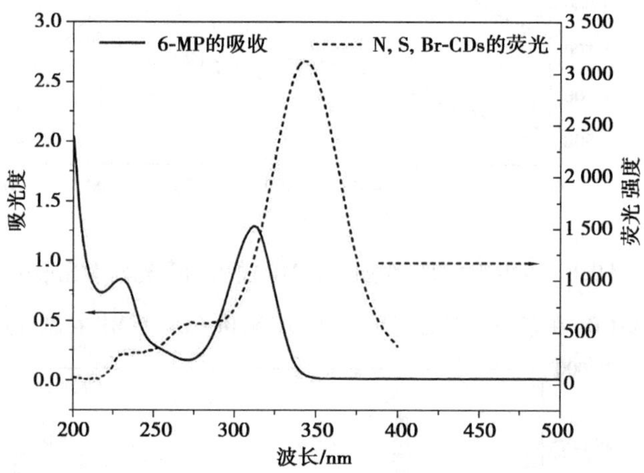

图9.10　6-MP 的紫外-可见吸收光谱和 N,S,Br-CDs 的荧光激发光谱对照图

9.3.3　荧光传感6-MP 条件优化

基于6-MP 诱导的 N,S,Br-CDs 荧光猝灭,本章建立了一种在室温下荧光检测6-MP 的简便方法。为了获得最佳的灵敏度,研究了时间和 pH 值等传感参数对传感体系的影响。如图9.11(a)所示记录了 N,S,Br-CDs 和 N,S,Br-CDs+6-MP 体系的荧光强度随时间的变化情况。考虑 N,S,Br-CDs 的光漂白情况,图9.11(b)采用荧光强度差值(ΔF)来检测荧光猝灭效果。在20 min 时,两体系之间的荧光强度差值最大,因此,选择20 min 作为最佳猝灭时间。在图9.12(a)和(b)中记录了 pH=11 和 pH=13 条件下的荧光猝灭光谱,并在图9.13中研究了 N,S,Br-CDs 和 N,S,Br-CDs+6-MP 两体系在 pH 值为11、12、13环境中的荧光猝灭效率。结果表明,在强碱环境中,荧光猝灭没有太大差异,但在 pH=12

的环境中荧光猝灭效率略大，因此，后续实验均在 pH = 12 的环境中进行。

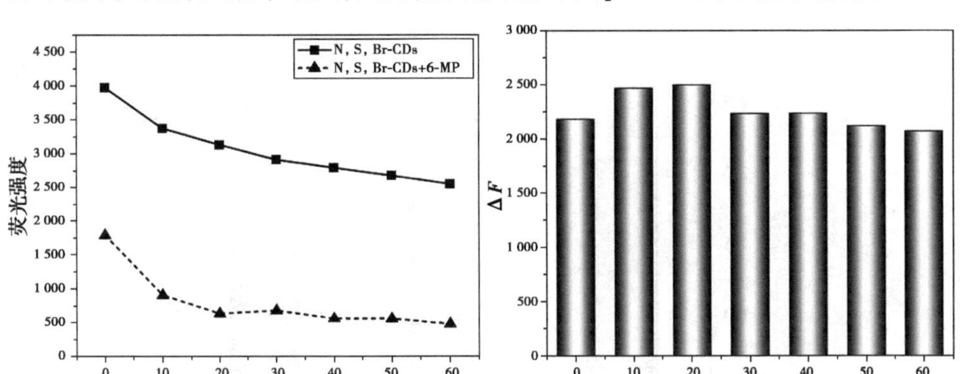

(a) 加入6-MP前后CDs在不同时间下的荧光强度

(b) 加入6-MP后不同时间下的荧光强度差值

图 9.11　时间对 6-MP 传感的影响

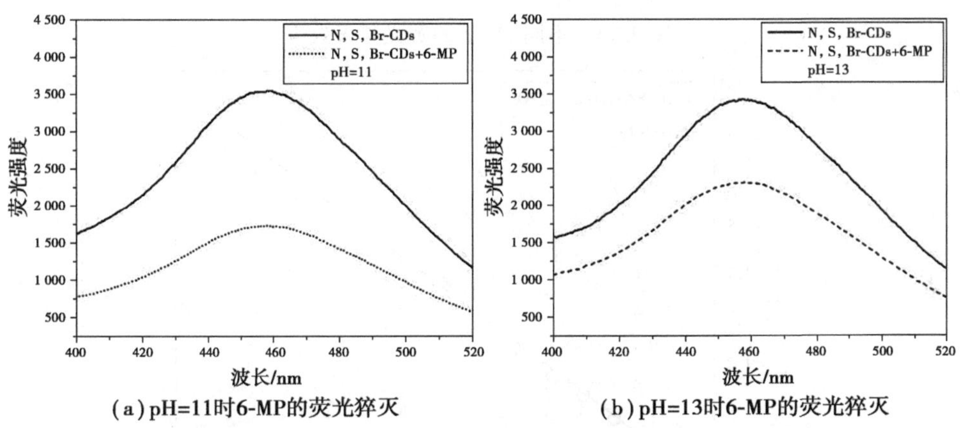

(a) pH=11时6-MP的荧光猝灭

(b) pH=13时6-MP的荧光猝灭

图 9.12　pH 对 6-MP 传感的影响

9.3.4　标准曲线与选择性测试

在上述最佳反应条件下，建立了 6-MP 浓度与荧光猝灭效率（F_0/F）的线性关系，如图 9.14 所示。结果表明 6-MP 浓度与 F_0/F 在 8 ~ 300 μmol/L 浓度范围内呈线性相关，线性方程为 $Y = 0.984\ 6 + 0.002\ 56X$（$R^2 = 0.995\ 4$），其中 X 为 6-MP 的浓度（μmol/L），Y 为荧光猝灭效率（F_0/F）。该方法的检出限为

3.52 μmol/L。

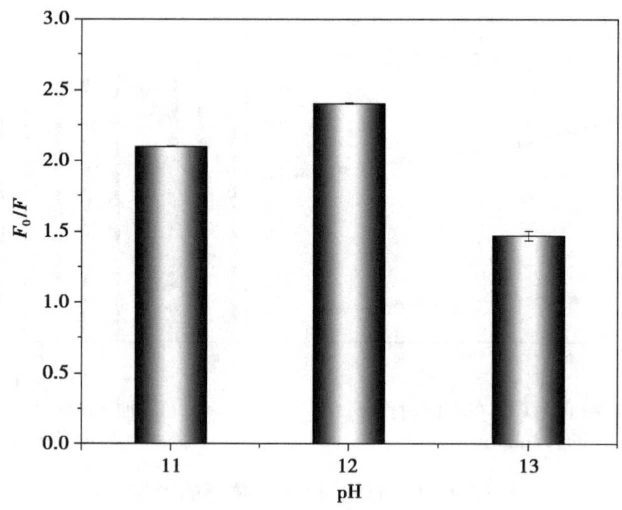

图 9.13　不同 pH 下的荧光猝灭效率

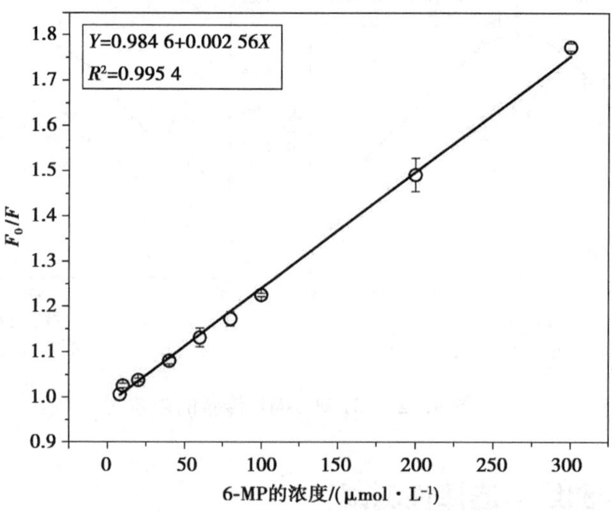

图 9.14　N,S,Br-CDs 检测 6-MP 的标准曲线

为将该方法应用到实际样品中 6-MP 的检测,对其进行了选择性测试。图 9.15 分别测试了可能与 6-MP 共存的物质。1 ~ 27 分别代表 6-MP、Na^+、K^+、Zn^{2+}、NH_4^+、脯氨酸、天冬氨酸、苏氨酸、亮氨酸、甘氨酸、酪氨酸、赖氨酸、蛋氨酸、色氨酸、谷氨酸、精氨酸、丝氨酸、半胱氨酸、丙氨酸、组氨酸、尿酸、尿素、葡萄

糖、麦芽糖、乳糖、微晶纤维素、淀粉。结果表明,除6-MP外,其他浓度的干扰物并未对N,S,Br-CDs荧光产生影响。此外,图9.16对比了其他嘌呤类物质对N,S,Br-CDs检测6-MP的影响,结果表明,腺嘌呤、鸟嘌呤、6-氯嘌呤、O-6-苄基鸟嘌呤均无影响。因此,该方法检测6-MP具有良好的选择性。

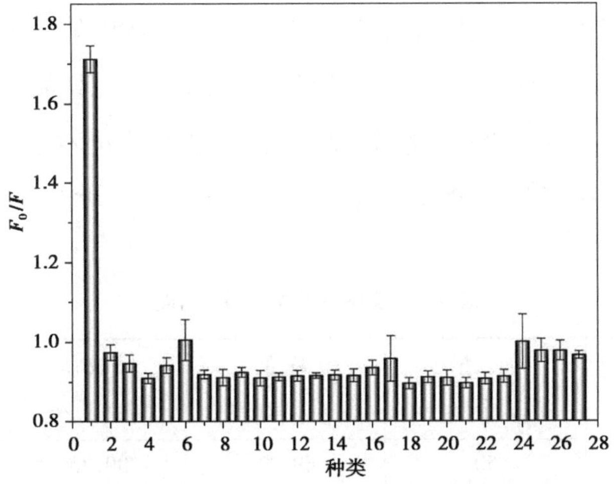

图9.15 N,S,Br-CDs检测6-MP的选择性

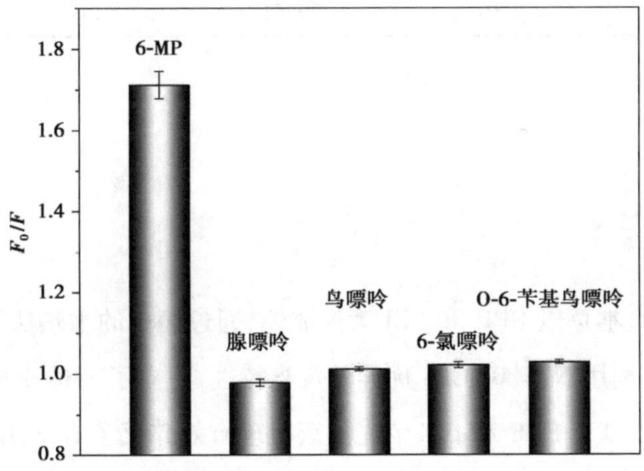

图9.16 其他嘌呤类物质对N,S,Br-CDs检测6-MP的影响

9.3.5 实际样品测试

将基于 N,S,Br-CDs 荧光检测 6-MP 的新方法应用于实际样品中 6-MP 的检测,验证该方法应用于实际样品的可能性。选择巯嘌呤片作为实际样品,将检测结果列于表 9.2 中。经过计算得出巯嘌呤片中 6-MP 含量为 19.55 μmol/L,加标回收率为 96.53% ~105.12%,结果令人满意。通过样品制备过程中稀释倍数和质量换算,计算可得药片中巯嘌呤含量为 0.27 mg/mg,与药品标签(50 mg/200 mg)基本一致。证明了该方法的可靠性和 N,S,Br-CDs 荧光检测 6-MP 的可行性。

表 9.2 实际样品中 6-MP 的测定

样品中浓度 /(μmol · L^{-1})	加入量 /(μmol · L^{-1})	总量 /(μmol · L^{-1})	回收率 (n=3) /%	相对标准偏差 (n=3)/%
19.55	50	69.23	99.35	6.83
	100	116.09	96.53	3.85
	200	229.81	105.12	3.05

9.4 结论

综上所述,本章以 BPR 和 PEI 为前驱体,通过简单的水热法制备了 N,S,Br 共掺杂碳点。利用 N,S,Br-CDs 优异的荧光特性,建立了一种荧光检测 6-MP 的新方法。6-MP 基于 SQE 和 IFE 荧光猝灭机理有效猝灭了 N,S,Br-CDs 的荧光。根据荧光强度的变化实现了 6-MP 的定量分析,并将其应用于实际药物的检测。N,S,Br-CDs 荧光检测具有响应速度快、操作简便、灵敏度高等特点,在药物检测领域具有巨大的应用潜力。

第10章　结论与展望

10.1　主要研究结论

首先,材料制备方面。本书通过微波法、热解法、水热法、提取法等手段,以鸡蛋壳膜、食品调味料、柠檬酸、尿素、组氨酸、天冬氨酸、溴酚蓝、聚乙烯亚胺等为前驱体,制备了多种荧光性能优异的碳点。通过现代表征技术证明了碳点的形貌、尺寸、成分、光谱特性等。对碳点制备的参数条件进行了优化,考察了辅助碱浓度、微波处置时间、热解温度、热解时间、原料厂家等参数对制备的碳点荧光性能的影响。提出了生物质微波法、氨基酸热解法、食品提取法、杂原子有机物水热法等一系列新方法,并建立了静态结合作用、原位氧化反应构筑碳点-二氧化锰纳米复合材料的新方法,为碳点及其纳米复合材料的制备提供了有效路径和新的思路。

其次,荧光传感机理方面。本书基于光诱导电子转移、荧光共振能量转移、内滤效应、静态猝灭效应等机理构建了碳点的荧光猝灭模式,并结合目标物与猝灭剂之间的配位作用、氧化还原反应等形式,实现碳点的荧光恢复。建立了金属离子(汞离子、铅离子、锰离子)、金属氧化物(二氧化锰纳米材料)介导的荧光开关,铁离子诱导的荧光猝灭-增强荧光比率的传感模式。通过紫外-可见吸收光谱、荧光寿命衰减光谱、Zeta 电位等技术手段研究并证明了传感机理。为基于碳点的荧光猝灭、荧光增强传感模式的设计和荧光传感机理研究提供理论依据。

最后,分析应用方面。本书构建了基于碳点的荧光分析新方法用于金属离子(铁离子)、阴离子(碘离子)、生物小分子(谷胱甘肽)、药物分子(D-青霉胺、卡托普利、N-乙酰-L-半胱氨酸、巯嘌呤)等的分析检测,对其分析性能做了系统的研究和考察,并将其用于水、血清、尿液、药物等实际样品的分析检测,验证其测试的选择性及加标回收率,得到了较好的分析结果。为基于碳点的荧光分析新方法的建立提供了新的思路。

10.2 特色和创新点

本书基于荧光碳点的制备及多种荧光传感模式的构建,建立了针对离子、小分子、药物的分析方法,并应用于实际样品分析检测。主要特色和创新点如下:

第一,选用富含氮、硫、溴元素的前驱体制备碳点,杂原子在制备过程中直接掺杂到碳点中,实现掺杂碳点的一步简易制备,选用食品调味剂作为前驱体,通过简单的透析提取得到碳点,避免使用昂贵仪器,不需要高温、高压等苛刻条件,实现碳点绿色制备,通过碳点表面静电调控、原位氧化还原反应构筑碳点-二氧化锰纳米复合材料,实现多功能材料便捷复合,为荧光传感的构建提供基础。

第二,基于金属离子和金属氧化物调控碳点荧光,实现高效荧光猝灭的同时,利用目标分子特异性配位或氧化还原反应,赋予碳点体系高选择性识别目标物的能力,基于铁离子对双色碳点截然相反的荧光响应特性,建立荧光猝灭-荧光增强双模式耦合的荧光比率传感体系,并基于智能手机实现可视化分析。

第三,基于碳点的荧光分析,在保证快速、灵敏响应的基础上,得到了兼具高选择性、高准确性的分析结果,实现实际样品的有效检测。相比于其他分析方法,基于碳点的荧光传感响应迅速、生物相容性好、避免复杂仪器设备,具有简单低耗、绿色安全、灵敏高效的优点。

10.3　研究展望

尽管碳点的制备及其荧光分析应用已被科研工作者广泛研究，具有优异发光特性的碳点已被持续地制备，并探索了它们在物理、化学、生物、医学、食品、环境等领域目标物的分析应用。然而，作为一种新兴的、具有潜力的碳纳米材料，荧光碳点的开发研究远不止于此。新型的碳点及其复合材料制备、新颖的传感模式和传感机理开发，仍有待研究探索并实现更多的传感分析应用。

在合成制备方面，碳点的分离及提纯、多色碳点的可控合成、碳点微观结构表征、表面修饰及改性等，已成为目前研究的热点。在发光机理方面，碳点的多色发光调控、理论能级计算、内在传感机制的研究，代表着未来的发展趋势。在创新应用方面，环境毒害检测、食品安全检测、生命健康监控、临床医学分析等领域，仍是亟待开发的重要方向。

参考文献

[1] AARBAKKE J, JANKA-SCHAUB G, ELION G B. Thiopurine biology and pharmacology[J]. Trends in Pharmacological Sciences, 1997, 18(1): 3-7.

[2] AASETH J, AJSUVAKOVA O P, SKALNY A V, et al. *Chelator* combination as therapeutic strategy in mercury and lead poisonings[J]. Coordination Chemistry Reviews, 2018, 358: 1-12.

[3] ABDULJABBAR T N, SHARP B L, REID H J, et al. Determination of Zn, Cu and Fe in human patients' serum using micro-sampling ICP-MS and sample dilution[J]. Talanta, 2019, 204: 663-669.

[4] ABOLGHASEMI-FAKHRI Z, HALLAJ T, AMJADI M. A sensitive turn-off-on fluorometric sensor based on S, N Co-doped carbon dots for environmental analysis of Hg(Ⅱ) ion[J]. Luminescence, 2021, 36(5): 1151-1158.

[5] ASHRAFZADEH AFSHAR E, ALI TAHER M, KARIMI-MALEH H, et al. Magnetic nanoparticles based on cerium MOF supported on the MWCNT as a fluorescence quenching sensor for determination of 6-mercaptopurine[J]. Environmental Pollution, 2022, 305: 119230.

[6] AHMADIAN E, JANAS D, EFTEKHARI A, et al. Application of carbon nanotubes in sensing/monitoring of pancreas and livercancer[J]. Chemosphere, 2022, 302: 134826.

[7] AL-GHOBASHY M A, HASSAN S A, ABDELAZIZ D H, et al. Development and validation of LC-MS/MS assay for the simultaneous determination of methotrex-

ate,6-mercaptopurine and its active metabolite 6-thioguanine in plasma of children with acute lymphoblastic leukemia: Correlation with genetic polymorphism [J]. Journal of Chromatography B, Analytical Technologies in the Biomedical and Life Sciences,2016,1038:88-94.

[8] ALQIBTHIYAH K H, PRASERTYING P, TECHARANG T, et al. Gold leaf electrochemical flow cell for determination of iodide in nuclear emergencytablets [J]. Talanta,2024,275:125963.

[9] AMAR M, LAM S W, FAULKENBERG K, et al. Captopril versus hydralazine-isosorbide dinitrate vasodilator protocols in patients with acute decompensated heart failure transitioning from sodium nitroprusside[J]. Journal of Cardiac Failure,2021,27(10):1053-1060.

[10] AMJADI M, HALLAJ T, SALARI R. A sensitive colorimetric probe for detection of 6-thioguanine based on its protective effect on the silver nanoprisms[J]. Spectrochimica Acta Part A: Molecular and Biomolecular Spectroscopy,2019,210:30-35.

[11] AN X X, CHEN R C, CHEN Q Z, et al. A MnO_2 nanosheet-assisted ratiometric fluorescence probe based on carbon quantum dots and o-phenylenediamine for determination of 6-mercaptopurine [J]. Microchimica Acta, 2021, 188(5):156.

[12] AN Y L, WANG Z H, WU F G. Fluorescent carbon dots for discriminating cell types: A review[J]. Analytical and Bioanalytical Chemistry,2024,416(17):3945-3962.

[13] AREIAS M C C, SHIMIZU K, COMPTON R G. Voltammetric detection of glutathione: An adsorptive stripping voltammetry approach[J]. Analyst,2016,141(10):2904-2910.

[14] ASHRAF S, ALI Q, AHMAD ZAHIR Z, et al. Phytoremediation: Environmen-

tally sustainable way for reclamation of heavy metal polluted soils[J]. Ecotoxicology and Environmental Safety,2019,174:714-727.

[15] BAI W J,ZHENG H Z,LONG Y J, et al. A carbon dots-based fluorescence turn-on method for DNA determination[J]. Analytical Sciences,2011,27(3):243-246.

[16] BAI Z J,YAN F Y,XU J X,et al. Dual-channel fluorescence detection of mercuric (Ⅱ) and glutathione by down- and up-conversion fluorescence carbon dots [J]. Spectrochimica Acta Part A: Molecular and Biomolecular Spectroscopy,2018,205:29-39.

[17] BALOU S, SHANDILYA P, PRIYE A. Carbon dots for photothermal applications[J]. Frontiers in Chemistry,2022,10:1023602.

[18] BANSZERUS L,MÖLLER S,STEINER C,et al. Spin-valley coupling in single-electron bilayer graphene quantum dots[J]. Nature Communications,2021,12(1):5250.

[19] BARTOLOMEI B,BOGO A,AMATO D F,et al. Nuclear magnetic resonance reveals molecular species in carbon nanodot samples disclosing flaws[J]. Angewandte Chemie International Edition,2022,61(20):e202200038.

[20] BEITOLLAHI H, NEKOOEI S. Application of amodified CuO nanoparticles carbon paste electrode for simultaneous determination of isoperenaline, acetaminophen and N-acetyl-L-cysteine [J]. Electroanalysis, 2016, 28 (3): 645-653.

[21] BELAL F,MABROUK M,HAMMAD S,et al. One-pot synthesis of fluorescent nitrogen and sulfur-carbon quantum dots as a sensitive nanosensor for trimetazidine determination[J]. Luminescence,2021,36(6):1435-1443.

[22] BENVIDI A,DEHGHAN P,DEHGHANI-FIROUZABADI A,et al. Construction of a nanocomposite sensor by the modification of a carbon-paste electrode with

reduced graphene oxide and a hydroquinone derivative: Simultaneous determination of glutathione and penicillamine[J]. Analytical Methods, 2015, 7(13): 5538-5544.

[23] BI H T, DAI Y L, YANG P P, et al. Glutathione and H_2O_2 consumption promoted photodynamic and chemotherapy based on biodegradable MnO_2-Pt@Au25 nanosheets[J]. Chemical Engineering Journal, 2019, 356: 543-553.

[24] BIGDELI A, GHASEMI F, ABBASI-MOAYED S, et al. Ratiometric fluorescent nanoprobes for visual detection: Design principles and recent advances - A review[J]. Analytica Chimica Acta, 2019, 1079: 30-58.

[25] BIJU V, ITOH T, BABA Y, et al. Quenching of photoluminescence in conjugates of quantum dots and single-walled carbon nanotube[J]. The Journal of Physical Chemistry B, 2006, 110(51): 26068-26074.

[26] BIPARVA P, ABEDIRAD S M, KAZEMI S Y. Silver nanoparticles enhanced a novel TCPO-H_2O_2-safranin O chemiluminescence system for determination of 6-mercaptopurine [J]. Spectrochimica Acta Part A: Molecular and Biomolecular Spectroscopy, 2015, 145: 454-460.

[27] BOAKYE-YIADOM K O, KESSE S, OPOKU-DAMOAH Y, et al. Carbon dots: Applications in bioimaging and theranostics[J]. International Journal of Pharmaceutics, 2019(564): 308-317.

[28] BOURLINOS A B, STASSINOPOULOS A, ANGLOS D, et al. Surface functionalized carbogenic quantum dots[J]. Small, 2008, 4(4): 455-458.

[29] CACIOPPO M, SCHARL T, ĐORĐEVIĆ D L, et al. Symmetry-breaking charge-transfer chromophore interactions supported by carbon nanodots[J]. Angewandte Chemie International Edition, 2020, 59(31): 12779-12784.

[30] CAI J H, MA G Z, LI X Y, et al. Saccharide-passivated graphene quantum dots from graphite for iron(Ⅲ) sensing and bioimaging[J]. ACS Applied Nano

Materials,2023,6(13):11001-11012.

[31] CAI Q Y,LI J,GE J,et al. A rapid fluorescence"switch-on" assay for glutathione detection by using carbon dots-MnO_2 nanocomposites[J]. Biosensors and Bioelectronics,2015,72:31-36.

[32] CAO L, WANG X, MEZIANI M J, et al. Carbon dots for multiphoton bioimaging[J]. Journal of the American Chemical Society,2007,129(37):11318-11319.

[33] CAO L,ZAN M H,CHEN F M,et al. Formation mechanism of carbon dots: From chemical structures to fluorescent behaviors[J]. Carbon,2022,194:42-51.

[34] CHANG L Y,CHEN Y,MENG Z X,et al. Zincporphyrin mixed with metal organic framework nanocomposites and silver nanoclusters for the electrochemiluminescence detection of iodide[J]. ACS Applied Nano Materials,2024,7(8):9031-9040.

[35] CHANG Q Y,ZHOU X J,XIANG G T,et al. Full color fluorescent carbon quantum dots synthesized from triammonium citrate for cell imaging and white LEDs[J]. Dyes and Pigments,2021,193:109478.

[36] CHAUHAN A,CHAUHAN V. Oxidative stress in autism[J]. Pathophysiology,2006,13(3):171-181.

[37] CHEN D S,LU T,CHEN Y,et al. Two anthracene-based zirconium metal—organic frameworks with fcu and hcp topologies as versatile fluorescent sensors for detection of inorganic ions and nitroaromatics[J]. Spectrochimica Acta Part A:Molecular and Biomolecular Spectroscopy,2023,300:122916.

[38] CHEN J,LUO J B,HU M Y,et al. Controlledsynthesis of multicolor carbon dots assisted by machine learning[J]. Advanced Functional Materials,2023,33(2):2210095.

[39] CHEN J,MENG H M,TIAN Y,et al. Recent advances in functionalized MnO_2 nanosheets for biosensing and biomedicine applications [J]. Nanoscale Horizons,2019,4(2):321-338.

[40] CHEN Q,FENG L Z,LIU J J,et al. Intelligent albumin-MnO_2 nanoparticles as pH-/H_2O_2-responsive dissociable nanocarriers to modulate tumor hypoxia for effective combination therapy [J]. Advanced Materials, 2018, 30 (8):1707414.

[41] CHEN S W,WANG P P,JIA C M,et al. A mechanosynthesized,sequential,cyclic fluorescent probe for mercury and iodide ions in aqueous solutions[J]. Spectrochimica Acta Part A:Molecular and Biomolecular Spectroscopy,2014, 133:223-228.

[42] CHEN W T,CHIANG C K,LIN Y W,et al. Quantification of captopril in urine through surface-assisted laser desorption/ionization mass spectrometry using 4-mercaptobenzoic acid-capped gold nanoparticles as an internal standard[J]. Journal of the American Society for Mass Spectrometry,2010,21(5):864-867.

[43] CHEN Y F,QIAO J,LIU Q R,et al. Fluorescence turn-on assay for detection of serum D-penicillamine based on papain@ AuNCs-Cu^{2+} complex[J]. Analytica Chimica Acta,2018,1026:133-139.

[44] CHONG C R, AULD D S. Inhibition of carboxypeptidase A by D-penicillamine:Mechanism and implications for drug design[J]. Biochemistry, 2000,39(25):7580-7588.

[45] CORMA A,GALLETERO M S,GARCÍA H,et al. *Pyrene* covalently anchored on a large external surface area zeolite as a selective heterogeneous sensor for iodide[J]. Chemical Communications,2002(10):1100-1101.

[46] CRIELAARD B J, LAMMERS T, RIVELLA S. Targeting iron metabolism in drug discovery and delivery [J]. Nature Reviews Drug Discovery, 2017, 16

(6):400-423.

[47] DA SILVA D M,DA CUNHA AREIAS M C. Rutin as an electrochemical mediator in the determination of captopril using a graphite paste electrode[J]. Electroanalysis,2020,32(2):301-307.

[48] DA SILVA D M, DA CUNHA AREIAS M C. Voltammetric detection of captopril in a commercial drug using a gold-copper metal-organic framework nanocomposite modified electrode [J]. Electroanalysis, 2021, 33 (5): 1255-1263.

[49] DA SILVA NEVES M M P,GONZÁLEZ-GARCÍA M B,PÉREZ-JUNQUERA A,et al. Quenching of graphene quantum dots fluorescence by alkaline phosphatase activity in the presence of hydroquinone diphosphate[J]. Luminescence,2018,33(3):552-558.

[50] DAHAN M,LÉVI S,LUCCARDINI C,et al. Diffusion dynamics of *Glycine* receptors revealed by single-quantum dot tracking[J]. Science, 2003, 302 (5644):442-445.

[51] DALKILIC O,BOZKURT E,LAFZI F,et al. An AIE active fluorescence sensor for measuring Fe^{3+} in aqueous media and an iron deficiency *Anemia* drug[J]. Organic & Biomolecular Chemistry,2023,21(26):5406-5412.

[52] DEKHUIJZEN P R. Antioxidant properties of N-acetylcysteine:Their relevance in relation to chronic obstructive pulmonary disease[J]. The European Respiratory Journal,2004,23(4):629-636.

[53] DENG R R,XIE X J,VENDRELL M,et al. Intracellularglutathione detection using MnO_2-nanosheet-modified upconversion nanoparticles[J]. Journal of the American Chemical Society,2011,133(50):20168-20171.

[54] DERVISHI E,JI Z Q,HTOON H,et al. Raman spectroscopy of bottom-up synthesized graphene quantum dots: Size and structure dependence [J].

Nanoscale,2019,11(35):16571-16581.

[55] DHANUSH C, SETHURAMAN M G. Independent hydrothermal synthesis of the undoped, nitrogen, boron and sulphur doped biogenic carbon nanodots and their potential application in the catalytic chemo-reduction of Alizarine yellow R azo dye[J]. Spectrochimica Acta Part A: Molecular and Biomolecular Spectroscopy,2021,260:119920.

[56] DHILLON-SMITH R K, MIDDLETON L J, SUNNER K K, et al. Levothyroxine inwomen with thyroid peroxidase antibodies before conception [J]. New England Journal of Medicine,2019,380(14):1316-1325.

[57] DIAMAI S, WARJRI W, SAHA D, et al. Sensitive determination of 6-mercaptopurine based on the aggregation of phenylalanine-capped gold nanoparticles [J]. Colloids and Surfaces A: Physicochemical and Engineering Aspects, 2018,538:593-599.

[58] DIECK C L, TZONEVA G, FOROUHAR F, et al. Structure and mechanisms of NT5C2 mutations driving thiopurine resistance in relapsed lymphoblastic leukemia[J]. Cancer Cell,2018,34(1):136-147. e6.

[59] DING H, YU S B, WEI J S, et al. Full-color light-emitting carbon dots with a surface-state-controlled luminescence mechanism [J]. ACS Nano, 2016, 10 (1):484-491.

[60] DING L H, ZHAO Z Y, LI D J, et al. An "off-on" fluorescent sensor for copper ion using graphene quantum dots based on oxidation ofl-cysteine[J]. Spectrochimica Acta Part A: Molecular and Biomolecular Spectroscopy, 2019(214): 320-325.

[61] DING R, CHEN Y, WANG Q S, et al. Recent advances in quantum dots-based biosensors for antibiotics detection[J]. Journal of Pharmaceutical Analysis, 2022,12(3):355-364.

[62] DONG B L, LI H F, SUN J F, et al. Development of a fluorescence immunoassay for highly sensitive detection of amantadine using the nanoassembly of carbon dots and MnO_2 nanosheets as the signal probe[J]. Sensors and Actuators B: Chemical, 2019, 286: 214-221.

[63] DONG S Q, YUAN Z Q, ZHANG L J, et al. Rapidscreening of oxygen states in carbon quantum dots by chemiluminescence probe[J]. Analytical Chemistry, 2017, 89(22): 12520-12526.

[64] DONG W H, WEN H, YANG X F, et al. Highly selective and sensitive fluorescent sensing of N-acetylcysteine: Effective discrimination of N-acetylcysteine from cysteine[J]. Dyes and Pigments, 2013, 96(3): 653-658.

[65] DONG Y Q, LI G L, ZHOU N N, et al. Graphene quantumdot as a green and facile sensor for free chlorine in drinking water[J]. Analytical Chemistry, 2012, 84(19): 8378-8382.

[66] DONG Y Q, SHAO J W, CHEN C Q, et al. Blue luminescent graphene quantum dots and graphene oxide prepared by tuning the carbonization degree of citric acid[J]. Carbon, 2012, 50(12): 4738-4743.

[67] DONG Y Q, WANG R X, LI G L, et al. Polyamine-functionalized carbon quantum dots as fluorescent probes for selective and sensitive detection of copper ions[J]. Analytical Chemistry, 2012, 84(14): 6220-6224.

[68] DONG Z Z, LU L H, KO C N, et al. AMnO_2 nanosheet-assisted GSH detection platform using an iridium(iii) complex as a switch-on luminescent probe[J]. Nanoscale, 2017, 9(14): 4677-4682.

[69] DOUŠA M. The determination of pharmaceutically active thiols using hydrophilic interaction chromatography followed postcolumn derivatization with o-phthaldialdehyde and fluorescence detection[J]. Journal of Pharmaceutical and Biomedical Analysis, 2018, 156: 1-7.

[70] DU F F,GUO Z H,CHENG Z,et al. Facile synthesis of ultrahigh fluorescence N,S-self-doped carbon nanodots and their multiple applications for H_2S sensing, bioimaging in live cells and zebrafish, and anti-counterfeiting [J]. Nanoscale,2020,12(39):20482-20490.

[71] DU Q,ZHAO X Y,MEI X P,et al. A sensitive sensor based on carbon dots for the determination of Fe^{3+} and ascorbic acid in foods[J]. Analytical Methods, 2024,16(6):939-949.

[72] DUAN J L,LI Y J,HOU Q,et al. Afacile colorimetric sensor for 6-mercaptopurine based on silver nanoparticles [J]. Analytical Sciences, 2020, 36 (5): 515-517.

[73] DUAN Y F,LI J H,JIN J H,et al. Anion-competition assisted fiber optic plasmonic DNA biosensing platform for iodide detection [J]. IEEE Sensors Journal,2024,24(7):10105-10112.

[74] ENSAFI A A,KARIMI-MALEH H,MALLAKPOUR S,et al. Highly sensitive voltammetric sensor based on catechol-derivative-multiwall carbon nanotubes for the catalytic determination of captopril in patient human urine samples[J]. Colloids and Surfaces B:Biointerfaces,2011,87(2):480-488.

[75] ENSAFI A A,SEFAT S H,KAZEMIFARD N,et al. An optical sensor based on inner filter effect using green synthesized carbon dots and Cu(Ⅱ) for selective and sensitive penicillamine determination[J]. Journal of the Iranian Chemical Society,2019,16(2):355-363.

[76] ESSNER J B, KIST J A, POLO-PARADA L, et al. Artifacts anderrors associated with the ubiquitous presence of fluorescent impurities in carbon nanodots[J]. Chemistry of Materials,2018,30(6):1878-1887.

[77] ESTRELA J M,ORTEGA A,OBRADOR E. Glutathione in cancer biology and therapy[J]. Critical Reviews in Clinical Laboratory Sciences,2006,43(2):

143-181.

[78] FAHRENHOLZ T, WOLLE M M, SKIP KINGSTON H M, et al. Molecular speciated isotope dilution mass spectrometric methods for accurate, reproducible and direct quantification of reduced, oxidized and total glutathione in biological samples[J]. Analytical Chemistry, 2015, 87(2): 1232-1240.

[79] FENG Y J, ZHONG D, MIAO H, et al. Carbon dots derived from rose flowers for tetracycline sensing[J]. Talanta, 2015(140): 128-133.

[80] FENG Y, ZHANG L C, LIU R, et al. Modulating near-infrared persistent luminescence of core-shell nanoplatform for imaging of glutathione in tumor mouse model[J]. Biosensorsand Bioelectronics, 2019(144): 111671.

[81] FU X L, HOU F, LIU F R, et al. Electrochemiluminescence energy resonance transfer in 2D/2D heterostructured g-C_3N_4/MnO_2 for glutathione detection [J]. Biosensors and Bioelectronics, 2019(129): 72-78.

[82] FU Z F, HUANG W T, LI G K, et al. A chemiluminescence reagent free method for the determination of captopril in medicine and urine samples by using trivalent silver[J]. Journal of Pharmaceutical Analysis, 2017, 7(4): 252-257.

[83] GAO G, JIANG Y W, JIA H R, et al. On-off-on fluorescent nanosensor for Fe^{3+} detection and cancer/normal cell differentiation *via* silicon-doped carbon quantum dots[J]. Carbon, 2018, 134: 232-243.

[84] GAO M L, XIE P H, WANG L Y, et al. A new optical sensor for Al^{3+}/Fe^{3+} based on PET and chelation-enhanced fluorescence[J]. Research on Chemical Intermediates, 2015, 41(12): 9673-9685.

[85] GAO Q M, GIRALDO O, TONG W, et al. Preparation of nanometer-sized manganese oxides by intercalation of organic ammonium ions in synthetic birnessite OL-1[J]. Chemistry of Materials, 2001, 13(3): 778-786.

[86] GAO W L, SONG H H, WANG X, et al. Carbondots with red emission for sensing of Pt^{2+}, Au^{3+}, and Pd^{2+} and their bioapplications *in vitro* and *in vivo*[J]. ACS Applied Materials & Interfaces, 2018, 10(1): 1147-1154.

[87] GAO X H, DU C, ZHUANG Z H, et al. Carbon quantum dot-based nanoprobes for metal ion detection[J]. Journal of Materials Chemistry C, 2016, 4(29): 6927-6945.

[88] GATTI R, MORIGI R. 1,4-Anthraquinone: A new useful pre-column reagent for the determination of N-acetylcysteine and captopril in pharmaceuticals by high performance liquid chromatography[J]. Journal of Pharmaceutical and Biomedical Analysis, 2017(143): 299-304.

[89] GE H W, ZHANG K, YU H, et al. Sensitive and selective detection of antibiotic D-penicillamine based on a dual-mode probe of fluorescent carbon dots and gold nanoparticles[J]. Journal of Fluorescence, 2018, 28(6): 1405-1412.

[90] GE J, CAI R, CHEN X G, et al. Facile approach to prepare HSA-templated MnO_2 nanosheets as oxidase mimic for colorimetric detection of glutathione [J]. Talanta, 2019(195): 40-45.

[91] GEDDES C D. Optical halide sensing using fluorescence quenching: Theory, simulations and applications - a review[J]. Measurement Science and Technology, 2001, 12(9): R53-R88.

[92] GHAFFARINEJAD A, HASHEMI F, NODEHI Z, et al. A simple method for determination ofd-penicillamine on the carbon paste electrode using cupric ions [J]. Bioelectrochemistry, 2014(99): 53-56.

[93] GONÇALVES H, JORGE P A S, FERNANDES J R A, et al. Hg(Ⅱ) sensing based on functionalized carbon dots obtained by direct laser ablation[J]. Sensors and Actuators B: Chemical, 2010, 145(2): 702-707.

[94] GONZÁLEZ-BURCIAGA L A, GARCÍA-PRIETO J C, GARCÍA-ROIG M, et

al. Cytostatic drug 6-mercaptopurine degradation on pilot scale reactors by advanced oxidation processes: UV-C/H_2O_2 and UV-C/TiO_2/H_2O_2 kinetics[J]. Catalysts, 2021, 11(5): 567.

[95] GOONERATNE S R, CHRISTENSEN D A. Effect of chelating agents on the excretion of copper, zinc and iron in the bile and urine of sheep[J]. The Veterinary Journal, 1997, 153(2): 171-178.

[96] GRINDLAY G, MORA J, GRAS L, et al. Atomic spectrometry methods for wine analysis: A critical evaluation and discussion of recent applications[J]. Analytica Chimica Acta, 2011, 691(1/2): 18-32.

[97] GU J P, LI X Q, ZHOU Z, et al. 2D MnO_2 nanosheets generated signal transduction with 0D carbon quantum dots: Synthesis strategy, dual-mode behavior and glucose detection[J]. Nanoscale, 2019, 11(27): 13058-13068.

[98] GU S Y, HSIEH C T, ASHRAF GANDOMI Y, et al. Tailoring fluorescence emissions, quantum yields, and white light emitting from nitrogen-doped graphene and carbon nitride quantum dots[J]. Nanoscale, 2019, 11(35): 16553-16561.

[99] GUNJAL D B, GORE A H, NAIK V M, et al. Carbon dots as a dual sensor for the selective determination of d-penicillamine and biological applications[J]. Optical Materials, 2019(88): 134-142.

[100] GUO K, LI N, BAO L P, et al. Fullerenes and derivatives as electrocatalysts: Promises and challenges[J]. Green Energy & Environment, 2024, 9(1): 7-27.

[101] GUO Q Z, YI F Y, ZHANG M Y, et al. Ratiometric detection of I^- using a dysprosium-based metal-organic framework with a single emission center[J]. Dalton Transactions, 2023, 52(18): 6061-6066.

[102] GUO Y X, ZHANG X D, WU F G. A graphene oxide-based switch-on fluores-

cent probe for glutathione detection and cancer diagnosis [J]. Journal of Colloid and Interface Science, 2018(530): 511-520.

[103] GUO Y H, ZHANG Y, PEI R J, et al. Detecting the adulteration of antihypertensive health food using G-insertion enhanced fluorescent DNA-AgNCs[J]. Sensors and Actuators B: Chemical, 2019(281): 493-498.

[104] GUO Z, LONG B, GAO S J, et al. Carbon nanofiber based superhydrophobic foam composite for high performance oil/water separation[J]. Journal of Hazardous Materials, 2021, 402: 123838.

[105] HANIF S, LIU H L, CHEN M, et al. Organic cyanide decorated SERS active nanopipettes for quantitative detection of hemeproteins and Fe^{3+} in single cells [J]. Analytical Chemistry, 2017, 89(4): 2522-2530.

[106] HANKO M, ĽUBOMÍR Š, PLANKOVÁ A, et al. Novel electrochemical strategy for determination of 6-mercaptopurine using anodically pretreated boron-doped diamond electrode [J]. Journal of Electroanalytical Chemistry, 2019(840): 295-304.

[107] HARDZEI M, ARTEMYEV M. Influence of pH on luminescence from water-soluble colloidal Mn-doped ZnSe quantum dots capped with different mercaptoacids[J]. Journal of Luminescence, 2012, 132(2): 425-428.

[108] HARFIELD J C, BATCHELOR-MCAULEY C, COMPTON R G. Electrochemical determination of glutathione: A review[J]. The Analyst, 2012, 137(10): 2285-2296.

[109] HASHEMI F, RASTEGARZADEH S, POURREZA N. Response surface methodology optimized dispersive liquid—liquid microextraction coupled with surface plasmon resonance of silver nanoparticles as colorimetric probe for determination of captopril[J]. Sensors and Actuators B: Chemical, 2018(256): 251-260.

[110] HE D G,YANG X X,HE X X,et al. A sensitive turn-on fluorescent probe for intracellular imaging of glutathione using single-layer MnO_2 nanosheet-quenched fluorescent carbon quantum dots[J]. Chemical Communications, 2015,51(79):14764-14767.

[111] HEEL R C,BROGDEN R N,SPEIGHT T M,et al. Captopril:A preliminary review of its pharmacological properties and therapeutic efficacy[J]. Drugs, 1980,20(6):409-452.

[112] HILLAERT S,VAN DEN BOSSCHE W. Determination of captopril and its degradation products by capillary electrophoresis [J]. Journal of Pharmaceutical and Biomedical Analysis,1999,21(1):65-73.

[113] HO H A,LECLERC M. New colorimetric and fluorometric chemosensor based on a cationic polythiophene derivative for iodide-specific detection[J]. Journal of the American Chemical Society,2003,125(15):4412-4413.

[114] HONG W W, ZHANG Y, YANG L, et al. Carbon quantum dot micelles tailored hollow carbon anode for fast potassium and sodium storage[J]. Nano Energy,2019,65:104038.

[115] HORMOZI-NEZHAD M R, BAGHERI H, BOHLOUL A, et al. Highly sensitive turn-on fluorescent detection of captopril based on energy transfer between fluorescein isothiocyanate and gold nanoparticles[J]. Journal of Luminescence,2013,134:874-879.

[116] HSIAO W W, HUI Y Y, TSAI P C, et al. Fluorescentnanodiamond: A versatile tool for long-term cell tracking, super-resolution imaging, and nanoscale temperature sensing[J]. Accounts of Chemical Research,2016,49(3):400-407.

[117] HSU P C,SHIH Z Y,LEE C H,et al. Synthesis and analytical applications of photoluminescent carbon nanodots [J]. Green Chemistry, 2012, 14 (4):

917-920.

[118] HU C Y, YANG D P, WANG Z H, et al. Bio-mimetically synthesized Ag@BSA microspheres as a novel electrochemical biosensing interface for sensitive detection of tumor cells[J]. Biosensorsand Bioelectronics, 2013, 41: 656-662.

[119] HU S L, NIU K Y, SUN J, et al. One-step synthesis of fluorescent carbon nanoparticles by laser irradiation[J]. Journal of Materials Chemistry, 2009, 19(4): 484-488.

[120] HU X, LIU X D, ZHANG X D, et al. MnO_2 nanowires tuning of photoluminescence of alloy Cu/Ag NCs and thiamine enables a ratiometric fluorescent sensing of glutathione[J]. Sensors and Actuators B: Chemical, 2019, 286: 476-482.

[121] HUA J H, JIAO Y, WANG M, et al. Determination of norfloxacin or ciprofloxacin by carbon dots fluorescence enhancement using magnetic nanoparticles as adsorbent[J]. Microchimica Acta, 2018, 185(2): 137.

[122] HUA Y, LIU M, LI S, et al. An electroanalysis strategy for glutathione in cells based on the displacement reaction route using melamine-copper nanocomposites synthesized by the controlled supermolecular self-assembly[J]. Biosensorsand Bioelectronics, 2019, 124: 89-95.

[123] HUANG S, LI B, NING G, et al. Rapid microwave fabrication of red-carbon quantum dots as fluorescent on-off-on probes for the sequential determination of Fe(iii) ion and ascorbic acid in authentic samples[J]. Analytical Methods, 2023, 15(25): 3101-3113.

[124] HUANG S, SONG Y X, ZHANG J R, et al. Antibacterialcarbon dots-based composites[J]. Small, 2023, 19(31): 2207385.

[125] HUMAERA N A, FAHRI A N, ARMYNAH B, et al. Natural source of carbon dots from part of a plant and its applications: A review[J]. Luminescence,

2021,36(6):1354-1364.

[126] HUSSEN N H,HASAN A H,FAQIKHEDR Y M,et al. Carbondot based carbon nanoparticles as potent antimicrobial, antiviral, and anticancer agents [J]. ACS Omega,2024,9(9):9849-9864.

[127] HWANG C,SINSKEY A J,LODISH H F. Oxidized redox state of glutathione in the endoplasmic reticulum[J]. Science,1992,257(5076):1496-1502.

[128] CATALÁ ICARDO M, ARMENTA ESTRELA O, SAJEWICZ M, et al. Selective flow-injection biamperometric determination of sulfur-containing amino acids and structurally related compounds[J]. Analytica Chimica Acta, 2001,438(1/2):281-289.

[129] ITO K,ICHIHARA T,ZHUO H,et al. Determination of trace iodide in seawater by capillary electrophoresis following transient isotachophoretic preconcentration Comparison with ion chromatography[J]. Analytica Chimica Acta, 2003,497(1/2):67-74.

[130] JANA J,ADITYA T,GANGULY M,et al. Carbon dot-MnO_2 FRET system for fabrication of molecular logic gates[J]. Sensors and Actuators B:Chemical, 2017,246:716-725.

[131] JAYALAKSHMI K,SAIRAM M,SINGHS B,et al. Neuroprotective effect of N-acetyl cysteine on hypoxia-induced oxidative stress in primary hippocampal culture[J]. Brain Research,2005,1046(1/2):97-104.

[132] JEEVA D,VELU K S,MOHANDOSS S,et al. Afacile green synthesis of photoluminescent carbon dots using Pumpkin seeds for ultra-sensitive Cu^{2+} and Fe^{3+} ions detection in living cells[J]. Journal of Molecular Structure,2024, 1312:138543.

[133] JI C Y,XU W J,HAN Q R,et al. Light of carbon:Recent advancements of carbon dots for LEDs[J]. Nano Energy,2023,114:108623.

[134] JI C Y,ZHOU Y Q,LEBLANC R M,et al. Recentdevelopments of carbon dots in biosensing:A review[J]. ACS Sensors,2020,5(9):2724-2741.

[135] JIA J,LIN B,GAO Y F,et al. Highly luminescent N-doped carbon dots from black soya beans for free radical scavenging, Fe^{3+} sensing and cellular imaging[J]. Spectrochimica Acta Part A,Molecular and Biomolecular Spectroscopy,2019,211:363-372.

[136] JIANG M H,XU S,YU Y,et al. Turn-on fluorescence ferrous ions detection based onMnO_2 nanosheets modified upconverion nanoparticles[J]. Spectrochimica Acta Part A: Molecular and Biomolecular Spectroscopy, 2022, 264:120275.

[137] JIANG X H,QIN D M,MO G C,et al. Facile preparation of boron and nitrogencodoped green emission carbon quantum dots for detection of permanganate and captopril [J]. Analytical Chemistry, 2019, 91 (17): 11455-11460.

[138] JIANG X H, QIN D M, MO G C, et al. *Ginkgo* leaf-based synthesis of nitrogen-doped carbon quantum dots for highly sensitive detection of salazosulfapyridine in mouse plasma[J]. Journal of Pharmaceutical and Biomedical Analysis,2019,164:514-519.

[139] JIANG X Q,YU Y,CHEN J W,et al. Quantitative imaging of glutathione in live cells using a reversible reaction-based ratiometric fluorescent probe[J]. ACS Chemical Biology,2015,10(3):864-874.

[140] JIANG Y X,ZHAO T S,XU W J,et al. Red/NIR C-dots:A perspective from carbon precursors, photoluminescence tuning and bioapplications [J]. Carbon,2024,219:118838.

[141] JIMÉNEZ-LÓPEZ J,RODRIGUES S S M,RIBEIRO D S M,et al. Exploiting the fluorescence resonance energy transfer (FRET) between CdTe quantum

dots and Au nanoparticles for the determination of bioactive thiols[J]. Spectrochimica Acta Part A: Molecular and Biomolecular Spectroscopy, 2019, 212:246-254.

[142] JIN L, LIU C H, ZHANG N, et al. Attenuation of human lysozyme amyloid fibrillation by ACE inhibitor captopril: A combined spectroscopy, microscopy, cytotoxicity, and docking study [J]. Biomacromolecules, 2021, 22 (5): 1910-1920.

[143] JIN L, WANG Y, LIU F T, et al. The determination of nitrite by a graphene quantum dot fluorescence quenching method without sample pretreatment [J]. Luminescence, 2018, 33(2):289-296.

[144] JING H H, BARDAKCI F, AKGÖL S, et al. Greencarbon dots: Synthesis, characterization, properties and biomedical applications[J]. Journal of Functional Biomaterials, 2023, 14(1):27.

[145] KAI K, YOSHIDA Y, KAGEYAMA H, et al. Room-temperature synthesis of manganese oxide monosheets[J]. Journal of the American Chemical Society, 2008, 130(47):15938-15943.

[146] KANEMITSU H, YAMAUCHI H, KOMATSU M, et al. 6-Mercaptopurine (6-MP) induces cell cycle arrest and apoptosis of neural progenitor cells in the developing fetal rat brain[J]. Neurotoxicology and Teratology, 2009, 31(2): 104-109.

[147] KANG C Y, TAO S Y, YANG F, et al. Aggregation and luminescence in carbonized polymer dots[J]. Aggregate, 2022, 3(2): e169.

[148] KANG Z H, YANG B, PRATO M. Carbon nanodots: Nanolights illuminating a bright future[J]. Small, 2023, 19(31):2304703.

[149] KANZOK S M, SCHIRMER R H, TÜRBACHOVA I, et al. The thioredoxin system of the malaria parasite *Plasmodium falciparum* GLUTATHIONE RE-

DUCTION REVISITED[J]. Journal of Biological Chemistry, 2000, 275(51): 40180-40186.

[150] KARIMI-MALEH H, AHANJAN K, TAGHAVI M, et al. A novelvoltammetric sensor employing zinc oxide nanoparticles and a new ferrocene-derivative modified carbon paste electrode for determination of captopril in drug samples [J]. Analytical Methods, 2016, 8(8): 1780-1788.

[151] KARIMI-MALEH H, ENSAFI A A, ALLAFCHIAN A R. Fast and sensitive determination of captopril by voltammetric method using ferrocenedicarboxylic acid modified carbon paste electrode[J]. Journal of Solid State Electrochemistry, 2010, 14(1): 9-15.

[152] KARIMI-MALEH H, SHOJAEI A F, TABATABAEIAN K, et al. Simultaneous determination of 6-mercaptopruine, 6-thioguanine and dasatinib as three important anticancer drugs using nanostructure voltammetric sensor employing Pt/MWCNTs and 1-butyl-3-methylimidazolium hexafluoro phosphate[J]. Biosensors and Bioelectronics, 2016, 86: 879-884.

[153] KE Y, LIU Y C, REN W W, et al. Preparation of graphene quantum dots with *Glycine* as nitrogen source and its interaction with human serum albumin[J]. Luminescence, 2021, 36(4): 894-903.

[154] KEAN W F, LOCKC J, HOWARD-LOCK H E. Chirality in antirheumatic drugs[J]. Lancet, 1991, 338(8782/8783): 1565-1568.

[155] KEERTHANA P, KUMAR DAS A, BHARATH M, et al. A ratiometric fluorescent sensor based on dual-emissive carbon dot for the selective detection of Cd^{2+} [J]. Journal of Environmental Chemical Engineering, 2023, 11(2): 109325.

[156] KELLEY A E, BERRIDGE K C. The neuroscience of natural rewards: Relevance to addictive drugs[J]. The Journal of Neuroscience, 2002, 22(9):

3306-3311.

[157] KELLY G S. Clinical applications of N-acetylcysteine [J]. Alternative Medicine Review,1998,3(2):114-127.

[158] KHAMANGA S M,WALKER R B. The use of experimental design in the development of an HPLC-ECD method for the analysis of captopril[J]. Talanta, 2011,83(3):1037-1049.

[159] KHAN A,JAFRY A T,AJAB H,et al. Portablesensing platform for the visual detection of iodide ions in food and clinical samples[J]. Chemosensors, 2024,12(6):102.

[160] KHAN S A,ALAM M Z,MOHASIN M,et al. Ultrasound-assisted synthesis of *Chalcone*:A highly sensitive and selective fluorescent chemosensor for the detection of Fe^{3+} in aqueous media[J]. Journal of Fluorescence,2024,34(2): 723-728.

[161] KIM H,KANG J. Iodide selective fluorescent anion receptor with two methylene bridged bis-imidazolium rings on naphthalene[J]. Tetrahedron Letters, 2005,46(33):5443-5445.

[162] KIM S,AHN S M,LEE J S,et al. Functional manganese dioxide nanosheet for targeted photodynamic therapy and bioimaging*in vitro*and*in vivo*[J]. 2D Materials,2017,4(2):025069.

[163] KIM S,HWANG S W,KIM M K,et al. Anomalousbehaviors of visible luminescence from graphene quantum dots:Interplay between size and shape[J]. ACS Nano,2012,6(9):8203-8208.

[164] KIRCHNER C,LIEDL T,KUDERA S,et al. Cytotoxicity of colloidal CdSe and CdSe/ZnS nanoparticles[J]. Nano Letters,2005,5(2):331-338.

[165] KONTOGIANNI V G,TSIAFOULIS C G,ROUSSISI G,et al. Selective 1D TOCSY NMR method for the determination of glutathione in white wine[J].

Analytical Methods,2017,9(30):4464-4470.

[166] KROTO H W,HEATH J R,O'BRIEN S C,et al.,C60:Buekyministerfullerene [J]. Nature,1985(318):162-163.

[167] KUMAR H,DUHAN J,OBRAI S. DFT,real sample and smartphone studies of fluorescent probe,N-doped carbon quantum dots for sensitive and selective detection of bilirubin [J]. Journal of Molecular Structure, 2024, 1309:138046.

[168] KUNDELEV E V,TEPLIAKOV N V,LEONOV M Y,et al. Aminofunctionalization of carbon dots leads to red emission enhancement[J]. The Journal of Physical Chemistry Letters,2019,10(17):5111-5116.

[169] KURPET K,GŁOWACKI R,CHWATKO G. Simultaneous determination of human serum albumin and low-molecular-weight thiols after derivatization with monobromobimane[J]. Molecules,2021,26(11):3321.

[170] KUŚMIEREK K, BALD E. Simultaneous determination of tiopronin and d-penicillamine in human urine by liquid chromatography with ultraviolet detection[J]. Analytica Chimica Acta,2007,590(1):132-137.

[171] KWON W,RHEE S W. Facile synthesis of graphitic carbon quantum dots with size tunability and uniformity using reverse micelles[J]. Chemical Communications,2012,48(43):5256-5258.

[172] LARSEN E H,LUDWIGSEN M B. Determination of iodine in food-related certified reference materials using wet ashing and detection by inductively coupledplasma mass spectrometry[J]. Journal of Analytical Atomic Spectrometry,1997,12(4):435-439.

[173] LEE Y S,ITO T,SHIMURA K,et al. Coupled electronic states in CdTe quantum dot assemblies fabricated by utilizing chemical bonding between ligands [J]. Nanoscale,2020,12(13):7124-7133.

[174] LI B L, LUO J H, LUO H Q, et al. A novel strategy for selective determination ofd-penicillamine based on molecularly imprinted polypyrrole electrode *via* the electrochemical oxidation with ferrocyanide[J]. Sensors and Actuators B: Chemical, 2013, 186: 96-102.

[175] LI H B, HAN C P, ZHANG L. Synthesis of cadmiumselenidequantum dots modified with thiourea type ligands as fluorescent probes for iodide ions[J]. Journal of Materials Chemistry, 2008, 18(38): 4543-4548.

[176] LI H T, DR X H, PROF Z K, et al. Water-soluble fluorescent carbon quantum dots and photocatalyst design[J]. Angewandte Chemie International Edition, 2010, 49(26): 4430-4434.

[177] LI H T, HE X D, LIU Y, et al. One-step ultrasonic synthesis of water-soluble carbon nanoparticles with excellent photoluminescent properties[J]. Carbon, 2011, 49(2): 605-609.

[178] LI J R, GONG X. Theemerging development of multicolor carbon dots[J]. Small, 2022, 18(51): 2205099.

[179] LI L F, WANG Q, 2020. Fluorescent Carbon Dots: Synthesis and Ag^+ Assisted Turn-on Recognition of D-Penicillamine[J]. Chinese Journal of Inorganic Chemistry, 36(11): 2055-2062.

[180] LI L, WANG X L, LI Q L, et al. An accurate mass spectrometric approach for the simultaneous comparison of GSH, Cys, and Hcy in L02 cells and HepG2 cells using new NPSP isotope probes[J]. Chemical Communications, 2015, 51(56): 11317-11320.

[181] LI P F, SUN Z C. An innovative way to modulate the photoluminescence of carbonized polymer dots[J]. Light, Science & Applications, 2022, 11(1): 81.

[182] LI P F, XUE S S, SUN L, et al. Formation and fluorescent mechanism of red

emissive carbon dots from o-phenylenediamine and catechol system [J]. Light, Science & Applications, 2022, 11(1):298.

[183] LI Q, OHULCHANSKYY T Y, LIU R L, et al. Photoluminescent carbon dots as biocompatible nanoprobes for targeting cancer cells *in vitro* [J]. The Journal of Physical Chemistry C, 2010, 114(28):12062-12068.

[184] LI T T, ZHANG N, ZHAO S, et al. Long-lived dynamic room temperature phosphorescent carbon dots for advanced sensing and bioimaging applications [J]. Coordination Chemistry Reviews, 2024, 516:215987.

[185] LI W Y, WANG J Y, ZHU J C, et al. Co_3O_4 nanocrystals as an efficient catalase mimic for the colorimetric detection of glutathione [J]. Journal of Materials Chemistry B, 2018, 6(42):6858-6864.

[186] LI X C, ZHAO S J, LI B L, et al. Advances and perspectives in carbon dot-based fluorescent probes: Mechanism, and application [J]. Coordination Chemistry Reviews, 2021(431):213686.

[187] LI Y P, HU Y, JIA Y, et al. N, S Co-doped carbon quantum dots for the selective and sensitive fluorescent determination of *N*-acetyl-l-cysteine in pharmaceutical products and urine [J]. Analytical Letters, 2019, 52 (11): 1711-1731.

[188] LI Y W, LI J, WAN X Y, et al. Nanocage-based N-rich metal-organic framework for luminescence sensing toward Fe^{3+} and Cu^{2+} ions [J]. Inorganic Chemistry, 2021, 60(2):671-681.

[189] LI Y, GAO F, GAO F, et al. Study on the interaction between 3 flavonoid compounds and α-amylase by fluorescence spectroscopy and enzymatic kinetics [J]. Journal of Food Science, 2009, 74(3):C199-C203.

[190] LI Y, ZHANG L B, ZHANG Z, et al. MnO_2 nanospheres assisted by cysteine combined with MnO_2 nanosheets as a fluorescence resonance energy transfer

system for switch-on detection of glutathione[J]. Analytical Chemistry,2021, 93(27):9621-9627.

[191] LI Z H, GUO S, YUAN Z Q, et al. Carbon quantum dot-gold nanocluster nanosatellite for ratiometric fluorescence probe and imaging for hydrogen peroxide in living cells[J]. Sensors and Actuators B: Chemical, 2017, 241: 821-827.

[192] LI Z H, LIU R Y, XING G F, et al. A novel fluorometric and colorimetric sensor for iodide determination using DNA-templated gold/silver nanoclusters [J]. Biosensorsand Bioelectronics,2017,96:44-48.

[193] LI Z P, ZHANG J, LI Y X, et al. Carbon dots based photoelectrochemical sensors for ultrasensitive detection of glutathione and its applications in probing of myocardial infarction [J]. Biosensorsand Bioelectronics, 2018, 99: 251-258.

[194] IIJIMA S. Helical microtubules of graphitic carbon[J]. Nature, 1991, 354: 56-58.

[195] LIM S Y, SHEN W, GAO Z Q. Carbon quantum dots and their applications [J]. Chemical Society Reviews,2015,44(1):362-381.

[196] LIN W Y, YUAN L, CAO X W, et al. A fluorescence turn-on probe for iodide based on the redox reaction between cupric and iodide[J]. Sensors and Actuators B: Chemical,2009,138(2):637-641.

[197] LIN Z, XUE W, CHEN H, et al. Peroxynitrous-acid-induced chemiluminescence of fluorescent carbon dots for nitrite sensing[J]. Analytical Chemistry,2011, 83(21):8245-8251.

[198] LIU C, WANG D P, ZHAN Y, et al. Switchable photoacoustic imaging of glutathione using MnO_2 nanotubes for cancer diagnosis[J]. ACS Applied Materials & Interfaces,2018,10(51):44231-44239.

[199] LIU F,LI X L,ZHOU H. Biodegradable MnO_2 nanosheet based DNAzyme-recycling amplification towards: Sensitive detection of intracellular microRNAs [J]. Talanta,2020,206:120199.

[200] LIU H P,YE T,PROF C M. Fluorescent carbon nanoparticles derived from candle soot[J]. Angewandte Chemie International Edition,2007,46(34):6473-6475.

[201] LIU H,ZHANG Y,HUANG C Z. Development of nitrogen and sulfur-doped carbon dots for cellular imaging[J]. Journal of Pharmaceutical Analysis, 2019,9(2):127-132.

[202] LIU J, LIN Q, ZHANG Y M, et al. A reversible and highly selective fluorescent probe for monitoring Hg^{2+} and iodide in aqueous solution[J]. Sensors and Actuators B:Chemical,2014,196:619-623.

[203] LIU M,WIKONKAL N M,BRASH D E. Induction of cyclin-dependent kinase inhibitors and G1 prolongation by the chemopreventive agent N-acetylcysteine [J]. Carcinogenesis,1999,20(9):1869-1872.

[204] LIU Q W,ZHANG T,YU L L,et al. 3D nanoporous Ag@ BSA composite microspheres as hydrogen peroxide sensors[J]. The Analyst,2013,138(19):5559-5562.

[205] LIU R L,WU D Q,FENG X L,et al. Bottom-up fabrication of photoluminescent graphene quantum dots with uniform morphology[J]. Journal of the American Chemical Society,2011,133(39):15221-15223.

[206] DR R L,DR D W,DR S L,et al. An aqueous route to multicolor photoluminescent carbon dots using silica spheres as carriers[J]. Angewandte Chemie International Edition,2009,48(25):4598-4601.

[207] LIU X,WANG Q,ZHANG Y,et al. Colorimetric detection of glutathione in human blood serum based on the reduction of oxidized TMB[J]. New Journal

of Chemistry,2013,37(7):2174-2178.

[208] LIU X,WANG Q,ZHAO H H,et al. BSA-templated MnO_2 nanoparticles as both peroxidase and oxidase mimics[J]. The Analyst,2012,137(19): 4552-4558.

[209] LIU Y Z,JING J,JIA F,et al. Tumor microenvironment-responsive theranostic nanoplatform for*in situ* self-boosting combined phototherapy through intracellular reassembly[J]. ACS Applied Materials & Interfaces,2020,12(6): 6966-6977.

[210] LIU Z X,KUANG X,SUN X,et al. Electrochemical enantioselective recognition penicillamine isomers based on chiral C-dots/MOF hybrid arrays[J]. Journal of Electroanalytical Chemistry,2019,846:113151.

[211] LONG Y M,ZHOU C H,ZHANG Z L,et al. Shifting and non-shifting fluorescence emitted by carbon nanodots[J]. Journal of Materials Chemistry,2012, 22(13):5917-5920.

[212] LU J,YANG J X,WANG J Z,et al. One-pot synthesis of fluorescent carbon nanoribbons,nanoparticles,and graphene by the exfoliation of graphite in ionic liquids[J]. ACS Nano,2009,3(8):2367-2375.

[213] LU W B,QIN X Y,LIU S,et al. Economical,green synthesis of fluorescent carbon nanoparticles and their use as probes for sensitive and selective detection of mercury(Ⅱ) ions[J]. Analytical Chemistry,2012,84(12): 5351-5357.

[214] LU W J,JIAO Y,GAO Y F,et al. Bright yellow fluorescent carbon dots as a multifunctional sensing platform for thelabel-free detection of fluoroquinolones and histidine[J]. ACS Applied Materials & Interfaces,2018,10(49): 42915-42924.

[215] LV S W,LIU J M,LI C Y,et al. A novel and universal metal-organic frame-

works sensing platform for selective detection and efficient removal of heavy metal ions[J]. Chemical Engineering Journal,2019,375:122111.

[216] MA B L,ZENG P F,ZHENG F Y,et al. A fluorescence turn-on sensor for iodide based on a thymine-Hg^{II}-thymine complex[J]. Chemistry — A European Journal,2011,17(52):14844-14850.

[217] MA C L,REN W S,TANG J K,et al. Copper nanocluster-based fluorescence enhanced determination ofd-penicillamine[J]. Luminescence,2019,34(7):767-773.

[218] MA L,FAN M D,XU X D,et al. Utilization of a novel Ag(Ⅲ)-luminol chemiluminescence system for determination of *d*-penicillamine in human urine samples[J]. Journal of the Brazilian Chemical Society, 2011, 22(8):1463-1469.

[219] MA Y J,WU L L,REN X Y,et al. Towardkilogram-scale preparation of full-color carbon dots by simply stirring at room temperature in air[J]. Advanced Functional Materials,2023,33(50):2305867.

[220] MAHAJAN P G,KOLEKAR G B,PATIL S R. Recognition of *D*-penicillamine usingschiff base centered fluorescent organic nanoparticles and application to medicine analysis[J]. Journal of Fluorescence,2017,27(3):829-839.

[221] MALON A,RADU A,QIN W,et al. Improving the detection limit of anion-selective electrodes:An iodide-selective membrane with a nanomolar detection limit[J]. Analytical Chemistry,2003,75(15):3865-3871.

[222] MANASA G,RAJ C,SATPATI A K, et al. S(O)MWCNT/modifiedcarbon paste—A non-enzymatic amperometric sensor for direct determination of 6-mercaptopurine in biological fluids[J]. Electroanalysis, 2020, 32(11):2431-2441.

[223] MANDAL P K,SAHARAN S,TRIPATHI M,et al. Brainglutathione levels—A

novel biomarker for mild cognitive impairment and Alzheimer's disease[J]. Biological Psychiatry,2015,78(10):702-710.

[224] MANSHA M, ABBAS N, ALTAF F, et al. Nanomaterial-based probes for iodide sensing: Synthesis strategies, applications, challenges, and solutions [J]. Journal of Materials Chemistry C,2024,12(14):4919-4947.

[225] MARÁKOVÁ K,PIEŠŤANSKÝ J,ZELINKOVÁ Z,et al. Capillary electrophoresis hyphenated with mass spectrometry for determination of inflammatory bowel disease drugs in clinical urine samples [J]. Molecules, 2017, 22 (11):1973.

[226] MARTIN J H,FITZWATER S E. Iron deficiency limits phytoplankton growth in the north-east Pacific subarctic[J]. Nature,1988,331:341-343.

[227] MARTINOVIĆ-BEVANDA A,RADIĆ N. Spectrophotometric sequential injection determination of D-penicillamine based on a complexation reaction with nickel ion[J]. Analytical Sciences,2013,29(6):669-671.

[228] MASADOME T, SONODA R, ASANO Y. Flow injection determination of iodide ion in a photographic developing solution using iodide ion-selective electrode detector[J]. Talanta,2000,52(6):1123-1130.

[229] MCDERMOTT G P,TERRY J M,CONLAN X A,et al. Directdetection of biologically significant thiols and disulfides with manganese(Ⅳ) chemiluminescence[J]. Analytical Chemistry,2011,83(15):6034-6039.

[230] MEENAKSHI S,KALADEVI G,PANDIAN K,et al. Cobalt phthalocyanine tagged graphene nanoflakes for enhanced electrocatalytic detection of N-acetylcysteine by amperometry method[J]. Ionics,2018,24(9):2807-2819.

[231] MEIRZADEH E, EVANS A M, REZAEEM, et al. A few-layer covalent network of fullerenes[J]. Nature,2023,613(7942):71-76.

[232] MENG H,WANG Y,WU R X,et al. Identification of multi-component metal

ion mixtures in complex systems using fluorescence sensor arrays[J]. Journal of Hazardous Materials,2023,455:131546.

[233] MENG W X,BAI X,WANG B Y,et al. Biomass-derived carbon dots and their applications[J]. Energy & Environmental Materials,2019,2(3):172-192.

[234] MICHAUD V, PRACHT J, SCHILFARTH F, et al. Well-separated water-soluble carbon dots *via* gradient chromatography[J]. Nanoscale, 2021, 13(30):13116-13128.

[235] MICHELET F,GUEGUEN R,LEROY P,et al. Blood and plasma glutathione measured in healthy subjects by HPLC:Relation to sex,aging,biological variables,and life habits[J]. Clinical Chemistry,1995,41(10):1509-1517.

[236] MILLEA P J. N-acetylcysteine:Multiple clinical applications[J]. American Family Physician,2009,80(3):265-269.

[237] MILLER B S, BEZINGE L, GLIDDON H D, et al. Spin-enhanced nanodiamond biosensing for ultrasensitive diagnostics[J]. Nature,2020,587(7835):588-593.

[238] MING H,ZHANG H C,MA Z,et al. Scanning transmission X-ray microscopy, X-ray photoelectron spectroscopy, and cyclic voltammetry study on the enhanced visible photocatalytic mechanism of carbon—TiO_2 nanohybrids[J]. Applied Surface Science,2012,258(8):3846-3853.

[239] MITTAL S K,KUMAR S,KAUR N. Enhanced performance of CNT-doped imine based receptors as Fe(Ⅲ) sensor using potentiometry and voltammetry[J]. Electroanalysis,2019,31(7):1229-1237.

[240] MOUSAVI A,ZARE-DORABEI R,MOSAVI S H. A novel hybrid fluorescence probe sensor based on metal-organic framework@ carbon quantum dots for the highly selective detection of 6-mercaptopurine[J]. Analytical Methods,2020,12(44):5397-5406.

[241] NA W D, HU T Y, SU X G. Sensitive detection of acid phosphatase based on graphene quantum dots nanoassembly [J]. The Analyst, 2016, 141 (16): 4926-4932.

[242] NAGHDI T, ATASHI M, GOLMOHAMMADI H, et al. Carbon quantum dots originated from chitin nanofibers as a fluorescent chemoprobe for drug sensing [J]. Journal of Industrial and Engineering Chemistry, 2017, 52: 162-167.

[243] NAMDARI P, NEGAHDARI B, EATEMADI A. Synthesis, properties and biomedical applications of carbon-based quantum dots: An updated review [J]. Biomedicine & Pharmacotherapy, 2017, 87: 209-222.

[244] NELSON J A, CARPENTER J W, ROSE L M, et al. Mechanisms of action of 6-thioguanine, 6-mercaptopurine, and 8-azaguanine [J]. Cancer Research, 1975, 35(10): 2872-2878.

[245] NI P J, JIANG D F, CHEN C X, et al. Highly sensitive fluorescent detection of glutathione and histidine based on the Cu(ii)-thiamine system [J]. The Analyst, 2018, 143(18): 4442-4447.

[246] NIU L Y, CHEN Y Z, ZHENG H R, et al. Design strategies of fluorescent probes for selective detection among biothiols [J]. Chemical Society Reviews, 2015, 44(17): 6143-6160.

[247] NIU L Y, GUAN Y S, CHEN Y Z, et al. BODIPY-based ratiometric fluorescent sensor for highly selective detection of glutathione over cysteine and homocysteine [J]. Journal of the American Chemical Society, 2012, 134 (46): 18928-18931.

[248] NOVOSELOV K S, GEIM A K, MOROZOV S V, et al. Electric field effect in atomically thin carbon films [J]. Science, 2004, 306(5696): 666-669.

[249] OKAMOTO H, KONISHI H, KOHNO M, et al. Fluorescence response of a 4-trifluoroacetylaminophthalimide to iodide ions upon 254 nm irradiation in

MeCN[J]. Organic Letters,2008,10(14):3125-3128.

[250] PAN J H,ZHENG Z Y,YANG J Y,et al. A novel and sensitive fluorescence sensor for glutathione detection by controlling the surface passivation degree of carbon quantum dots[J]. Talanta,2017,166:1-7.

[251] PAN Y,ZHANG X R,LI Y. Identification,toxicity and control of iodinated disinfection byproducts in cooking with simulated chlor(am)inated tap water and iodized table salt[J]. Water Research,2016,88:60-68.

[252] PANNICO M,MUSTO P. SERS spectroscopy for the therapeutic drug monitoring of the anticancer drug 6-Mercaptopurine:Molecular and kinetic studies [J]. Applied Surface Science,2021,539:148225.

[253] PARAMASIVAM G, PALEM V V, MEENAKSHY S, et al. Advances on carbon nanomaterials and their applications in medical diagnosis and drug delivery[J]. Colloids and Surfaces B:Biointerfaces,2024,241:114032.

[254] PASQUINI B,ORLANDINI S,CAPRINI C,et al. Cyclodextrin- and solvent-modified micellar electrokinetic chromatography for the determination of captopril,hydrochlorothiazide and their impurities:A Quality by Design approach [J]. Talanta,2016,160:332-339.

[255] PASRICHA S R,TYE-DIN J,MUCKENTHALER M U,et al. Iron deficiency [J]. Lancet,2021,397(10270):233-248.

[256] PAWAR S P,GORE A H,WALEKAR L S,et al. Turn-on fluorescence probe for selective and sensitive detection ofd-penicillamine by CdS quantum dots in aqueous media:Application to pharmaceutical formulation[J]. Sensors and Actuators B:Chemical,2015,209:911-918.

[257] PECHER D,DOKUPILOVÁ S,ZELINKOVÁ Z,et al. Determination of thiopurine S-methyltransferase activity by hydrophilic interaction liquid chromatography hyphenated with mass spectrometry[J]. Journal of Pharmaceutical

and Biomedical Analysis,2017,142:244-251.

[258] PELLETIER B, BEAUDOIN J, MUKAI Y, et al. Fep1, an iron sensor regulating iron transporter gene expression in *Schizosaccharomyces pombe*[J]. Journal of Biological Chemistry,2002,277(25):22950-22958.

[259] PENG C,XING H H,FAN X S,et al. Glutathione regulated inner filter effect of MnO_2 nanosheets on boron nitride quantum dots for sensitive assay[J]. Analytical Chemistry,2019,91(9):5762-5767.

[260] PENG D,ZHAO Z H. Highly efficient ferric ion sensing and high resolution latent fingerprint imaging based on fluorescent silicon quantum dots[J]. Spectrochimica Acta Part A:Molecular and Biomolecular Spectroscopy,2023, 299:122827.

[261] PENG H,TRAVAS-SEJDIC J. Simple aqueous solution route to luminescent carbogenic dots from carbohydrates[J]. Chemistry of Materials,2009,21(23):5563-5565.

[262] PENG J,GAO W,GUPTA B K,et al. Graphene quantum dots derived from carbon fibers[J]. Nano Letters,2012,12(2):844-849.

[263] PENG L P,GUO H,WU N,et al. Ratiometric fluorescent sensor based on metal-organic framework for selective and sensitive detection of CO_3^{2-}[J]. Spectrochimica Acta Part A:Molecular and Biomolecular Spectroscopy,2023, 299:122844.

[264] PÉREZ-LEMUS N,LÓPEZ-SERNA R,PÉREZ-ELVIRA S I,et al. Analytical methodologies for the determination of pharmaceuticals and personal care products (PPCPs) in sewage sludge:A critical review[J]. Analytica Chimica Acta,2019,1083:19-40.

[265] PHADUNGCHAROEN N,PATROJANASOPHON P,OPANASOPIT P,et al. Smartphone-based Ellman's colourimetric methods for the analysis of *d*-peni-

cillamine formulation and thiolated polymer[J]. International Journal of Pharmaceutics,2019,558:120-127.

[266] QI H J,TENG M,LIU M,et al. Biomass-derived nitrogen-doped carbon quantum dots:Highly selective fluorescent probe for detecting Fe^{3+} ions and tetracyclines[J]. Journal of Colloid and Interface Science,2019,539:332-341.

[267] QIAN X F, YUE D T, TIAN Z Y, et al. Carbon quantum dots decorated Bi_2WO_6 nanocomposite with enhanced photocatalytic oxidation activity for VOCs[J]. Applied Catalysis B:Environmental,2016,193:16-21.

[268] QIN J,ZHANG L M,YANG R. Powder carbonization to synthesize novel carbon dots derived from uric acid for the detection of Ag(Ⅰ) and glutathione [J]. Spectrochimica Acta Part A:Molecular and Biomolecular Spectroscopy, 2019,207:54-60.

[269] QIN Y N,YAN Z Y,LIU R,et al. Ultra-sensitive detection of ATP in serum and lysates based on nitrogen-doped carbon dots[J]. Luminescence,2021,36 (7):1584-1591.

[270] QU F L,PEI H M,KONG R M,et al. Novel turn-on fluorescent detection of alkaline phosphatase based on green synthesized carbon dots and MnO_2 nanosheets[J]. Talanta,2017,165:136-142.

[271] QU K G,WANG J S,RENP J,et al. Carbon dots prepared by hydrothermal treatment of dopamine as an effective fluorescent sensing platform for the label-free detection of iron(Ⅲ) ions and dopamine[J]. Chemistry — A European Journal,2013,19(22):7243-7249.

[272] QUP S,WANG P X,LU P Q,et al. A biocompatible fluorescent ink based on water-soluble luminescent carbon nanodots[J]. Angewandte Chemie,2012, 124(49):12381-12384.

[273] RADNIA F,MOHAJERI N,ZARGHAMI N. New insight into the engineering

of green carbon dots: Possible applications in emerging cancer theranostics [J]. Talanta, 2020, 209: 120547.

[274] RAHMAN N, KHAN S. Circular dichroism spectroscopy: A facile approach for quantitative analysis of captopril and study of its degradation [J]. ACS Omega, 2019, 4(2): 4252-4258.

[275] RAKSHIT A, KHATUA K, SHANBHAG V, et al. Cu^{2+} selective chelators relieve copper-induced oxidative stress *in vivo* [J]. Chemical Science, 2018, 9 (41): 7916-7930.

[276] RASTEGARZADEH S, HASHEMI F. Gold nanoparticles as a colorimetric probe for the determination of N-acetyl-l-cysteine in biological samples and pharmaceutical formulations [J]. Analytical Methods, 2015, 7 (4): 1478-1483.

[277] RATHIKRISHNAN K R, INDIRAPRIYADHARSHINI V K, RAMAKRISHNA S, et al. 4,7-Diaryl indole-based fluorescent chemosensor for iodide ions [J]. Tetrahedron, 2011, 67(22): 4025-4030.

[278] RAVAZZI C G, DE OLIVEIRA KRAMBECK FRANCO M, VIEIRA M C R, et al. Smartphone application for captopril determination in dosage forms and synthetic urine employing digital imaging [J]. Talanta, 2018, 189: 339-344.

[279] RAWAT K A, SINGHAL R K, KAILASA S K. One-pot synthesis of silver nanoparticles using folic acid as a reagent for colorimetric and fluorimetricdetections of 6-mercaptopurine at nanomolar concentration [J]. Sensors and Actuators B: Chemical, 2017, 249: 30-38.

[280] RAY S C, SAHA A, JANA N R, et al. Fluorescentcarbon nanoparticles: Synthesis, characterization, and bioimaging application [J]. The Journal of Physical Chemistry C, 2009, 113(43): 18546-18551.

[281] RICHARDSON S D, TERNES T A. Water analysis: Emerging contaminants

and current issues[J]. Analytical Chemistry,2022,94(1):382-416.

[282] RICHIE J P Jr, SKOWRONSKI L, ABRAHAM P, et al. Blood glutathione concentrations in a large-scale human study[J]. Clinical Chemistry,1996,42(1):64-70.

[283] RODBY R A,FIRTH L M,LEWIS E J. An economic analysis of captopril in the treatment of diabetic nephropathy. The Collaborative Study Group[J]. Diabetes Care,1996,19(10):1051-1061.

[284]RU Y,WATERHOUSE G I N,LU S Y,2022. Aggregation in carbon dots[J]. Aggregate,3(6):e296.

[285] RUDAŠOVÁ M, MASÁR M. Precise determination of N-acetylcysteine in pharmaceuticals by microchip electrophoresis[J]. Journal of Separation Science,2016,39(2):433-439.

[286] RURACK K,RESCH-GENGER U. Rigidization,preorientation and electronic decoupling:The "magic triangle" for the design of highly efficient fluorescent sensors and switches[J]. Chemical Society Reviews,2002,31(2):116-127.

[287] SABOORIZADEH B, ZARE-DORABEI R. Intrinsic dual-emitting carbon quantum-dot-based selective ratiometric fluorescent mercaptopurine detection [J]. ACS Biomaterials Science & Engineering,2022,8(8):3589-3595.

[288] SAETRE R,RABENSTEIN D L. Determination of penicillamine in blood and urine by high performance liquid chromatography[J]. Analytical Chemistry,1978,50(2):278-280.

[289] SAHA A,JANA N R. Detection ofcellular glutathione and oxidized glutathione using magnetic-plasmonic nanocomposite-based "turn-off" surface enhanced Raman scattering[J]. Analytical Chemistry,2013,85(19):9221-9228.

[290] SAHASRANAMAN S,HOWARD D,ROY S. Clinical pharmacology and pharmacogenetics of thiopurines[J]. European Journal of Clinical Pharmacology,

2008,64(8):753-767.

[291] SAHU S,BEHERA B,MAITI T K,et al. Simple one-step synthesis of highly luminescent carbon dots from orange juice: Application as excellent bio-imaging agents[J]. Chemical Communications,2012,48(70):8835-8837.

[292] JIN S K,BISWAS S,IRIE T,et al. Synthesis and luminescence properties of two silver cluster-assembled materials for selective Fe^{3+} sensing [J]. Nanoscale,2023,15(29):12227-12234.

[293] SALARI R,HALLAJ T. A dual colorimetric and fluorometric sensor based on N,P-CDs and shape transformation of AgNPrs for the determination of 6-mercaptopurine[J]. Spectrochimica Acta Part A: Molecular and Biomolecular Spectroscopy,2021,262:120104.

[294] SAMADI-MAYBODI A,AKHOONDI R. Trace analysis of N-acetyl-L-cysteine using luminol-H_2O_2 chemiluminescence system catalyzed by silver nanoparticles[J]. Luminescence,2015,30(6):775-779.

[295] SARACINOM A,CANNISTRACI C,BUGAMELLI F,et al. A novel HPLC-electrochemical detection approach for the determination of *d*-penicillamine in skin specimens[J]. Talanta,2013,103:355-360.

[296] SCHÖNE F,ZIMMERMANN C,QUANZ G,et al. A high dietary iodine increases thyroid iodine stores and iodine concentration in blood serum but has little effect on muscle iodine content in pigs[J]. Meat Science,2006,72(2):365-372.

[297] LIU S,TIAN J Q,WANG L,et al. Hydrothermal treatment of grass: A low-cost, green route to nitrogen-doped, carbon-rich, photoluminescent polymer nanodots as an effective fluorescent sensing platform for label-free detection of Cu(Ⅱ) ions[J]. Advanced Materials,2012,24(15):2037-2041.

[298] SHAHBAKHSH M,HASHEMZAEI Z,NAROUIE S,et al. Gold nanoparticles/

biphenol—biphenoquinone for ultra-trace voltammetric determination of captopril[J]. Electroanalysis,2021,33(3):713-722.

[299] SHAHBAKHSH M, NOROOZIFAR M. 2D-Single-crystal hexagonal gold nanosheets for ultra-trace voltammetric determination of captopril[J]. Microchimica Acta,2019,186(3):195.

[300] SHAHRAJABIAN M, GHASEMI F, HORMOZI-NEZHAD M R. Nanoparticle-based chemiluminescence for chiral discrimination of thiol-containing amino acids[J]. Scientific Reports,2018,8:14011.

[301] SHAHROKHIAN S, KARIMI M, KHAJEHSHARIFI H. Carbon-paste electrode modified with cobalt-5-nitrolsalophen as a sensitive voltammetric sensor for detection of captopril[J]. Sensors and Actuators B: Chemical, 2005,109(2):278-284.

[302] SHANGGUAN J F, HUANG J, HE D G, et al. Highly Fe^{3+}-selective fluorescent nanoprobe based on ultrabright N/P codoped carbon dots and its application in biological samples[J]. Analytical Chemistry,2017,89(14):7477-7484.

[303] SHEN C L, LOU Q, LIU K K, et al. Chemiluminescent carbon dots: Synthesis, properties, and applications[J]. Nano Today,2020,35:100954.

[304] SHEN J H, QIU X Y, ZHU Y H. Nitrogen-dopedsp^3 carbon dot catalysed two-electron electrochemical oxygen reduction for efficient production of hydrogen peroxide[J]. Journal of Materials Chemistry A,2023,11(22):11704-11711.

[305] SHEN Y, WANG Y H, SHAN P N, et al. Boosted photo-self-Fenton degradation activity by Fe-doped carbon dots as dual-function active sites for*in situ* H_2O_2 generation and activation[J]. Separation and Purification Technology,2025,353:128529.

[306] SHI J L, WANG M Y, PANG X Q, et al. A highly sensitive coumarin-based

fluorescent probe for visual detection of Cu^{2+} in aqueous solution and its bio-imaging in living cells [J]. Journal of Molecular Structure, 2023, 1281:135062.

[307] SHI L L, DING L Y, ZHANG Y Q, et al. Application of room-temperature phosphorescent carbon dots in information encryption and anti-counterfeiting [J]. Nano Today, 2024, 55:102200.

[308] SHI W B, WANG Q L, LONG Y J, et al. Carbon nanodots as peroxidase mimetics and their applications to glucose detection[J]. Chemical Communications, 2011, 47(23):6695-6697.

[309] SHI W L, GUO F, HAN M M, et al. N, SCo-doped carbon dots as a stable bio-imaging probe for detection of intracellular temperature and tetracycline[J]. Journal of Materials Chemistry B, 2017, 5(18):3293-3299.

[310] SHI Y X, XU H M, YUAN T, et al. Carbon dots: An innovative luminescent nanomaterial[J]. Aggregate, 2022, 3(3):e108.

[311] SHI Y, PENG J, MENG X Y, et al. Turn-on fluorescent detection of captopril in urine samples based on hydrophilic hydroxypropyl β-cyclodextrin polymer [J]. Analytical and Bioanalytical Chemistry, 2018, 410(28):7373-7384.

[312] SHRIVAS K, SAHU J, MAJI P, et al. Label-free selective detection of ampicillin drug in human urine samples using silver nanoparticles as a colorimetric sensing probe[J]. New Journal of Chemistry, 2017, 41(14):6685-6692.

[313] SINGH N, JANG D O. Benzimidazole-based tripodal receptor: Highly selective fluorescent chemosensor for iodide in aqueous solution[J]. Organic Letters, 2007, 9(10):1991-1994.

[314] SISOMBATH N S, JALILEHVAND F, SCHELL A C, et al. Lead(Ⅱ) binding to the chelating agent *D*-penicillamine in aqueous solution [J]. Inorganic Chemistry, 2014, 53(23):12459-12468.

[315] SK M P,JAISWAL A,PAUL A,et al. Presence ofamorphous carbon nanoparticles in food caramels[J]. Scientific Reports,2012,2:383.

[316] SOUSA H B A,PRIOR J A V. Therole of carbon quantum dots in environmental protection [J]. Advanced Materials Technologies, 2024, 9 (24):2301073.

[317] SRIVASTAVA S,GAJBHIYE P N S. Carbogenic nanodots:Photoluminescence and room-temperature ferromagnetism[J]. ChemPhysChem,2011,12(14):2624-2632.

[318] SU J J,MUSGRAVE C B,SONG Y,et al. Strain enhances the activity of molecular electrocatalysts *via* carbon nanotube supports[J]. Nature Catalysis, 2023,6:818-828.

[319] SULIMAN F E O,AL-LAWATI H A J,AL-KINDY S M Z,et al. A sequential injection spectrophotometric method for the determination of penicillamine in pharmaceutical products by complexation with iron(Ⅲ) in acidic media[J]. Talanta,2003,61(2):221-231.

[320] SUN X N,HEINRICH P,BERGER R S,et al. Quantification and ^{13}C-Tracer analysis of total reduced glutathione by HPLC-QTOFMS/MS[J]. Analytica Chimica Acta,2019,1080:127-137.

[321] SUN X Y, LIU B, LI S C, et al. Reusable fluorescent sensor for captopril based on energy transfer from photoluminescent graphene oxide self-assembly multilayers to silver nanoparticles[J]. Spectrochimica Acta Part A:Molecular and Biomolecular Spectroscopy,2016,161:33-38.

[322] SUN Y P,ZHOU B,LIN Y,et al. Quantum-sized carbon dots for bright and colorful photoluminescence[J]. Journal of the American Chemical Society, 2006,128(24):7756-7757.

[323] SUN Y Q,LIU S T,SUN L Y,et al. Ultralong lifetime and efficient room tem-

perature phosphorescent carbon dots through multi-confinement structure design[J]. Nature Communications,2020,11(1):5591.

[324] SUN Y P,WANG X,LU F S,et al. Doped carbon nanoparticles as a new platform for highly photoluminescent dots[J]. The Journal of Physical Chemistry C,Nanomaterials and Interfaces,2008,112(47):18295-18298.

[325] SUPANDI S,HARAHAP Y,HARMITA H,et al. Quantification of 6-mercaptopurine and its metabolites in patients with acute lympoblastic leukemia using dried blood spots and UPLC-MS/MS[J]. Scientia Pharmaceutica, 2018,86(2):18.

[326] TAJIK S,BEITOLLAHI H,JANG H W,et al. A screen printed electrode modified withFe_3O_4@ polypyrrole-Pt core-shell nanoparticles for electrochemical detection of 6-mercaptopurine and 6-thioguanine [J]. Talanta, 2021, 232:122379.

[327] TAMURA H,ODA T,NAGAYAMA M,et al. Acid-base dissociation of surface hydroxyl groups on manganese dioxide in aqueous solutions[J]. Journal of the Electrochemical Society,136(10):2782-2786.

[328] TAN X Q,WAN Y F,HUANG Y J,et al. Three-dimensionalMnO_2 porous hollow microspheres for enhanced activity as ozonation catalysts in degradation of bisphenol A[J]. Journal of Hazardous Materials,2017,321:162-172.

[329] TANG Q W,ZHU W L,HE B L,et al. Rapidconversion from carbohydrates to large-scale carbon quantum dots for all-weather solar cells[J]. ACS Nano, 2017,11(2):1540-1547.

[330] TANG Y R,SONG H J,SU Y Y,et al. Turn-onpersistent luminescence probe based on graphitic carbon nitride for imaging detection of biothiols in biological fluids[J]. Analytical Chemistry,2013,85(24):11876-11884.

[331] TANG Y Y,ZHU P D,XU Q,et al. Machine learning assists the sensor array

constructed by the tri-emission carbon dots to detect multiple metal ions[J]. Microchemical Journal,2024,201:110536.

[332] TIAN F,LYU J,SHI J Y,et al. Graphene and graphene-like two-denominational materials based fluorescence resonance energy transfer (FRET) assays for biological applications [J]. Biosensors and Bioelectronics, 2017, 89: 123-135.

[333] TIAN M Q,IHMELS H. Selective ratiometric detection of mercury(ii) ions in water with an acridizinium-based fluorescent probe[J]. Chemical Communications,2009(22):3175-3177.

[334] TIAN T,CHENG Y,SUN Z F,et al. Carbon nanotubes supported oxygen reduction reaction catalysts:Role of inner tubes[J]. Advanced Composites and Hybrid Materials,2022,6(1):7.

[335] TOLOZA C A T,KHAN S,SILVA R L D,et al. Different approaches for sensing captopril based on functionalized graphene quantum dots as photoluminescent probe[J]. Journal of Luminescence,2016,179:83-92.

[336] TONG X, ZHU Y F, TONG C Y, et al. Simultaneous sensingγ-glutamyl transpeptidase and alkaline phosphatase by robust dual-emission carbon dots [J]. Analytica Chimica Acta,2021,1178:338829.

[337] TOUSSAINT B,PITTI C,STREEL B,et al. Quantitative analysis of N-acetylcysteine and its pharmacopeial impurities in a pharmaceutical formulation by liquid chromatography-UV detection-mass spectrometry[J]. Journal of Chromatography A,2000,896(1/2):191-199.

[338] UMEZAWA K,YOSHIDA M,KAMIYA M,et al. Rational design of reversible fluorescent probes for live-cell imaging and quantification of fast glutathione dynamics[J]. Nature Chemistry,2017,9(3):279-286.

[339] VALCOUR V,SHIRAMIZU B. HIV-associated dementia, mitochondrial dys-

function, and oxidative stress[J]. Mitochondrion, 2004, 4(2/3): 119-129.

[340] VETRICHELVAN M, NAGARAJAN R, VALIYAVEETTIL S. Carbazole-containing conjugated copolymers as colorimetric/fluorimetric sensor for iodide anion[J]. Macromolecules, 2006, 39(24): 8303-8310.

[341] VIDT D G, BRAVO E L, FOUAD F M, 1982. Drug therapy: Captopril[J]. New England Journal of Medicine, 306(4): 214-219.

[342] Vinita, TIWARI M, AGNIHOTRI N, et al. Nanonetwork of coordination polymer AHMT-Ag for the effective and broad spectrum detection of 6-mercaptopurine in urine and blood serum[J]. ACS Omega, 2019, 4(16): 16733-16742.

[343] WALEKAR L S, KONDEKAR U R, GORE A H, et al. Ultrasensitive, highly selective and naked eye colorimetric recognition of d-penicillamine in aqueous media by CTAB capped AgNPs: Applications to pharmaceutical and biomedical analysis[J]. RSC Advances, 2014, 4(102): 58481-58488.

[344] WALSHE J M. The story of penicillamine: A difficult birth[J]. Movement Disorders, 2003, 18(8): 853-859.

[345] WANG B Y, LU S Y. The light of carbon dots: From mechanism to applications[J]. Matter, 2022, 5(1): 110-149.

[346] WANG C F, WU X, LI X P, et al. Upconversion fluorescent carbon nanodots enriched with nitrogen for light harvesting[J]. Journal of Materials Chemistry, 2012, 22(31): 15522-15525.

[347] WANG D, MENG Y T, ZHANG Y, et al. A specific discriminating GSH from Cys/Hcy fluorescence nanosensor: The carbon dots-MnO_2 nanocomposites[J]. Sensors and Actuators B: Chemical, 2022, 367: 132135.

[348] WANG F L, WANG Y F, FENG Y P, et al. Novel ternary photocatalyst of single atom-dispersed silver and carbon quantum dots co-loaded with ultrathin g-

C_3N_4 for broad spectrum photocatalytic degradation of naproxen[J]. Applied Catalysis B: Environmental, 2018, 221: 510-520.

[349] WANG F T, WANG L N, XU J, et al. Synthesis and modification of carbon dots for advanced biosensing application[J]. The Analyst, 2021, 146(14): 4418-4435.

[350] WANG F, SUN X Y. Visible-light excited carbon dots with dual emission long-afterglow for temperature sensing and anti-counterfeiting[J]. Optical Materials, 2024, 154: 115610.

[351] WANG H L, AI L, SONG H Q, et al. Innovations in the solid-state fluorescence of carbon dots: Strategies, optical manipulations, and applications [J]. Advanced Functional Materials, 2023, 33(41): 2303756.

[352] WANG H T, NA X K, LIU S, et al. A novel "turn-on" fluorometric and magnetic bi-functional strategy for ascorbic acid sensing and *in vivo* imaging *via* carbon dots-MnO_2 nanosheet nanoprobe[J]. Talanta, 2019, 201: 388-396.

[353] WANG J, XU Z J, REN M J, et al. Determination of potassium iodide in canagliflozin by HPLC with the new mixed-mode column[J]. Chinese Journal of Pharmaceutical Analysis, 2023, 43(5): 811-816.

[354] WANG J, ZHANG Y J, YE J Q, et al. Enhanced fluorescence of tetrasulfonated zinc phthalocyanine by graphene quantum dots and its application in molecular sensing/imaging [J]. Luminescence, 2017, 32(4): 573-580.

[355] WANG M, WANG L J, HOU A Y, et al. Portable sensing methods based on carbon dots for food analysis[J]. Journal of Food Science, 2024, 89(7): 3935-3949.

[356] WANG N, ZHENG Z, JIN H Y, et al. Treatment effects of captopril on non-proliferative diabetic retinopathy[J]. Chinese Medical Journal, 2012, 125

(2):287-292.

[357] WANG Q L,ZHENG H Z,LONG Y J,et al. Microwave—hydrothermal synthesis of fluorescent carbon dots from graphite oxide[J]. Carbon,2011,49(9):3134-3140.

[358] WANG Q, CHENG Y, DING L F, et al. Chinese food seasoning derived carbon dots for highly selective detection of Fe^{3+} and smartphone-based dual-color fluorescence ratiometric visualization sensing[J]. Journal of Molecular Structure,2024,1318:139209.

[359] WANG Q,CHENG Y,DING L F,et al. N,S,BrCo-doped carbon dots:One-step synthesis and fluorescent detection of 6-mercaptopurine in tablet[J]. Journal of Pharmaceutical Analysis,2024,14(2):291-293.

[360] WANG Q, LI L F, WANG X D, et al. Graphene quantum dots wrapped square-plate-like MnO_2 nanocomposite as a fluorescent turn-on sensor for glutathione[J]. Talanta,2020,219:121180.

[361] WANG Q,LI L F,WU T X,et al. A graphene quantum dots-Pb^{2+} based fluorescent switch for selective and sensitive determination of *D*-penicillamine[J]. Spectrochimica Acta Part A:Molecular and Biomolecular Spectroscopy, 2020,229:117924.

[362] WANG Q,LIU X,ZHANG L C,et al. Microwave-assisted synthesis of carbon nanodots through an eggshell membrane and their fluorescent application[J]. Analyst,2012,137(22):5392-5397.

[363] WANG Q,SI Y X,YANG T,et al. Synthesis of Carbon Dots-Manganese Dioxide Nanocomposite and Fluorescent Sensing of Tiopronin[J]. Chinese Journal of Inorganic Chemistry,2021,37(6):995-1003.

[364] WANG Q,SONG H J,HU Y,et al. Accelerated reducing synthesis of Ag@CDs composite and simultaneous determination of glucose during the synthetic

process[J]. RSC Advances,2014,4(8):3992-3997.

[365] WANG Q, WANG C Y, WANG X D, et al. Construction of CPs@ MnO_2-AgNPs as a multifunctional nanosensor for glutathione sensing and cancer theranostics[J]. Nanoscale,2019,11(40):18845-18853.

[366] WANG Q,WU Y H. Acarbon nanodots-based fluorescent turn-on probe for iodide[J]. Australian Journal of Chemistry,2015,68(10):1479.

[367] WANG Q, ZHANG S R, GE H G, et al. A fluorescent turn-off/on method based on carbon dots as fluorescent probes for the sensitive determination of-Pb^{2+} and pyrophosphate in an aqueous solution[J]. Sensors and Actuators B: Chemical,2015,207:25-33.

[368] WANG Q,ZHANG Y,WANG X D,et al. Dual role of BSA for synthesis of MnO_2 nanoparticles and their mediated fluorescent turn-on probe for glutathione determination and cancer cell recognition[J]. Analyst,2019,144(6): 1988-1994.

[369] WANG Q, ZHANG Z R, YANG T, et al. Multiple fluorescence quenching effects mediated fluorescent sensing of captopril Based on amino Acids-Derivative carbon nanodots[J]. Spectrochimica Acta Part A:Molecular and Biomolecular Spectroscopy,2022,269:120742.

[370] WANG Q,ZHU B,HAN Y J,et al. Metal ion-mediated carbon dot nanoprobe for fluorescent turn-on sensing of N-acetyl-l-cysteine[J]. Luminescence, 2022,37(8):1267-1274.

[371] WANG W J,XU S F,LI N,et al. Sulfur and phosphorus co-doped graphene quantum dots for fluorescent monitoring of nitrite in pickles [J]. Spectrochimica Acta Part A:Molecular and Biomolecular Spectroscopy,2019, 221:117211.

[372] WANG X B,MA X Y,WEN J H,et al. A novel bimacrocyclic polyamine-

based fluorescent probe for sensitive detection of Hg^{2+} and glutathione in human serum[J]. Talanta,2020,207:120311.

[373] WANG X J,ZHANG C H,FENG L H,et al. Screening iodide anion with selective fluorescent chemosensor [J]. Sensors and Actuators B: Chemical, 2011,156(1):463-466.

[374] WANG X,DR L C,YANG S T,et al. Bandgap-like strong fluorescence in functionalized carbon nanoparticles[J]. Angewandte Chemie International Edition,2010,49(31):5310-5314.

[375] WANG Y H,JIANG K,ZHU J L,et al. A FRET-based carbon dot-MnO_2 nanosheet architecture for glutathione sensing in human whole blood samples [J]. Chemical Communications,2015,51(64):12748-12751.

[376] WANG Y R,LI Y H,XU Y. Synthesis of mechanical responsive carbon dots with fluorescence enhancement[J]. Journal of Colloid and Interface Science, 2020,560:85-90.

[377] WANG Y T,WU R R,ZHANG Y Y,et al. High quantum yield nitrogen dopedcarbon dots for Ag^+ sensing and bioimaging[J]. Journal of Molecular Structure,2023,1283:135212.

[378] WANG Y,LU J,TANG L H,et al. Graphene oxide amplified electrogenerated chemiluminescence of quantum dots and its selective sensing for glutathione from thiol-containing compounds [J]. Analytical Chemistry, 2009, 81 (23): 9710-9715.

[379] WANG Z H,CHEN D,GU B L, et al. Biomass-derived nitrogen doped graphene quantum dots with color-tunable emission for sensing,fluorescence ink and multicolor cell imaging[J]. Spectrochimica Acta Part A: Molecular and Biomolecular Spectroscopy,2020,227:117671.

[380] WANG Z Q,WU S S,WANG J,et al. Carbonnanofiber-based functional nano-

materials for sensor applications[J]. Nanomaterials,2019,9(7):1045.

[381] WANG Z X,GAO Y F,YU X H,et al. Photoluminescent coral-like carbon-branched polymers as nanoprobe for fluorometric determination of captopril [J]. Microchimica Acta,2018,185(9):422.

[382] WANG Z Y,LI C Q,WU L T,et al. Highly selective monitoring of trace radioactiveI_2 over organic iodides using NH_2-DNA based electrochemiluminescence device[J]. Sensors and Actuators B:Chemical,2024,401:135019.

[383] WANG Z Y,ZHAO Z,PEI Y,et al. Visualized monitoring of radioactive iodide ions in environment using electrochemiluminescence device through free radical annihilation mechanism[J]. Sensors and Actuators B:Chemical, 2023,395:134506.

[384] WANG Z,LI S T,ZHOU C Y,et al. Ratiometric fluorescent nanoprobe based on CdTe/SiO_2/folic acid/silver nanoparticles core-shell-satellite assembly for determination of 6-mercaptopurine [J]. Microchimica Acta, 2020, 187 (12):665.

[385] WARD D M,CLOONAN S M. Mitochondrialiron in human health and disease [J]. Annual Review of Physiology,2019,81:453-482.

[386] WAREING T C,GENTILE P, PHAN A N. Biomass-based carbon dots: Current development and future perspectives[J]. ACS Nano,2021,15(10): 15471-15501.

[387] WEI C H,LIU X,GAO Y,et al. Thiol-disulfide exchange reaction for cellular glutathione detection with surface-enhanced Raman scattering[J]. Analytical Chemistry,2018,90(19):11333-11339.

[388] WEI X J,LI L,LIU J L,et al. Greensynthesis of fluorescent carbon dots from *Gynostemma* for bioimaging and antioxidant in zebrafish [J]. ACS Applied Materials & Interfaces,2019,11(10):9832-9840.

[389] WEN F Z, LI P Y, ZHANG Y, et al. Preparation, characterization of green tea carbon quantum dots/curcumin antioxidant and antibacterial nanocomposites [J]. Journal of Molecular Structure, 2023, 1273: 134247.

[390] WILKINSON J, HOODA P S, BARKER J, et al. Occurrence, fate and transformation of emerging contaminants in water: An overarching review of the field [J]. Environmental Pollution, 2017, 231: 954-970.

[391] WOJTAS D, MZYK A, LI R R, et al. Verifying the cytotoxicity of a biodegradable zinc alloy with nanodiamond sensors[J]. Biomaterials Advances, 2024, 162: 213927.

[392] WU H, XU H M, SHI Y X, et al. Recentadvance in carbon dots: From properties to applications [J]. Chinese Journal of Chemistry, 2021, 39 (5): 1364-1388.

[393] WU M Y, LI J R, WU Y Z, et al. Design of a synthetic strategy to achieve enhanced fluorescent carbon dots with sulfur and nitrogen codoping and its multifunctional applications[J]. Small, 2023, 19(42): 2302764.

[394] WU W L, HU Z F, SHI C, et al. Construction of CdTe@ γ-CD@ RBD nanoprobe forFe^{3+}-sensing based on FRET mechanism in human serum[J]. Spectrochimica Acta Part A: Molecular and Biomolecular Spectroscopy, 2023, 296: 122645.

[395] WU X W, LUO Z F, LI W, et al. An optical and visual multi-mode sensing platform base on nitrogen, sulfur, boron co-doped carbon dots for rapid and simple determination of ferric ions in water[J]. Spectrochimica Acta Part A: Molecular and Biomolecular Spectroscopy, 2023, 302: 122995.

[396] WU Y Y, SONG X Y, WANG N Y, et al. Carbon dots from roasted chicken accumulate in lysosomes and induce lysosome-dependent cell death[J]. Food & Function, 2020, 11(11): 10105-10113.

[397] XIA C L, ZHU S J, FENG T L, et al. Evolution andsynthesis of carbon dots: From carbon dots to carbonized polymer dots[J]. Advanced Science, 2019, 6 (23): 1901316.

[398] XIANYU Y L, XIE Y, WANG N X, et al. Adispersion-dominated chromogenic strategy for colorimetric sensing of glutathione at the nanomolar level using gold nanoparticles[J]. Small, 2015, 11(41): 5510-5514.

[399] XIAO L, SUN H D. Novel properties and applications of carbon nanodots[J]. Nanoscale Horizons, 2018, 3(6): 565-597.

[400] XIAO S J, ZHAO X J, CHU Z J, et al. New off-on sensor for captopril sensing based on photoluminescent MoO_x quantum dots[J]. ACS Omega, 2017, 2 (4): 1666-1671.

[401] XIE P, HO S H, PENG J, et al. Dual purpose microalgae-based biorefinery for treating pharmaceuticals and personal care products (PPCPs) residues and biodiesel production [J]. Science of the Total Environment, 2019, 688: 253-261.

[402] XING X X, WANG Z Z, WANG Y D. Advances incarbon dot-based ratiometric fluorescent probes for environmental contaminant detection: A review[J]. Micromachines, 2024, 15(3): 331.

[403] XIONG Y, HU J H, HOU R X, et al. A carbon quantum dot based on tetramethyl substituted cucurbit[6]uril and 2, 7-dihydroxynaphthalene: Selective detection of Fe^{3+}, ClO^- and I^- [J]. Journal of Molecular Structure, 2024 (1301): 137301.

[404] XU M D, ZHUANG J Y, JIANG X Y, et al. A three-dimensional DNA walker amplified FRET sensor for detection of telomerase activity based on the MnO_2 nanosheet-upconversion nanoparticle sensing platform[J]. Chemical Communications, 2019, 55(66): 9857-9860.

[405] XU M M, WANG X Y, LIU X P. Detection of heavy metal ions by ratiometric photoelectric sensor[J]. Journal of Agricultural and Food Chemistry, 2022, 70(37): 11468-11480.

[406] XU W, YU L S, XU H F, et al. Water-dispersed silicon quantum dots for on-off-on fluorometric determination of chromium(Ⅵ) and ascorbic acid[J]. Microchimica Acta, 2019, 186(10): 673.

[407] XU X J, GE S, LI D Q, et al. Fluorescent carbon dots for sensing metal ions and small molecules[J]. Chinese Journal of Analytical Chemistry, 2022, 50(2): 103-111.

[408] XU X Y, RAY R, GU Y L, et al. Electrophoretic analysis and purification of fluorescent single-walled carbon nanotube fragments[J]. Journal of the American Chemical Society, 2004, 126(40): 12736-12737.

[409] XU Y, CHEN X, CHAI R, et al. A magnetic/fluorometric bimodal sensor based on a carbon dots-MnO_2 platform for glutathione detection[J]. Nanoscale, 2016, 8(27): 13414-13421.

[410] XUE S S, LI P F, SUN L, et al. Theformation process and mechanism of carbon dots prepared from aromatic compounds as precursors: A review[J]. Small, 2023, 19(31): 2206180.

[411] YAN F Y, SUN Z H, ZHANG H, et al. The fluorescence mechanism of carbon dots, and methods for tuning their emission color: A review[J]. Microchimica Acta, 2019, 186(8): 583.

[412] YAN X, CUI X, LI L S. Synthesis of large, stable colloidal graphene quantum dots with tunable size[J]. Journal of the American Chemical Society, 2010, 132(17): 5944-5945.

[413] YAN X, KONG D S, JIN R, et al. Fluorometric and colorimetric analysis of carbamate pesticide*via* enzyme-triggered decomposition of Gold nanoclusters-

anchored MnO_2 nanocomposite [J]. Sensors and Actuators B: Chemical, 2019,290:640-647.

[414] YAN Y,LIU J H,LI R S,et al. Carbon dots synthesized at room temperature for detection of tetracycline hydrochloride[J]. Analytica Chimica Acta,2019, 1063:144-151.

[415] YANG C L,DENG W P,LIU H Y,et al. Turn-on fluorescence sensor for glutathione in aqueous solutions using carbon dots-MnO_2 nanocomposites[J]. Sensors and Actuators B:Chemical,2015,216:286-292.

[416] YANG G B,XU L G,CHAO Y,et al. Hollow MnO_2 as a tumor-microenvironment-responsive biodegradable nano-platform for combination therapy favoring antitumor immune responses[J]. Nature Communications,2017,8(1):902.

[417] YANG M, HAN Y Q, BIANCO A, et al. Recentprogress on second near-infrared emitting carbon dots in biomedicine[J]. ACS Nano,2024,18(18): 11560-11572.

[418] YANG S T,CAO L,LUO P G,et al. Carbon dots for optical imaging*in vivo* [J]. Journal of the American Chemical Society, 2009, 131 (32): 11308-11309.

[419] YANG X P,YUAN H Y,WANG C L,et al. Determination of penicillamine in pharmaceuticals and human plasma by capillary electrophoresis with in-column fiber optics light-emitting diode induced fluorescence detection[J]. Journal of Pharmaceutical and Biomedical Analysis,2007,45(2):362-366.

[420] YAO Y,ZHANG H Y,HU K S,et al. Carbon dots based photocatalysis for environmental applications [J]. Journal of Environmental Chemical Engineering,2022,10(2):107336.

[421] YI X Z,TRAN N H,YIN T R,et al. Removal of selected PPCPs,EDCs,and antibiotic resistance genes in landfill leachate by a full-scale constructed wet-

lands system[J]. Water Research,2017,121:46-60.

[422] YIN J,LIU K F,YUAN S F,et al. Carbon dots in breadcrumbs: Effect of frying on them and interaction with human serum albumin[J]. Food Chemistry,2023,424:136371.

[423] YOKOTA K,FUKUSHI K,TAKEDA S,et al. Simultaneous determination of iodide and iodate in seawater by transient isotachophoresis—capillary zone electrophoresis with artificial seawater as the background electrolyte[J]. Journal of Chromatography A,2004,1035(1):145-150.

[424] YOO D,PARK Y,CHEON B,et al. Carbondots as an effective fluorescent sensing platform for metal ion detection[J]. Nanoscale Research Letters, 2019,14(1):272.

[425] YOUSEFZADEH A,ABOLHASANI J,HASSANZADEH J,et al. Ultrasensitive chemiluminescence assay for cimetidine detection based on the synergistic improving effect of Au nanoclusters and graphene quantum dots[J]. Luminescence,2019,34(2):261-271.

[426] YU F B,LI P,WANG B S,et al. Reversible near-infrared fluorescent probe introducing tellurium to mimetic glutathione peroxidase for monitoring the redox cycles between peroxynitrite and glutathione *in vivo*[J]. Journal of the American Chemical Society,2013,135(20):7674-7680.

[427] YU H H,FAN M Y,LIU Q,et al. Twohighly water-stable imidazole-based ln-MOFs for sensing Fe^{3+}, $Cr_2O_7^{2-}$/CrO_4^{2-} in a water environment[J]. Inorganic Chemistry,2020,59(3):2005-2010.

[428] YU H,CHEN X F,YU L,et al. Fluorescent MUA-stabilized Au nanoclusters for sensitive and selective detection of penicillamine[J]. Analytical and Bioanalytical Chemistry,2018,410(10):2629-2636.

[429] YU M, JIANG L, MOU L, et al. A "pincer" type of acridine-triazole

fluorescent dye for iodine detection by both 'naked-eye' colorimetric and fluorometric modes[J]. Molecules,2024,29(6):1355.

[430] YUAN L L,SHAO C Y,ZHANG Q,et al. Biomass-derived carbon dots as emerging visual platforms for fluorescent sensing[J]. Environmental Research, 2024,251:118610.

[431] YUAN X X, MI X, LIU C, et al. Ultrasensitive iodide detection in biofluids based on hot electron-induced reduction of p-Nitrothiophenol on Au@Ag core-shell nanoparticles [J]. Biosensorsand Bioelectronics, 2023, 235:115365.

[432] YUAN Y S,ZHAO X,LIU S P,et al. A fluorescence switch sensor used for *D*-Penicillamine sensing and logic gate based on the fluorescence recovery of carbon dots[J]. Sensors and Actuators B:Chemical,2016,236:565-573.

[433] YUAN Y,ZHANG J,WANG M J,et al. Detection ofglutathione *in vitro* and in cells by the controlled self-assembly of nanorings[J]. Analytical Chemistry, 2013,85(3):1280-1284.

[434] ZAFARULLAH M, LI W Q, SYLVESTER J, et al. Molecular mechanisms of N-acetylcysteine actions[J]. Cellular and Molecular Life Sciences, 2003, 60(1):6-20.

[435] ZENG Y T,XU Z B,LIU A K,et al. Novel N,F co-doped carbon dots to detect sulfide and cadmium ions with high selectivity and sensitivity based on a "turn-off-on" mechanism[J]. Dyes and Pigments,2022,203:110379.

[436] ZHAI Y B,ZHUANG H Y,PEI M S,et al. The development of a conjugated polyelectrolytes derivative based fluorescence switch and its application in penicillamine detection [J]. Journal of Molecular Liquids, 2015, 202: 153-157.

[437] ZHAN Z X, CAI J, WANG Q, et al. Green synthesis of fluorescence carbon

nanoparticles from yum and application in sensitive and selective detection of ATP[J]. Luminescence,2016,31(3):626-632.

[438] ZHANG B,LUO Y X,PENG B Q,et al. Fluorescent carbon dots doped with nitrogen for rapid detection of Fe (Ⅲ) and preparation of fluorescent films foroptoelectronic devices [J]. Journal of Molecular Structure, 2024, 1304:137739.

[439] ZHANG F,LIU H,LIU Q,et al. An enzymatic ratiometric fluorescence assay for 6-mercaptopurine by using MoS_2 quantum dots[J]. Microchimica Acta, 2018,185(12):540.

[440] ZHANG H C,MING H,LIAN S Y,et al. Fe_2O_3/carbon quantum dots complex photocatalysts and their enhanced photocatalytic activity under visible light [J]. Dalton Transactions,2011,40(41):10822-10825.

[441] ZHANG J Y,ZHOU R H,TANG D D,et al. Optically-active nanocrystals for inner filter effect-based fluorescence sensing: Achieving better spectral overlap[J]. TrAC Trends in Analytical Chemistry,2019,110:183-190.

[442] ZHANG P,WANG L,ZENG J,et al. Colorimetric captopril assay based on oxidative etching-directed morphology control of silver nanoprisms[J]. Microchimica Acta,2020,187(2):107.

[443] ZHANG Q F,LEI M Y,KONG F, et al. A water-stable homochiral luminescent MOF constructed from an achiral acylamide-containing dicarboxylate ligand for enantioselective sensing of penicillamine[J]. Chemical Communications,2018,54(77):10901-10904.

[444] ZHANG Q X,SUN Y,LIU M L,et al. Selective detection of Fe^{3+} ions based on fluorescence MXene quantum dots *via* a mechanism integrating electron transfer and inner filter effect[J]. Nanoscale,2020,12(3):1826-1832.

[445] ZHANG S Y,ONG C N,SHEN H M. Critical roles of intracellular thiols and

calcium in parthenolide-induced apoptosis in human colorectal cancer cells [J]. Cancer Letters,2004,208(2):143-153.

[446] ZHANG S,HASHIKAWA Y,MURATA Y,et al. Cage-Expansion of Fullerenes [J]. Journal of the American Chemical Society,2021,143(32):12450-12454.

[447] ZHANG S,WANG Z X,PANG Y T,et al. Highly fluorescent carbon dots from *Coix* seed for the determination of furazolidone and temperature[J]. Spectrochimica Acta Part A: Molecular and Biomolecular Spectroscopy, 2021, 260:119969.

[448] ZHANG T,GAN Z W,ZHEN S J,et al. Ratiometric fluorescent probe based on carbon dots and Zn-doped CdTe QDs for detection of 6-Mercaptopurine [J]. Optical Materials,2022,134:113196.

[449] ZHANG X B,KONG R M,TAN Q Q,et al. A label-free fluorescence turn-on assay for glutathione detection by using MnO_2 nanosheets assisted aggregation-induced emission-silica nanospheres[J]. Talanta,2017,169:1-7.

[450] ZHANG X D,WU F G,LIU P D,et al. Enhanced fluorescence of gold nanoclusters composed of $HAuCl_4$ and histidine by glutathione:Glutathione detection and selective cancer cell imaging[J]. Small,2014,10(24):5170-5177.

[451] ZHANG X F,QI X M,OUYANG J Y,et al. Fluorescent cellulose nanofibrils-based hydrogel incorporating MIL-125-NH_2 for effective adsorption and detection of iodide ion[J]. Journal of Hazardous Materials,2024,474:134758.

[452] ZHANG X L,ZHENG C,GUO S S,et al. Turn-on fluorescence sensor for intracellular imaging of glutathione using g-C_3N_4 nanosheet-MnO_2 sandwich nanocomposite[J]. Analytical Chemistry,2014,86(7):3426-3434.

[453] ZHANG X R,WANG J,HASAN E,et al. Bridging biological and food monitoring:A colorimetric and fluorescent dual-mode sensor based on N-doped carbon dots for detection of pH and histamine[J]. Journal of Hazardous Materi-

als,2024,470:134271.

[454] ZHANG X R,WANG Q,SUN X C,et al. Dual fluorophores embedded in zeolitic imidazolate framework-8 for ratiometric fluorescence sensing of a biomarker of *Anthrax* spores [J]. Chemical Engineering Journal, 2024, 490:151582.

[455] ZHANG Y P,MA J M, YANG Y S, et al. Synthesis of nitrogen-doped graphene quantum dots (N-GQDs) from marigold for detection of Fe^{3+} ion and bioimaging[J]. Spectrochimica Acta Part A:Molecular and Biomolecular Spectroscopy,2019,217:60-67.

[456] ZHANG Y Q,LI M Y,LU S Y. Rationaldesign of covalent bond engineered encapsulation structure toward efficient,long-lived multicolored phosphorescent carbon dots[J]. Small,2023,19(31):2206080.

[457] ZHANG Y,TANG Y R,LIU X,et al. A highly sensitive upconverting phosphors-based off-on probe for the detection of glutathione[J]. Sensors and Actuators B:Chemical,2013,185:363-369.

[458] ZHANG Z D,BAEYENS W R G,ZHANG X R,et al. Chemiluminescence determination of penicillamine *via* flow injection applying a Quinine-cerium (Ⅳ) system[J]. Analyst,1996,121(11):1569-1572.

[459] ZHANG Z T,YI G Y,LI P,et al. A minireview on doped carbon dots for photocatalytic and electrocatalytic applications[J]. Nanoscale,2020,12(26): 13899-13906.

[460] ZHANG Z W,CHEN J Q,DUAN Y,et al. Highly luminescent nitrogen-doped carbon dots for simultaneous determination of chlortetracycline and sulfasalazine[J]. Luminescence,2018,33(2):318-325.

[461] ZHAO J Y,YANG Y,HAN X,et al. Redox-sensitive nanoscale coordination polymers for drug delivery and cancer theranostics [J]. ACS Applied

Materials & Interfaces,2017,9(28):23555-23563.

[462] ZHAO Q F,LIU J,ZHU W Q,et al. Dual-stimuli responsive hyaluronic acid-conjugated mesoporous silica for targeted delivery to CD44-overexpressing cancer cells[J]. Acta Biomaterialia,2015,23:147-156.

[463] ZHAO Q L,ZHANG Z L,HUANG B H,et al. Facile preparation of low cytotoxicity fluorescent carbon nanocrystals by electrooxidation of graphite[J]. Chemical Communications,2008(41):5116-5118.

[464] ZHAO W,XIANG Y,XU J B,et al. The reversible surface redox of polymer dots for the assay of total antioxidant capacity in food samples[J]. Microchemical Journal,2020,156:104805.

[465] ZHAO H X,LIU L Q,LIU Z D,et al. Highly selective detection of phosphate in very complicated matrixes with an off-on fluorescent probe of europium-adjusted carbon dots[J]. Chemical Communications,2011,47(9):2604-2606.

[466] ZHENG L Y, CHI Y W, DONG Y Q, et al. Electrochemiluminescence of water-soluble carbon nanocrystals released electrochemically from graphite [J]. Journal of the American Chemical Society,2009,131(13):4564-4565.

[467] ZHONG X Y, LI C H, CHEN H J, et al. Lanthanide doped metal-organic framework:Novel turn-on fluorescent sensing of iodide in kelp and seawater samples[J]. Microchemical Journal,2024,202:110758.

[468] ZHOU J G,BOOKER C,LI R Y,et al. An electrochemical avenue to blue luminescent nanocrystals from multiwalled carbon nanotubes (MWCNTs)[J]. Journal of the American Chemical Society,2007,129(4):744-745.

[469] ZHOU L, LIN Y H, HUANG Z Z, et al. Carbon nanodots as fluorescence probes for rapid, sensitive, and label-free detection of Hg^{2+} and biothiols in complex matrices[J]. Chemical Communications,2012,48(8):1147-1149.

[470] ZHOU X X,WANG Y,GONG C C,et al. Production,structural design,func-

tional control, and broad applications of carbon nanofiber-based nanomaterials: A comprehensive review [J]. Chemical Engineering Journal, 2020, 402: 126189.

[471] ZHU H, WANG X L, LI Y L, et al. Microwave synthesis of fluorescent carbon nanoparticles with electrochemiluminescence properties [J]. Chemical Communications, 2009(34): 5118-5120.

[472] ZHUD S, SONG Y B, SHAO J R, et al. Non-conjugated polymer dots with crosslink-enhanced emission in the absence of fluorophore units [J]. Angewandte Chemie International Edition, 2015, 54(49): 14626-14637.

[473] ZHU S M, WANG S C, XIA M M, et al. Intracellular imaging of glutathione with MnO_2 Nanosheet@ $Ru(bpy)_3^{2+}$-UiO-66 nanocomposites [J]. ACS Applied Materials & Interfaces, 2019, 11(35): 31693-31699.

[474] ZHU S J, ZHANG J H, QIAO C Y, et al. Strongly green-photoluminescent graphene quantum dots for bioimaging applications [J]. Chemical Communications, 2011, 47(24): 6858-6860.

[475] ZHU X W, ZHANG Z, XUE Z J, et al. Understanding the selective detection of Fe^{3+} based on graphene quantum dots as fluorescent probes: The K_{sp} of a metal hydroxide-assisted mechanism [J]. Analytical Chemistry, 2017, 89(22): 12054-12058.

[476] ZHU Z M, LIN X Y, WU L N, et al. "Switch-On" fluorescent nanosensor based on nitrogen-doped carbon dots-MnO_2 nanocomposites for probing the activity of acid phosphatase [J]. Sensors and Actuators B: Chemical, 2018, 274: 609-615.

[477] ZHU Z Q, YANG P, LI X H, et al. Green preparation of palm powder-derived carbon dots co-doped with sulfur/chlorine and their application in visible-light photocatalysis [J]. Spectrochimica Acta Part A: Molecular and Biomolec-

ular Spectroscopy,2020,227:117659.

[478] ZHUO S J,SHAO M W,LEE S T. Upconversion and downconversion fluorescent graphene quantum dots: Ultrasonic preparation and photocatalysis[J]. ACS Nano,2012,6(2):1059-1064.

[479] ZOU C Y,LIU Z P,WANG X F,et al. A paper-based visualization chip based on nitrogen-doped carbon quantum dots nanoprobe for Hg(Ⅱ) detection[J]. Spectrochimica Acta Part A:Molecular and Biomolecular Spectroscopy,2022, 265:120346.

[480] ZU F L,YAN F Y,BAI Z J,et al. The quenching of the fluorescence of carbon dots: A review on mechanisms and applications[J]. Microchimica Acta,2017,184(7):1899-1914.

附　录

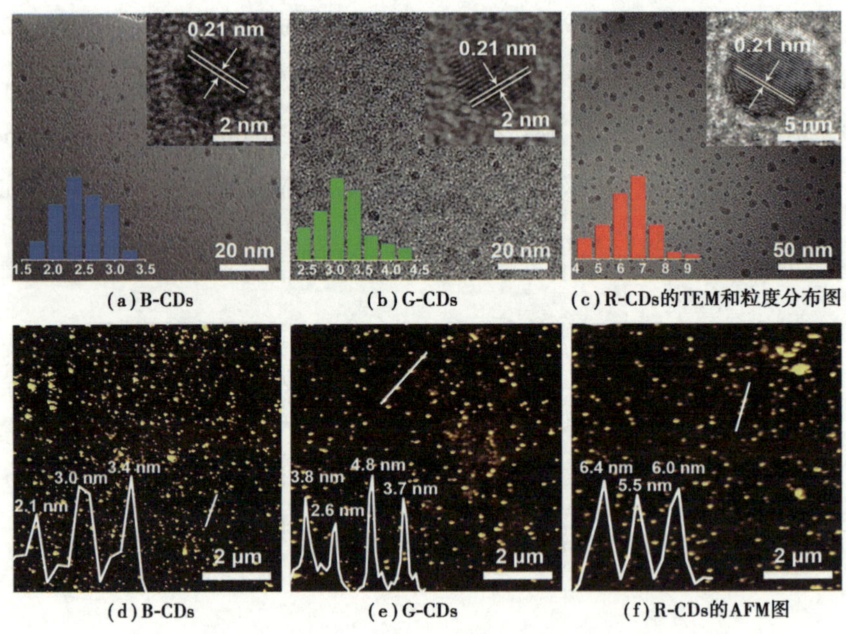

(a) B-CDs　(b) G-CDs　(c) R-CDs的TEM和粒度分布图

(d) B-CDs　(e) G-CDs　(f) R-CDs的AFM图

图 1.2　邻苯二胺制备的三种碳点(B-CDs、G-CDs、R-CDs)的透射电镜(TEM)、粒度分布和原子力显微镜(AFM)图

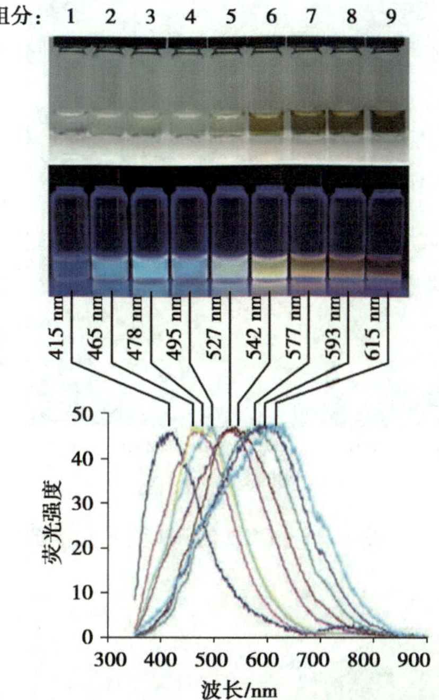

图 1.3　蜡烛灰制备的碳点在日光和紫外灯下的照片以及荧光发射光谱图

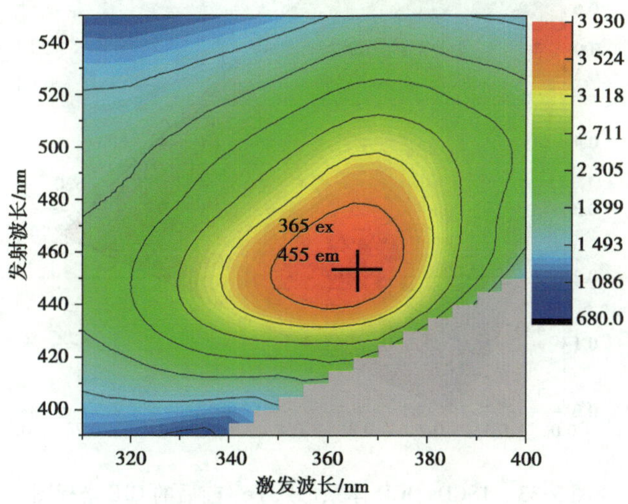

图 3.6　TSCD 的 3D 荧光光谱图

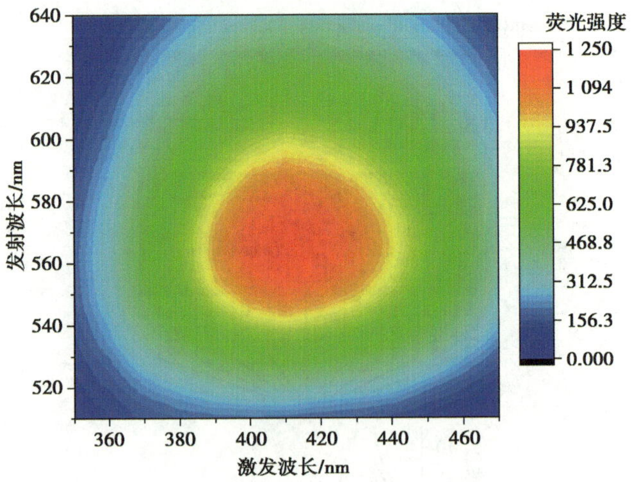

图 3.25　OCD 的 3D 荧光光谱图

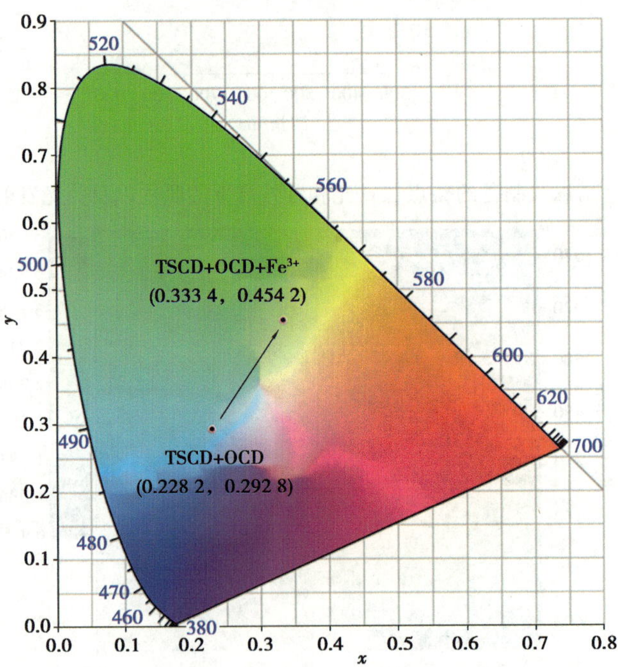

图 3.33　TSCD+OCD 体系加入 Fe^{3+}前后的 CIE 坐标图

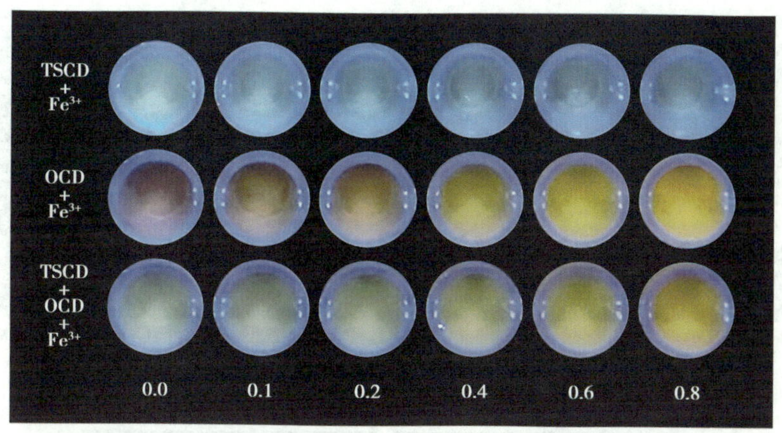

图 3.34　不同 Fe^{3+} 浓度下 TSCD+Fe^{3+}、OCD+Fe^{3+} 和 TSCD+OCD+Fe^{3+} 在紫外暗箱中的荧光图片

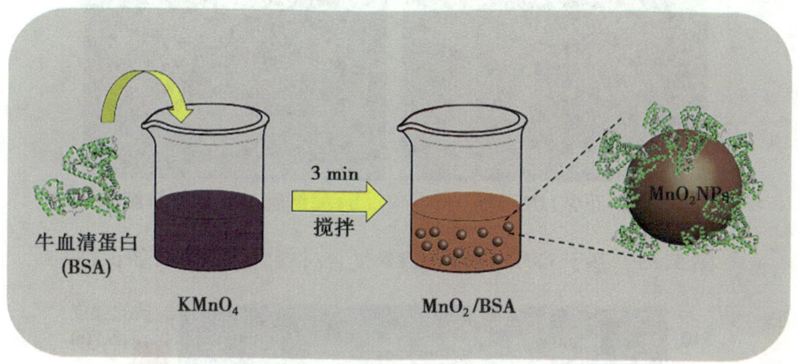

图 4.1　BSA 基二氧化锰纳米颗粒的合成示意图

图 4.2　反应体系前后的照片

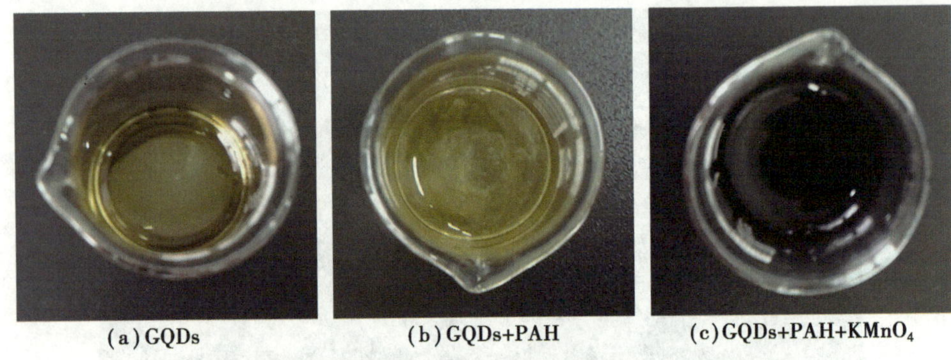

图 5.3　GQDs-MnO_2 纳米复合材料制备过程图片

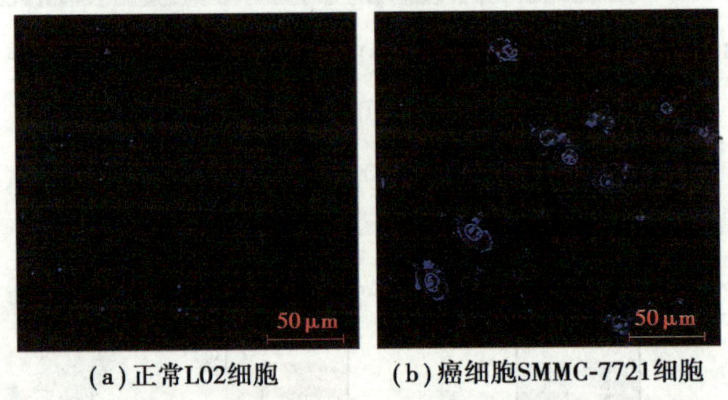

图 5.23　基于 GQDs-MnO_2 纳米复合材料的癌细胞成像识别

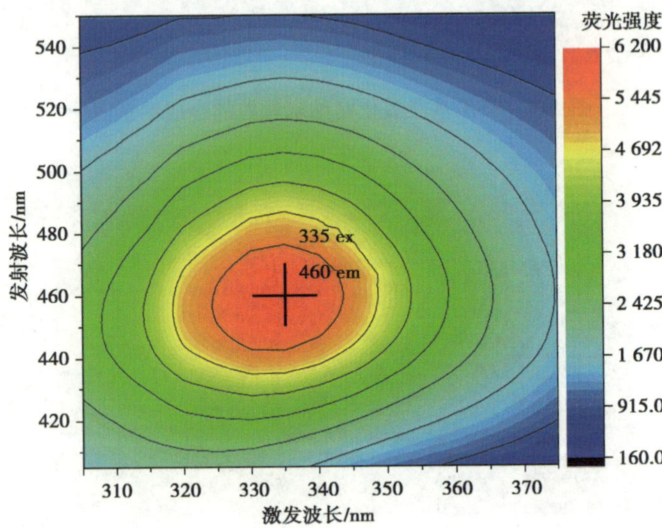

图 9.5　N,S,Br-CDs 的三维荧光光谱图

高等职业教育基础课程教材
GAODENG ZHIYE JIAOYU JICHU KECHENG JIAOCAI

高等数学基础（上）

GAODENG SHUXUE JICHU

（第3版）

◆主　编　徐江涛　南晓雪
◆副主编　陈虹燕　李　可
◆主　审　张良才

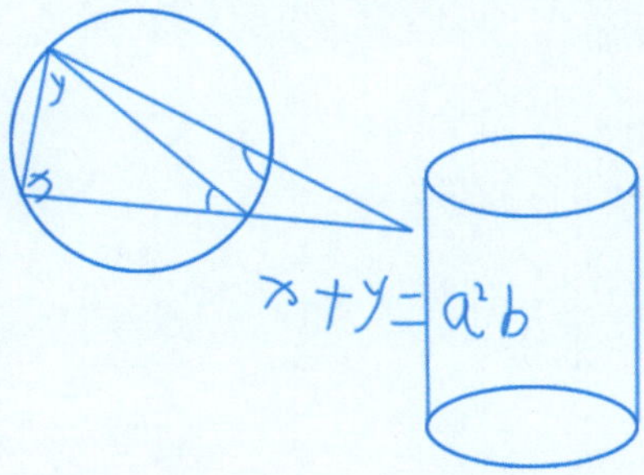

重庆大学出版社

前　言（第3版）

高等数学不仅为后续专业学习提供理论支撑与方法论指导，更是培育学生逻辑思维能力和创新素养的重要载体．党的二十大报告明确提出“加强基础学科、新兴学科、交叉学科建设”，为高等职业院校基础课程改革指明了方向．

本次修订遵循教育部《高职高专教育高等数学课程教学基本要求》，在保留原教材模块化架构、渐进式教学模式及“应用为矢、能力本位”核心理念的基础上，结合教学实践反馈进行精准优化．

本次主要修订内容如下：

一是重构例题体系，新增智能制造、信息技术等领域的应用案例，同步精简理论推导类例题，以二维码资源形式补充拓展推导过程．

二是动态匹配习题梯度，每节后增设基础应用题型、模块综合题，增加跨章节融合题目，强化解题思维的系统性．

三是优化内容呈现，将函数连续性与极限计算等关联内容进行逻辑整合，运用数据可视化图表阐释抽象概念，提升教学实效性．

四是配套重庆市精品在线开放课程“高等数学”，学生可通过重庆职业教育智慧教育平台获取立体化学习资源．

本书由重庆工程职业技术学院教学团队修订，重庆工程职业技术学院徐江涛、南晓雪担任主编，重庆工程职业技术学院陈虹燕、李可担任副主编，重庆大学张良才教授担任主审．

具体编写分工如下：模块 1 和模块 4 由南晓雪编写，模块 2 由陈虹燕编写，模块 3 由李可编写，附录由徐江涛编写．全书由徐江涛统稿．

本书在修订过程中得到了重庆职业教育智慧教育平台、重庆测绘地理信息职业教育集团、重庆智慧物联职业教育集团、中泰职业教育联盟的指导，得到了多所高等职业院校领导及教师的大力支持和帮助，在此表示衷心的感谢．

由于编者水平有限，教材仍存改进空间，恳请各界批评指正．

编　者

2025 年 4 月

前　言（第1版）

高等数学的理论基础、思想方法不仅是学生学习后继课程的基本工具，也是培养学生逻辑思维能力和创造能力的重要途径，在为社会培养高素质技能型人才方面发挥着不可替代的作用.

为了适应新的高职高专教育人才培养要求，结合教育部制定的《高职高专教育专业人才培养目标及规格》和《高职高专教育高等数学课程教学基本要求》，本书编写组组织了多年从事高等数学课程教学的一线教师，结合长期教学实践的经验和感悟，针对当前高职高专学生的实际情况，编写了本教材.

本套教材分上、下两册. 上册包含极限与连续、一元函数微分学、一元函数积分学与微分方程等模块；下册包含多元函数微积分学、级数与变换、线性代数、概率论和数理统计等模块. 本教材配套的练习册同步出版.

本书的主要特点如下：

一是，优化编排，难度适中. 本教材以模块的形式进行编排，注重高等数学与初等数学的衔接，在渐进式的思维与推理模式下，尽可能地借助客观实例与几何图形来阐述数学概念与原理. 考虑到现在高职学生的多样性与差异性，书中略去了一些不必要的逻辑推导和理论证明，学有余力的同学可扫描相应位置的二维码进行自学.

二是，习题丰富，助于自学. 本书每节之后都配有练习题，每节后的习题与该节内容匹配，用以帮助学生理解和巩固基本知识，同时，在习题的编排上注重层次感和完整性，难易相宜，以满足不同要求. 每个模块后的测试题在题型上更为多样，且难度略高于每节后的基础习题，帮助学生及时检查学习效果，查缺补漏. 另外，本教材将部分专升本真题编排在下册附录中，以供有意向专升本的同学使用.

三是，培养能力，提升素质. 为体现高等教育“以就业为导向”“以培养技能型人才为目标”的要求，书中数学概念的引入均从实际问题入手，遵循从感性到理性的认知规律，同时也为下一步理论在实际中的应用打下基础；例题、习题的选择，尽量落实以应用为目的的原则，并尽可能地向高职高专各专业教学内容渗透，增加数学应用的深度和广度；将数学建模的实例穿插在教材中，用以提高学生应用数学的兴趣和能力，提升学生的数学素养.

本套教材是由重庆各高职院校联合编写.上册由重庆航天职业技术学院余英、重庆工程职业技术学院南晓雪担任主编，重庆航天职业技术学院梁修惠、重庆建筑工程职业学院洪川、重庆工程职业技术学院蒲秀琴任副主编.

具体编写分工如下：模块 1 由重庆工业职业技术学院李倩（第 1 章）、刘双（第 2 章）、李坤琼（第 3 章）编写；模块 2 的第 4 章和第 5 章由重庆工程职业技术学院南晓雪、蒲秀琴编写，第 6 章由重庆航天职业技术学院余英、梁修惠编写；模块 3 的第 7 章由重庆建筑工程职业学院蒋燕、洪川、杨威编写，第 8 章和第 9 章由重庆航天职业技术学院杨俊编写；模块 4 由重庆工业职业技术学院熊斌编写.

本教材在编写过程中得到了重庆市数学学会高职高专专委会的指导，得到了在渝主要高职高专院校领导及教师的大力支持和帮助，在此表示衷心的感谢.

由于编者水平有限，书中可能会有错漏之处，敬请广大读者朋友、同行批评指正.

本书编写组

2019 年 5 月

目　录

模块 1

函数、极限与连续

第1章 函 数

在千变万化的自然界和错综复杂的人类社会，各种事物和现象之间无不存在着千丝万缕的联系，人们都辩证地意识到：变是绝对的，不变是相对的. 纵观数学的发展历史，函数是侧重于分析、研究事物运动、变化过程的数量特征、数量关系，并揭示其量变规律性的有力工具. 函数是近代数学的基本概念之一，是微积分研究的基本对象.

本章我们将在中学数学函数的基础上进一步理解基本初等函数的概念、复合函数的概念，学会复合函数的分解，为进一步学习微积分及其应用打下基础.

1.1 函数的概念

1.1.1 函数的概念

1)区间与邻域

(1)区间：介于两个实数 a,b 之间的所有实数的集合，包括开区间、闭区间和半开半闭区间.

开区间 $(a,b)=\{x \mid a<x<b\}$；

闭区间 $[a,b]=\{x \mid a\leqslant x\leqslant b\}$；

左开右闭区间 $(a,b]=\{x \mid a<x\leqslant b\}$；

左闭右开区间 $[a,b)=\{x \mid a\leqslant x<b\}$.

区间按其长度分为有限区间和无限区间.

若 a 和 b 均为有限的常数，则区间 $[a,b]$，(a,b)，$[a,b)$，$(a,b]$ 均为有限区间；而 $(-\infty,b]$，$[a,+\infty)$，$(-\infty,b)$，$(a,+\infty)$，$(-\infty,+\infty)$ 均为无限区间.

(2)邻域：设 x_0 为一实数，δ 为一正实数，则包含 x_0 点的集合 $\{x \mid |x-x_0|<\delta\}$ 称为点 x_0 的 δ 实心邻域，δ 称为邻域半径，记为 $\cup(x_0,\delta)$，即 $\cup(x_0,\delta)=(x_0-\delta,x_0+\delta)$. 不包含 x_0 点的集合 $\{x \mid 0<|x-x_0|<\delta\}$ 称为点 x_0 的空心或去心邻域，记为 $\mathring{\cup}(x_0,\delta)$，即

$$\mathring{\cup}(x_0,\delta)=(x_0-\delta,x_0)\cup(x_0,x_0+\delta)$$

在几何上，$\cup(x_0,\delta)$ 表示以 x_0 为中心的开区间 $(x_0-\delta,x_0+\delta)$. 其区间长度为 2δ，如图 1.1 所示.

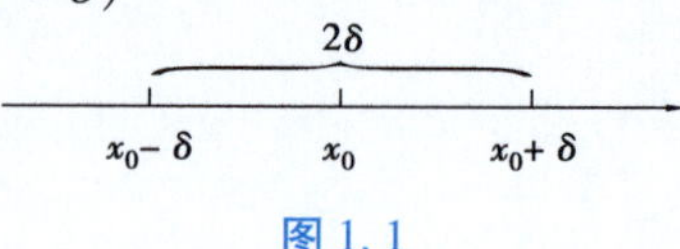

图 1.1

注　意

一般 x_0 的邻域内的点是指在 x_0 点附近的点，故应将 δ 理解为非常小的正数.

2）函数的定义

引例1　观察声音传播的距离公式 $s=340t$，它有 t 和 s 两个变量，知道时间 t，按照公式 $s=340t$ 就可算出一个对应的距离 s，我们把距离 s 称为时间 t 的函数.

引例2　以 r 为半径的圆，其面积公式为：$s=\pi r^2(r>0)$，其中 π 为常量，r 为变量，并且 r 每取定一个值，通过关系式 $s=\pi r^2$ 都有确定的面积 s 与之对应，这种关系就是下面给出的函数关系.

定义1.1　设有两个变量 x 和 y，若当变量 x 在非空数集 D 内任取一值时，通过一个对应法则 f 总有唯一确定的 y 值与之对应，则称变量 y 是变量 x 的函数，记为

$$y=f(x)\quad(x\in D)$$

式中，x 称为自变量，y 称为因变量或函数，非空数集 D 称为函数的定义域. 相对应的函数值的集合称为函数的值域.

函数值：任取 $x_0\in D$，函数 $y=f(x)$ 与之对应的数值 y_0 称为 $y=f(x)$ 在 x_0 处的函数值，记为

$$y_0=f(x_0)\quad\text{或}\quad y\big|_{x=x_0}$$

例如，函数 $y=2x+1$ 的定义域 $D=(-\infty,+\infty)$，值域 $M=(-\infty,+\infty)$，其图形是一条直线，如图1.2所示. 当 $x_0=2$ 时，对应的函数值 $y_0=2\times2+1=5$.

函数 $y=|x|=\begin{cases}x & x\geqslant0\\-x & x<0\end{cases}$，其定义域 $D=(-\infty,+\infty)$，值域 $M=[0,+\infty)$，如图1.3所示.

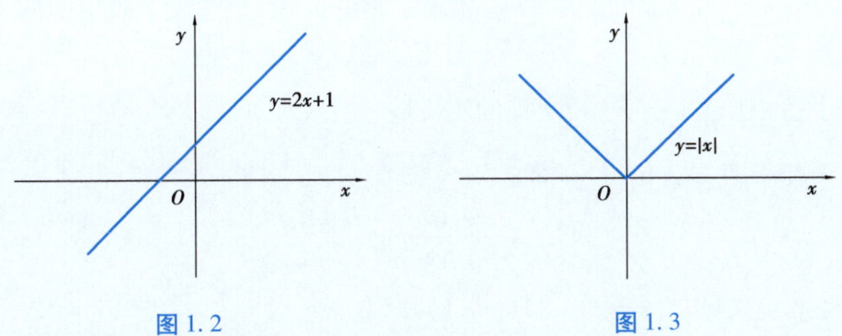

图1.2　　图1.3

函数的两要素：函数是由定义域与对应法则两个要素确定的，与表示变量的字母符号无关. 因此，两个函数相同的充分必要条件是定义域和对应法则都分别相同. 例如 $y=\mathrm{e}^x$ 也可以写成 $y=\mathrm{e}^\lambda$.

【例1.1】　判断 $y_1=\dfrac{x^2-4}{x-2}$，$y_2=x+2$ 是否相同.

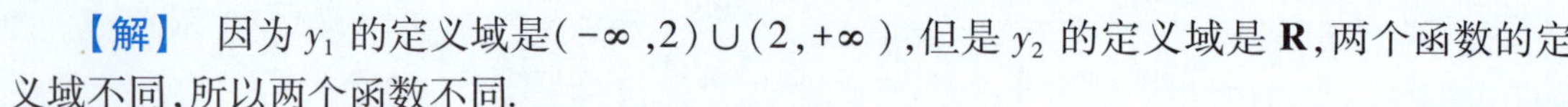

【解】 因为 y_1 的定义域是 $(-\infty,2)\cup(2,+\infty)$，但是 y_2 的定义域是 $\mathbf{R}$，两个函数的定义域不同，所以两个函数不同.

【例 1.2】 判断 $y_1=\lg x^2$，$y_2=2\lg x$ 是否相同.

【解】 因为 y_1 的定义域为 $(-\infty,0)\cup(0,+\infty)$，$y_2$ 的定义域为 $(0,+\infty)$，两个函数的定义域不同，所以两个函数不同.

注 意

判断函数相同与否，必须同时满足两个条件，在应用时只要能确定其中一个条件不满足就不需要再检查另一个条件.

3）函数的表示法

函数的常用表示方法有：解析法（公式法）、图像法、列表法.

（1）解析法：将自变量和因变量之间的关系用数学式子来表示的方法. 以后学习的函数基本上都是用解析法表示的.

（2）图像法：在坐标系中用图像来表示函数关系的方法. 图 1.4 给出了某一天的气温变化曲线，它表现了时间 t 与气温 T 之间的关系.

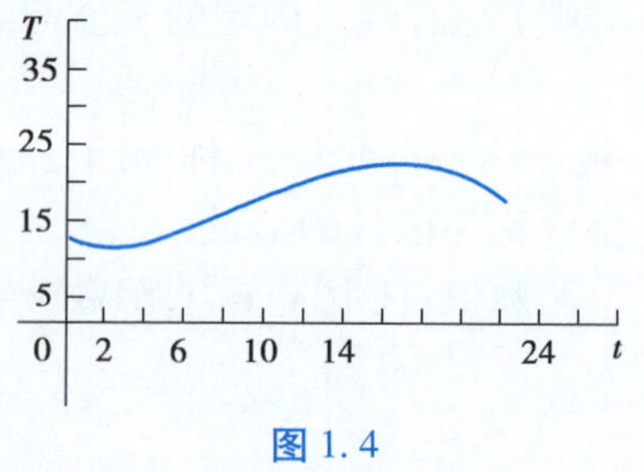

图 1.4

（3）列表法：将自变量的值与对应的函数值列成表的方法.

4）函数的定义域

对于纯数学上的函数关系，其定义域是使函数表达式有意义的自变量的取值范围.

对于代表有实际意义的函数，其定义域既要使函数表达式有意义，又要考虑研究的实际问题. 例如：$s=\pi r^2$，在实际问题中该函数表示圆的面积，自变量 r 表示圆的半径，故定义域为 $(0,+\infty)$.

【例 1.3】 求函数 $y=\dfrac{1}{1-x^2}+\sqrt{x+2}$ 的定义域.

【解】 要使函数有意义，必须满足

$$\begin{cases}1-x^2\neq 0\\ x+2\geqslant 0\end{cases}\quad 即\begin{cases}x\neq\pm 1\\ x\geqslant -2\end{cases}$$

则此函数的定义域是 $[-2,-1)\cup(-1,1)\cup(1,+\infty)$.

【例 1.4】 求函数 $y=\lg(2-x)+\sqrt{3+2x-x^2}$ 的定义域.

【解】 要使函数有意义，必须满足

$$\begin{cases}2-x>0\\ 3+2x-x^2\geqslant 0\end{cases}\quad 即\begin{cases}x<2\\ -1\leqslant x\leqslant 3\end{cases}$$

则此函数的定义域为 $[-1,2)$.

注 意

求定义域时需注意以下三点：
(1)对于分式函数，分母不能为0；
(2)对于开偶次方根的根式函数，被开方式应大于或等于0；
(3)对于对数函数，真数应大于0(底数大于0且不等于1).

5)函数值的求法

函数$y=f(x)$中的"f"表示函数关系中的对应法则，即对每一个$x_0 \in D$，按法则f有唯一确定的y值与之对应.

【例1.5】 设$f(x)=\frac{1-x}{1+x}$，求$f(0)$，$f(3)$，$f(-x)$，$f\left(\frac{1}{x}\right)$.

【解】 $f(0)=\frac{1-0}{1+0}=1$，$f(3)=\frac{1-3}{1+3}=-\frac{1}{2}$

分别用$-x$，$\frac{1}{x}$去替换$f(x)$中的x得

$$f(-x)=\frac{1+x}{1-x}\quad(x\neq 1),\qquad f\left(\frac{1}{x}\right)=\frac{1-\frac{1}{x}}{1+\frac{1}{x}}=\frac{x-1}{x+1}\quad(x\neq 0\text{ 且 }x\neq -1)$$

【例1.6】 若$f(x+1)=x^2-3x+2$，求$f(x)$，$f(x-1)$.

【解】 方法1：$f(x+1)=(x+1)^2-5(x+1)+6$

得

$$f(x)=x^2-5x+6$$
$$f(x-1)=x^2-7x+12$$

方法2：令$x+1=t$，则$x=t-1$，从而

$$f(t)=(t-1)^2-3(t-1)+2=t^2-5t+6$$

得

$$f(x)=x^2-5x+6$$
$$f(x-1)=(x-1)^2-5(x-1)+6$$
$$=x^2-7x+12$$

分析上述例题，$f(-x)$和$f\left(\frac{1}{x}\right)$是比$f(x)$更复杂的函数，即后面将会介绍的复合函数.

数学文化

函数概念的发展

17世纪前，数学主要研究常量和固定的几何图形. 随着科学技术发展，人们开始关注

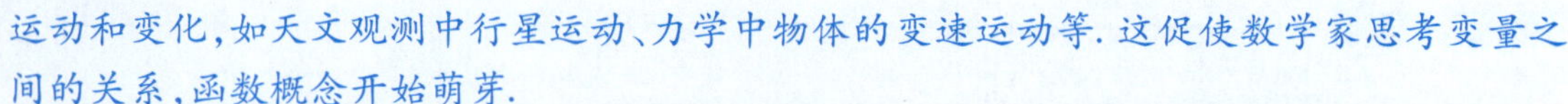

运动和变化，如天文观测中行星运动、力学中物体的变速运动等. 这促使数学家思考变量之间的关系，函数概念开始萌芽.

17 世纪，莱布尼茨首次使用“函数”(function)一词，用来表示与曲线相关的几何量，如曲线上点的坐标、切线斜率等. 此时，函数概念基于几何直观，与曲线紧密相连.

18 世纪，欧拉将函数定义为“由变量与一些常量通过任何方式形成的解析表达式”，强调函数是通过代数运算得到的表达式，使函数从几何领域扩展到代数领域，推动了函数在分析学中的应用和发展.

19 世纪，狄利克雷提出新定义，即对于 x 的每一个值，y 总有一个完全确定的值与之对应，则 y 是 x 的函数. 这一定义摆脱了函数必须有解析表达式的限制，突出了变量间的对应关系，是函数概念的重大突破，使函数概念更具一般性和抽象性.

20 世纪以来，基于集合论，函数被定义为两个非空集合之间的对应关系. 设 A、B 是非空集合，按照确定的对应关系 f，对于集合 A 中的任意元素 x，在集合 B 中有唯一确定的元素 y 与之对应，称 $f:A\to B$ 为从集合 A 到集合 B 的函数. 这种定义为函数提供了坚实的理论基础，使函数成为现代数学的核心概念之一，广泛应用于各个领域.

1.1.2 反函数

定义 1.2 设函数 $y=f(x)$ 的定义域为 D，值域为 M. 若对于 M 中的每一个 y 值，在 D 内都有唯一的 x 值与之对应，则 x 也是 y 的函数，称它为函数 $f(x)$ 的反函数，记作 $x=\varphi(y)$，或 $x=f^{-1}(y)$，$y\in M$.

由定义可知，$x=f^{-1}(y)$ 与 $y=f(x)$ 互为反函数. 习惯上，用 x 表示自变量，y 表示因变量，因此反函数表示成 $y=f^{-1}(x)$ 的形式.

给出一个函数 $y=f(x)$，若求反函数，只要把 x 用 y 表示出来，再将 x 与 y 的符号互换即可. 切记 $y=f(x)$ 的定义域和值域分别是反函数 $y=f^{-1}(x)$ 的值域和定义域. 其几何意义为 $y=f(x)$ 的图像与反函数 $y=f^{-1}(x)$ 的图像关于直线 $y=x$ 对称.

【例 1.7】 求 $y=\dfrac{2+x}{1+x}$ 的反函数.

【解】 由 $y=\dfrac{2+x}{1+x}$，可得 $y(1+x)=2+x\Rightarrow(y-1)x=2-y$.

因而可得 $x=\dfrac{2-y}{y-1}$，则所求反函数为 $y=\dfrac{2-x}{x-1}$.

1.1.3 分段函数

将一个函数的定义域分成若干部分，各部分的对应法则用不同的解析式来表示，这种函数称为分段函数.

如图 1.5 所示的就是一个分段函数，其定义域 $D=(-\infty,+\infty)$，该函数也称为符号函数.

表达式如下：

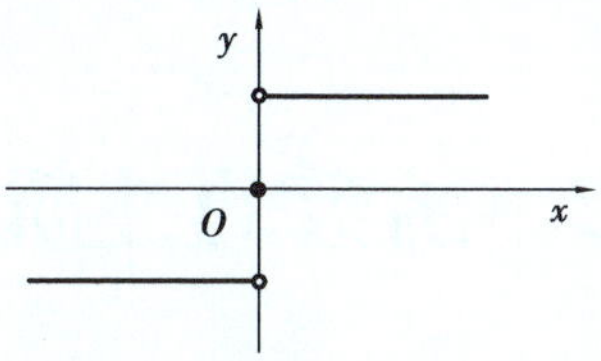

$$y=\operatorname{sgn}(x)=\begin{cases}-1 & x<0\\ 0 & x=0\\ 1 & x>0\end{cases}$$

一般而言，分段函数仍然表示一个函数，不要把分段函数的几个表达式看作几个函数；分段函数的函数值用自变量所在的区间相对应的公式计算；分段函数的定义域是所有分段解析式的定义域的并集.

图 1.5

【例 1.8】　已知分段函数 $f(x)=\begin{cases}x-1 & -2\leqslant x<0\\ x+1 & 0\leqslant x\leqslant 2\end{cases}$，求函数 $f(x)$ 的定义域以及 $f(-1)$，$f(0)$，$f(1)$.

【解】　$f(x)$ 的定义域为 $[-2,2]$；

$f(-1)=-1-1=-2$；

$f(0)=0+1=1$；

$f(1)=1+1=2$.

【例 1.9】　已知分段函数 $f(x)=\begin{cases}x & 0\leqslant x<3\\ 3 & 3\leqslant x<5\\ 8-x & 5\leqslant x<8\end{cases}$，求函数的定义域以及 $f(0)$，$f(3)$，$f(5)$.

【解】　$f(x)$ 的定义域为 $[0,8)$；

$f(0)=0$；

$f(3)=3$；

$f(5)=8-5=3$.

习题 1.1

1. 下列函数是否相同？为什么？

(1) $f(x)=\sqrt{x^3-x^2}$，$g(x)=x\sqrt{x-1}$

(2) $f(x)=\sqrt[3]{x^4-x^3}$，$g(x)=x\sqrt[3]{x-1}$

2. 求下列函数的定义域.

(1) $y=\sqrt{x^2-4x+3}$　　　(2) $y=\dfrac{x}{x^2-1}$

(3) $y=\dfrac{1}{\sqrt{x+2}}+\sqrt{x(x-1)}$　　　(4) $y=\sqrt{16-x^2}$

3. 设 $f(x)=\begin{cases}1 & 0\leqslant x\leqslant 1\\ -2 & 1<x\leqslant 2\end{cases}$，求函数 $f(x+3)$ 的定义域.

4. 设函数 $f(x)=\begin{cases}x+1 & x<0\\ x^2+1 & x\geqslant 0\end{cases}$，求函数值 $f(-1)$，$f(1)$，$f(0)$.

1.2 函数的性质

1.2.1 函数的单调性

定义 1.3 设函数 $f(x)$ 在区间 (a,b) 内有定义，对于 (a,b) 内的任意两点 x_1 及 x_2.

当 $x_1<x_2$ 时，恒有

$$f(x_1) \leqslant f(x_2)$$

则称函数 $f(x)$ 在区间 (a,b) 内单调递增，区间 (a,b) 称为函数的单调递增区间；

当 $x_1<x_2$ 时，恒有

$$f(x_1) \geqslant f(x_2)$$

则称函数 $f(x)$ 在区间 (a,b) 内单调递减，区间 (a,b) 称为函数的单调递减区间.

函数在区间 (a,b) 内的递增或递减的性质统称为函数的单调性，区间 (a,b) 称为函数的单调区间. 函数的单调性与其定义区间密切相关，具有局部性.

单调函数的几何意义：区间 (a,b) 内的单调递增函数，其曲线是沿 x 轴正方向逐渐上升的（常数函数除外），如图 1.6 所示；区间 (a,b) 内的单调递减函数，其曲线是沿 x 轴正方向逐渐下降的（常数函数除外），如图 1.7 所示.

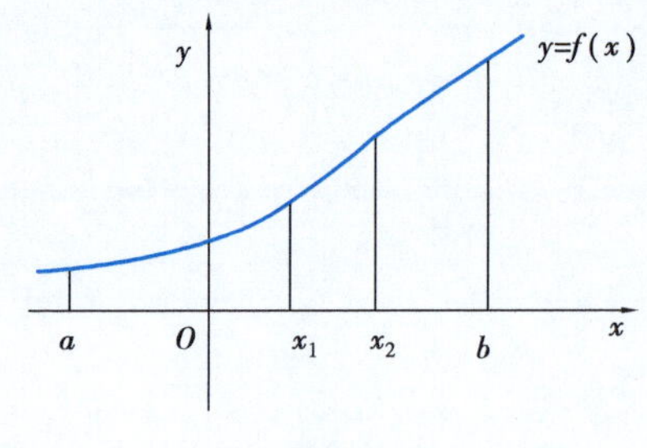

图 1.6

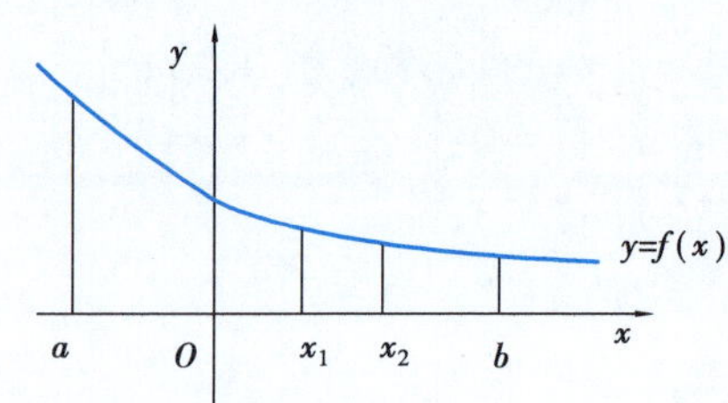

图 1.7

【例 1.10】 讨论函数 $f(x)=x^3$ 在 $(-\infty,+\infty)$ 内的单调性.

【证明】 在 $(-\infty,+\infty)$ 内任意取两点 x_1,x_2，设 $x_1<x_2$，有

$$\begin{aligned} f(x_1)-f(x_2) &= x_1^3-x_2^3 \\ &= (x_1-x_2)\left[\left(x_2+\frac{x_1}{2}\right)^2+\frac{3}{4}x_1^2\right]<0 \end{aligned}$$

即 $f(x_1)<f(x_2)$，根据定义 1.3 知 $f(x)=x^3$ 在 $(-\infty,+\infty)$ 内单调递增，如图 1.8 所示.

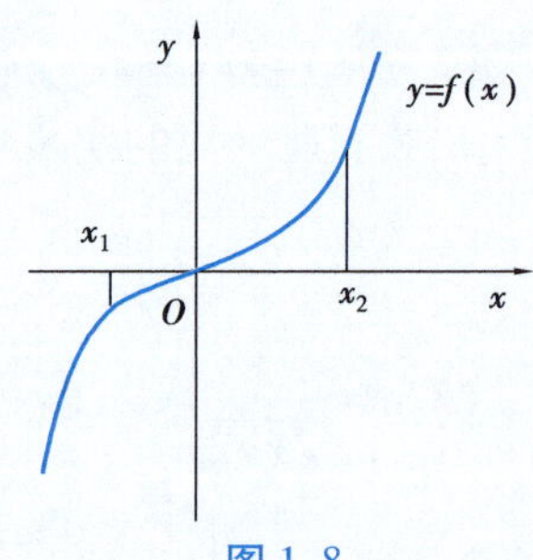

图 1.8

1.2.2 函数的奇偶性

定义 1.4 设函数 $y=f(x)$ 的定义域是关于原点对称的区间 D，如果对任意 $x\in D$，恒有

$$f(-x)=-f(x)$$

则称 $y=f(x)$ 为奇函数;如果对任意的 $x\in D$,恒有

$$f(-x)=f(x)$$

则称 $y=f(x)$ 为偶函数;既不是奇函数也不是偶函数的函数,称为非奇非偶函数.

例如,$f(x)=x^2$ 是偶函数,是由于 $f(-x)=(-x)^2=x^2=f(x)$;而 $f(x)=x^3$ 是奇函数,是由于 $f(-x)=(-x)^3=-x^3=-f(x)$.

奇偶函数的几何特征:奇函数的图像关于坐标原点对称,如图 1.9 所示;偶函数的图像关于 y 轴对称,如图 1.10 所示.

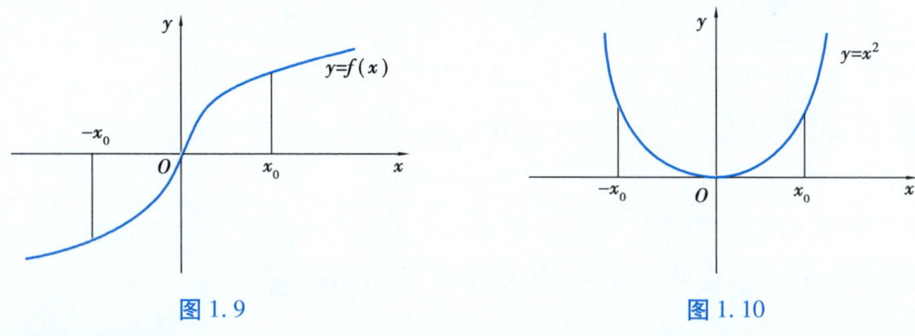

图 1.9　　　　图 1.10

奇偶函数的性质:

(1)奇函数的代数和仍是奇函数,偶函数的代数和仍是偶函数.

(2)奇数个奇函数的乘积是奇函数,偶数个奇函数的乘积是偶函数.

(3)偶函数的乘积仍是偶函数.

(4)奇函数和偶函数的乘积是奇函数.

【例 1.11】 判断下列函数的奇偶性.

(1)$f(x)=x^3\cos x$　　　　(2)$f(x)=\dfrac{e^x+e^{-x}}{2}$

(3)$f(x)=\sin x+\cos x$

【解】 (1)$f(x)=x^3\cos x$ 的定义域是$(-\infty,+\infty)$,因为

$$f(-x)=(-x)^3\cos(-x)=-x^3\cos x=-f(x)$$

所以 $f(x)$ 是奇函数.

(2)$f(x)=\dfrac{e^x+e^{-x}}{2}$的定义域是$(-\infty,+\infty)$,因为

$$f(-x)=\frac{e^{-x}+e^x}{2}=f(x)$$

所以 $f(x)$ 是偶函数.

(3)$f(x)=\sin x+\cos x$ 的定义域是$(-\infty,+\infty)$,由于

$$f(-x)=\sin(-x)+\cos(-x)=-\sin x+\cos x$$

由此看出

$$f(-x)\neq f(x)$$

且

$$f(-x)\neq -f(x)$$

所以$f(x)$是非奇非偶函数.

1.2.3 函数的有界性

定义 1.5 设函数 $y=f(x)$ 在区间 I 上有定义,若存在一个正数 M,对于所有的 $x\in I$ 恒有

$$|f(x)|\leqslant M$$

则称函数$f(x)$在 I 上有界,或称函数为有界函数;否则称$f(x)$在 I 上无界.

【例 1.12】 判断下列函数是否有界.

(1)$f(x)=\sin x,x\in(-\infty,+\infty)$　　(2)$f(x)=\dfrac{1}{x},x\in(0,1)$

【解】 (1)因为对于任意 $x\in(-\infty,+\infty)$,都有

$$|\sin x|\leqslant 1$$

所以$f(x)=\sin x$ 在$(-\infty,+\infty)$上有界.

(2)因为对于任意给定的正数 M,当 $M>1$ 时,只要 $0<x<\dfrac{1}{M}$,有

$$|f(x)|=\frac{1}{x}>M,$$

当 $M\leqslant 1$ 时,只要 $0<x<M$,有

$$|f(x)|=\frac{1}{x}>M$$

所以$f(x)=\dfrac{1}{x}$在$(0,1)$内无界.

注 意

(1)如果函数 $y=f(x)$在 I 上有界,则 $y=f(x)$在 I 上的界值是不唯一的. 例如$f(x)=\sin x$ 在$(-\infty,+\infty)$内有界,只要分别取 $M=1,M=2$,都有

$$|\sin x|\leqslant M=1$$

同时也有

$$|\sin x|<M=2$$

(2)函数的有界性与定义区间有关,例如$f(x)=\dfrac{1}{x}$在$(0,1)$无界,而在区间$(1,2)$内是有界的.

1.2.4 函数的周期性

定义 1.6 设函数 $f(x)$的定义域为 D,如果存在一个不为零的常数 T,使得对任意的 $x\in D$,且$(x\pm T)\in D$ 恒有

$$f(x+T)=f(x)$$

成立,则称函数$f(x)$为D上的周期函数,称常数T为函数$f(x)$的周期. 周期函数的周期通常是指最小正周期.

例如,正弦函数$\sin x$、余弦函数$\cos x$都是周期为2π的周期函数.

三角函数是常见的周期函数,现将三角函数的周期小结如下:

(1)$y=\sin x, y=\cos x, T=2\pi$.

(2)$y=\tan x, y=\cot x, T=\pi$.

(3)$y=A\sin(\omega x+\varphi), y=A\cos(\omega x+\varphi), T=\dfrac{2\pi}{|\omega|}$ $(\omega,\varphi\in\mathbf{R}$,且$\omega\neq 0)$.

(4)$y=A\tan(\omega x+\varphi), y=A\cot(\omega x+\varphi), T=\dfrac{\pi}{|\omega|}$ $(\omega,\varphi\in\mathbf{R}$,且$\omega\neq 0)$.

周期函数的运算性质:

(1)若函数$f(x)$的周期为T,则函数$f(ax+b)$的周期为$\dfrac{T}{|a|}$$(a,b\in\mathbf{R}$,且$a\neq 0)$.

(2)若函数$f(x)$和$g(x)$的周期为T,则$f(x)\pm g(x)$的周期也为T.

(3)若函数$f(x)$和$g(x)$的周期分别为T_1,T_2,且$T_1\neq T_2$,则$f(x)\pm g(x)$的周期为T_1,T_2的最小公倍数.

【例 1.13】 求下列函数的周期.

(1)$y=2\sin\left(3x+\dfrac{\pi}{4}\right)$ (2)$y=\tan\left(-5x+\dfrac{\pi}{6}\right)$

【解】 (1)由周期函数的运算性质可知:$y=2\sin\left(3x+\dfrac{\pi}{4}\right)$的周期$T=\dfrac{2\pi}{3}$.

(2)由周期函数的运算性质可知:$y=\tan\left(-5x+\dfrac{\pi}{6}\right)$的周期$T=\dfrac{\pi}{|-5|}=\dfrac{\pi}{5}$.

习题1.2

1. 判断下列函数的奇偶性.

(1)$f(x)=\sqrt{1-x}+\sqrt{1+x}$ (2)$f(x)=e^{2x}-e^{-2x}+\sin x$

2. 求下列函数的周期.

(1)$y=\sin x-\cos x$ (2)$y=2\tan 3x$

1.3 初等函数

1.3.1 基本初等函数

我们将常数函数、幂函数、指数函数、对数函数、三角函数和反三角函数统称为基本初

等函数. 为满足后续课程学习的需要，把上述 6 类基本初等函数系统地整理如下.

1）常数函数

$$y = C \quad (C\text{ 为常数})$$

其定义域是$(-\infty, +\infty)$，在几何上函数 $y=C$ 表示一条平行于 x 轴的直线，如图 1.11 所示.

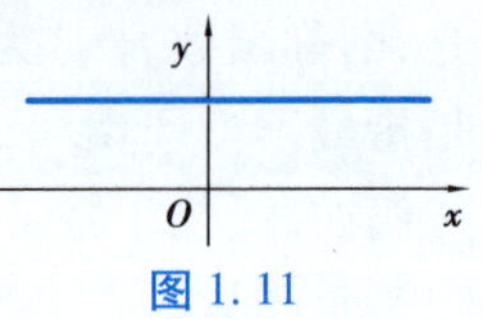

图 1.11

2）幂函数

$$y = x^{\mu} \quad (\mu \in \mathbf{R})$$

幂函数的定义域、值域、函数的图形等性质都随 μ 的取值不同而有所改变，但有个共同的特征就是其图形均经过点$(1,1)$. 例如 $y=x, y=x^2, y=x^3$ 的定义域都是$(-\infty, +\infty)$；而 $y=\dfrac{1}{x}, y=\dfrac{1}{x^2}$的定义域是$(-\infty, 0) \cup (0, +\infty)$；$y=\sqrt{x}$的定义域却是$[0, +\infty)$. 为了满足以后学习的需要，我们绘出以上几个幂函数的图形，如图 1.12 至图 1.17 所示.

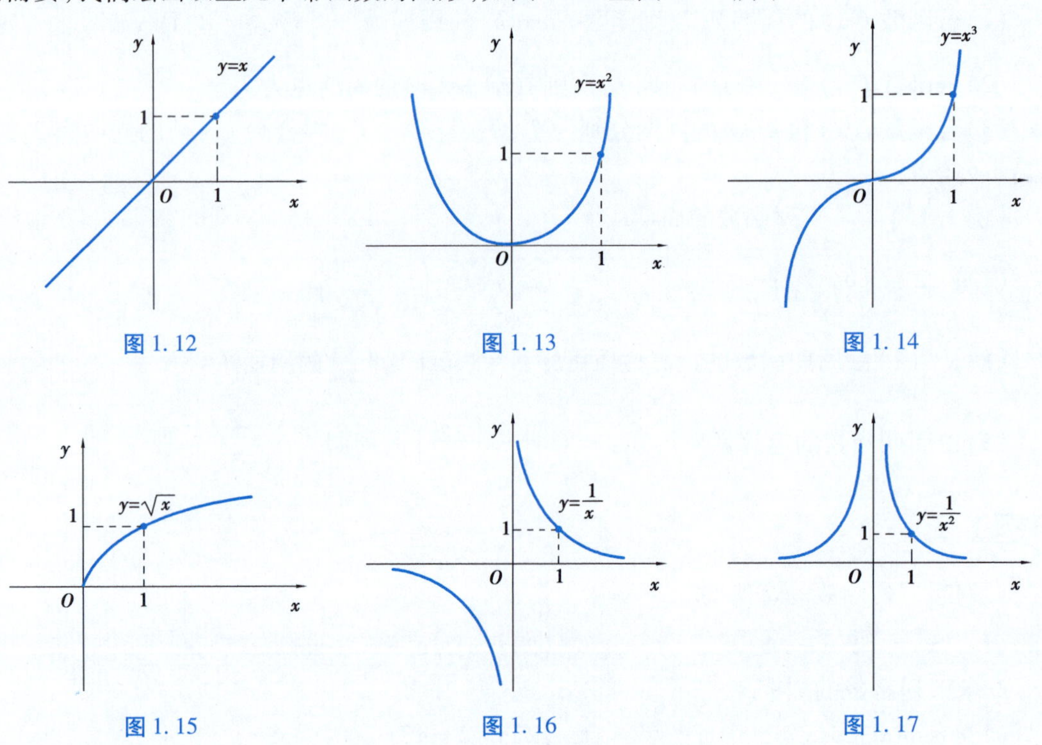

图 1.12　图 1.13　图 1.14

图 1.15　图 1.16　图 1.17

3）指数函数

$$y = a^x \quad (a > 0, a \neq 1)$$

定义域是$(-\infty, +\infty)$，值域是$(0, +\infty)$，图形过点$(0,1)$. 当 $a>1$ 时函数单调递增，当 $0<a<1$ 时函数单调递减，如图 1.18 所示. 在特殊情况下，当底数 $a=\mathrm{e}$ 时，得到一个常用的指数函数：$y=\mathrm{e}^x$.

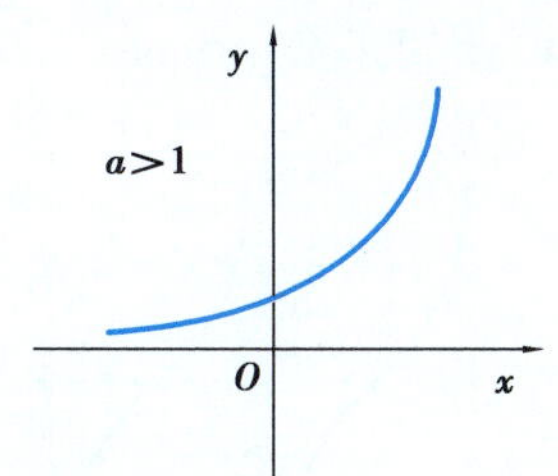

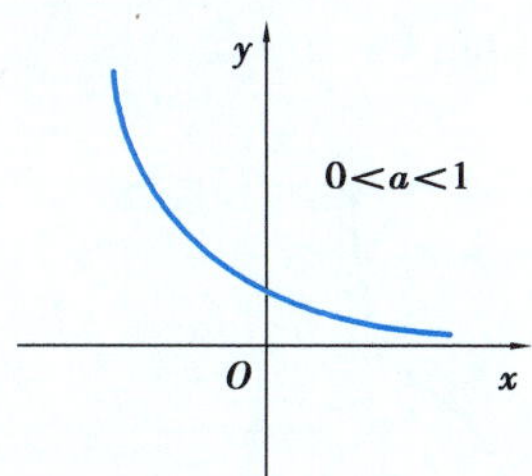

图 1.18

4)对数函数

$$y = \log_a x \quad (a > 0, a \neq 1)$$

定义域是$(0,+\infty)$,值域是$(-\infty,+\infty)$,图像过点$(1,0)$.当$a>1$时函数单调递增,当$0<a<1$时函数单调递减,如图1.19所示.在特殊情况下,当对数函数的底$a=\mathrm{e}$时,$y=\log_{\mathrm{e}}x$称为自然对数,记为$y=\ln x$.

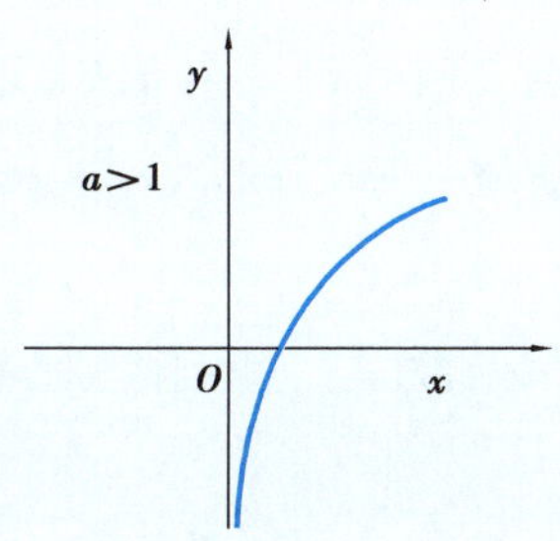

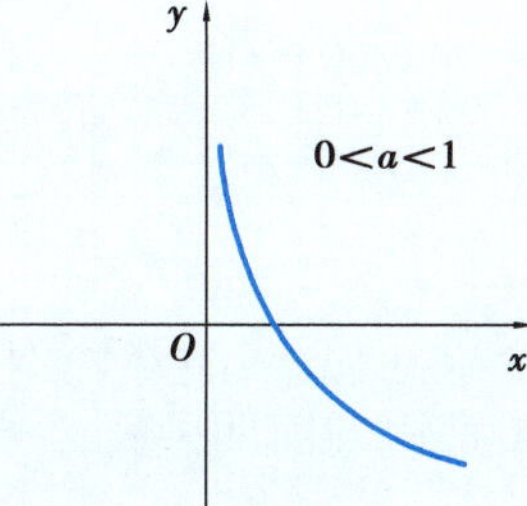

图 1.19

5)三角函数

三角函数是数学中一类常用函数.常见的三角函数包括正弦函数、余弦函数、正切函数、余切函数、正割函数、余割函数.下面分别列出这几种函数.

(1)正弦函数 $y=\sin x$

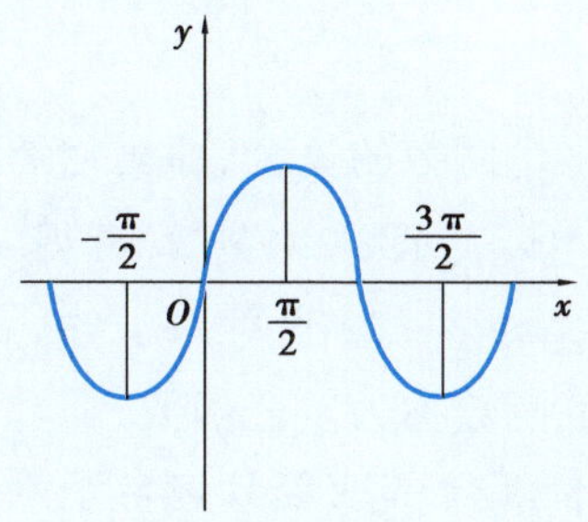

图 1.20

定义域:$(-\infty,+\infty)$,值域:$[-1,1]$

性质:奇函数,周期为2π

(2)余弦函数 $y=\cos x$

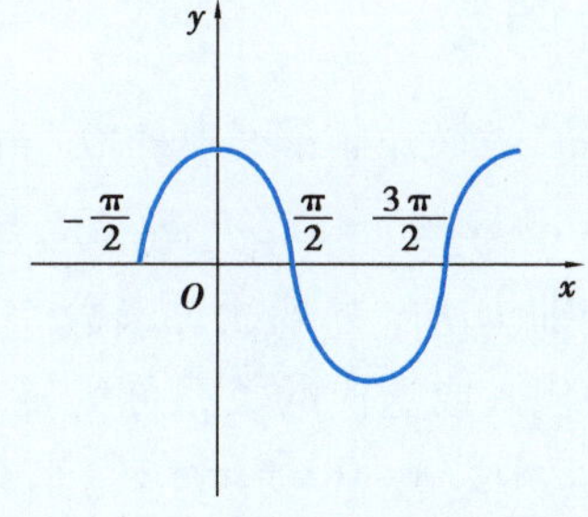

图 1.21

定义域:$(-\infty,+\infty)$,值域:$[-1,1]$

性质:偶函数,周期为2π

（3）正切函数 $y=\tan x$

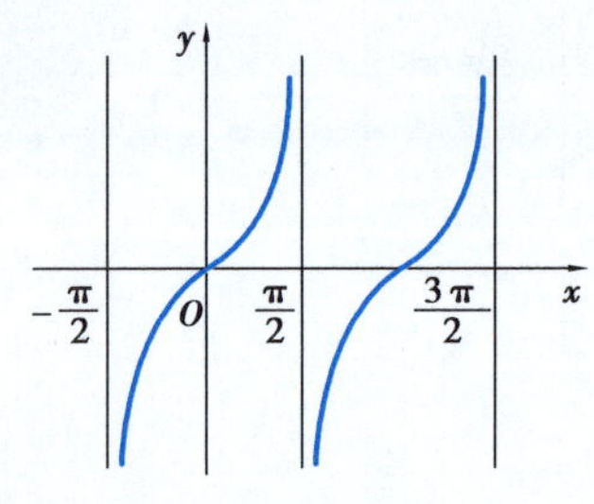

图 1.22

定义域：$\{x \mid x\neq k\pi+\frac{\pi}{2}, k\in \mathbf{Z}\}$

值域：$(-\infty,+\infty)$

性质：奇函数，周期为 π，单调递增，无界

（4）余切函数 $y=\cot x$

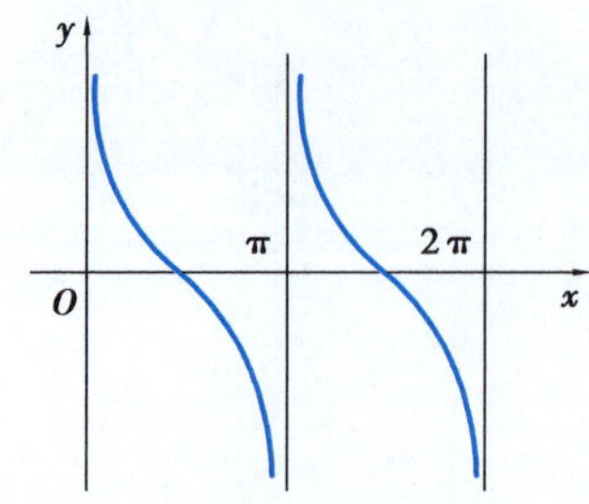

图 1.23

定义域：$\{x \mid x\neq k\pi, k\in \mathbf{Z}\}$

值域：$(-\infty,+\infty)$

性质：奇函数，周期为 π，单调递减，无界

（5）正割函数 $y=\sec x$

定义域：$\{x \mid x\neq k\pi+\frac{\pi}{2}, k\in \mathbf{Z}\}$

值域：$(-\infty,-1]\cup[1,+\infty)$

（6）余割函数 $y=\csc x$

定义域：$\{x \mid x\neq k\pi, k\in \mathbf{Z}\}$

值域：$(-\infty,-1]\cup[1,+\infty)$

6）反三角函数

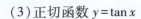

三角函数在指定范围内的反函数称为反三角函数. 与三角函数对应，反三角函数也包含 6 种类型. 下面列出常用的前四类反三角函数：

（1）反正弦函数：$y=\arcsin x$，定义域：$[-1,1]$，值域：$\left[-\frac{\pi}{2},\frac{\pi}{2}\right]$.

（2）反余弦函数：$y=\arccos x$，定义域：$[-1,1]$，值域：$[0,\pi]$.

（3）反正切函数：$y=\arctan x$，定义域：$(-\infty,+\infty)$，值域：$\left(-\frac{\pi}{2},\frac{\pi}{2}\right)$.

（4）反余切函数：$y=\operatorname{arccot} x$，定义域：$(-\infty,+\infty)$，值域：$(0,\pi)$.

三角函数和反三角函数

1.3.2 复合函数

通常接触到的函数并非都是基本初等函数，更多的是多个函数的复合，即复合函数.

例如，$f(x)=\mathrm{e}^x$，$g(x)=\sqrt{x}$，$f[g(x)]=\mathrm{e}^{\sqrt{x}}$. 如果用变量 u 表示 e^x 中的 x，可得 $y=\mathrm{e}^u$，令 $u=g(x)=\sqrt{x}$，即为两个基本初等函数. 上述过程就是将函数 $u=\sqrt{x}$ 代入 $y=\mathrm{e}^u$ 得 $y=\mathrm{e}^{\sqrt{x}}$. 函数之间的这种代入或迭代的关系称为复合关系，所得到的函数称为复合函数.

定义 1.7 设函数 $y=f(u)$，$u=\varphi(x)$，如果 $u=\varphi(x)$ 的值域全部或部分包含于函数 $y=f(u)$ 的定义域内，则任意的 x 通过 u 有确定的 y 值与之对应，从而 y 是 x 的函数，称此函数为 $y=f(u)$ 和 $u=\varphi(x)$ 复合而成的函数，记作

$$y=f[\varphi(x)]$$

其中，u 称为中间变量.

【例 1.14】 将下面的 y 表示成 x 的函数.

(1) $y=\frac{1}{u}, u=x^3+1$ (2) $y=\ln u, u=3^v, v=\cos x$

【解】 (1) $y=\frac{1}{x^3+1}$ (2) $y=\ln 3^v=\ln 3^{\cos x}$

注 意

并非任意两个函数都可通过中间变量复合成复合函数.

例如 $y=\ln u, u=-x^2$ 不能复合,因为 $y=\ln u$ 的定义域为 $(0,+\infty)$,而 $u=-x^2$ 的值域为 $(-\infty,0]$,不在 $y=\ln u$ 的定义域内.

对复合函数的研究有两个方面的问题:一方面将若干个简单函数复合成一个函数,称为函数的复合;另一方面将复合函数分解成若干个简单函数,称为复合函数的分解.分解复合函数,就是由外到里,逐层分解,且每个层次都只能是一个基本初等函数或简单函数.

简单函数:基本初等函数(常数函数、幂函数、指数函数、对数函数、三角函数、反三角函数)或由基本初等函数经过四则运算所得的函数.

【例 1.15】 分解下列复合函数.

(1) $y=\ln\ln\ln x$ (2) $y=\sqrt{\ln\sin^2 x}$

(3) $y=\mathrm{e}^{\arctan x^2}$ (4) $y=\cos^2\ln(2+\sqrt{1+x^2})$

【解】 (1) $y=\ln\ln\ln x$ 由 $y=\ln u, u=\ln v, v=\ln x$ 复合而成.

(2) $y=\sqrt{\ln\sin^2 x}$ 由 $y=\sqrt{u}, u=\ln v, v=w^2, w=\sin x$ 复合而成.

(3) $y=\mathrm{e}^{\arctan x^2}$ 由 $y=\mathrm{e}^u, u=\arctan v, v=x^2$ 复合而成.

(4) $y=\cos^2\ln(2+\sqrt{1+x^2})$ 由 $y=u^2, u=\cos v, v=\ln w, w=2+\sqrt{t}, t=1+x^2$ 复合而成.

1.3.3 初等函数

基本初等函数经过有限次的四则运算或有限次的复合运算所得到的,并且能用一个解析式表示的函数,称为**初等函数**.

初等函数是微积分学研究的主要对象.例如,$y=3x^2-2x+1$,$y=(\sec 3x+\cot 2x)^2$,$y=\frac{3\ln x}{\sqrt{1+\sin^2 x}}$,$y=\mathrm{e}^{\operatorname{arccot}\frac{x}{3}}$都是初等函数.分段函数一般不是初等函数,但也有极少数分段函数是初等函数.

例如,分段函数 $y=\begin{cases} x & x\geqslant 0 \\ -x & x<0 \end{cases}$ 可以由一个解析式 $y=\sqrt{x^2}$ 表示,因此是初等函数;而函数 $y=1+x+x^2+x^3+\cdots$ 不满足有限次四则运算,因此不是初等函数.

习题 1.3

1. 求下列函数的定义域.

(1) $y=\frac{1}{\sqrt{x^3}}$

(2) $y=4^x$

(3) $y=x^2e^{-2x}$

(4) $y=\frac{x}{2}-\sqrt{x}$

(5) $y=x-\ln(1+x)$

(6) $y=\arcsin 2x$

2. 填空题.

(1) 指数函数 $y=(2e)^x$ 的底数为______，定义域为__________，单调递______.

(2) 指数函数 $y=\left(\frac{1}{3}\right)^x$ 的底数为______，定义域为__________，单调递______.

(3) 对数函数 $y=\ln 2x$ 的底数为______，定义域为__________，单调递______.

(4) 对数函数 $y=\log_{\frac{1}{3}}x$ 的底数为______，定义域为__________，单调递______.

3. 将下列函数复合成复合函数.

(1) $y=e^u, u=\cot x$

(2) $y=\sqrt{u}, u=1+v^2, v=\ln x$

(3) $y=\lg u, u=\sin x$

(4) $y=4^u, u=\sqrt[5]{v}, v=2+x^2$

(5) $y=u^2, u=\arccos v, v=3x$

(6) $y=u^2, u=\tan v, v=5x$

4. 指出下列复合函数的复合过程.

(1) $y=2^{\sin x}$

(2) $y=\sqrt{\cos(x^2-1)}$

(3) $y=\lg(x^2+1)$

(4) $y=\frac{1}{(2x^3+4x-1)^2}$

(5) $y=(\cos 5x)^2$

(6) $y=\ln\sin(e^x)$

(7) $y=\operatorname{arccot}(3-2x)$

(8) $y=e^{\sin\frac{1}{x}}$

第 2 章　函数的极限

极限描述的是变量的一种变化状态，或者说是一种变化趋势. 它反映的是从无限到有限、从量变到质变的一种辩证关系. 极限理论在高等数学中占有重要的地位，有了极限这一工具，我们不仅能够深入地研究一般函数，而且还可以解决“近似”与“精确”的矛盾，从近似的变化趋势中求得精确值. 因此，研究极限对认识函数的特征、确定函数值具有重要意义. 本章将讨论函数极限的概念和极限的运算法则.

2.1　极限的概念

本节我们首先讨论数列 $y_n=f(n)$，$n\in\mathbf{N}^*$ 的极限，然后讨论函数 $y=f(x)$（当 $x\to\infty$ 和 $x\to x_0$ 时）的极限.

2.1.1　数列 $y_n=f(n)$ 的极限

我们考察几个数列，当 n 无限增大时，$y_n=f(n)$ 的变化趋势.

(1) $y_n=\frac{1}{n}$，即 $1,\frac{1}{2},\frac{1}{3},\frac{1}{4},\frac{1}{5},\cdots$

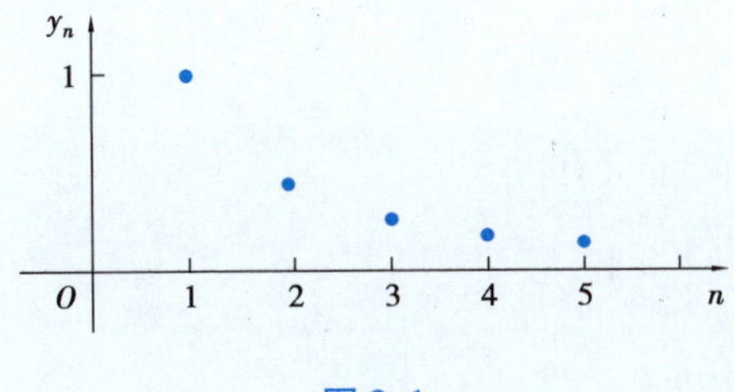

图 2.1

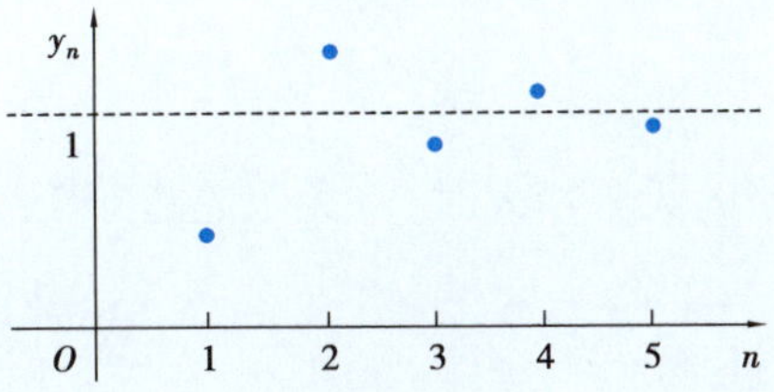

图 2.2

如图 2.1 所示，当 n 无限增大时，$y_n=\frac{1}{n}$ 无限趋近于 0.

(2) $y_n=1+(-1)^n\frac{1}{2^n}$，即 $\frac{1}{2},\frac{5}{4},\frac{7}{8},\frac{17}{16},\cdots$

如图 2.2 所示，当 n 无限增大时，$y_n=1+(-1)^n\frac{1}{2^n}$ 无限趋近于 1.

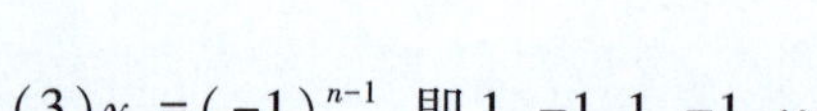

(3) $y_n=(-1)^{n-1}$，即 1，-1，1，-1，…

如图 2.3 所示，当 n 无限增大时，$y_n=(-1)^{n-1}$ 的数值在 $y=-1$ 和 $y=1$ 来回跳动，不能保持与某个常数无限趋近.

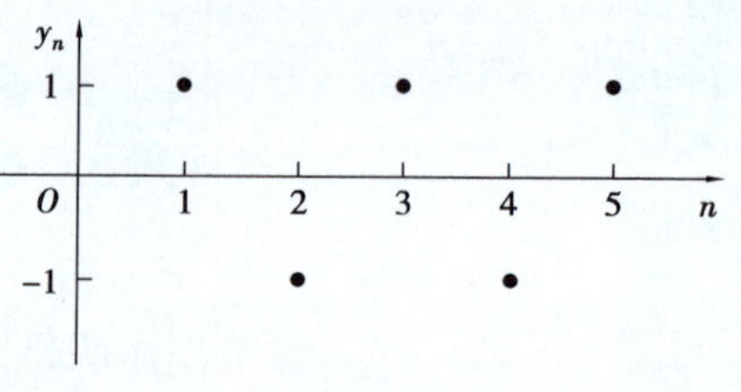

图 2.3

从以上三个例子可以看出，当 n 无限增大时，数列的变化趋势整体上可分为两类：一类是 y_n 的数值无限趋近于某一个确定的常数；另一类则不能保持与某个常数无限趋近. 针对此现象给出如下极限的定义.

定义 2.1　当 n 无限增大时（记为 $n\to\infty$），数列 $\{y_n\}$ 无限地趋近于某一个确定的常数 A，则称 A 为数列 $\{y_n\}$ 在 n 趋近于无穷大时的极限，记为

$$\lim_{x\to\infty} y_n = A \quad 或 \quad y_n \to A \quad（当 n\to\infty 时）$$

此时称数列 $\{y_n\}$ 收敛，且收敛于 A；否则称数列 $\{y_n\}$ 发散.

由定义 2.1 及图 2.1—图 2.3 可知：$\lim\limits_{n\to\infty}\dfrac{1}{n}=0$，$\lim\limits_{n\to\infty}\left[1+(-1)^n\dfrac{1}{2^n}\right]=1$，$\lim\limits_{n\to\infty}(-1)^{n-1}$ 不存在.

注　意

数列 $\{y_n\}$ 无限趋近于某个常数 A，指的是 y_n 与 A 的距离 $|y_n-A|$ 无限小.

【例 2.1】　考察数列的变化趋势，并写出其极限.

(1) $y_n=1+\dfrac{(-1)^n}{n}$　　(2) $y_n=-\dfrac{1}{3^n}$　　(3) $y_n=4^n$

【解】　(1) 当 n 取 1，2，3，4，5，…自然数时，y_n 的各项为：

$$0,\frac{3}{2},\frac{2}{3},\frac{5}{4},\cdots$$

当 n 无限增大时，y_n 无限趋近于 1，由数列极限定义有

$$\lim_{n\to\infty}\left[1+\frac{(-1)^n}{n}\right]=1$$

(2) 当 n 取 1，2，3，4，5，…自然数时，y_n 的各项为：

$$-\frac{1}{3},-\frac{1}{9},-\frac{1}{27},-\frac{1}{81},\cdots$$

当 n 无限增大时，y_n 无限趋近于 0，由数列极限定义有

$$\lim_{n\to\infty}-\frac{1}{3^n}=0$$

(3) 当 n 取 1，2，3，4，5，…自然数时，y_n 也无限增大，所以 $y_n=4^n$ 没有极限，即 $\lim\limits_{n\to\infty}4^n$ 不存在.

2.1.2　函数 $y=f(x)$ 的极限

前面讨论了数列的极限，数列是一种特殊的函数. 现在我们讨论一般函数的极限，分 $x\to\infty$ 和 $x\to x_0$ 两种情形.

1）当 $x\to\infty$ 时，函数 $y=f(x)$ 的极限

当 $x>0$ 且无限增大时，记为 $x\to+\infty$；当 $x<0$ 且其绝对值无限增大时，记为 $x\to-\infty$. 一般情况下，$x\to\infty$ 包含 $x\to+\infty$ 与 $x\to-\infty$.

分析函数 $y=\dfrac{1}{x}$ 当 $x\to\infty$ 时的变化趋势.

如图 2.4 所示，当 $x\to+\infty$ 时，函数 $y=\dfrac{1}{x}$ 的值无限趋近于 0；同样，当 $x\to-\infty$ 时，函数 $y=\dfrac{1}{x}$ 的值也无限趋近于 0. 由此可得如下定义.

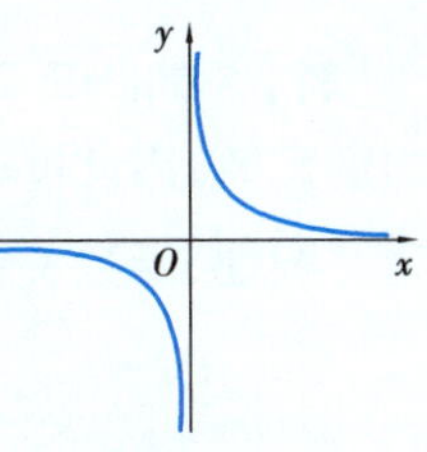

图 2.4

定义 2.2　设函数 $y=f(x)$ 在 $|x|$ 大于某一正数时有定义，如果当 $|x|$ 无限增大（即 $x\to\infty$）时，函数 $f(x)$ 无限趋近于一个确定的常数 A，则称 A 为函数 $f(x)$ 当 $x\to\infty$ 时的极限，记为

$$\lim_{x\to\infty}f(x)=A \quad 或 \quad f(x)\to A \quad （当 x\to\infty 时）$$

【例 2.2】　讨论极限 $\lim\limits_{x\to\infty}\dfrac{1}{1+x^2}$.

【解】　如图 2.5 所示，当 $x\to\infty$ 时，函数 $f(x)=\dfrac{1}{1+x^2}$ 的值无限趋近于 0，即

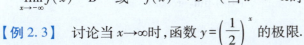

$$\lim_{x\to\infty}\frac{1}{1+x^2}=0$$

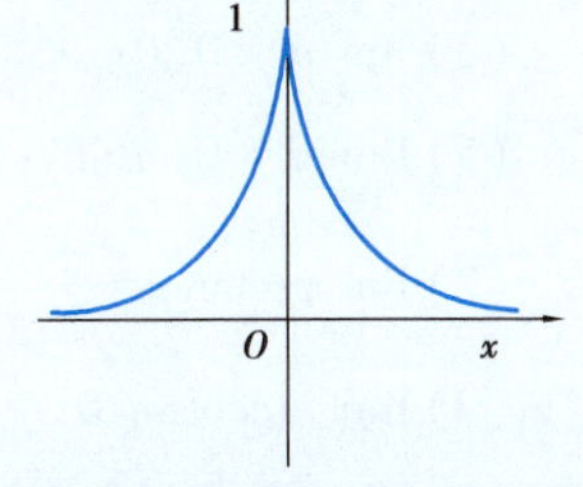

图 2.5

在定义 2.2 中，$x\to\infty$ 包含 $x\to+\infty$ 与 $x\to-\infty$，有时函数只需要考察 $x\to+\infty$（或 $x\to-\infty$）时的变化趋势，此时可以记为

$$\lim_{x\to+\infty}f(x)=A \quad 或 \quad f(x)\to A \quad （当 x\to+\infty 时）$$

$$\lim_{x\to-\infty}f(x)=B \quad 或 \quad f(x)\to B \quad （当 x\to-\infty 时）$$

【例 2.3】　讨论当 $x\to\infty$ 时，函数 $y=\left(\dfrac{1}{2}\right)^x$ 的极限.

【解】　如图 2.6 所示，当 $x\to+\infty$ 时，曲线从 x 轴的上方无限趋近于 x 轴，即 $y\to0$；当 $x\to-\infty$ 时，曲线无限向上，即 $y\to+\infty$.

分析发现，当 $x\to+\infty$ 和 $x\to-\infty$ 时，曲线的变化趋势不一致，或者说当 $|x|$ 无限增大时，函数 $y=\left(\dfrac{1}{2}\right)^x$ 的函数值不趋近于一个确定的常数.

所以，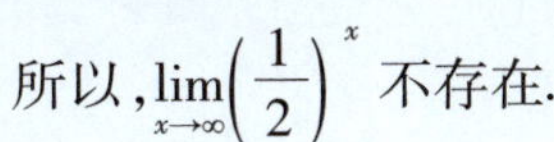 $\lim\limits_{x\to\infty}\left(\dfrac{1}{2}\right)^x$ 不存在.

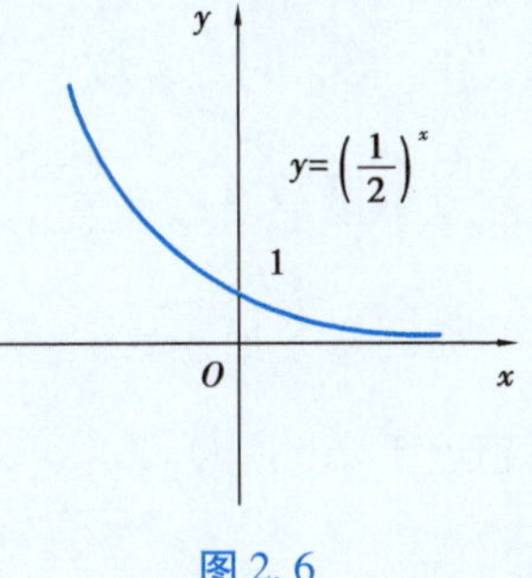

图 2.6

【例 2.4】 讨论当 $x\to\infty$ 时，函数 $f(x)=\sin x$ 的极限.

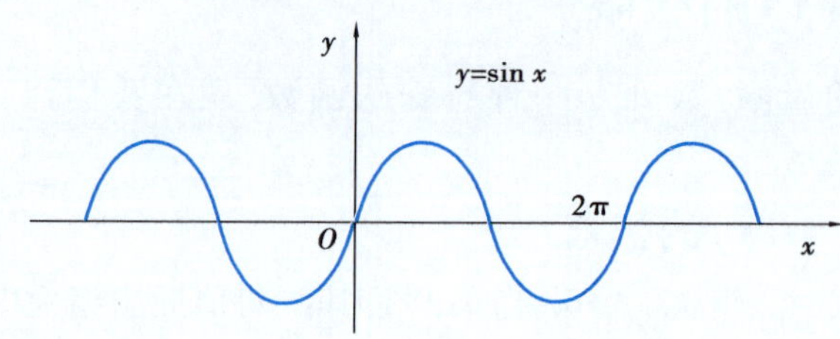

图 2.7

【解】 如图 2.7 所示，当 $x\to\infty$ 时，函数 $f(x)=\sin x$ 的值在 -1 与 1 之间波动，不趋于某一固定常数，因此 $\lim\limits_{x\to\infty}\sin x$ 不存在.

一般地，函数 $y=f(x)$ 在 $x\to\infty$ 时的极限与在 $x\to+\infty$，$x\to-\infty$ 时的极限有如下关系：

$$\lim_{x\to\infty}f(x)=A \Leftrightarrow \lim_{x\to+\infty}f(x)=\lim_{x\to-\infty}f(x)=A$$

例如：(1) 因为 $\lim\limits_{x\to+\infty}\dfrac{x}{1+x}=\lim\limits_{x\to-\infty}\dfrac{x}{1+x}=1$，所以 $\lim\limits_{x\to\infty}\dfrac{x}{1+x}=1$；

(2) 因为 $\lim\limits_{x\to+\infty}\arctan x=\dfrac{\pi}{2}$，$\lim\limits_{x\to-\infty}\arctan x=-\dfrac{\pi}{2}$，所以 $\lim\limits_{x\to\infty}\arctan x$ 不存在；

(3) 因为 $\lim\limits_{x\to-\infty}e^x=0$，而 $\lim\limits_{x\to+\infty}e^x$ 不存在，所以 $\lim\limits_{x\to\infty}e^x$ 不存在.

注 意

根据极限定义，可得如下常用结论：

(1) $\lim\limits_{x\to\infty}\dfrac{a}{x^n}=0$（$n\in\mathbf{N}$，$a$ 为常数）

(2) $\lim\limits_{x\to+\infty}\dfrac{a}{x^p}=0$（$a$ 与正数 p 均为常数）

(3) $\lim\limits_{x\to+\infty}a^x=0$（$0<a<1$）

(4) $\lim\limits_{x\to-\infty}a^x$ 不存在（$0<a<1$）

(5) $\lim\limits_{x\to-\infty}a^x=0$（$a>1$）

(6) $\lim\limits_{x\to+\infty}a^x$ 不存在（$a>1$）

(7) $\lim\limits_{x\to+\infty}\arctan x=\dfrac{\pi}{2}$

(8) $\lim\limits_{x\to-\infty}\arctan x=-\dfrac{\pi}{2}$

(9) $\lim\limits_{x\to+\infty}\operatorname{arccot} x=0$

(10) $\lim\limits_{x\to-\infty}\operatorname{arccot} x=\pi$

(11) $\lim\limits_{x\to\infty}\sin x$ 不存在

(12) $\lim\limits_{x\to\infty}\cos x$ 不存在

2) 当 $x\to x_0$ 时，函数 $y=f(x)$ 的极限

考察函数 $f(x)=\dfrac{x^2-1}{x-1}$，当 $x\to1$ 时的变化趋势.

如图 2.8 所示，当 x 无限趋近于 1 时，函数 $f(x)=\dfrac{x^2-1}{x-1}$ 的值无限趋近于 2.

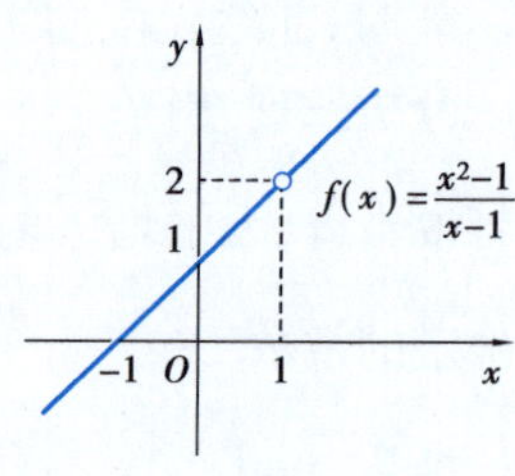

图 2.8

定义 2.3 设函数 $y=f(x)$ 在点 x_0 的邻域内有定义($x\neq x_0$),如果当 x 无限趋近于 x_0 时,对应的函数 $f(x)$ 无限趋近于一个确定的常数 A,则称 A 为函数 $f(x)$ 当 $x\to x_0$ 时的极限,记为

$$\lim_{x\to x_0}f(x)=A \quad 或 \quad f(x)\to A \quad (当\ x\to x_0\ 时)$$

注 意

$x\to x_0$ 指的是 x 可以无限趋近于 x_0,但是永远不等于 x_0. 极限描述的是函数 $y=f(x)$ 在 x_0 点附近的变化趋势,即使函数 $y=f(x)$ 在 x_0 处没有定义,也不影响极限的讨论. 极限 $\lim\limits_{x\to x_0}f(x)$ 描述了函数 $f(x)$ 在 $x\to x_0$ 时的变化趋势而不是在 x_0 处的性态.

由定义 2.3 可知,$\lim\limits_{x\to 1}\dfrac{x^2-1}{x-1}=2$.

【例 2.5】 讨论函数 $f(x)=x^2$ 当 $x\to 2$ 时的极限.

【解】 如图 2.9 所示,当 $x\to 2$ 时,函数 $f(x)=x^2$ 无限趋近于 4,所以 $\lim\limits_{x\to 2}x^2=4$.

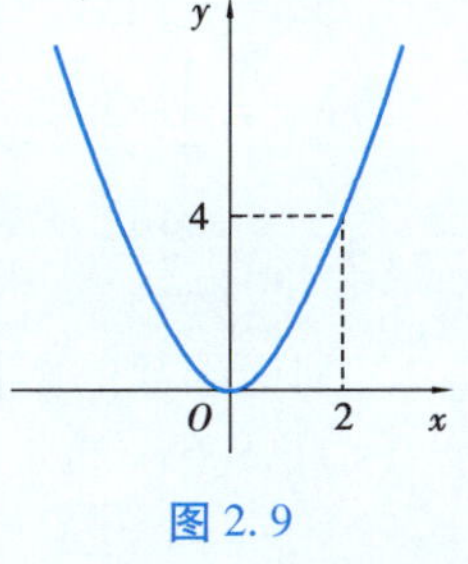

图 2.9

【例 2.6】 设 $f(x)=C$(常数),求 $\lim\limits_{x\to x_0}f(x)$.

【解】 因为 $y=C$ 为常数函数,即对任何 $x\in\mathbf{R}$,均有 $f(x)=C$,所以当 $x\to x_0$ 时,始终有 $f(x)=C$,即

$$\lim_{x\to x_0}f(x)=\lim_{x\to x_0}C=C$$

即常数的极限是它本身.

3) 当 $x\to x_0$ 时,函数 $y=f(x)$ 的左极限与右极限

$x\to x_0$ 包含两种情况:一是 x 从 x_0 的左侧无限趋近于 x_0(记为 $x\to x_0^-$),二是 x 从 x_0 的右侧无限趋近于 x_0(记为 $x\to x_0^+$).

在实际问题中,有时只需考虑 x 从 x_0 的一侧无限趋近 x_0 时,函数 $y=f(x)$ 的变化趋势.

定义 2.4 如果函数 $f(x)$ 在 x_0 点的左侧邻域内有定义,并且当 $x\to x_0^-$ 时,函数 $f(x)$ 无限趋近于一个确定的常数 A,则称 A 为函数 $f(x)$ 当 $x\to x_0$ 时的左极限,记为

$$\lim_{x\to x_0^-}f(x)=A \quad 或 \quad f(x_0-0)=A$$

类似地,如果函数 $f(x)$ 在 x_0 点右侧邻域内有定义,并且当 $x\to x_0^+$ 时,函数 $f(x)$ 无限趋近于一个确定的常数 B,则称 B 为函数 $f(x)$ 当 $x\to x_0$ 时的右极限,记为

$$\lim_{x\to x_0^+}f(x)=B \quad 或 \quad f(x_0+0)=B$$

函数的左极限、右极限统称为函数的单侧极限,与函数的极限有如下的重要关系:

$$\lim_{x\to x_0}f(x)=A\Leftrightarrow \lim_{x\to x_0^-}f(x)=\lim_{x\to x_0^+}f(x)=A$$

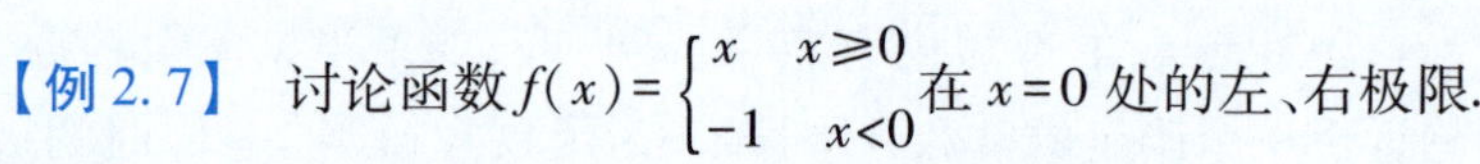

【例 2.7】 讨论函数$f(x)=\begin{cases}x & x\geqslant 0\\-1 & x<0\end{cases}$在 $x=0$ 处的左、右极限.

【解】 如图 2.10 所示，$x=0$ 是分段函数的分段点.

左极限 $\lim\limits_{x\to 0^-}f(x)=\lim\limits_{x\to 0^-}(-1)=-1$

右极限 $\lim\limits_{x\to 0^+}f(x)=\lim\limits_{x\to 0^+}x=0$

由此可见，$\lim\limits_{x\to 0^+}f(x)\neq\lim\limits_{x\to 0^-}f(x)$，所以$\lim\limits_{x\to 0}f(x)$不存在.

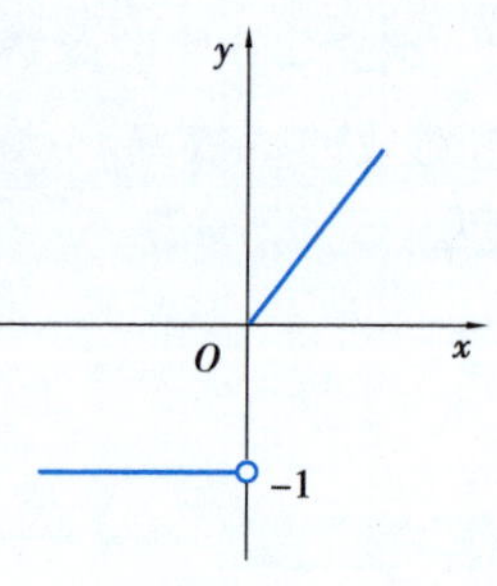

图 2.10

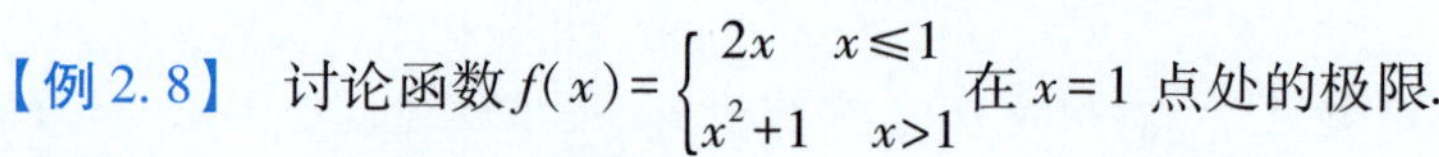

【例 2.8】 讨论函数$f(x)=\begin{cases}2x & x\leqslant 1\\x^2+1 & x>1\end{cases}$在 $x=1$ 点处的极限.

【解】 $x=1$ 是函数的分段点.

左极限 $\lim\limits_{x\to 1^-}f(x)=\lim\limits_{x\to 1^-}2x=2$

右极限 $\lim\limits_{x\to 1^+}f(x)=\lim\limits_{x\to 1^+}(x^2+1)=2$

由此可见，$\lim\limits_{x\to 1^-}f(x)=\lim\limits_{x\to 1^+}f(x)=2$，所以$\lim\limits_{x\to 1}f(x)=2$.

习题 2.1

1. 观察下列数列当 $n\to\infty$时的变化趋势，若存在极限，则写出其极限.

(1) $x_n=\dfrac{1}{n}+2$　　(2) $x_n=(-1)^n\dfrac{1}{3n}$

(3) $x_n=\dfrac{4n}{2n+1}$　　(4) $x_n=n$

2. 利用函数的图像，考察函数变化趋势，并写出其极限.

(1) $\lim\limits_{x\to 2}(6x-2)$　　(2) $\lim\limits_{x\to\frac{\pi}{4}}\cot x$

(3) $\lim\limits_{x\to\infty}\left(1+\dfrac{2}{x}\right)$　　(4) $\lim\limits_{x\to -2}\dfrac{x^2-4}{x+2}$

(5) $\lim\limits_{x\to 1}\lg x^2$　　(6) $\lim\limits_{x\to +\infty}\arctan x$

3. 已知函数$f(x)=\begin{cases}2x+1 & x\geqslant 0\\1 & x<0\end{cases}$，作出它的图像，求当 $x\to 0$ 时 $f(x)$ 的左、右极限，并判断当 $x\to 0$ 时 $f(x)$ 的极限是否存在?

4. 已知函数$f(x)=\begin{cases}x-1 & x>1\\4 & x=1\\-x+1 & x<1\end{cases}$，求$\lim\limits_{x\to 1}f(x)$及 $f(1)$.

2.2 无穷小量与无穷大量

2.2.1 无穷小量

在讨论数列极限和函数极限时，有一类变量会经常遇到，那就是无穷小量. 所谓无穷小量，就是以零为极限的变量.

定义 2.5　如果在自变量的某一变化过程中（如 $x \to x_0$ 或 $x \to \infty$），函数 $f(x)$ 的极限为零，即

$$\lim_{\substack{x \to x_0 \\ (x \to \infty)}} f(x) = 0$$

则称 $f(x)$ 为该变化过程中的无穷小量.

例如，$\lim\limits_{x \to 3}(x-3)=0$，因此函数 $f(x)=x-3$ 是 $x \to 3$ 时的无穷小量. 又如，$\lim\limits_{x \to \infty} \frac{1}{x}=0$，因此函数 $f(x)=\frac{1}{x}$ 是当 $x \to \infty$ 时的无穷小量，而 $\lim\limits_{x \to 5} \frac{1}{x}=\frac{1}{5}$，因此当 $x \to 5$ 时函数 $f(x)=\frac{1}{x}$ 不是无穷小量.

从上面的定义和例子可以看出，理解无穷小量必须注意以下两点：

(1) 无穷小量与自变量的变化过程有关，说函数 $f(x)$ 是无穷小量时，必须指明自变量 x 的变化过程.

(2) 无穷小量是变量，但 0 是唯一可以作为无穷小量的常数，除此以外，任何常数都不是无穷小量.

无穷小量有以下性质：

性质 1　有限个无穷小量的代数和为无穷小量.

性质 2　有限个无穷小量的积为无穷小量.

性质 3　有界函数与无穷小量的积为无穷小量.

【例 2.9】　求极限 $\lim\limits_{x \to \infty} \frac{\sin x}{x^2}$.

【解】　因为 $\lim\limits_{x \to \infty} \frac{1}{x^2}=0$，则 $\frac{1}{x^2}$ 是无穷小量（$x \to \infty$），又因 $|\sin x| \leqslant 1$，所以 $\sin x$ 是有界函数.

由性质 3 得

$$\lim_{x \to \infty} \frac{\sin x}{x^2} = \lim_{x \to \infty} \frac{1}{x^2}\sin x = 0$$

2.2.2　无穷大量

由函数 $f(x)=\frac{1}{x}$ 的图像可知，当 $x \to 0$ 时，函数 $f(x)=\frac{1}{x}$ 的绝对值无限增大，这样的变量称为无穷大量.

定义 2.6　如果在自变量的某一变化过程中（如 $x \to x_0$ 或 $x \to \infty$），函数 $f(x)$ 的绝对值无限增大，则称 $f(x)$ 为该变化过程中的无穷大量.

当函数为无穷大量时，按通常意义来说极限是不存在的，但为了便于叙述函数的这一特性，就说“函数的极限是无穷大”，并记为

$$\lim_{x \to x_0} f(x) = \infty \quad 或 \quad \lim_{x \to \infty} f(x) = \infty$$

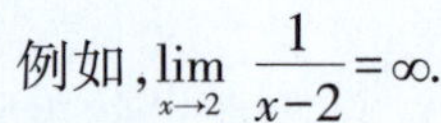

例如，$\lim\limits_{x\to 2}\dfrac{1}{x-2}=\infty$.

注 意

无穷大量与自变量的变化过程有关；无穷大量是变量，不论多么大的常数，都不是无穷大量.

若 $x\to x_0$（或 $x\to\infty$），当 $f(x)$ 的绝对值趋于无穷大时，可以只考虑对应的函数值为正的或负的，分别称为正无穷大或负无穷大，记为

$$\lim_{\substack{x\to x_0\\(x\to\infty)}} f(x)=+\infty,\ \lim_{\substack{x\to x_0\\(x\to\infty)}} f(x)=-\infty$$

例如，$\lim\limits_{x\to 0^+}\lg x=-\infty$，$\lim\limits_{x\to\infty}2x^2=+\infty$.

2.2.3 无穷小量与无穷大量的关系

当 $x\to 3$ 时，$f(x)=x-3$ 是无穷小量，而 $f(x)=\dfrac{1}{x-3}$ 是无穷大量，当 $x\to\infty$ 时，$f(x)=x+1$ 是无穷大量，而 $f(x)=\dfrac{1}{x+1}$ 是无穷小量.

一般地，在自变量的同一变化过程中，无穷小量与无穷大量有如下关系：

定理 2.1 如果 $\lim f(x)=\infty$，则 $\lim\dfrac{1}{f(x)}=0$；反之，如果 $\lim f(x)=0$ 且 $f(x)\neq 0$，则 $\lim\dfrac{1}{f(x)}=\infty$.（证明略）

也就是说，无穷大量的倒数是无穷小量，而非零的无穷小量的倒数是无穷大量.

【例 2.10】 求下列函数的极限.

（1）$\lim\limits_{x\to\infty}\dfrac{1}{3+x^2}$ （2）$\lim\limits_{x\to 2}\dfrac{x+4}{x-2}$

【解】 （1）当 $x\to\infty$ 时，函数 $f(x)=3+x^2$ 为无穷大量，根据无穷大与无穷小的关系有 $\lim\limits_{x\to\infty}\dfrac{1}{3+x^2}=0$.

（2）当 $x\to 2$ 时，分母的极限为零，因此不能用商的极限法则，但因为 $\lim\limits_{x\to 2}\dfrac{x-2}{x+4}=0$，即 $\dfrac{x-2}{x+4}$ 是当 $x\to 2$ 时的无穷小量，根据定理 2.1 可知 $\lim\limits_{x\to 2}\dfrac{x+4}{x-2}=\infty$.

$\lim\limits_{x\to 2}\dfrac{x-2}{x+4}=0$，但当 $x\to 2$ 时，$\dfrac{x-2}{x+4}\neq 0$. 一般情况下 $\lim\limits_{x\to x_0}f(x)=A$ 但 $f(x_0)\neq A$，那么函数极限与函数之间有如下关系：

定理 2.2 函数 $f(x)$ 以常数 A 为极限的充要条件是函数 $f(x)$ 可以表示为常数 A 与一

个无穷小量之和,即

$$\lim_{\substack{x\to x_0\\(x\to\infty)}} f(x)=A \Leftrightarrow f(x)=A+\alpha \quad (\text{其中}, \lim_{\substack{x\to x_0\\(x\to\infty)}} \alpha=0)$$

2.2.4　无穷小量阶的比较

在研究无穷小量的性质时,我们已经知道,两个无穷小量的和、差、积仍是无穷小量. 但是对于两个无穷小量的商,却会出现不同的情况. 例如:当 $x\to 0$ 时,$x,3x,x^2$ 都是无穷小量,对其作商取极限有

$$\lim_{x\to 0}\frac{x^2}{3x}=0,\quad \lim_{x\to 0}\frac{3x}{x^2}=\infty,\quad \lim_{x\to 0}\frac{x}{3x}=\frac{1}{3}$$

两个无穷小量之比的极限的各种不同情况,反映了不同的无穷小量趋近于0的快慢程度. 例如,从下表可看出,当 $x\to 0$ 时,x^2 比 $3x$ 更快地趋近于0,反过来 $3x$ 比 x^2 较慢地趋近于0,而 x 与 $3x$ 趋近于0的快慢相仿.

x	1	0.5	0.1	0.01	…	→	0
$3x$	3	1.5	0.3	0.03	…	→	0
x^2	1	0.25	0.01	0.0001	…	→	0

下面就以两个无穷小量之商的极限所出现的情况来说明两个无穷小量之间的比较.

定义 2.7　设 α,β 是同一极限过程的无穷小量,即 $\lim\alpha=0,\lim\beta=0$.

(1)如果 $\lim\frac{\beta}{\alpha}=0$,则称 β 是比 α 较高阶的无穷小量,记为 $\beta=o(\alpha)$;

(2)如果 $\lim\frac{\beta}{\alpha}=\infty$,则称 β 是比 α 较低阶的无穷小量;

(3)如果 $\lim\frac{\beta}{\alpha}=k$($k$ 为常数且 $k\neq 0$),则称 α 与 β 是同阶无穷小量.

特别地,当 $k=1$ 时,称 α 与 β 是等价无穷小量,记为 $\beta\sim\alpha$.

例如,因为 $\lim\limits_{x\to 1}\frac{x^2-1}{x-1}=\lim\limits_{x\to 1}\frac{(x+1)(x-1)}{x-1}=\lim\limits_{x\to 1}(x+1)=2$,所以当 $x\to 1$ 时,x^2-1 与 $x-1$ 是同阶无穷小量.

因为 $\lim\limits_{x\to 0}\frac{3x^3}{x^2}=\lim\limits_{x\to 0}3x=0$,所以当 $x\to 0$ 时,$3x^3$ 是比 x^2 较高阶的无穷小量,即 $3x^3=o(x^2)$.

2.2.5　等价无穷小量在求极限中的应用

等价无穷小量在求极限中的应用,有如下定理:

定理 2.3　设 $\alpha,\beta,\alpha',\beta'$ 是同一极限过程的无穷小量,且 $\alpha\sim\alpha',\beta\sim\beta'$,$\lim\frac{\beta'}{\alpha'}$ 存在,则有

$$\lim\frac{\beta}{\alpha}=\lim\frac{\beta'}{\alpha'}\quad（证明略）$$

等价无穷小量代换是求极限的一个有效方法，它把一个复杂的无穷小量换成与之等价的基本无穷小量，大大简化了极限的计算. 因此牢记一些常用的等价无穷小量是非常必要的.

常用等价无穷小量有：当 $x\to 0$ 时，$\sin x\sim x$，$\tan x\sim x$，$e^x-1\sim x$，$\ln(1+x)\sim x$，$1-\cos x\sim\frac{x^2}{2}$，$\arcsin x\sim x$，$\arctan x\sim x$.

【例 2.11】 利用等价无穷小量的性质求极限$\lim\limits_{x\to 0}\frac{\tan 5x}{\sin 2x}$.

【解】 当 $x\to 0$ 时，$\tan 5x\sim 5x$，$\sin 2x\sim 2x$，所以

$$\lim_{x\to 0}\frac{\tan 5x}{\sin 2x}=\lim_{x\to 0}\frac{5x}{2x}=\frac{5}{2}$$

注 意

相乘（除）的无穷小量都可用各自的等价无穷小量替换，但是相加（减）的无穷小量的项不能作等价替换.

数学文化

中国古代极限思想的发展

《庄子·天下篇》中记录："一尺之棰，日取其半，万世不竭."意思是一根一尺长的木棒，每天截取它的一半，虽然越来越短，但永远不会截取完. 随着天数的增多，所剩下的木棒越来越短，截取量也越来越小，截取的长度无限地接近于0，但永远不会等于0. 庄子的这句话充分体现出了古人对极限的一种思考，也形象地描述出了"无穷小量"的实际范例.

我国魏晋时期的数学家刘徽（约 225—295）在《九章算术注》中提出"割圆术"："割之弥细，所失弥小，割之又割，以至于不可割，则与圆周合体而无所失矣."刘徽运用这个思想求出了圆周率. 这一思想与现在的极限理论思想很接近，从而刘徽也被誉为在中国史上第一个将极限思想用于数学计算的人."割圆术"体现了朴素的极限思想在几何学中的应用，化整为零，把未知转化成已知，应用已知的知识去解决问题，这代表着极限概念的萌芽.

习题 2.2

1. 判断题.

（1）无限变小的变量称为无穷小量. （ ）

(2)非常小的数是无穷小量. (　　)

(3)无穷小量之和仍是无穷小量. (　　)

(4)任何常数都不是无穷小量. (　　)

(5)无穷小量与无穷大量互为倒数关系. (　　)

2. 求下列函数的极限.

(1) $\lim\limits_{x\to-\infty} e^{x}\sin x$　　(2) $\lim\limits_{x\to 0} x\sin\frac{1}{x}$

(3) $\lim\limits_{x\to\infty} \frac{\cos x}{x}$　　(4) $\lim\limits_{x\to 0} \frac{\sin x}{x^3+3x}$

3. 讨论函数 $y=\frac{1}{3x-1}$,当 x 如何变化时是无穷小量,当 x 如何变化时是无穷大量.

4. 当 $x\to 1$ 时,无穷小量 $1-x$ 和 $\frac{1}{2}(1-x^2)$ 是否同阶?是否等价?

5. 证明:当 $x\to-1$ 时,x^2+2x+1 是比 $x+1$ 较高阶的无穷小量.

6. 证明:当 $x\to-3$ 时,x^2+6x+9 是比 $x+3$ 较高阶的无穷小量.

7. 利用等价无穷小量的性质求下列极限.

(1) $\lim\limits_{x\to 0} \frac{\tan 3x^2}{1-\cos x}$　　(2) $\lim\limits_{x\to 0} \frac{\ln(1+x)}{\sin 2x}$

(3) $\lim\limits_{x\to 1} \frac{\sin(x-1)}{x^2-1}$　　(4) $\lim\limits_{x\to 0} \frac{\ln(1+x^2)}{\arctan x^2}$

2.3　极限的运算法则

设在自变量 x 的同一种变化过程中,有

$$\lim f(x)=A, \lim g(x)=B$$

法则 1　两个函数代数和的极限,等于这两个函数的极限的代数和,即

$$\lim[f(x)\pm g(x)]=\lim f(x)\pm\lim g(x)=A\pm B$$

法则 2　两个函数积的极限,等于这两个函数的极限的积,即

$$\lim[f(x)\cdot g(x)]=\lim f(x)\cdot\lim g(x)=A\cdot B$$

特殊情况:$\lim kf(x)=k\lim f(x)$(k 为常数).

法则 3　两个函数商的极限(分母的极限不为零),等于这两个函数的极限的商,即

$$\lim\frac{f(x)}{g(x)}=\frac{\lim f(x)}{\lim g(x)}=\frac{A}{B}\quad(B\neq 0)$$

推广形式:有限个极限存在的函数的和、差、积的极限等于各函数极限的和、差、积,即

$$\lim[f_1(x)+f_2(x)+\cdots+f_n(x)]=\lim f_1(x)+\lim f_2(x)+\cdots+\lim f_n(x)$$

$$\lim[f_1(x)\cdot f_2(x)\cdot\cdots\cdot f_n(x)]=\lim f_1(x)\cdot\lim f_2(x)\cdot\cdots\cdot\lim f_n(x)$$

$$\lim [f(x)]^n = [\lim f(x)]^n$$

【例 2.12】 求极限$\lim\limits_{x\to1}(2x^2-3x+2)$.

【解】 $\lim\limits_{x\to1}(2x^2-3x+2)=\lim\limits_{x\to1}2x^2-\lim\limits_{x\to1}3x+\lim\limits_{x\to1}2$

$$=2\lim_{x\to1}x^2-3\lim_{x\to1}x+2$$

$$=2-3+2=1$$

【例 2.13】 求极限$\lim\limits_{x\to0}\dfrac{x^2+x+3}{3-2x}$.

【解】 因为$\lim\limits_{x\to0}(3-2x)=3-2\times0=3\neq0$，所以

$$\lim_{x\to0}\frac{x^2+x+3}{3-2x}=\frac{\lim\limits_{x\to0}(x^2+x+3)}{\lim\limits_{x\to0}(3-2x)}=\frac{3}{3}=1$$

从例 2.13 可以归纳出，对于有理分式函数$\dfrac{f(x)}{g(x)}$，当$g(x_0)\neq0$时，有

$$\lim_{x\to x_0}\frac{f(x)}{g(x)}=\frac{f(x_0)}{g(x_0)}$$

【例 2.14】 求极限$\lim\limits_{x\to2}\dfrac{2x^2+5}{x^3-8}$.

【解】 因为$\lim\limits_{x\to2}(x^3-8)=0$，所以不能直接利用法则 3 求此分式极限. 但因为$\lim\limits_{x\to2}(2x^2+5)=13\neq0$，所以$\lim\limits_{x\to2}\dfrac{x^3-8}{2x^2+5}=\dfrac{0}{13}=0$.

当$x\to2$时，$\dfrac{x^3-8}{2x^2+5}$为无穷小量，所以

$$\lim_{x\to2}\frac{2x^2+5}{x^3-8}=\infty$$

【例 2.15】 求极限$\lim\limits_{x\to3}\dfrac{x^2-5x+6}{x^2-9}$.

【解】 因为$\lim\limits_{x\to3}(x^2-9)=\lim\limits_{x\to3}(x-3)(x+3)=0$，所以不能直接利用法则 3 求此分式极限. 又因为$\lim\limits_{x\to3}(x^2-5x+6)=\lim\limits_{x\to3}(x-3)(x-2)=0$，$\lim\limits_{x\to3}\dfrac{x^2-5x+6}{x^2-9}$是极限计算中的“$\dfrac{0}{0}$”型未定式. 处理的方法是：分子、分母分解因式约去公因子$(x-3)$，再求极限.

$$\lim_{x\to3}\frac{x^2-5x+6}{x^2-9}=\lim_{x\to3}\frac{(x-3)(x-2)}{(x-3)(x+3)}$$

$$=\lim_{x\to3}\frac{x-2}{x+3}=\frac{1}{6}$$

【例 2.16】 求极限$\lim\limits_{x\to2}\left(\dfrac{1}{x-2}-\dfrac{4}{x^2-4}\right)$.

【解】 $\lim\limits_{x\to 2}\left(\frac{1}{x-2}-\frac{4}{x^2-4}\right)=\lim\limits_{x\to 2}\frac{x+2-4}{x^2-4}$

$$=\lim_{x\to 2}\frac{x-2}{(x-2)(x+2)}$$

$$=\lim_{x\to 2}\frac{1}{x+2}=\frac{1}{4}$$

【例 2.17】 求极限$\lim\limits_{x\to\infty}\frac{5x^4+2x^2-1}{2x^4+1}$.

【解】 因为当 $x\to\infty$时，分子和分母的极限都是无穷大，属于极限计算中的"$\frac{\infty}{\infty}$"型未定式. 对于有理分式函数(分子分母都是多项式)求极限中出现"$\frac{\infty}{\infty}$"的处理方法是：分子、分母同时除以 x 的最高次幂化简后再求极限，即

$$\lim_{x\to\infty}\frac{5x^4+2x-1}{2x^4+1}=\lim_{x\to\infty}\frac{5+\frac{2}{x^3}-\frac{1}{x^4}}{2+\frac{1}{x^4}}$$

$$=\frac{5+0-0}{2+0}=\frac{5}{2}$$

注 意

此种解题方法称为无穷小因子析出法.

【例 2.18】 求$\lim\limits_{x\to\infty}\frac{5x^4+2x^2-1}{2x^3+1}$.

【解】 分子、分母同除以 x^4，得

$$\lim_{x\to\infty}\frac{5x^4+2x-1}{2x^3+1}=\lim_{x\to\infty}\frac{5+\frac{2}{x^2}-\frac{1}{x^4}}{\frac{2}{x}+\frac{1}{x^4}}=\infty$$

【例 2.19】 求$\lim\limits_{x\to\infty}\frac{5x^3+2x^2-1}{2x^5+1}$.

【解】 分子、分母同除以 x^5，得

$$\lim_{x\to\infty}\frac{5x^3+2x-1}{2x^5+1}=\lim_{x\to\infty}\frac{\frac{5}{x^2}+\frac{2}{x^4}-\frac{1}{x^5}}{2+\frac{1}{x^5}}=0$$

总结分析上述例题，对于有理分式函数求极限有如下的结论：

$$\lim_{x\to\infty}\frac{a_0x^n+a_1x^{n-1}+\cdots+a_n}{b_0x^m+b_1x^{m-1}+\cdots+b_m}=\begin{cases}\dfrac{a_0}{b_0} & n=m\\ 0 & n<m\\ \infty & n>m\end{cases}\quad（其中 a_0\neq 0,b_0\neq 0）$$

习题 2.3

1. 设$f(x)=\begin{cases}3x & -1<x<1\\ 2 & x=1\\ 3x^2 & 1<x<2\end{cases}$，求$\lim\limits_{x\to 0}f(x)$，$\lim\limits_{x\to 1}f(x)$，$\lim\limits_{x\to\sqrt{2}}f(x)$.

2. 求下列极限.

(1) $\lim\limits_{x\to 3}(2x^2-x+3)$　　(2) $\lim\limits_{x\to 2}\dfrac{x+5}{x-1}$

(3) $\lim\limits_{x\to \frac{\pi}{6}}(\tan 2x)^2$　　(4) $\lim\limits_{x\to 0}\dfrac{4x^3-2x^2+x}{x^2+4x}$

(5) $\lim\limits_{x\to 1}\dfrac{x^2-1}{2x^2-x-1}$　　(6) $\lim\limits_{x\to 1}\dfrac{\sqrt{x+3}-2}{x-1}$

(7) $\lim\limits_{x\to\infty}\dfrac{x-x^2-6x^3}{2x-5x^2-3x^3}$　　(8) $\lim\limits_{x\to\infty}\dfrac{\sqrt{2}x}{1+x^2}$

(9) $\lim\limits_{x\to\infty}\dfrac{x^5-2x^2+5x-6}{x^4+2x^2-3}$　　(10) $\lim\limits_{x\to 1}\left(\dfrac{1}{x-1}-\dfrac{2}{x^2-1}\right)$

(11) $\lim\limits_{n\to\infty}(\sqrt{n+1}-\sqrt{n})$　　(12) $\lim\limits_{n\to\infty}\dfrac{1+2+3+\cdots+n}{n^2}$

(13) $\lim\limits_{n\to\infty}(1+\dfrac{1}{3}+\cdots+\dfrac{1}{3^n})$　　(14) $\lim\limits_{h\to 0}\dfrac{(x+h)^3-x^3}{h}$

2.4 两个准则和两个重要极限

2.4.1 极限存在的两个准则

准则 1　若数列$\{x_n\}$，$\{y_n\}$及$\{z_n\}$满足下列条件：

(1) 从某项开始，$y_n\leqslant x_n\leqslant z_n$；

(2) $\lim\limits_{n\to\infty}y_n=a$，$\lim\limits_{n\to\infty}z_n=a$.

则数列$\{x_n\}$的极限存在，且有$\lim\limits_{n\to\infty} x_n = a$.

数列极限存在准则可以推广到函数的极限.

准则 1′　对于函数$f(x)$，如果存在函数$g(x)$和$h(x)$，满足下列条件：

(1) 当$x\to x_0$或$x\to\infty$时，有$g(x)\leqslant f(x)\leqslant h(x)$；

(2) $\lim\limits_{\substack{x\to x_0\\(x\to\infty)}} g(x)=A$，$\lim\limits_{\substack{x\to x_0\\(x\to\infty)}} h(x)=A$.

则有$\lim\limits_{\substack{x\to x_0\\(x\to\infty)}} f(x)=A$.

准则 1 和准则 1′称为夹逼法则.

准则 2　单调有界数列必有极限.

如果数列$\{x_n\}$满足条件$x_1\leqslant x_2\leqslant x_3\leqslant\cdots\leqslant x_n\leqslant x_{n+1}\leqslant\cdots$，就称数列$\{x_n\}$是单调递增的；如果数列$\{x_n\}$满足条件$x_1\geqslant x_2\geqslant x_3\geqslant\cdots\geqslant x_n\geqslant x_{n+1}\geqslant\cdots$，就称数列$\{x_n\}$是单调递减的. 准则 2 表明若数列有界，并且是单调的，那么此数列的极限必定存在，即数列一定收敛. 单调有界是数列收敛的充分条件.

准则 2′　设函数$f(x)$在点x_0的左侧（右侧）附近内单调并且有界，则$f(x)$在x_0处的左（右）极限必定存在.

2.4.2　两个重要极限

本节介绍的两个重要极限，事实上也就是两个求极限的公式. 研究的重点是公式成立和使用公式的条件.

1) $\lim\limits_{x\to 0}\dfrac{\sin x}{x}=1$

先作出函数$f(x)=\dfrac{\sin x}{x}$的图像（图 2.11），然后看其变化趋势.

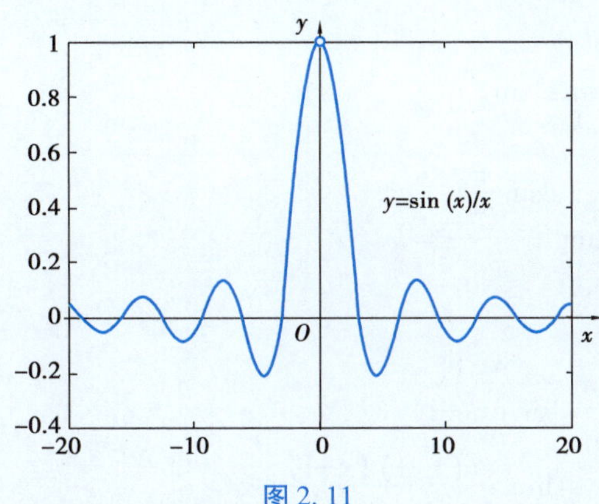

图 2.11

从图形上可看出，当$x\to 0$时，$y=\dfrac{\sin x}{x}\to 1$，即

$$\lim_{x\to 0}\frac{\sin x}{x}=1$$

注 意

(1)以上公式是极限计算中的“$\frac{0}{0}$”型未定式，有两种表达形式：

$$\lim_{x\to 0}\frac{\sin x}{x}=1 \quad 或 \quad \lim_{x\to 0}\frac{x}{\sin x}=1$$

(2)常用的变形形式：

$$\lim\frac{\sin(\ )}{(\ )}=1 \quad 或 \quad \lim\frac{(\ )}{\sin(\ )}=1$$

(3)使用变形公式时必须满足：括号里面的变量要完全相同并且在 x 的变化过程中都趋近于0.

【例 2.20】 求极限$\lim\limits_{x\to 0}\frac{\sin 3x}{x}$.

【解】 $\lim\limits_{x\to 0}\frac{\sin 3x}{x}=\lim\limits_{t\to 0}3\frac{\sin 3x}{3x}=3\times 1=3$

【例 2.21】 求极限$\lim\limits_{x\to 0}\frac{\sin 3x}{\sin 5x}$.

【解】

$$\lim_{x\to 0}\frac{\sin 3x}{\sin 5x}=\lim_{x\to 0}\left(\frac{\sin 3x}{3x}\cdot\frac{5x}{\sin 5x}\cdot\frac{3}{5}\right)$$

$$=\frac{3}{5}\lim_{x\to 0}\frac{\sin 3x}{3x}\cdot\lim_{x\to 0}\frac{5x}{\sin 5x}$$

$$=\frac{3}{5}\times 1\times 1=\frac{3}{5}$$

【例 2.22】 求极限$\lim\limits_{n\to\infty}2^n\sin\frac{\pi}{2^n}$.

【解】 $$\lim_{n\to\infty}2^n\sin\frac{\pi}{2^n}=\lim_{n\to\infty}\frac{\sin\frac{\pi}{2^n}}{\frac{\pi}{2^n}}\pi=\pi$$

【例 2.23】 求极限$\lim\limits_{x\to 1}\frac{x-1}{\sin(x^2-1)}$.

【解】

$$\lim_{x\to 1}\frac{x-1}{\sin(x^2-1)}=\lim_{x\to 1}\frac{(x+1)(x-1)}{(x+1)\sin(x^2-1)}$$

$$=\lim_{x\to 1}\frac{1}{(x+1)}\frac{(x^2-1)}{\sin(x^2-1)}=\frac{1}{2}$$

【例 2.24】 求极限$\lim\limits_{x\to 0}\frac{1-\cos x}{x^2}$.

【解】 $\lim\limits_{x\to 0}\dfrac{1-\cos x}{x^2}=\lim\limits_{x\to 0}\dfrac{(1-\cos x)(1+\cos x)}{x^2(1+\cos x)}$

$$=\lim_{x\to 0}\frac{(1-\cos^2 x)}{x^2(1+\cos x)}=\lim_{x\to 0}\frac{\sin^2 x}{x^2(1+\cos x)}$$

$$=\lim_{x\to 0}\left[\left(\frac{\sin x}{x}\right)^2\frac{1}{(1+\cos x)}\right]=\frac{1}{2}$$

2) $\lim\limits_{x\to\infty}\left(1+\dfrac{1}{x}\right)^x=\mathrm{e}$

函数 $y=\left(1+\dfrac{1}{x}\right)^x$ 的图像如图 2.12 所示.

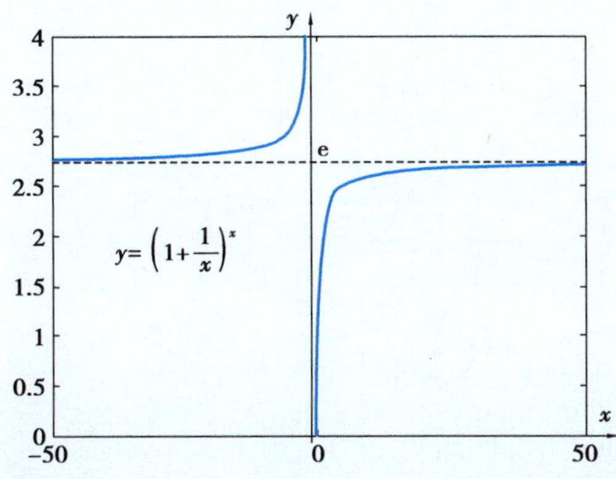

图 2.12

分析曲线的变化趋势，当 $x\to\infty$时，函数 $y=\left(1+\dfrac{1}{x}\right)^x\to\mathrm{e}$，即

$$\lim_{x\to\infty}\left(1+\frac{1}{x}\right)^x=\mathrm{e}$$

若令$\dfrac{1}{x}=t$，则当 $x\to\infty$时，$t\to 0$. 于是有

$$\lim_{x\to\infty}\left(1+\frac{1}{x}\right)^x=\lim_{t\to 0}(1+t)^{\frac{1}{t}}=\mathrm{e}$$

得到极限公式的另一常用形式

$$\lim_{x\to 0}(1+x)^{\frac{1}{x}}=\mathrm{e}$$

将公式中的 x 替换成 n，公式仍然成立，即

$$\lim_{n\to\infty}\left(1+\frac{1}{n}\right)^n=\mathrm{e}$$

注 意

(1)公式是幂指函数 $f(x)^{g(x)}$ 求极限，且底数趋近于 1、指数趋近于∞的“1^∞”型的极限

未定式；

(2)常用变形式：$\lim\left[1+\frac{k}{(\ )}\right]^{\frac{(\ )}{k}}=\mathrm{e}(k\neq0)$，使用此公式时必须满足：括号里面的变量要完全相同并且在 x 的变化过程中都趋于∞；

(3) $\lim\left[1+\frac{(\ )}{h}\right]^{\frac{h}{(\ )}}=\mathrm{e}(h\neq0)$，使用此公式时必须满足以下条件：括号里面的变量要完全相同并且在 x 的变化过程中都趋近于0.

【例 2.25】 求极限$\lim\limits_{x\to\infty}\left(1+\frac{4}{x}\right)^x$.

【解】 方法1：$\lim\limits_{x\to\infty}\left(1+\frac{4}{x}\right)^x=\lim\limits_{x\to\infty}\left[\left(1+\frac{4}{x}\right)^{\frac{x}{4}}\right]^4=\mathrm{e}^4$

方法2：$\lim\limits_{x\to\infty}\left(1+\frac{4}{x}\right)^x=\lim\limits_{x\to\infty}\left(1+\frac{1}{\frac{x}{4}}\right)^x\xlongequal{令t=\frac{x}{4},x=4t}\lim\limits_{t\to\infty}\left(1+\frac{1}{t}\right)^{4t}$

$$=\left[\lim\limits_{t\to\infty}\left(1+\frac{1}{t}\right)^t\right]^4=\mathrm{e}^4$$

【例 2.26】 求极限$\lim\limits_{x\to0}(1-x)^{\frac{1}{x}}$.

【解】 $\lim\limits_{x\to0}(1-x)^{\frac{1}{x}}=\lim\limits_{x\to0}\left[1+(-x)\right]^{\frac{1}{x}}=\lim\limits_{x\to0}\left\{\left[(1+(-x)\right]^{\frac{1}{-x}}\right\}^{-1}$

$$=\mathrm{e}^{-1}=\frac{1}{\mathrm{e}}$$

【例 2.27】 求极限$\lim\limits_{x\to\infty}\left(\frac{x+1}{x-1}\right)^x$.

【解】 方法1： $\lim\limits_{x\to\infty}\left(\frac{x+1}{x-1}\right)^x=\lim\limits_{x\to\infty}\left(\frac{1+\frac{1}{x}}{1-\frac{1}{x}}\right)^x=\frac{\lim\limits_{x\to\infty}\left(1+\frac{1}{x}\right)^x}{\lim\limits_{x\to\infty}\left[\left(1-\frac{1}{x}\right)^{-x}\right]^{-1}}=\frac{\mathrm{e}}{\mathrm{e}^{-1}}=\mathrm{e}^2$

方法2： $\lim\limits_{x\to\infty}\left(\frac{x+1}{x-1}\right)^x=\lim\limits_{x\to\infty}\left(1+\frac{2}{x-1}\right)^x$

$$=\lim\limits_{x\to\infty}\left\{\left[\left(1+\frac{2}{x-1}\right)^{\frac{x-1}{2}}\right]^2\left(1+\frac{2}{x-1}\right)\right\}$$

$$=\mathrm{e}^2$$

习题 2.4

求下列各极限.

(1) $\lim\limits_{x\to 0}\dfrac{\tan x}{2x}$

(2) $\lim\limits_{x\to 0}\dfrac{\sin 8x}{\sin 3x}$

(3) $\lim\limits_{n\to\infty}4^n\sin\dfrac{\pi}{4^n}$

(4) $\lim\limits_{x\to 2}\dfrac{\sin(x^2-4)}{x-2}$

(5) $\lim\limits_{x\to\infty}\left(1+\dfrac{3}{x}\right)^{-x}$

(6) $\lim\limits_{x\to 0}(1-2x)^{\frac{1}{x}}$

(7) $\lim\limits_{x\to\infty}\left(\dfrac{x}{1+x}\right)^{x}$

(8) $\lim\limits_{x\to\frac{\pi}{2}}(1-\cos x)^{4\sec x}$

第 3 章　函数的连续性

函数的变化趋势有两种情况：一种是函数随自变量连续不断地变化，如一天中气温、江河中的水流都是随着时间连续不断地变化着的，其函数图像是一条连续不断的曲线，我们称其为“连续”；另一种是函数随自变量跳跃地变化，如地震把连绵起伏的地面撕开一条裂缝，其函数图像在某点处“断开”了，我们称其为“不连续”或“间断”. 本章将讨论函数的连续与间断的概念及判断方法.

3.1　函数 $y=f(x)$ 在 x_0 点的连续性

3.1.1　变量的增量

与函数连续密切相关的一个重要概念是变量的增量. 在给出函数连续的定义之前，有必要先了解变量的增量的概念.

定义 3.1　如果变量 u 从初值 u_1 变到终值 u_2，那么终值与初值之差 u_2-u_1 称为变量的增量，记为 Δu，即 $\Delta u=u_2-u_1$，如图 3.1 所示.

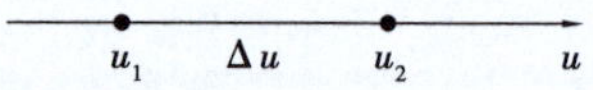

u_1　Δu　u_2　u

图 3.1

变量 u 的增量 Δu 是一个具有方向性不可分割的整体记号；增量 Δu 可以是正数，也可以是负数或零. 其正、负表示与规定方向相同或相反.

函数有自变量和因变量两个变量，当自变量改变时，相应地，因变量也随之改变，因此与函数相联系的有两个增量.

设函数 $y=f(x)$ 在区间 (a,b) 上有定义，当自变量 x 由 x_0 变化到 x 时，记 $\Delta x=x-x_0$，称为自变量的增量；相应地，函数 $y=f(x)$ 由初值 $f(x_0)$ 变到终值 $f(x)$，记

$$\Delta y=f(x)-f(x_0)\quad 或\quad \Delta y=f(x_0+\Delta x)-f(x_0)$$

称为函数的增量. 两个增量之比

$$\frac{\Delta y}{\Delta x}=\frac{f(x)-f(x_0)}{\Delta x}\quad 或\quad \frac{\Delta y}{\Delta x}=\frac{f(x_0+\Delta x)-f(x_0)}{\Delta x}$$

称为函数 $y=f(x)$ 的平均变化率.

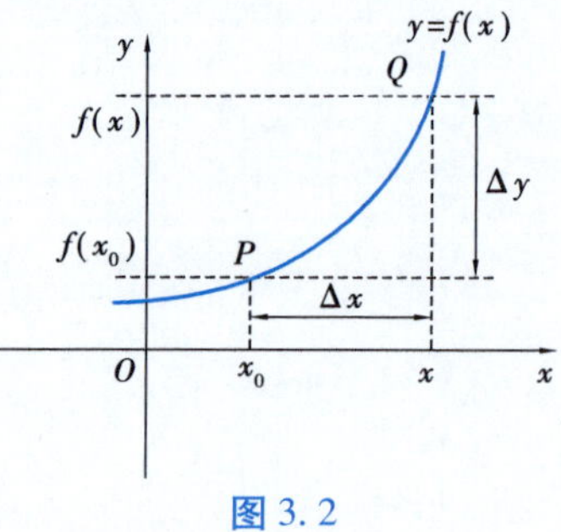

图 3.2

函数增量的几何意义如图 3.2 所示.

【例 3.1】　设函数 $y=x^2+2x$，在下列条件下，求增量 Δx，Δy 和平均变化率 $\frac{\Delta y}{\Delta x}$.

(1)当 x 从 1 变到 1.1 时;

(2)当 x 从 1 变到 0.5 时;

(3)当 x 从 x_0 变到 x_1 时.

【解】 (1) $\Delta x=1.1-1=0.1$

$\Delta y=f(1.1)-f(1)=3.41-3=0.41$

平均变化率 $\dfrac{\Delta y}{\Delta x}=\dfrac{0.41}{0.1}=4.1$

(2) $\Delta x=0.5-1=-0.5$

$\Delta y=f(0.5)-f(1)=-1.75$

平均变化率 $\dfrac{\Delta y}{\Delta x}=\dfrac{-1.75}{-0.5}=3.5$

(3) $\Delta x=x_1-x_0$

$\Delta y=f(x_1)-f(x_0)$

平均变化率 $\dfrac{\Delta y}{\Delta x}=\dfrac{f(x_1)-f(x_0)}{x_1-x_0}$

3.1.2　函数 $y=f(x)$ 在 x_0 点的连续性

考察下面两个函数的图像在给定点 x_0 处及其附近曲线变化的情况. 如图 3.3(a)所示为一条连续的曲线,而图 3.3(b)所示则为一条不连续(或间断)的曲线.

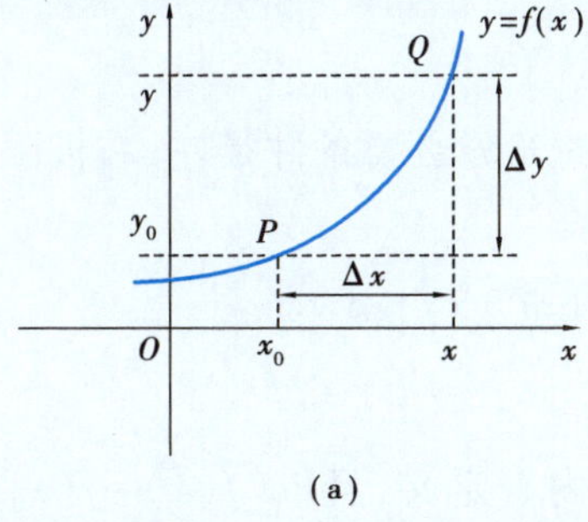

(a)

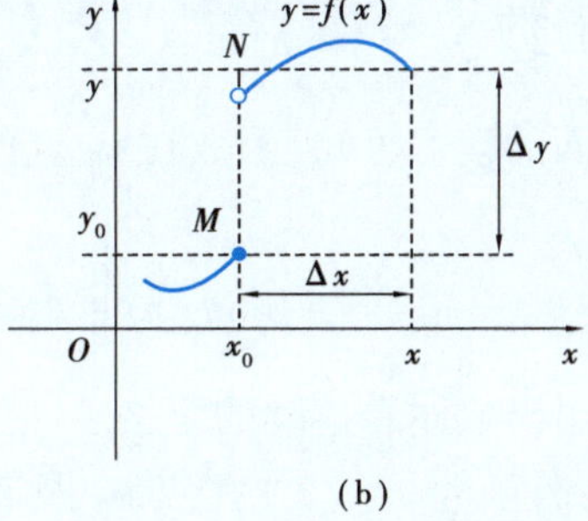

(b)

图 3.3

自变量从 x_0 变到 x,有增量 Δx,相应地,函数的增量 $\Delta y=f(x)-f(x_0)=y-y_0$. 当 Δx 趋近于 0 时,图 3.3(a)中的 Δy 也随之趋近于 0;而图 3.3(b)中的 Δy 却趋向于 MN,不趋近于 0,即等于跳跃的长度 MN. 这样直观上从图 3.3(a)中曲线的变化看出函数 $y=f(x)$ 在点 x_0 处连续,而从图 3.3(b)中看出函数 $y=f(x)$ 在点 x_0 处不连续(或间断). 下面给出函数在 x_0 点处连续的定义.

定义 3.2　设函数 $y=f(x)$ 在点 x_0 及其邻域内有定义,如果当自变量 x 在点 x_0 的增量 Δx 趋近于 0 时,相应地,函数 $y=f(x)$ 的增量 $\Delta y=f(x_0+\Delta x)-f(x_0)$ 也趋近于 0,即

$$\lim_{\Delta x\to 0}\Delta y=\lim_{\Delta x\to 0}[f(x_0+\Delta x)-f(x_0)]=0$$

则称函数 $y=f(x)$ 在点 x_0 处连续;否则就称函数 $y=f(x)$ 在点 x_0 处不连续(或间断),称 x_0

为间断点.

又因为 $\Delta x=x-x_0$，$\Delta y=f(x)-f(x_0)$，当 $\Delta x\to 0$ 时有 $x\to x_0$，当 $\Delta y\to 0$ 时有 $f(x)\to f(x_0)$. 因此，函数在 x_0 点处是否连续又可定义如下：

定义 3.3 设函数 $y=f(x)$ 在点 x_0 处及其邻域内有定义，如果有

$$\lim_{x\to x_0}f(x)=f(x_0)$$

则称函数 $y=f(x)$ 在点 x_0 处连续；否则就称函数 $y=f(x)$ 在点 x_0 处不连续(或间断).

分析定义 3.3 可得出一个非常实用的结论：函数 $y=f(x)$ 在点 x_0 处连续的充分必要条件是：

(1) 函数 $y=f(x)$ 在 x_0 点有定义；

(2) $\lim\limits_{x\to x_0}f(x)$ 存在；

(3) $\lim\limits_{x\to x_0}f(x)=f(x_0)$.

如果上述三个条件中任意一个条件不满足，那么 $y=f(x)$ 在 x_0 点处就不连续(或间断)，x_0 点是函数的间断点，从而得出了函数间断点的判断方法.

【例 3.2】 证明函数 $y=3x^2+1$ 在点 $x=1$ 处连续.

【解】 因为 $f(x)$ 在点 $x=1$ 处有定义，且 $f(1)=3\times1^2+1=4$.

又因为 $\lim\limits_{x\to1}f(x)=\lim\limits_{x\to1}(3x^2+1)=4$，即得 $\lim\limits_{x\to1}f(x)=f(1)=4$，所以函数 $y=3x^2+1$ 在点 $x=1$ 处连续.

3.1.3 函数 $y=f(x)$ 在 x_0 点的左、右连续

通过前面的学习可知，函数在 x_0 点的极限存在的充分必要条件是左、右极限均存在且相等，即

$$\lim_{x\to x_0}f(x)=A\Leftrightarrow\lim_{x\to x_0^-}f(x)=\lim_{x\to x_0^+}f(x)=A$$

下面给出函数左右连续的定义.

左连续：若函数 $y=f(x)$ 在点 x_0 及其左侧邻域内有定义，且 $\lim\limits_{x\to x_0^-}f(x)=f(x_0)$，则称函数 $f(x)$ 在点 x_0 处左连续.

右连续：若函数 $y=f(x)$ 在点 x_0 及其右侧邻域内有定义，且 $\lim\limits_{x\to x_0^+}f(x)=f(x_0)$，则称函数 $f(x)$ 在点 x_0 处右连续.

定理 3.1 函数 $f(x)$ 在点 x_0 处连续的充分必要条件是 $f(x)$ 在点 x_0 处既左连续又右连续，即函数 $f(x)$ 在点 x_0 处连续 $\Leftrightarrow\lim\limits_{x\to x_0^-}f(x)=\lim\limits_{x\to x_0^+}f(x)=f(x_0)$.

在讨论分段函数在分段点 x_0 处的连续性时，用此充分必要条件极为方便.

【例 3.3】 作出函数 $f(x)=\begin{cases}1 & x>1\\ x & -1\leqslant x\leqslant 1\end{cases}$ 的图像，并讨论函数 $f(x)$ 在点 $x=1$ 处的连续性.

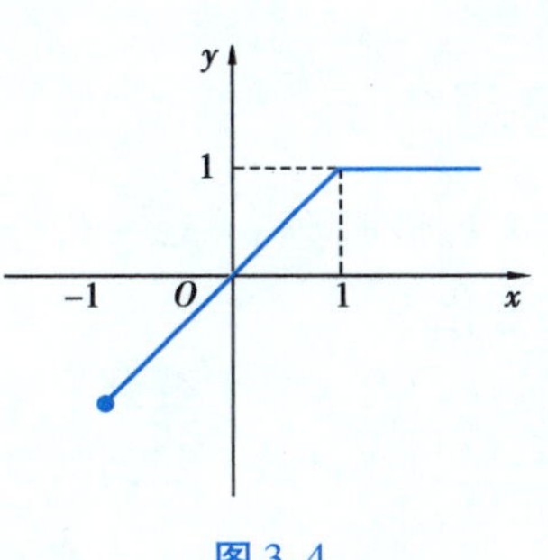

图 3.4

【解】　函数 $f(x)$ 在 $[-1,+\infty)$ 内有定义，$f(x)$ 的图像如图 3.4 所示.

因 $x=1$ 是函数的分段点，且 $f(1)=1$，可得：

左极限　$f(1-0)=\lim\limits_{x\to1^-}f(x)=\lim\limits_{x\to1^-}x=1$

右极限　$f(1+0)=\lim\limits_{x\to1^+}f(x)=\lim\limits_{x\to1^+}1=1$

于是有 $f(1-0)=f(1+0)=f(1)=1$，所以函数 $f(x)$ 在点 $x=1$ 处连续.

【例 3.4】　讨论下列各函数在指定点处的连续性.

(1) $f(x)=\dfrac{x^2-1}{x-1}$，在 $x=1$ 处；

(2) $f(x)=\begin{cases}x+1 & x>0\\ 2 & x=0\\ e^x & x<0\end{cases}$，在 $x=0$ 处.

【解】　(1) 因为 $f(x)$ 在 $x=1$ 处无定义，所以 $x=1$ 为函数 $f(x)=\dfrac{x^2-1}{x-1}$ 的间断点，如图 3.5 所示.

(2) 因为 $f(x)$ 在 $x=0$ 处有定义，且 $f(0)=2$，可得：

左极限　$\lim\limits_{x\to0^-}f(x)=\lim\limits_{x\to0^-}e^x=1$

右极限　$\lim\limits_{x\to0^+}f(x)=\lim\limits_{x\to0^+}(1+x)=1$

由于 $\lim\limits_{x\to0^-}f(x)=\lim\limits_{x\to0^+}f(x)\neq f(0)$，所以 $x=0$ 是函数 $f(x)$ 的间断点，如图 3.6 所示.

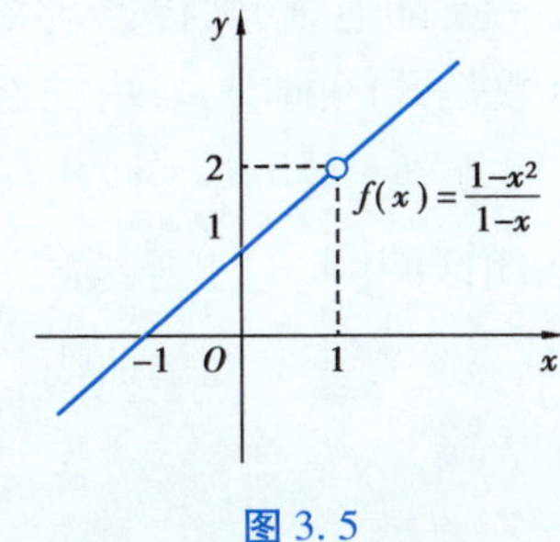

图 3.5

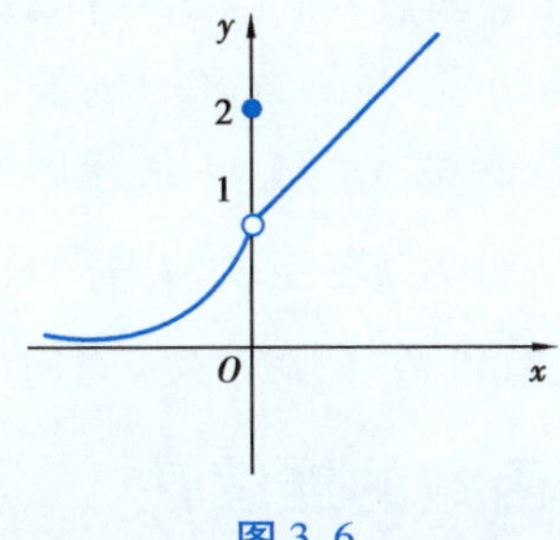

图 3.6

【例 3.5】　设函数 $f(x)=\begin{cases}\dfrac{\sin ax}{x} & x\neq0\\ 3x^2+1 & x=0\end{cases}$ 在 $x=0$ 点处连续，求 a 的值.

【解】　因为函数在 $x=0$ 点处有定义且 $f(0)=1$，又因为函数在 $x=0$ 点的左右表达式相同，所以可以直接求极限

$$\lim_{x\to0}f(x)=\lim_{x\to0}\frac{\sin ax}{x}=\lim_{x\to0}\frac{\sin ax}{ax}a=a$$

由函数在 $x=0$ 点连续，必须 $\lim\limits_{x\to0}f(x)=f(0)$，得出 $a=1$.

习题 3.1

1. 设函数 $y=3x^2-1$，分别求下列条件下自变量 x 的增量，函数 y 的增量以及函数的平均变化率.

(1)当 x 从 1 变到 1.5 时；

(2)当 x 从 1 变到 0.5 时.

2. 作函数 $f(x)=\begin{cases}3x & x\leqslant 2\\ x^2+2 & x>2\end{cases}$ 的图像，并讨论函数在 $x=2$ 处的连续性.

3. 设函数 $f(x)=\begin{cases}\dfrac{\sin 3x}{x} & x<0\\ 2x+k & 0\leqslant x<1\\ \dfrac{4}{x} & 1\leqslant x\end{cases}$，试讨论：

(1) k 为何值时，函数在点 $x=0$ 处连续？

(2)当函数在点 $x=0$ 处连续时，在点 $x=1$ 处是否连续？

3.2 函数 $y=f(x)$ 在区间上的连续性

3.2.1 函数 $y=f(x)$ 在区间上连续的定义

定义 3.4 如果函数 $f(x)$ 在开区间 (a,b) 内每一点都连续，则称 $f(x)$ 在开区间 (a,b) 内连续，开区间 (a,b) 称为函数 $f(x)$ 的连续区间，函数是开区间 (a,b) 内的连续函数.

定义 3.5 若函数 $y=f(x)$ 在开区间 (a,b) 内连续，且 $\lim\limits_{x\to a^+}f(x)=f(a)$（$a$ 点右连续），$\lim\limits_{x\to b^-}f(x)=f(b)$（$b$ 点左连续），则称函数 $f(x)$ 在闭区间 $[a,b]$ 上连续.

在几何上，连续函数在其连续区间内的图像是一条连续不间断的曲线.

3.2.2 初等函数的连续性

性质 1 若函数 $f(x)$ 与 $g(x)$ 都是连续函数，那么它们的和、差、积、商（分母不等于 0）仍是连续函数.

性质 2 若函数 $y=f(u)$，$u=\varphi(x)$ 都是连续函数，那么其复合函数 $y=f[\varphi(x)]$ 也是连续函数，并且在连续点 x_0 处有

$$\lim_{x\to x_0}f[\varphi(x)]=f[\lim_{x\to x_0}\varphi(x)]=f[\varphi(x_0)]$$

一般地，求复合函数的极限 $\lim\limits_{x\to x_0}f[\varphi(x)]$ 时，函数值的计算与极限的计算可以交换顺序.

利用连续函数的定义可以证明，基本初等函数在其定义区间上都是连续的. 再由上述

性质1、性质2得出以下定理:

定理 3.2　初等函数在其定义区间内都是连续的.(证明略)

如果函数$f(x)$是初等函数,x_0是它定义域内任意一点,由定理3.2知$f(x)$在点x_0处连续,即有$\lim\limits_{x\to x_0} f(x)=f(x_0)$. 因此在求$\lim\limits_{x\to x_0} f(x)$的极限时,只需计算$f(x_0)$的值就可以了.

【例 3.6】　求下列极限.

(1)$\lim\limits_{x\to -1}\dfrac{3x+1}{x^2+1}$　　(2)$\lim\limits_{x\to 0}\dfrac{\sin x}{3x-1}$　　(3)$\lim\limits_{x\to 2}\dfrac{x-2}{x^3-8}$

【解】　(1)-1是函数$f(x)=\dfrac{3x+1}{x^2+1}$定义域中的点,所以

$$\lim_{x\to -1}\frac{3x+1}{x^2+1}=\frac{-3+1}{1+1}=-1$$

(2)0是函数$f(x)=\dfrac{\sin x}{3x-1}$定义域中的点,所以

$$\lim_{x\to 0}\frac{\sin x}{3x-1}=\frac{0}{-1}=0$$

(3)函数$f(x)=\dfrac{x-2}{x^3-8}$在$x=2$处无定义,不能将$x=2$代入函数计算. 应先对$f(x)$作变形,再求极限.

$$\begin{aligned}\lim_{x\to 2}\frac{x-2}{x^3-8}&=\lim_{x\to 2}\frac{x-2}{(x-2)(x^2+2x+4)}\\&=\lim_{x\to 2}\frac{1}{x^2+2x+4}\\&=\lim_{x\to 2}\frac{1}{4+4+4}=\frac{1}{12}\end{aligned}$$

性质 3　若函数$u=\varphi(x)$,当$x\to x_0$时极限存在且等于a,即$\lim\limits_{x\to x_0}\varphi(x)=a$,且$y=f(u)$在点$u=a$处连续,则复合函数$y=f[\varphi(x)]$当$x\to x_0$时的极限存在,且等于$f(a)$.(证明略)

$$\lim_{x\to x_0} f[\varphi(x)]=f[\lim_{x\to x_0}\varphi(x)]=f(a)$$

在满足性质3的条件下,求复合函数$f[\varphi(x)]$的极限时,极限符号lim可以和函数符号f交换运算顺序.

【例 3.7】　求极限$\lim\limits_{x\to\frac{\pi}{9}}\ln(2\sin 3x)$.

【解】

$$\begin{aligned}\lim_{x\to\frac{\pi}{9}}\ln(2\sin 3x)&=\ln[\lim_{x\to\frac{\pi}{9}}(2\sin 3x)]\\&=\ln(2\sin\frac{\pi}{3})=\ln\sqrt{3}=\frac{1}{2}\ln 3\end{aligned}$$

【例 3.8】　求极限$\lim\limits_{x\to 0}a^{\ln(1-\sin x)}$.

【解】

$$\begin{aligned}\lim_{x\to 0}a^{\ln(1-\sin x)}&=a^{\lim\limits_{x\to 0}[\ln(1-\sin x)]}\\&=a^{\ln(1-\sin 0)}=a^0=1\end{aligned}$$

关于 0^0 的思考

由指数函数的定义以及幂运算规则可知：当 $a \neq 0$ 时，$a^0=1$；且当 $n>0$ 时，$0^n=0$. 但这两个运算法则如果推广到 0^0，就会得到矛盾的结果. 为了考虑 0^0 的值，我们可以考虑函数 $y=x^x$ 在 $x \to 0^+$ 时的极限值. 不妨取一些 x 的值，得到如下函数值的变化.

x	0.1	0.01	0.001	0.000 1	0.000 01	0.000 001	0.000 000 1	0.000 000 01
$y=x^x$	0.794 328	0.954 993	0.993 116	0.999 079	0.999 885	0.999 986	0.999 998 388	0.999 999 816

由表中的数据可以看出，$\lim\limits_{x \to 0^+} x^x=1$（在后面洛必达法则部分会给出严格的计算过程）. 如果希望函数 $y=x^x$ 在 $x=0$ 点有定义并且连续，那么根据函数连续的定义可知 $\lim\limits_{x \to 0^+} x^x=1=f(0)$，因此我们可定义 $0^0=1$.

习题 3.2

利用函数的连续性求下列极限.

(1) $\lim\limits_{x \to 0} \sqrt{2x^2-3x+2}$

(2) $\lim\limits_{x \to 0} \dfrac{6+x\sin x-\cos 2x}{\sin^2\left(x+\dfrac{\pi}{6}\right)}$

(3) $\lim\limits_{x \to 0} \dfrac{x}{\sqrt{x+4}-2}$

(4) $\lim\limits_{x \to \infty} \left(\dfrac{3x+1}{x-2}\right)^2$

3.3　函数的间断点及分类

由定义 3.3 可知，函数 $f(x)$ 在点 x_0 处连续应同时具备 3 个条件：

(1) 函数在点 x_0 处及其邻域内有定义；

(2) 极限 $\lim\limits_{x \to x_0} f(x)$ 存在；

(3) $\lim\limits_{x \to x_0} f(x)=f(x_0)$.

如果函数 $f(x)$ 在点 x_0 处不连续，称点 x_0 是函数的不连续点或间断点.

间断点的判定：若函数 $f(x)$ 在点 x_0 处满足下列 3 个条件之一，则 x_0 就是函数的间断点.

(1) 函数 $f(x)$ 在点 x_0 处无定义；

(2) 极限 $\lim\limits_{x \to x_0} f(x)$ 不存在；

(3) $\lim\limits_{x \to x_0} f(x) \neq f(x_0)$.

【例 3.9】 讨论下列函数的间断点.

(1)$f(x)=\begin{cases}2x+1 & x\geqslant 0\\ x-1 & x<0\end{cases}$　　(2)$f(x)=\begin{cases}2x+3 & x>0\\ 5 & x=0\\ e^x+2 & x<0\end{cases}$

【解】 (1)求函数在 $x=0$ 处的左右极限.

左极限　$\lim\limits_{x\to 0^-}f(x)=\lim\limits_{x\to 0^-}(x-1)=-1$

右极限　$\lim\limits_{x\to 0^+}f(x)=\lim\limits_{x\to 0^+}(2x+1)=1$

即 $\lim\limits_{x\to 0^+}f(x)\neq\lim\limits_{x\to 0^-}f(x)$,故 $\lim\limits_{x\to 0}f(x)$ 不存在,因此 $x=0$ 为函数的间断点.

(2)因为 $f(x)=\begin{cases}2x+3 & x>0\\ 5 & x=0\\ e^x+2 & x<0\end{cases}$ 在 $x=0$ 处有定义,且 $f(0)=5$,可得

左极限　$f(0-0)=\lim\limits_{x\to 0^-}f(x)=\lim\limits_{x\to 0^-}(e^x+2)=3$

右极限　$f(0+0)=\lim\limits_{x\to 0^+}f(x)=\lim\limits_{x\to 0^+}(2x+3)=3$

即 $f(0-0)=f(0+0)=3$,而 $\lim\limits_{x\to 0}f(x)=3\neq f(0)=5$,所以 $x=0$ 是函数 $f(x)$ 的间断点.

函数间断点的几种常见类型见表 3.1 和表 3.2.

表 3.1　第一类间断点

可去间断点	跳跃间断点
(1) $\lim\limits_{x\to x_0}f(x)$ 存在,但 $f(x)$ 在 x_0 处无定义; (2) $\lim\limits_{x\to x_0}f(x)$ 存在,但 $\lim\limits_{x\to x_0}f(x)\neq f(x_0)$	$f(x_0-0)$ 与 $f(x_0+0)$ 都存在, 但 $f(x_0-0)\neq f(x_0+0)$

表 3.2　第二类间断点

无穷间断点	其他
$\lim\limits_{x\to x_0}f(x)=\infty$	不属于前述各种情况的其他情况

在例 3.9 中,尽管 $x=0$ 都是间断点,但间断点的性质不一样. (1)题中间断点 $x=0$ 是跳跃间断点;(2)题中间断点 $x=0$ 是可去间断点。

注 意

凡是可去间断点,均可补充或改变函数在该点的定义,使函数在该点连续.

如例 3.9(2)中改变函数在 $x=0$ 点处的定义,令 $f(0)=3$,函数在 $x=0$ 点处就连续了.

【例 3.10】 求下列函数的间断点,并指明类型.

(1) $f(x)=\dfrac{x^2-1}{x^2-3x+2}$　　　(2) $f(x)=\begin{cases}\dfrac{1}{x+1} & x<1\\ 1 & x=1\\ \dfrac{\sqrt{x}-1}{x-1} & x>1\end{cases}$

【解】 (1) 因为 $f(x)=\dfrac{x^2-1}{x^2-3x+2}=\dfrac{x^2-1}{(x-2)(x-1)}$ 在 $x_1=1,x_2=2$ 处没有定义，则 $x_1=1,x_2=2$ 是间断点.

又因为 $\lim\limits_{x\to1}\dfrac{x^2-1}{x^2-3x+2}=\lim\limits_{x\to1}\dfrac{(x+1)(x-1)}{(x-2)(x-1)}=\lim\limits_{x\to1}\dfrac{x+1}{x-2}=-2$

所以 $x_1=1$ 是函数的可去间断点.

而 $\lim\limits_{x\to2}\dfrac{x^2-1}{x^2-3x+2}=\lim\limits_{x\to2}\dfrac{x+1}{x-2}=\infty$

所以 $x_2=2$ 是函数的无穷间断点.

(2) 因为函数在 $x=1$ 处有定义，且 $f(1)=1$，而

$$f(1-0)=\lim_{x\to1^-}f(x)=\lim_{x\to1^-}\frac{1}{x+1}=\frac{1}{2}$$

$$f(1+0)=\lim_{x\to1^+}f(x)=\lim_{x\to1^+}\frac{\sqrt{x}-1}{x-1}=\lim_{x\to1^+}\frac{1}{\sqrt{x}+1}=\frac{1}{2}$$

由 $f(1-0)=f(1+0)$ 得 $\lim\limits_{x\to1}f(x)=\dfrac{1}{2}$，即

$$\lim_{x\to1}f(x)=\frac{1}{2}\neq f(1)=1$$

所以 $x=1$ 是函数的间断点且为可去间断点.

习题 3.3

1. 讨论函数 $y=\dfrac{x-1}{x^2+4x-5}$ 的间断点及其类型.

2. 讨论函数 $f(x)=\begin{cases}x^2+3 & x<0\\ 2 & x=0\\ x+3 & x>0\end{cases}$ 在 $x=0$ 点处的连续性，若不连续，说明间断点类型.

3. 讨论函数 $f(x)=\begin{cases}2x+3 & x<1\\ \ln x+3 & x\geqslant1\end{cases}$ 在 $x=1$ 点处的连续性，若不连续，说明间断点类型.

3.4 闭区间 $[a,b]$ 上连续函数的性质

正弦函数 $y=\sin x$ 是有界函数，且 $|\sin x|\leqslant1$，在其连续区间 $[0,2\pi]$ 上有 $\sin\dfrac{\pi}{2}=1,\sin\dfrac{3\pi}{2}=-1$，

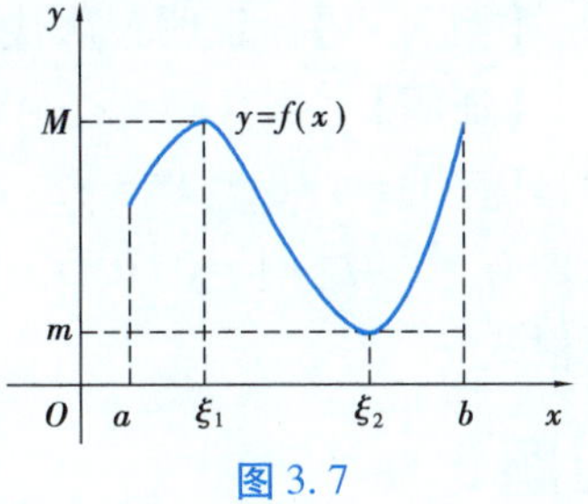

图 3.7

也就是说在$[0,2\pi]$能够取到最大值 1 和最小值-1；而函数$y=\dfrac{1}{x}$在它的连续区间$(0,1]$上能够取到最小值 1 但无最大值. 下面的定理给出了连续函数最大值、最小值存在的条件.

定理 3.3（最值定理）　在闭区间$[a,b]$上的连续函数$f(x)$，在$[a,b]$上一定能够取到它的最大值与最小值.

如图 3.7 所示，函数$y=f(x)$在$[a,b]$上连续，在$x=\xi_1$处取得最大值$f(\xi_1)=M$，在$x=\xi_2$处取得最小值$f(\xi_2)=m$.

注　意

（1）如果连续区间不是闭区间而是开区间，定理 3.3 不一定成立；

（2）如果函数在闭区间上有间断点，定理 3.3 也不一定成立.

定理 3.4（介值定理）　如果函数$y=f(x)$在闭区间$[a,b]$上连续，且在此区间的端点取得不同的函数值

$$f(a)=A,f(b)=B\quad(A\neq B)$$

那么对介于A与B之间的任意一个实数C，在开区间(a,b)内至少存在一点ξ，使得

$$f(\xi)=C(a<\xi<b)\quad（证明略）$$

定理 3.4 的几何解释：如图 3.8 所示，$y=f(x)$在闭区间$[a,b]$上连续，曲线与水平直线$y=C(A<C<B)$至少相交于一点，交点坐标为$[\xi,f(\xi)]$，则在交点处的纵坐标等于C，即$f(\xi)=C$.

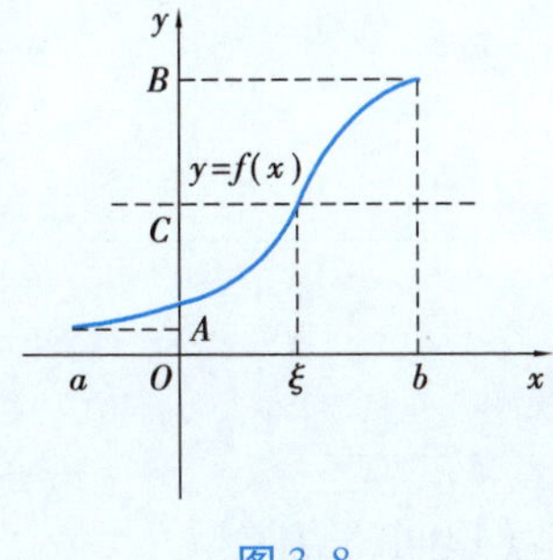

图 3.8

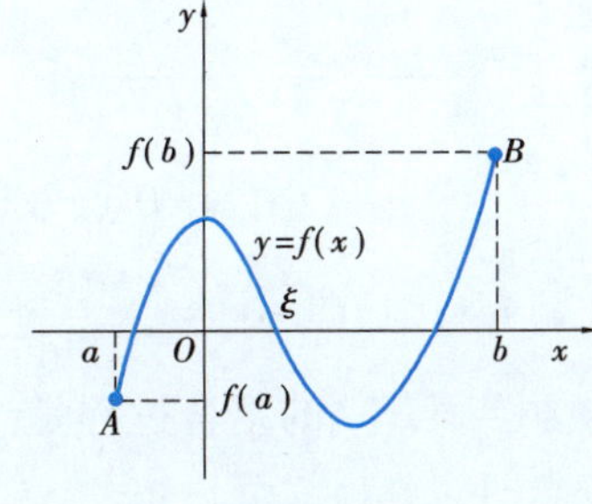

图 3.9

推论（根的存在定理或零点定理）　如果函数$y=f(x)$在闭区间$[a,b]$上连续，且$f(a)$与$f(b)$异号，则在开区间(a,b)内至少存在一点ξ，使得

$$f(\xi)=0$$

即方程$f(x)=0$在(a,b)内至少存在一个实数根ξ.

推论的几何解释：如图 3.9 所示，如果点A与点B分别在x轴上下两侧，则连接A,B的曲线$y=f(x)$至少与x轴有一个交点$(\xi,0)$，即在交点处有$f(\xi)=0$.

【例 3.11】 证明三次代数方程 $x^3-4x^2+1=0$ 在区间 $(0,1)$ 内至少有一个实数根.

【证明】 令 $f(x)=x^3-4x^2+1$，因为 $f(x)=x^3-4x^2+1$ 是初等函数，所以它在 $[0,1]$ 上连续，且 $f(0)=1>0$，$f(1)=-2<0$. 由根的存在定理可知，在 $(0,1)$ 内至少有一点 ξ，使得 $f(\xi)=0$，即有 $\xi^3-4\xi^2+1=0\ (0<\xi<1)$. 等式说明方程 $x^3-4x^2+1=0$ 在 $(0,1)$ 内至少有一个实数根 $x=\xi$.

习题 3.4

证明方程 $x^5-5x^3+1=0$ 在区间 $(0,1)$ 内至少有一个实数根.

综合练习题 1

1. 填空题.

(1) 函数 $f(x)=\begin{cases}2x^2+5 & x<1\\ 2 & x=1\\ 8x-1 & x>1\end{cases}$，则 $\lim\limits_{x\to1}f(x)$ 为__________.

(2) 分段函数 $f(x)=\begin{cases}x+2 & 0<x<1\\ 1-2x & 1\leqslant x<2\end{cases}$ 的定义域为__________.

(3) 设 $f(x-1)=\dfrac{x^2-2}{x+3}$，则 $f(3)=$__________.

(4) 若 $x\to x_0$ 时，$f(x)$ 为无穷大量，则 $\dfrac{1}{f(x)}$ 为__________.

(5) $\lim\limits_{x\to0}x\sin\dfrac{5}{x}=$__________.

(6) 函数 $\begin{cases}a+3x & x<0\\ 2\cos x+4 & x\geqslant0\end{cases}$ 在 $x=0$ 点处连续，则 $a=$__________.

(7) 若 $\lim\limits_{x\to1}f(x)=A$，则 $f(1+0)=$__________.

(8) 复合函数 $y=\mathrm{e}^{\lg^2(x+5)}$ 的复合过程是__________.

(9) 函数 $y=\dfrac{x^2-1}{x-1}$ 的间断点是__________.（填间断点类型）

(10) 函数 $y=\arctan(2x-1)$ 的定义域为__________.

2. 单项选择题.

(1) 下列极限中正确的是(　　).

A. $\lim\limits_{x\to0}\dfrac{\sin x}{x}=1$　　B. $\lim\limits_{x\to\infty}\dfrac{\sin x}{x}=1$

C. $\lim\limits_{x\to\infty}(1+x)^{\frac{1}{x}}=\mathrm{e}$　　D. $\lim\limits_{x\to0}\left(1+\dfrac{1}{x}\right)^x=\mathrm{e}$

(2)下列式子中是复合函数的是(　　).

A. $y=\log_3 x$　　B. $y=7\tan x-5$

C. $y=\frac{1}{x^4}$　　D. $y=e^{3x}$

(3)复合函数 $y=\tan^2 x^3$ 的复合过程是(　　).

A. $y=\tan u, u=v^2, v=x^3$　　B. $y=u^2, u=\tan v, v=x^3$

C. $y=u^2, u=\tan x^3$　　D. $y=u^2, u=\tan v, v=w^3, w=x$

(4)$\lim\limits_{x\to\frac{\pi}{2}}\frac{\sin x}{x}=$(　　).

A. 1　　B. 0　　C. π　　D. $\frac{2}{\pi}$

(5)$\lim\limits_{x\to\infty}\frac{\sin x}{x}+\lim\limits_{x\to\infty}\frac{x+\cos x}{x+\sin x}=$(　　).

A. 1　　B. 0　　C. 2　　D. 不存在

(6)$\lim\limits_{x\to\infty}\left(x\sin\frac{1}{x}\right)=$(　　).

A. 1　　B. 0　　C. ∞　　D. -1

(7)$\lim\limits_{n\to\infty}[\sqrt{n}(\sqrt{n+1}-\sqrt{n-1})]=$(　　).

A. 0　　B. 1　　C. 2　　D. 不存在

(8)若 $f(x_0)$ 在 x_0 处连续,则下列说法错误的是(　　).

A. $\frac{1}{f(x)}$在 x_0 处必连续　　B. $f(x_0)$必存在

C. $\lim\limits_{x\to x_0}f(x)$必存在　　D. $\lim\limits_{x\to x_0}f(x)=f(x_0)$

3. 求下列函数的定义域.

(1)$y=\frac{\sqrt[3]{x+3}}{x^2-7x-8}$　　(2)$y=e^{\sqrt{2x-1}}$

(3)$y=\ln(1-x^2)-\frac{x^3-x-1}{5x}$　　(4)$y=\arcsin(3x+1)+\sqrt{|x|-4}$

4. 求下列函数的极限.

(1)$\lim\limits_{\alpha\to\frac{\pi}{4}}3\sin 2\alpha$　　(2)$\lim\limits_{x\to 2}\frac{x^2-4}{\sqrt{x-1}-1}$

(3)$\lim\limits_{x\to 1}\frac{x^3-1}{x^2-1}$　　(4)$\lim\limits_{x\to\infty}\frac{\sqrt{x^2+1}}{2x+1}$

(5)$\lim\limits_{x\to\infty}\left(\frac{x-2}{x}\right)^{3x}$　　(6)$\lim\limits_{x\to 0}\left(\frac{1+x}{1-x}\right)^{\frac{1}{x}}$

(7)$\lim\limits_{x\to 0}\frac{\sin 4x}{\arcsin 5x}$　　(8)$\lim\limits_{x\to 0}\frac{2x^2}{\sin^2\frac{x}{2}}$

(9) $\lim\limits_{x\to 0}(1-x)^{\frac{2}{x}}$　　(10) $\lim\limits_{x\to 0}\dfrac{1-\cos 2x}{x\sin x}$

5. 写出下列复合函数的复合过程.

(1) $y=\sqrt{1-2\sin^2 x}$　　(2) $y=\dfrac{1}{2}\log_2(2+\cos 2x)$

(3) $y=(1+x^2)^{\frac{1}{3}}$

6. 设函数 $y=\begin{cases} be^x & x<0 \\ 2\sin x+3 & x\geqslant 0 \end{cases}$ 在 $x=0$ 点处连续,求 b 的值.

7. 设函数

$$f(x)=\begin{cases} x\sin\dfrac{2}{x} & x>0 \\ a+x^3 & x\leqslant 0 \end{cases}$$

要使 $f(x)$ 在 $(-\infty,+\infty)$ 内连续,应当怎样选择数 a?

8. 某工厂生产某产品的年产量为 x 台,每台售价 500 元,当年产量超过 800 台时,超过部分只能按 9 折出售,这样可多售出 200 台,如果年产量再增加,本年就销售不出去了. 求本年的收益函数 $R(x)$.

模块 2

微分学

第 4 章 函数的导数

微分学是微积分的重要组成部分，它的基本概念是导数与微分. 导数的本质是研究具有函数关系的变量之间的瞬时变化率，反映当自变量的增量趋于 0 的过程中函数的变化性态. 导数有着广泛的应用，物理学、几何学、经济学等学科中的一些重要概念都可以用导数来表示. 例如，导数可以表示运动物体的瞬时速度和加速度，可以表示曲线在一点的切线斜率，还可以表示经济学中的边际成本等.

本章我们主要讨论导数的概念及其运算，导数的应用以及微分的相关知识将在后续章节介绍.

4.1 导数的概念

4.1.1 引例

1）求曲线的切线斜率

求曲线 $y=f(x)$ 上定点 $M(x_0,y_0)$ 处的切线斜率，如图 4.1 所示.

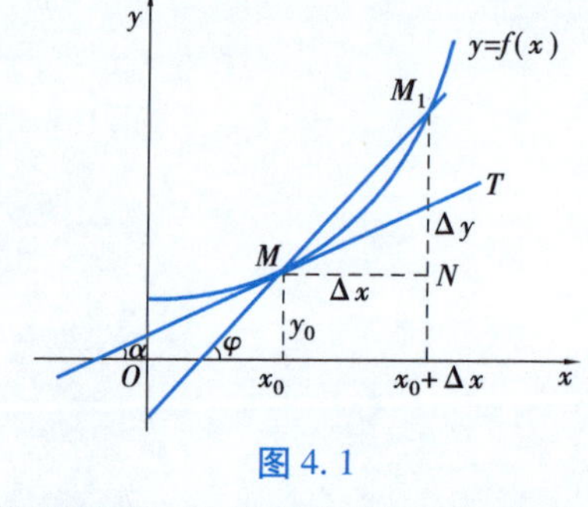

图 4.1

首先，当自变量在 x_0 处有增量 $\Delta x(\Delta x\neq 0)$ 时，相应的函数增量 $\Delta y=f(x_0+\Delta x)-f(x_0)$，对应曲线上另外一点 $M_1(x_0+\Delta x,y_0+\Delta y)$，在直角三角形 MM_1N 中割线 MM_1 的斜率为

$$K_{MM_1}=\tan\varphi=\frac{\Delta y}{\Delta x}=\frac{f(x_0+\Delta x)-f(x_0)}{\Delta x}$$

其次，由图 4.1 可见，当 $\Delta x\to 0$ 时，割线 MM_1 的极限位置即为 M 点的切线 MT，在此过程中割线 MM_1 的斜率 K_{MM_1} 的极限为切线 MT 的斜率 K，即

$$K=\lim_{\Delta x\to 0}\frac{\Delta y}{\Delta x}=\lim_{\Delta x\to 0}\frac{f(x_0+\Delta x)-f(x_0)}{\Delta x}$$

2）变速直线运动的瞬时速度

设一质点作变速直线运动，其所经过的路程 s 是时间 t 的函数，即 $s=s(t)$. 求质点在 $t=t_0$ 时刻的瞬时速度 $v(t_0)$.

首先，我们考察该质点在 $t=t_0$ 附近的运动状态. 当时间由 t_0 改变到 $t_0+\Delta t$ 时（$\Delta t\neq 0$），

质点在 Δt 这段时间所经过的路程为 $\Delta s=s(t_0+\Delta t)-s(t_0)$，于是质点在时间段 Δt 内的平均速度为

$$\bar{v}=\frac{\Delta s}{\Delta t}=\frac{s(t_0+\Delta t)-s(t_0)}{\Delta t}$$

其次，由于质点作变速运动，平均速度 $\bar{v}$ 不足以刻画质点在 $t=t_0$ 时刻的速度. 显然 Δt 越小，平均速度 $\bar{v}$ 就越接近 t_0 时刻的瞬时速度 $v(t_0)$. 当 $\Delta t\to 0$ 时，如果 $\bar{v}$ 的极限存在，则此极限就应是质点在 t_0 时刻的瞬时速度，即

$$v(t_0)=\lim_{\Delta t\to 0}\frac{\Delta s}{\Delta t}=\lim_{\Delta t\to 0}\frac{s(t_0+\Delta t)-s(t_0)}{\Delta t}$$

4.1.2　导数的定义

上述两个引例虽然解决的是两个不同领域的问题，各自表示不同的实际含义，但解决思路是一致的. 无论是求切线斜率还是求瞬时速度，都可归结为：先求出函数增量与自变量增量的比值，再求出比值在自变量增量趋近于0时的极限. 此极限若存在，则将该极限就称为函数的导数.

1）函数在 x_0 处的导数

定义 4.1　设函数 $y=f(x)$ 在点 x_0 及其邻域内有定义，当自变量 x 在点 x_0 处取得增量 Δx 时，函数 $f(x)$ 的相应增量 $\Delta y=f(x_0+\Delta x)-f(x_0)$，如果两增量的比值 $\frac{\Delta y}{\Delta x}$ 在 $\Delta x\to 0$ 时的极限存在，则称函数 $y=f(x)$ 在点 x_0 处可导或导数存在，并将此极限值定义为 $y=f(x)$ 在点 x_0 处的导数（微商），记为 $f'(x_0)$，即

$$f'(x_0)=\lim_{\Delta x\to 0}\frac{\Delta y}{\Delta x}=\lim_{\Delta x\to 0}\frac{f(x_0+\Delta x)-f(x_0)}{\Delta x}$$

也可记为

$$y'\big|_{x=x_0},\left.\frac{\mathrm{d}y}{\mathrm{d}x}\right|_{x=x_0},\left.\frac{\mathrm{d}f(x)}{\mathrm{d}x}\right|_{x=x_0}$$

如果上述极限不存在，则称函数 $y=f(x)$ 在点 x_0 处不可导.

$\frac{\Delta y}{\Delta x}=\frac{f(x_0+\Delta x)-f(x_0)}{\Delta x}$ 反映的是自变量 x 从点 x_0 改变到 $x_0+\Delta x$ 时，函数 $f(x)$ 的平均变化率；而导数 $f'(x_0)=\lim\limits_{\Delta x\to 0}\frac{\Delta y}{\Delta x}$ 反映的是函数 $f(x)$ 在点 x_0 处的瞬时变化率.

下面分析导数定义的另一种常用表达形式：$\Delta x=x-x_0$，当 $\Delta x\to 0$ 时必有 $x\to x_0$，且

$$\Delta y=f(x)-f(x_0)$$

所以上述导数的定义也可以有如下的表现形式：

$$f'(x_0)=\lim_{\Delta x\to 0}\frac{\Delta y}{\Delta x}=\lim_{x\to x_0}\frac{f(x)-f(x_0)}{x-x_0}$$

根据导数的定义，前面两个引例就可以叙述为：

（1）曲线 $y=f(x)$ 在给定点 $M(x_0,y_0)$ 处的切线斜率，就是函数 $y=f(x)$ 在 x_0 处的导数，即

$$k=f'(x_0)=\left.\frac{\mathrm{d}y}{\mathrm{d}x}\right|_{x=x_0}$$

(2)质点在 $t=t_0$ 时刻的瞬时速度 $v(t_0)$ 就是路程 $s(t)$ 在 t_0 时刻的导数，即

$$v(t_0)=s'(t_0)=\left.\frac{\mathrm{d}s}{\mathrm{d}t}\right|_{t=t_0}$$

导数的定义不仅说明了导数概念的实质，同时也给出了具体求导数的方法，一般可概括为以下几个步骤：

(1)求相应于自变量增量 Δx 的函数增量：$\Delta y=f(x_0+\Delta x)-f(x_0)$；

(2)求比值：$\dfrac{\Delta y}{\Delta x}=\dfrac{f(x_0+\Delta x)-f(x_0)}{\Delta x}$；

(3)求极限：$f'(x_0)=\lim\limits_{\Delta x\to 0}\dfrac{\Delta y}{\Delta x}$.

【例 4.1】 用定义求函数 $y=x^2$ 在 $x=-1$ 处的导数.

【解】 设自变量在 $x=-1$ 处有增量 Δx，则函数增量为

$$\Delta y=f(-1+\Delta x)-f(-1)=(-1+\Delta x)^2-(-1)^2=-2\Delta x+(\Delta x)^2$$

于是

$$\frac{\Delta y}{\Delta x}=\frac{-2\Delta x+(\Delta x)^2}{\Delta x}=-2+\Delta x$$

所求导数为

$$f'(-1)=\lim_{\Delta x\to 0}\frac{\Delta y}{\Delta x}=\lim_{\Delta x\to 0}(-2+\Delta x)=-2$$

【例 4.2】 证明函数 $y=|x|$ 在点 $x_0=0$ 处不可导.

【证明】 因为 $$\lim_{x\to 0}\frac{\Delta y}{\Delta x}=\lim_{x\to 0}\frac{f(x)-f(0)}{x-0}=\lim_{x\to 0}\frac{|x|}{x}=\begin{cases}1 & x>0\\ -1 & x<0\end{cases}$$

当 $x\to 0$ 时极限不存在，所以函数 $y=|x|$ 在点 $x_0=0$ 处不可导.

2)函数 $y=f(x)$ 在点 x_0 处的单侧导数

函数在点 x_0 处的单侧导数包括左导数和右导数，在导数的定义中，只需将极限替换为单侧极限，即可得出单侧导数的定义.

定义 4.2 设函数 $y=f(x)$ 在点 x_0 及其左侧邻域内有定义，如果极限

$$\lim_{\Delta x\to 0^-}\frac{\Delta y}{\Delta x}=\lim_{\Delta x\to 0^-}\frac{f(x_0+\Delta x)-f(x_0)}{\Delta x}$$

存在，则此极限值为函数在点 x_0 处的左导数，记为 $f'_-(x_0)$，即

$$f'_-(x_0)=\lim_{\Delta x\to 0^-}\frac{\Delta y}{\Delta x}=\lim_{\Delta x\to 0^-}\frac{f(x_0+\Delta x)-f(x_0)}{\Delta x}$$

类似地，可定义右导数

$$f'_+(x_0)=\lim_{\Delta x\to 0^+}\frac{\Delta y}{\Delta x}=\lim_{\Delta x\to 0^+}\frac{f(x_0+\Delta x)-f(x_0)}{\Delta x}$$

定理 4.1 函数 $y=f(x)$ 在点 x_0 处可导的充分必要条件是左、右导数都存在并且相

等. 即

$$f'(x_0)\text{ 存在} \Leftrightarrow f'_-(x_0), f'_+(x_0)\text{ 都存在且 } f'_-(x_0)=f'_+(x_0)$$

此定理主要用于讨论函数在某点的导数是否存在,特别是讨论分段函数在分段点的导数存在与否.

【例 4.3】　设函数 $f(x)=\begin{cases}1-\cos x & x\geqslant 0\\ x & x<0\end{cases}$,讨论函数 $f(x)$ 在 $x=0$ 处的左、右导数与导数.

【解】　左导数:$f'_-(0)=\lim\limits_{\Delta x\to 0^-}\dfrac{f(0+\Delta x)-f(0)}{\Delta x}=\lim\limits_{\Delta x\to 0^-}\dfrac{(0+\Delta x)-(1-\cos 0)}{\Delta x}$

$$=\lim_{\Delta x\to 0^-}\frac{\Delta x-0}{\Delta x}=1$$

右导数:$f'_+(0)=\lim\limits_{\Delta x\to 0^+}\dfrac{f(0+\Delta x)-f(0)}{\Delta x}=\lim\limits_{\Delta x\to 0^-}\dfrac{1-\cos\Delta x}{\Delta x}=0$

因为 $f'_-(0)\neq f'_+(0)$,所以函数 $f(x)$ 在 $x=0$ 处不可导.

3)函数在区间内的导函数

定义 4.3　如果函数 $y=f(x)$ 在开区间 (a,b) 内的每一点都可导,则称函数 $y=f(x)$ 在开区间 (a,b) 内可导;若在区间端点还满足左端点 a 处 $f'_+(a)$ 存在、右端点 b 处 $f'_-(b)$ 存在,则称函数 $y=f(x)$ 在闭区间 $[a,b]$ 上可导.

此时,对区间上的任一点 x,都有一个导数值与之对应,这样在该区间上定义了一个新函数,这个新函数就称为 $y=f(x)$ 的导函数,记为

$$f'(x), y', \frac{\mathrm{d}y}{\mathrm{d}x}, \frac{\mathrm{d}f(x)}{\mathrm{d}x}$$

导函数的计算公式为

$$f'(x)=\lim_{\Delta x\to 0}\frac{\Delta y}{\Delta x}=\lim_{\Delta x\to 0}\frac{f(x+\Delta x)-f(x)}{\Delta x}$$

显然,函数 $y=f(x)$ 在点 x_0 处的导数就是导函数 $f'(x)$ 在点 x_0 处的函数值,即

$$f'(x_0)=f'(x)\big|_{x=x_0}$$

在不引起混淆的情况下,习惯上把导函数简称为导数.

4.1.3　基本初等函数的导数及求导公式

1)基本初等函数求导举例

下面利用导数的定义来求一些基本初等函数的导数,并以此作为求导公式使用. 求导的步骤是:求增量→算比值→取极限.

【例 4.4】　求函数 $f(x)=C$(C 为常数)的导数.

【解】　由于 $\Delta y=f(x+\Delta x)-f(x)=C-C=0$,可得 $\dfrac{\Delta y}{\Delta x}=\dfrac{C-C}{\Delta x}=0$,因此

$$f'(x)=\lim_{\Delta x\to 0}\frac{\Delta y}{\Delta x}=0 \quad 即 \quad (C)'=0$$

这就是说，常数函数的导数等于零.

【例 4.5】 求正弦函数 $f(x)=\sin x$ 的导数.

【解】 $$f'(x)=\lim_{\Delta x\to 0}\frac{f(x+\Delta x)-f(x)}{\Delta x}$$

$$=\lim_{\Delta x\to 0}\frac{\sin(x+\Delta x)-\sin x}{\Delta x}$$

$$=\lim_{\Delta x\to 0}\frac{1}{\Delta x}\cdot 2\cos\left(x+\frac{\Delta x}{2}\right)\sin\frac{\Delta x}{2}$$

$$=\lim_{\Delta x\to 0}\cos\left(x+\frac{\Delta x}{2}\right)\cdot\frac{\sin\frac{\Delta x}{2}}{\frac{\Delta x}{2}}$$

$$=\cos x$$

由此可得

$$(\sin x)'=\cos x$$

类似地，可以求得

$$(\cos x)'=-\sin x$$

【例 4.6】 求幂函数 $y=x^{\mu}$（μ 为实数）的导数.

【解】 先求出函数 $y=x^{n}$（n 为正整数）的导数

$$f'(x)=\lim_{\Delta x\to 0}\frac{f(x+\Delta x)-f(x)}{\Delta x}=\lim_{\Delta x\to 0}\frac{(x+\Delta x)^{n}-x^{n}}{\Delta x}$$

$$=\lim_{\Delta x\to 0}\left[nx^{n-1}+\frac{n(n-1)}{2}x^{n-2}\Delta x+\cdots+(\Delta x)^{n-1}\right]$$

$$=nx^{n-1}$$

即 $(x^{n})'=nx^{n-1}$，将上述公式里的 n 换成 μ 公式仍然成立，得幂函数的求导公式

$$(x^{\mu})'=\mu x^{\mu-1}$$

利用这个公式，可以很方便地求出幂函数的导数，例如

$(x^{-1})'=-x^{-2}(x\neq 0)$

$(\sqrt{x})'=\left(x^{\frac{1}{2}}\right)'=\frac{1}{2}x^{-\frac{1}{2}}=\frac{1}{2\sqrt{x}}(x>0)$

2）基本求导公式

上面用导数的定义求出了部分基本初等函数的导数公式，其余函数的导数公式以后陆续给出推导过程. 为了便于大家学习，现将基本初等函数的导数公式整理、归纳如下：

(1) $(C)'=0$　(C 为常数)

(2) $(x^{\mu})'=\mu x^{\mu-1}$　(μ 为任意实数)

(3) $(\sin x)'=\cos x$

(4) $(\cos x)'=-\sin x$

(5) $(\tan x)'=\sec^2 x$

(6) $(\cot x)'=-\csc^2 x$

(7) $(\sec x)'=\sec x\tan x$

(8) $(\csc x)'=-\csc x\cot x$

(9) $(a^x)'=a^x\ln a$ ($a>0$,且 $a\neq 1$)

(10) $(\mathrm{e}^x)'=\mathrm{e}^x$

(11) $(\log_a x)'=\dfrac{1}{x\ln a}$ ($a>0$,且 $a\neq 1$)

(12) $(\ln x)'=\dfrac{1}{x}$

(13) $(\arcsin x)'=\dfrac{1}{\sqrt{1-x^2}}$

(14) $(\arccos x)'=-\dfrac{1}{\sqrt{1-x^2}}$

(15) $(\arctan x)'=\dfrac{1}{1+x^2}$

(16) $(\operatorname{arccot} x)'=-\dfrac{1}{1+x^2}$

【例 4.7】　求下列函数在指定点的导数.

(1) $f(x)=2^x$,求 $f'(-1)$, $f'(0)$;(2) $f(x)=x^2\sqrt{x}$,求 $f'(x)$, $f'(1)$.

【解】　(1)因为

$$f'(x)=(2^x)'=2^x\ln 2$$

所以

$$f'(-1)=2^{-1}\ln 2=\frac{\ln 2}{2},\ f'(0)=2^0\ln 2=\ln 2$$

(2)因为

$$f(x)=x^{\frac{5}{2}}$$

所以

$$f'(x)=\frac{5}{2}x^{\frac{3}{2}},\ f'(1)=\frac{5}{2}$$

4.1.4　导数的几何意义

由引例 1 可知,如果函数 $f(x)$ 在点 x_0 处可导,则 $f'(x_0)$ 是曲线 $y=f(x)$ 在切点 $(x_0,f(x_0))$ 处的切线斜率.

由直线的点斜式方程,得出曲线在该点处的切线方程为

$$y-f(x_0)=f'(x_0)(x-x_0)$$

当 $f'(x_0)\neq 0$ 时,有法线方程

$$y-f(x_0)=-\frac{1}{f'(x_0)}(x-x_0)$$

特别地,当 $f'(x_0)=0$ 时,切线是平行于 x 轴的直线 $y=f(x_0)$,而法线是平行于 y 轴的直线 $x=x_0$;当 $f'(x_0)=\infty$ 时,表明曲线在该点的切线斜率无穷大,则该点的切线是垂直于 x 轴的直线 $x=x_0$,法线是平行于 x 轴的直线 $y=f(x_0)$.

【例 4.8】　求曲线 $y=\ln x$ 上一点,使该点的切线平行于直线 $y=\dfrac{1}{3}x+4$,并求此切线方程.

【解】 设切点为(x_0,y_0)，该点的切线平行于直线$y=\frac{1}{3}x+4$.

可知所求切线斜率

$$k=y'\big|_{x=x_0}=\frac{1}{x}\bigg|_{x=x_0}=\frac{1}{x_0}=\frac{1}{3}$$

得知$x_0=3$，切点为$(3,\ln 3)$.

过切点的切线方程为

$$y-\ln 3=\frac{1}{3}(x-3)$$

即

$$y=\frac{1}{3}x-1+\ln 3$$

4.1.5 函数可导与连续的关系

定理 4.2 如果函数$f(x)$在点x_0处可导，则函数$f(x)$在点x_0处一定连续.（证明略）

注 意

函数可导只是函数在该点连续的充分条件，而非必要条件. 即定理 4.2 的逆命题不成立.

【例 4.9】 证明函数$y=\sqrt[3]{x}$在点$x=0$处连续但不可导.

【证明】 因为函数$y=\sqrt[3]{x}$是在点$x=0$处有定义的初等函数，所以在$x=0$点处连续.

而函数的导数

$$f'(0)=\lim_{\Delta x\to 0}\frac{f(0+\Delta x)-f(0)}{\Delta x}=\lim_{\Delta x\to 0}\frac{\sqrt[3]{0+\Delta x}-\sqrt[3]{0}}{\Delta x}$$

$$=\lim_{\Delta x\to 0}\frac{\sqrt[3]{\Delta x}}{\Delta x}=\lim_{\Delta x\to 0}\frac{1}{\sqrt[3]{(\Delta x)^2}}=\infty$$

所以函数$f(x)=\sqrt[3]{x}$在点$x=0$处连续却不可导.

【例 4.10】 讨论函数$f(x)=\begin{cases}2x-1 & x>1\\ x^2 & x\leqslant 1\end{cases}$在$x=1$处的连续性与可导性.

【解】 $x=1$是分段函数的分段点，因此用左右导数进行讨论：

左导数 $f'_-(1)=\lim\limits_{x\to 1^-}\frac{f(x)-f(1)}{x-1}=\lim\limits_{x\to 1^-}\frac{x^2-1}{x-1}=2$

右导数 $f'_+(1)=\lim\limits_{x\to 1^+}\frac{f(x)-f(1)}{x-1}=\lim\limits_{x\to 1^+}\frac{(2x-1)-1}{x-1}=\lim\limits_{x\to 1^+}\frac{2(x-1)}{x-1}=2$

因为$f'_-(1)=f'_+(1)=2$，所以函数在点$x=1$可导且$f'(1)=2$.

由定理 4.2 可知，函数$f(x)$在$x=1$处的连续性.

数学文化

导数的发展史

1）早期导数概念

1629 年左右，法国数学家费马研究了作曲线的切线和求函数极值的方法. 1637 年左右，他的手稿——《求最大值与最小值的方法》问世. 他在研究切线时构造了差分 $f(A+E)-f(A)$，其中的因子 E 就是我们所说的导数 $f'(A)$.

2）17 世纪广泛使用的“流数术”

17 世纪，生产力的发展推动了自然科学和技术的发展. 在前人创造性研究的基础上，牛顿、莱布尼茨等从不同的角度开始系统地研究微积分. 牛顿的微积分理论被称为“流数术”——他称变量为流量，称变量的变化率为流数，相当于我们所说的导数. 牛顿关于“流数术”的主要著作是《求曲边形面积》《运用无穷多项方程的计算法》《流数术和无穷级数》.

3）19 世纪导数

1750 年，达朗贝尔在为法国科学院出版的《百科全书》（第五版）写的“微分”条目中，提出了一种关于导数的观点，用现代符号简单表示为 $\frac{dy}{dx}=\lim\limits_{\Delta x\to 0}\frac{\Delta y}{\Delta x}$. 1823 年，柯西在他的《无穷小分析概论》中定义了导数的概念. 19 世纪 60 年代以后，魏尔斯特拉斯创造了 $\varepsilon-\delta$ 语言，对微积分中导数的定义也就形成了今天常见的形式.

习题 4.1

1. 设函数 $f(x)$ 在点 x_0 处可导，求下列极限.

（1）$\lim\limits_{h\to 0}\frac{f(x_0+2h)-f(x_0)}{h}$　（2）$\lim\limits_{\Delta x\to 0}\frac{f(x_0-\Delta x)-f(x_0)}{\Delta x}$

（3）$\lim\limits_{\Delta x\to 0}\frac{f(x_0+\Delta x)}{\Delta x}$ [令 $f(x_0)=0$]　（4）$\lim\limits_{\Delta x\to 0}\frac{f(x_0+\Delta x)-f(x_0-\Delta x)}{\Delta x}$

2. 用导数的定义求下列函数的导数.

（1）$f(x)=3x+2$，求 $f'(x)$，$f'(2)$　（2）$f(x)=\frac{3}{x}$，求 $f'(1)$

3. 求下列函数的导数.

（1）$y=x^{-4}$　（2）$y=\sqrt[3]{x^4}$　（3）$y=\frac{1}{\sqrt{x}}$　（4）$y=\frac{x^2\sqrt{x}}{\sqrt[3]{x}}$

4. 设 $f(x)=\sin x$，求 $f'\left(\frac{\pi}{6}\right)$，$f'\left(\frac{\pi}{3}\right)$.

5. 求曲线 $y=\frac{1}{x}$ 在点 $\left(\frac{1}{2},2\right)$ 处的切线方程和法线方程.

6. 设函数 $f(x)$ 在点 x_0 处可导，且 $f(x_0)=2$，求 $\lim\limits_{x\to x_0}f(x)$.

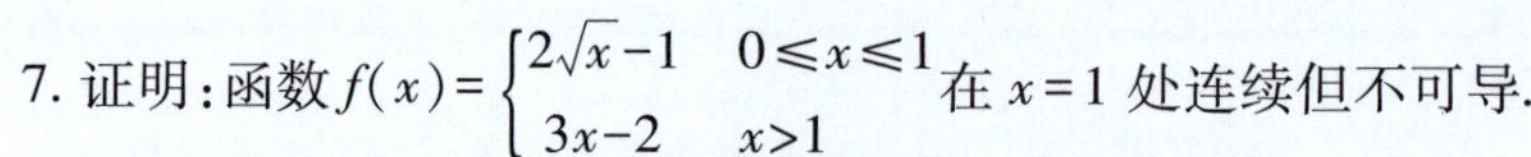

7. 证明：函数$f(x)=\begin{cases}2\sqrt{x}-1 & 0\leqslant x\leqslant 1\\ 3x-2 & x>1\end{cases}$在 $x=1$ 处连续但不可导.

4.2 函数的求导法则

4.2.1 导数的四则运算法则

定理 4.3 如果函数 $u(x)$ 及 $v(x)$ 在点 x 处可导，那么它们的和、差、积、商（分母不为零）都在点 x 处可导，且

(1) $[u(x)\pm v(x)]'=u'(x)\pm v'(x)$

(2) $[u(x)v(x)]'=u'(x)v(x)+u(x)v'(x)$

(3) $\left[\dfrac{u(x)}{v(x)}\right]'=\dfrac{u'(x)v(x)-u(x)v'(x)}{v^2(x)}\ (v(x)\neq 0)$

（证明略）

注 意

法则(1)可推广到有限个可导函数代数和的情形，例如

$$[u_1(x)\pm u_2(x)\pm\cdots\pm u_n(x)]'=u_1'(x)\pm u_2'(x)\pm\cdots\pm u_n'(x)$$

法则(2)可推广到有限个可导函数之积的情形，例如

$$[u(x)v(x)w(x)]'=u'(x)v(x)w(x)+u(x)v'(x)w(x)+u(x)v(x)w'(x)$$

特殊情况：在法则(2)中，如果 $v(x)=C$（C 为常数），则有 $[Cu(x)]'=Cu'(x)$；在法则(3)中，若 $u(x)=C$（C 为常数，$v(x)\neq 0$），则有

$$\left[\frac{C}{v(x)}\right]'=-\frac{Cv'(x)}{v^2(x)}$$

【例 4.11】 设 $y=3x^4-\sqrt{x}+5\sin x-9$，求 y'.

【解】

$$\begin{aligned}y'&=(3x^4-\sqrt{x}+5\sin x-9)'\\&=(3x^4)'-(\sqrt{x})'+(5\sin x)'-(9)'\\&=3(x^4)'-(x^{\frac{1}{2}})'+5(\sin x)'-0\\&=12x^3-\frac{1}{2}x^{-\frac{1}{2}}+5\cos x\\&=12x^3-\frac{1}{2\sqrt{x}}+5\cos x\end{aligned}$$

【例 4.12】 设 $y=\mathrm{e}^x-4\sin x-\ln\dfrac{\pi}{2}$，求 y'.

【解】 $y'=\left(\mathrm{e}^x-4\sin x-\ln\dfrac{\pi}{2}\right)'=\mathrm{e}^x-4\cos x$

【例 4.13】 设$f(x)=x\ln x+\dfrac{\ln x}{x}$,求$f'(\mathrm{e})$.

【解】 因为

$$f'(x)=(x\ln x)'+\left(\frac{\ln x}{x}\right)'$$

$$=(x)'\cdot\ln x+x\cdot(\ln x)'+\frac{(\ln x)'\cdot x-(\ln x)\cdot(x)'}{x^2}$$

$$=\ln x+1+\frac{1-\ln x}{x^2}$$

所以

$$f'(\mathrm{e})=\ln \mathrm{e}+1+\frac{1-\ln \mathrm{e}}{\mathrm{e}^2}=2$$

【例 4.14】 设$y=x\log_3 x+\cos x$,求y'.

【解】 $y'=(x\log_3 x+\cos x)'$

$$=(x\log_3 x)'+(\cos x)'$$

$$=(x)'\cdot\log_3 x+x\cdot(\log_3 x)'+(-\sin x)$$

$$=1\cdot\log_3 x+x\cdot\frac{1}{x\cdot\ln 3}-\sin x$$

$$=\log_3 x+\frac{1}{\ln 3}-\sin x$$

【例 4.15】 求正切函数$y=\tan x$的导数.

【解】 $y'=(\tan x)'=\left(\dfrac{\sin x}{\cos x}\right)'$

$$=\frac{(\sin x)'\cdot\cos x-\sin x\cdot(\cos x)'}{\cos^2 x}$$

$$=\frac{\cos^2 x+\sin^2 x}{\cos^2 x}=\frac{1}{\cos^2 x}=\sec^2 x$$

即

$$(\tan x)'=\sec^2 x$$

用类似的方法可得余切函数的导数公式

$$(\cot x)'=-\csc^2 x$$

【例 4.16】 求函数$y=\dfrac{\sin x}{1+\cos x}$的导数.

【解】 $y'=\left(\dfrac{\sin x}{1+\cos x}\right)'=\dfrac{(\sin x)'\cdot(1+\cos x)-\sin x\cdot(1+\cos x)'}{(1+\cos x)^2}$

$$=\frac{\cos x(1+\cos x)-\sin x(-\sin x)}{(1+\cos x)^2}=\frac{\cos x+\cos^2 x+\sin^2 x}{(1+\cos x)^2}=\frac{\cos x+1}{(1+\cos x)^2}$$

$$=\frac{1}{1+\cos x}$$

4.2.2 反函数求导法则

定理 4.4 设函数 $y=f(x)$ 为 $x=\varphi(y)$ 的反函数，若函数 $\varphi(y)$ 在区间 I_y 内严格单调、可导且 $\varphi'(y)\neq 0$，则它的反函数 $y=f(x)$ 也在对应的区间 I_x 内可导，且有

$$f'(x)=\frac{1}{\varphi'(y)} \quad 或 \quad \frac{dy}{dx}=\frac{1}{\frac{dx}{dy}}$$

【例 4.17】 求反正弦函数 $y=\arcsin x$ 的导数.

【解】 由于 $y=\arcsin x, x\in[-1,1]$ 为 $x=\sin y, y\in[-\frac{\pi}{2},\frac{\pi}{2}]$ 的反函数，当 $y\in(-\frac{\pi}{2},\frac{\pi}{2})$ 时，函数 $x=\sin y$ 单调、可导，且 $(\sin y)'=\cos y>0$，则

$$(\arcsin x)'=\frac{1}{(\sin y)'}=\frac{1}{\cos y}=\frac{1}{\sqrt{1-\sin^2 y}}=\frac{1}{\sqrt{1-x^2}}$$

注 意

公式 $(\arcsin x)'=\frac{1}{\sqrt{1-x^2}}$ 仅在 $x\in(-1,1)$ 时成立，当 $x=\pm1$ 时，函数 $y=\arcsin x$ 对应的值为 $\pm\frac{\pi}{2}$，这时 $\frac{dx}{dy}=(\sin y)'=\cos y=0$，不满足反函数求导的定理条件.

类似地，反余弦函数

$$(\arccos x)'=-\frac{1}{\sqrt{1-x^2}}$$

思考：反正切函数 $\arctan x$ 的导数如何计算？

4.2.3 复合函数求导法则

定理 4.5 设函数 $y=f(u)$ 在点 u 处可导，$u=\varphi(x)$ 在点 x 处可导，则复合函数 $y=f[\varphi(x)]$ 在点 x 处也可导，且导数为

$$\frac{dy}{dx}=f'(u)\cdot\varphi'(x), \frac{dy}{dx}=\frac{dy}{du}\cdot\frac{du}{dx}$$

上述定理公式表明，复合函数的导数等于复合函数对中间变量的导数乘以中间变量对自变量的导数. 这个公式可推广到可导函数有限次复合的情形. 例如，设 $y=f(u), u=\varphi(v), v=\psi(x)$ 都可导，则 $\frac{dy}{dx}=f'(u)\varphi'(v)\psi'(x)$. 这一法则称为复合函数求导的链锁法则.

【例 4.18】 求函数 $y=\sin 2x$ 的导数.

【解】 $y=\sin 2x$ 由 $y=\sin u, u=2x$ 复合而成，因此

$$\frac{dy}{dx}=\frac{dy}{du}\cdot\frac{du}{dx}=\cos u\cdot 2=2\cos 2x$$

【例 4.19】　求函数 $y=e^{x^5}$ 的导数.

【解】　$y=e^{x^5}$ 由 $y=e^u, u=x^5$ 复合而成,因此

$$\frac{dy}{dx}=\frac{dy}{du}\cdot\frac{du}{dx}=e^u\cdot 5x^4=5x^4e^{x^5}$$

以上两例的解题思路是:首先分解复合函数,然后分别对分解后的简单函数求导,最后将所有简单函数的导数相乘. 这种方法的难点是分解复合函数,如果分解出错那么求导结果肯定是错的.

事实上可以不分解复合函数,只需要分析、确定复合函数的结构,再从外到内逐层求导(不必再写出中间变量). 通过下列例题的解题方法进行比较和体会.

【例 4.20】　求函数 $y=\ln\sin x$ 的导数.

【解】　方法 1:$y=\ln\sin x$ 由 $y=\ln u, u=\sin x$ 复合而成,因此

$$\frac{dy}{dx}=\frac{dy}{du}\cdot\frac{du}{dx}=\frac{1}{u}\cdot\cos x=\frac{1}{\sin x}\cdot\cos x=\cot x$$

方法 2:$\frac{dy}{dx}=(\ln\sin x)'=\frac{1}{\sin x}(\sin x)'=\frac{\cos x}{\sin x}=\cot x$

【例 4.21】　求函数 $y=\ln\cos(e^x)$ 的导数.

【解】　方法 1:$y=\ln\cos(e^x)$ 由 $y=\ln u, u=\cos v, v=e^x$ 复合而成,因此

$$\frac{dy}{dx}=\frac{dy}{du}\cdot\frac{du}{dv}\cdot\frac{dv}{dx}=\frac{1}{u}\cdot(-\sin v)\cdot e^x$$

$$=-\frac{\sin(e^x)}{\cos(e^x)}\cdot e^x=-e^x\tan(e^x)$$

方法 2:$y'=[\ln\cos(e^x)]'=\frac{1}{\cos(e^x)}[\cos(e^x)]'$

$$=-\frac{\sin(e^x)}{\cos(e^x)}(e^x)'=-\frac{\sin(e^x)}{\cos(e^x)}e^x$$

$$=-e^x\tan(e^x)$$

以上两例的解法 2,其共同点就是用一个函数 $g(x)$ 去替换基本求导公式中的 x. 比如 $(\ln x)'=\frac{1}{x}$中的 x,得到复合求导公式

$$[\ln g(x)]'=\frac{1}{g(x)}g'(x)$$

同理可得

$$[e^{g(x)}]'=e^{g(x)}g'(x)$$

$$\{\cos g[\varphi(x)]\}'=-\sin g[\varphi(x)]\{g[\varphi(x)]\}'=-\sin g[\varphi(x)]g'[\varphi(x)]\cdot\varphi'(x)$$

所有的求导公式都可以用类似的方法得到复合求导公式. 利用复合求导公式求复合函数的导数就比较简单了.

【例 4.22】　求函数 $y=\cos(3-2x)$ 的导数.

【解】　$\frac{dy}{dx}=[\cos(3-2x)]'=[-\sin(3-2x)]\cdot(3-2x)'=2\sin(3-2x)$

【例 4.23】 求函数 $y=\sqrt[3]{2x^3-1}$ 的导数.

【解】 $y'=\left[(2x^3-1)^{\frac{1}{3}}\right]'=\frac{1}{3}\left(2x^3-1\right)^{-\frac{2}{3}}\cdot(2x^3-1)'=\frac{2x^2}{\sqrt[3]{(2x^3-1)^2}}$

【例 4.24】 已知 $y=e^{\sin\frac{1}{x}}$，求 y'.

【解】 $y'=\left(e^{\sin\frac{1}{x}}\right)'=e^{\sin\frac{1}{x}}\left(\sin\frac{1}{x}\right)'=e^{\sin\frac{1}{x}}\cdot\cos\frac{1}{x}\cdot\left(\frac{1}{x}\right)'=-\frac{1}{x^2}e^{\sin\frac{1}{x}}\cdot\cos\frac{1}{x}$

【例 4.25】 设函数 $f(x)$ 可导，求下列函数的导数.

(1) $y=\ln f(e^x)$　　(2) $y=f(x^3\sin x)$

【解】 (1) $y'=[\ln f(e^x)]'=\frac{1}{f(e^x)}\cdot[f(e^x)]'=\frac{1}{f(e^x)}\cdot f'(e^x)\cdot(e^x)'=\frac{f'(e^x)\cdot e^x}{f(e^x)}$

(2) $y'=f'(x^3\sin x)\cdot(x^3\sin x)'=f'(x^3\sin x)\cdot[(x^3)'\sin x+x^3(\sin x)']$

$=f'(x^3\sin x)\cdot(3x^2\sin x+x^3\cos x)$

习题 4.2

1. 求下列函数的导数.

(1) $y=2x^2+2\cos x+\ln 5$　　(2) $y=x^3-\frac{4}{x^3}$

(3) $y=\pi^x+e^x$　　(4) $y=3\sqrt[3]{x^2}-\frac{1}{x^3}+\cos\frac{\pi}{3}$

(5) $y=\log_3 x+2\sin x$　　(6) $y=\arctan x-\sqrt{\sqrt{x}}$

(7) $y=(\sin x-\cos x)\ln x$　　(8) $y=x\sin x\ln x$

(9) $y=\frac{\ln x}{x}$　　(10) $y=\frac{e^x}{\cos x}+\log_2 5$

2. 求下列函数在指定点的导数.

(1) $f(x)=x+\sin x$，求 $f'(2\pi)$；　　(2) $f(x)=(1+x^3)\left(5-\frac{1}{x^2}\right)$，求 $f'(1)$.

3. 求下列函数的导数.

(1) $y=(2x+3)^4$　　(2) $y=\sqrt{2-4x}$

(3) $y=\cos(1+x^2)$　　(4) $y=\sqrt{1+\ln^2 x}$

(5) $y=\cos^5 x$　　(6) $y=\arctan e^x$

(7) $y=e^{\sin x^2}$　　(8) $y=\ln(1+e^{x^2})$

(9) $y=e^{-\frac{x}{2}}\cos 5x$　　(10) $y=\frac{1}{\sqrt{4+x^2}}$

4. 设函数 $f(x)$ 可导，求下列函数的导数

(1) $y=f(e^x\sin x)$　　(2) $y=f(\sqrt{x}+\cos x)$

4.3　特殊函数的导数

具有函数关系的两个变量 x,y，其函数关系的表现形式可以是多种多样的，如即将学习的隐函数及参数函数的表现形式.

4.3.1　隐函数的导数

到目前为止，前面定义的函数有显著的特点：因变量放在等号的左边且系数为 1，含有自变量的解析式放在等号的右边，并且明显地将因变量表示出来. 这种表示的函数称为显函数，即由方程 $y=f(x)$ 所表示的函数，如 $y=5\mathrm{e}^{\sin x}-\ln x$，$f(x)=\cos(4x+2)+2\sqrt{x}$ 等.

定义 4.4　如果变量 x,y 之间的函数关系 $y=y(x)$ 是由方程 $F(x,y)=0$ 所确定，那么函数 $y=y(x)$ 称为由方程 $F(x,y)=0$ 所确定的隐函数，如 $x^2+y^2=4$，$\log_a x-\sin(xy^2)=y$.

隐函数的特点：x 与 y 的函数关系隐含在方程 $F(x,y)=0$ 中. 对于隐函数的求导并不需要将函数显化，可直接将方程 $F(x,y)=0$ 两边对 x 求导，遇到含有 y 的项，把 y 看作中间变量，先对 y 求导，再乘以 y 对 x 的导数$\frac{\mathrm{d}y}{\mathrm{d}x}$，得到一个含有$\frac{\mathrm{d}y}{\mathrm{d}x}$的方程，从中解出$\frac{\mathrm{d}y}{\mathrm{d}x}$即可.

下面通过例题来体会这种方法.

【例 4.26】　求方程 $x\ln y+y-\mathrm{e}=0$ 所确定的隐函数的导数$\frac{\mathrm{d}y}{\mathrm{d}x}$.

【解】　方程两边同时对 x 求导，注意 $y=y(x)$.

即

$$\ln y+x\cdot\frac{1}{y}\cdot\frac{\mathrm{d}y}{\mathrm{d}x}+1\cdot\frac{\mathrm{d}y}{\mathrm{d}x}=0$$

从而

$$\frac{\mathrm{d}y}{\mathrm{d}x}=-\frac{\ln y}{\frac{x}{y}+1}=-\frac{y\ln y}{x+y}\quad(x+y\neq0,y>0).$$

【例 4.27】　求由方程 $\mathrm{e}^{\frac{x}{y}}-xy=0$ 所确定的隐函数的导数.

【解】　方程两边同时对 x 求导

$$\mathrm{e}^{\frac{x}{y}}\left(\frac{x}{y}\right)'-(y+xy')=0$$

$$\mathrm{e}^{\frac{x}{y}}\left(\frac{y-xy'}{y^2}\right)-y-xy'=0$$

其中 $\mathrm{e}^{\frac{x}{y}}=xy$，则

$$xy\left(\frac{y-xy'}{y^2}\right)-y-xy'=0$$

$$\frac{xy-x^2y'}{y}-y-xy'=0$$

移项合并可得

$$\left(-\frac{x^2}{y}-x\right)y'=y-x$$

从而

$$y'=\frac{y-x}{-\frac{x^2}{y}-x},\text{即 }y'=\frac{xy-y^2}{x^2+xy}(x^2+xy\neq 0)$$

【例 4.28】 求圆方程 $x^2+y^2=9$ 在 $x=2$ 处的切线方程.

【解】 将 $x=2$ 代入原方程解得 $y=\pm\sqrt{5}$，切点坐标为 $(2,\sqrt{5})$ 和 $(2,-\sqrt{5})$. 方程两边同时对 x 求导，有

$$2x+2y\cdot y'=0$$

从而

$$y'=-\frac{x}{y}$$

由导数的几何意义，可得在 $x=2$ 处切线的斜率为

$$k_1=y'|_{(2,\sqrt{5})}=-\frac{2}{\sqrt{5}},k_2=y'|_{(2,-\sqrt{5})}=\frac{2}{\sqrt{5}}$$

于是所求的切线方程为

在切点 $(2,\sqrt{5})$ 处：$y-\sqrt{5}=-\dfrac{2}{\sqrt{5}}(x-2)$；

在切点 $(2,-\sqrt{5})$ 处：$y+\sqrt{5}=\dfrac{2}{\sqrt{5}}(x-2)$.

即 $2x+\sqrt{5}y-9=0$ 和 $2x-\sqrt{5}y-9=0$.

【例 4.29】 求由方程 $y^3+2y-x-2x^4=0$ 所确定的隐函数在 $x=0$ 处的导数.

【解】 方程两边同时对 x 求导，有

$$3y^2y'+2y'-1-8x^3=0$$

由此得

$$y'=\frac{1+8x^3}{3y^2+2}$$

因为当 $x=0$ 时，从原方程可得 $y=0$，所以

$$y'\bigg|_{(0,0)}=\frac{1}{2}$$

4.3.2 对数求导法

对数求导法即在其求导的过程中，先取对数再求导数. 即先在函数两边取对数，然后再在等式两边同时对自变量 x 求导，最后解出所求导数.

幂指函数：形如 $y=u(x)^{v(x)}\,[u(x)\neq 0,v(x)\neq 0]$ 的函数. 幂指函数既不是幂函数，也不是指数函数，所以幂函数的求导公式和指数函数的求导公式在此处都不适用. 对于这类函数，需用对数求导法.

【例 4.30】　设 $y=x^x(x>0)$，求 y'.

【解】　该函数是幂指函数，先在两边取对数，得

$$\ln y = x \cdot \ln x$$

两边分别对 x 求导，注意到 $y=y(x)$，有

$$\frac{1}{y}y' = 1 \cdot \ln x + x \cdot \frac{1}{x} = \ln x + 1$$

于是

$$y' = y(\ln x + 1) = x^x(\ln x + 1)$$

当求导的函数是乘、除运算且因子比较多时，用对数求导法可以简化求导的过程.

【例 4.31】　已知 $y=\dfrac{(x-3)\cdot\sqrt[3]{x-4}}{(x^2+2)^5\cdot(3x-1)^2}$，求 y'.

【解】　先对函数两边取对数，得

$$\ln y = \ln(x-3) + \frac{1}{3}\ln(x-4) - 5\ln(x^2+2) - 2\ln(3x-1)$$

上式两边分别对 x 求导，有

$$\frac{1}{y}y' = \frac{1}{x-3} + \frac{1}{3}\cdot\frac{1}{x-4} - 5\cdot\frac{2x}{x^2+2} - 2\cdot\frac{3}{3x-1}$$

于是

$$y' = y\left(\frac{1}{x-3} + \frac{1}{3(x-4)} - \frac{10x}{x^2+2} - \frac{6}{3x-1}\right)$$

4.3.3　参数函数的求导

定理 4.6　如果 $x=\varphi(t)$，$y=\psi(t)$ 都是可导函数，且 $\varphi'(t)\neq 0$，则由参变量方程 $\begin{cases}x=\varphi(t)\\y=\psi(t)\end{cases}$ 所确定的函数 $y=y(x)$ 也可导，且

$$\frac{\mathrm{d}y}{\mathrm{d}x} = \frac{\dfrac{\mathrm{d}y}{\mathrm{d}t}}{\dfrac{\mathrm{d}x}{\mathrm{d}t}} = \frac{\psi'(t)}{\varphi'(t)}$$

【例 4.32】　已知椭圆参数方程为 $\begin{cases}x=a\cos t\\y=b\sin t\end{cases}$，求 $\dfrac{\mathrm{d}y}{\mathrm{d}x}$.

【解】　$\dfrac{\mathrm{d}y}{\mathrm{d}x}=\dfrac{(b\sin t)'}{(a\cos t)'}=\dfrac{b\cos t}{-a\sin t}=-\dfrac{b}{a}\cot t$

【例 4.33】　求摆线的参数方程 $\begin{cases}x=a(\theta-\sin\theta)\\y=a(1-\cos\theta)\end{cases}$ 在 $\theta=\dfrac{\pi}{4}$ 处切线的斜率.

【解】 $\dfrac{dy}{dx}=\dfrac{\frac{dy}{d\theta}}{\frac{dx}{d\theta}}=\dfrac{a\sin\theta}{a(1-\cos\theta)}=\dfrac{\sin\theta}{1-\cos\theta}$

$$k=\left.\frac{dy}{dx}\right|_{\theta=\frac{\pi}{4}}=\frac{\sin\frac{\pi}{4}}{1-\cos\frac{\pi}{4}}=\frac{\frac{\sqrt{2}}{2}}{1-\frac{\sqrt{2}}{2}}=\frac{\sqrt{2}}{2-\sqrt{2}}=1+\sqrt{2}$$

习题 4.3

1. 求下列方程所确定的隐函数 $y=y(x)$ 的导数，或在指定点的导数值.

(1) $y=\ln(xy+e)$，点 $(0,1)$ (2) $\dfrac{y^2}{x+y}=1-x^2$，点 $(0,1)$

(3) $y^3+x^3-3xy=0$ (4) $xy^2=e^{x+y}$

2. 求下列函数的导数.

(1) $y=x^{\sin x}$ (2) $y=x^{\ln x}$

(3) $y=\dfrac{\sqrt{x+2}(x-3)^4}{(x+1)^5}$ (4) $y=x^5\sqrt{\dfrac{1-x}{1+x^2}}$

3. 求下列参数方程所确定的函数的导数 $\dfrac{dy}{dx}$.

(1) $\begin{cases}x=at^2\\y=bt^3\end{cases}$ (2) $\begin{cases}x=\theta(1-\sin\theta)\\y=\theta\cos\theta\end{cases}$ (3) $\begin{cases}x=e^t\sin t\\y=e^t\cos t\end{cases}$

4. 求曲线 $\begin{cases}x=\sin t\\y=\cos 2t\end{cases}$ 在 $t=\dfrac{\pi}{4}$ 处的切线方程.

4.4 高阶导数

我们知道，变速直线运动的速度 $v(t)$ 是路程函数 $s(t)$ 对时间 t 的导数，即

$$v(t)=\frac{ds}{dt} \quad 或 \quad v(t)=s'(t)$$

而加速度 $a(t)$ 又是速度 $v(t)$ 对时间 t 的变化率，即加速度是速度函数 $v(t)$ 对时间 t 的导数，也就是路程 $s(t)$ 的导函数的导数，即

$$a(t)=\frac{dv}{dt}=\frac{d}{dt}\left(\frac{ds}{dt}\right) \quad 或 \quad a(t)=[s'(t)]'$$

下面给出高阶导数的定义.

定义 4.5 如果函数 $y=f(x)$ 的导数 $f'(x)$ 仍然是 x 的可导函数，即

$$[f'(x)]'=\lim_{\Delta x\to 0}\frac{f'(x+\Delta x)-f'(x)}{\Delta x}$$

存在，则称此极限值 $[f'(x)]'$ 为函数 $y=f(x)$ 的二阶导数，记作

$$f''(x),\quad y'',\quad \frac{\mathrm{d}^2y}{\mathrm{d}x^2},\quad \frac{\mathrm{d}^2f(x)}{\mathrm{d}x^2}$$

类似地，二阶导数的导数称为三阶导数，记作

$$f'''(x),\quad y''',\quad \frac{\mathrm{d}^3y}{\mathrm{d}x^3},\quad \frac{\mathrm{d}^3f(x)}{\mathrm{d}x^3}$$

一般地，函数 $f(x)$ 的 $(n-1)$ 阶导数的导数称为 $f(x)$ 的 n 阶导函数（简称 n 阶导数），记作

$$f^{(n)}(x),\quad y^{(n)},\quad \frac{\mathrm{d}^ny}{\mathrm{d}x^n},\quad \frac{\mathrm{d}^nf(x)}{\mathrm{d}x^n}$$

注意

（1）二阶及二阶以上的导数统称为高阶导数；

（2）高阶导数的阶数就是累计求导的次数，求高阶导数只需依次逐阶求导即可.

【例 4.34】 设 $y=kx^2+\ln x$（k 为常数），求 y''.

【解】 $y'=2kx+\dfrac{1}{x}$，$y''=2k-\dfrac{1}{x^2}$

【例 4.35】 求函数 $y=\cos(\omega x+1)$（ω 为常数）的二阶导数.

【解】 $y'=-\omega\sin(\omega x+1)$，$y''=-\omega^2\cos(\omega x+1)$

【例 4.36】 求函数 $y=\mathrm{e}^{ax}$ 的 n 阶导数.

【解】 $y'=a\mathrm{e}^{ax}$，$y''=a^2\mathrm{e}^{ax}$，$y'''=a^3\mathrm{e}^{ax}$，…

可得

$$(\mathrm{e}^{ax})^{(n)}=a^n\mathrm{e}^{ax}$$

习题 4.4

1. 求下列函数的二阶导数.

（1）$y=\mathrm{e}^{3x+2}$　　（2）$y=3x^2+\ln x^2$

（3）$f(x)=\dfrac{2x^2+4x+\sqrt{x}}{x}$　　（4）$y=(1+x^2)\arctan x$

（5）$y=\dfrac{\mathrm{e}^x}{x}$　　（6）$y=x\cos x$

2. 设 $f(x)=(x+10)^6$，计算 $f'''(0)$.

3. 求下列函数的 n 阶导数.

（1）$y=x\ln x$　　（2）$y=a^x(a>0,a\neq1)$

4. 已知物体的运动方程为 $s=A\cos\dfrac{\pi t}{3}$（A 为常数），求 $t=1$ 时的速度和加速度.

第 5 章 函数的微分

函数的导数表示函数的变化率，它描述了函数变化的快慢程度. 在工程技术和经济活动领域，有时还需要了解当自变量取得一个微小的增量 Δx 时，函数相应的改变. 一般来说，计算函数增量的精确值 Δy 是比较困难的，因此需要使用简便的方法计算其近似值. 这就是函数的微分要解决的问题.

本章我们将学习微分的概念、微分的运算法则与基本公式，并介绍微分在近似计算中的应用.

5.1 微分的概念

5.1.1 引例

设有一个边长为 x 的金属片，受热后边长伸长了 Δx（图 5.1），问其面积增加了多少？

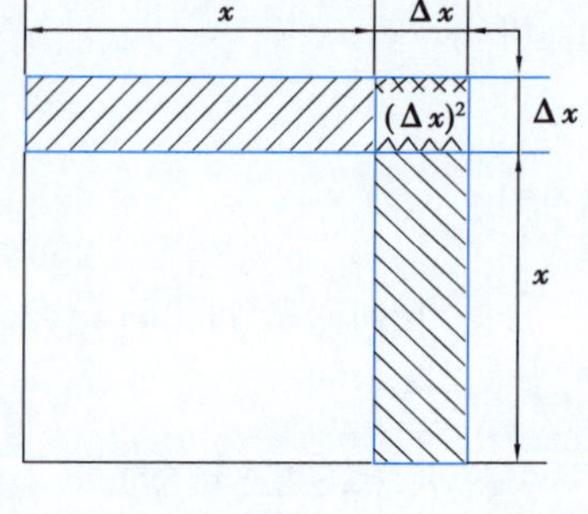

图 5.1

设正方形金属片的面积为 y，面积与边长的函数关系为 $y=x^2$，受热后边长由 x 变到 $x+\Delta x$，面积相应地得到增量

$$\Delta y=(x+\Delta x)^2-x^2=2x\Delta x+(\Delta x)^2$$

Δy 由两部分组成：第一部分 $2x\Delta x$（图 5.1 的长方形阴影部分），是关于 Δx 的一次项，并且是 Δy 的主要部分，称为 Δy 的线性主部；第二部分 $(\Delta x)^2$ 是关于 Δx 的高阶无穷小量（图 5.1 的正方形阴影部分）. 由此可见，当给 x 一个微小增量 Δx 时，由此引起的正方形面积增量 Δy 可以近似地用第一部分 $2x\Delta x$ 来代替，由此产生的误差是一个关于 Δx 的高阶无穷小量，也就是一个以 Δx 为边长的小正方形面积，即

$$\Delta y\approx 2x\Delta x$$

由于 $f'(x)=2x$，所以上式可以写成

$$\Delta y\approx f'(x)\Delta x$$

这个结论具有一般性，下面给出微分的定义.

5.1.2　微分的定义

定义 5.1　设函数 $y=f(x)$ 在某区间内有定义，x 及 $x+\Delta x$ 均在该区间内，如果函数的增量 $\Delta y=f(x+\Delta x)-f(x)$ 可表示为 $\Delta y=A\cdot\Delta x+o(\Delta x)$（其中，$A$ 是与 Δx 无关而仅与 x 相关的函数），则称函数 $y=f(x)$ 可微，并且称 $A\cdot\Delta x$ 为函数 $y=f(x)$ 在点 x 处相应于自变量的增量 Δx 的微分，记作 $\mathrm{d}y$，即

$$\mathrm{d}y=A\cdot\Delta x$$

在本章的引例中，当正方形的边长增加了 Δx 时，面积增加

$$\Delta y=(x+\Delta x)^2-x^2=2x\Delta x+(\Delta x)^2$$

由微分的定义，上述表达式中函数 $y=x^2$ 的微分为

$$\mathrm{d}y=2x\Delta x$$

而 Δx 的系数 $2x$ 正是函数 $y=x^2$ 的导数，即

$$\mathrm{d}y=(x^2)'\Delta x$$

在微分的定义中，Δx 的系数 A 是与 Δx 无关而仅是 x 的函数，是否也正好是函数 $y=f(x)$ 的导数？下面就来分析微分与导数的关系.

一般地，若函数 $y=f(x)$ 在点 x 处可导，根据导数的定义，有

$$f'(x)=\lim_{\Delta x\to 0}\frac{f(x+\Delta x)-f(x)}{\Delta x}=\lim_{\Delta x\to 0}\frac{\Delta y}{\Delta x}$$

根据极限与无穷小量的关系，又有

$$\frac{\Delta y}{\Delta x}=f'(x)+\alpha\quad(\text{当 }\Delta x\to 0\text{ 时},\alpha\to 0)$$

另一方面，在微分的定义中有，$\Delta y=A\Delta x+o(\Delta x)$

两边同除以 Δx 得

$$\frac{\Delta y}{\Delta x}=A+\frac{o(\Delta x)}{\Delta x}$$

由此得到

$$A+\frac{o(\Delta x)}{\Delta x}=f'(x)+\alpha$$

上述等式两边当 $\Delta x\to 0$ 时

$$A=f'(x)$$

得

$$\mathrm{d}y=f'(x)\Delta x$$

由此得到一个非常重要的结论：函数 $y=f(x)$ 在点 x 处可微的充分必要条件是函数 $y=f(x)$ 在点 x 处可导. 对于一元函数来说，函数的导数存在与微分存在是等价的.

若 $y=x$，则 $\mathrm{d}y=\mathrm{d}x=(x)'\Delta x=\Delta x$，所以 $\mathrm{d}x=\Delta x$，于是函数的微分又可以写成

$$\mathrm{d}y=f'(x)\mathrm{d}x$$

即函数的微分等于函数的导数与自变量微分的乘积.

上述充分必要条件可表示为

$$dy = f'(x)dx \Leftrightarrow \frac{dy}{dx} = f'(x)$$

函数的导数等于函数微分与自变量微分的商,因此导数又叫“微商”. 在此之前,$\frac{dy}{dx}$只是作为一个整体记号表示导数,而现在可将它看作两个微分的商,使用起来就更加灵活方便.

【例 5.1】 求函数 $y=x^2$ 在点 $x=2$ 处,当 $\Delta x=0.01$ 时的微分与增量.

【解】 先求函数在任一点的微分

$$dy = f'(x)\Delta x = (x^2)'\Delta x = 2x\Delta x$$

再求函数当 $x=2,\Delta x=0.01$ 时的微分

$$dy\Big|_{\substack{x=2\\ \Delta x=0.01}} = 2x\Delta x\Big|_{\substack{x=2\\ \Delta x=0.01}} = 2\times 2\times 0.01 = 0.04$$

而函数的增量为

$$\Delta y = (2+0.01)^2 - 2^2 = 4\times 0.01 + (0.01)^2 = 0.040\ 1$$

函数增量与微分相差

$$\Delta y - dy = 0.040\ 1 - 0.04 = 0.000\ 1$$

【例 5.2】 求函数 $y=\sin x$ 在 $x=\frac{\pi}{4}$和 $x=\frac{\pi}{2}$处的微分.

【解】 先求函数的微分

$$dy = y'dx = \cos x dx$$

再分别求函数 $y=\sin x$ 在 $x=\frac{\pi}{4}$和 $x=\frac{\pi}{2}$处的微分

$$dy\big|_{x=\frac{\pi}{4}} = \cos x dx\big|_{x=\frac{\pi}{4}} = \cos\frac{\pi}{4}dx = \frac{\sqrt{2}}{2}dx$$

$$dy\big|_{x=\frac{\pi}{2}} = \cos x dx\big|_{x=\frac{\pi}{2}} = \cos\frac{\pi}{2}dx = 0$$

5.1.3 微分的几何意义

为了对微分有比较直观的了解,下面分析微分的几何意义.

函数 $y=f(x)$ 的图像如图 5.2 所示,过曲线上一点 $M(x,y)$作切线 MT,设 MT 的倾斜角为 α,由导数的几何意义可知,切线 MT 的斜率 $k=\tan\alpha=f'(x)$.

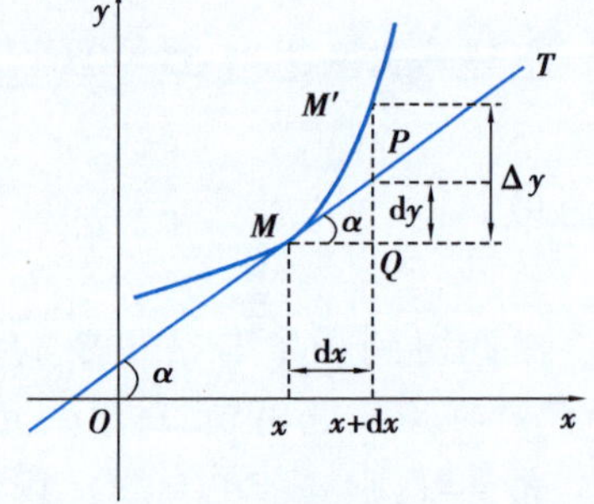

图 5.2

当自变量有增量 dx 时,相应的函数增量 $\Delta y=M'Q$. 而相应的切线 MT 也有增量

$$PQ = \tan\alpha dx = f'(x)dx = dy$$

因此,函数 $y=f(x)$在点 x 处的微分的几何意义是:曲线 $y=f(x)$在点 $M(x,y)$处的切线 MT 的纵坐标对应于 dx 的增量 PQ,即 $PQ=dy$.

当 $dx\to 0$ 时,在点 M 的邻近,可以用切线增量来近似代替曲线增量. 在局部范围内用线性函数近似代替非线性函数,在几何上就是局部用直线近似代替曲线,这在数学上称为非

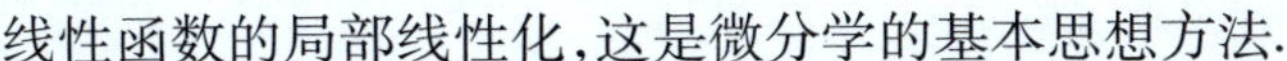

线性函数的局部线性化,这是微分学的基本思想方法.

数学文化

牛顿、莱布尼茨与微积分

17 世纪,生产力的发展推动了自然科学和技术的进步,不仅已有的数学成果得到进一步巩固、充实和扩大,而且由于实践的需要,开始研究运动着的物体和变化的量,这样就获得了变量的概念. 到了 17 世纪下半叶,在前人创造性研究的基础上,英国大数学家、物理学家艾萨克·牛顿(1642—1727)从物理学的角度研究微积分,他为了解决运动问题,创立了一种和物理概念直接联系的数学理论,即"流数术"的理论,这实际上就是微积分理论.

牛顿指出,"流数术"基本上包括三类问题:

(1)已知流量之间的关系,求它们的流数的关系. 这相当于微分学.

(2)已知表示流数之间的关系的方程,求相应的流量间的关系. 这相当于积分学,牛顿意义下的积分法不仅包括求原函数,还包括解微分方程.

(3)"流数术"应用范围包括计算曲线的极大值、极小值,求曲线的切线和曲率,求曲线长度及计算曲边形面积等.

牛顿已完全清楚上述(1)与(2)两类问题中运算是互逆的,于是建立起微分学和积分学之间的联系.

牛顿在 1665 年 5 月 20 日的一份手稿中提到"流数术",因而有人把这一天作为微积分诞生的标志.

而德国数学家莱布尼茨(G. W. Leibniz,1646—1716)则是从几何方面独立发现了微积分. 在牛顿和莱布尼茨之前至少有数十位数学家研究过,他们为微积分的诞生做出了开创性贡献. 但是他们这些工作是零碎的、不连贯的,缺乏统一性. 莱布尼茨创立微积分的途径与方法与牛顿是不同的. 莱布尼茨是经过研究曲线的切线和曲线包围的面积,运用分析学方法引进微积分概念,从而得出运算法则的;牛顿在微积分的应用上更多地结合了运动学. 莱布尼茨对微积分的表达形式既简洁又准确地揭示出微积分的实质,强有力地促进了高等数学的发展.

习题 5.1

1. 已知函数 $y=x^2+3x-1$,计算当 x 由 1 变到 1.01 时的 Δy 及 $\mathrm{d}y$.

2. 求下列函数在指定点的微分.

(1)$y=\ln(1+x)$,$x=1$　　　　(2)$y=xe^x$,$x=0$

5.2　微分的运算法则

由关系式 $\mathrm{d}y=f'(x)\mathrm{d}x$ 可知,求函数的微分只要求出它的导数 $f'(x)$,再乘以自变量的

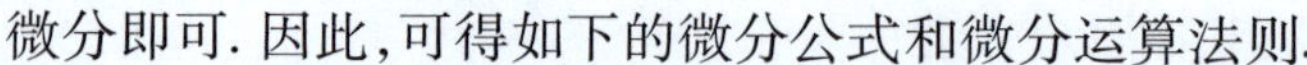
微分即可. 因此,可得如下的微分公式和微分运算法则.

5.2.1　基本初等函数的微分公式

由基本初等函数的导数公式,可得到基本初等函数的微分公式.

(1) $\mathrm{d}(C)=0$　(C 为常数)　　(2) $\mathrm{d}(x^{\mu})=\mu x^{\mu-1}\mathrm{d}x$　(μ 为任意实数)

(3) $\mathrm{d}(\sin x)=\cos x\,\mathrm{d}x$　　(4) $\mathrm{d}(\cos x)=-\sin x\,\mathrm{d}x$

(5) $\mathrm{d}(\tan x)=\sec^2 x\,\mathrm{d}x$　　(6) $\mathrm{d}(\cot x)=-\csc^2 x\,\mathrm{d}x$

(7) $\mathrm{d}(\sec x)=\sec x\tan x\,\mathrm{d}x$　　(8) $\mathrm{d}(\csc x)=-\csc x\cot x\,\mathrm{d}x$

(9) $\mathrm{d}(a^x)=a^x\ln a\,\mathrm{d}x$　($a>0$,且 $a\neq 1$)　　(10) $\mathrm{d}(\mathrm{e}^x)=\mathrm{e}^x\mathrm{d}x$

(11) $\mathrm{d}(\log_a x)=\dfrac{1}{x\ln a}\mathrm{d}x$　($a>0$,且 $a\neq 1$)　　(12) $\mathrm{d}(\ln x)=\dfrac{1}{x}\mathrm{d}x$

(13) $\mathrm{d}(\arcsin x)=\dfrac{1}{\sqrt{1-x^2}}\mathrm{d}x$　　(14) $\mathrm{d}(\arccos x)=-\dfrac{1}{\sqrt{1-x^2}}\mathrm{d}x$

(15) $\mathrm{d}(\arctan x)=\dfrac{1}{1+x^2}\mathrm{d}x$　　(16) $\mathrm{d}(\mathrm{arccot}\, x)=-\dfrac{1}{1+x^2}\mathrm{d}x$

5.2.2　函数和、差、积、商的微分法则

由函数和、差、积、商的求导法则,可推得相应的微分法则.

设 $u(x)$ 和 $v(x)$ 都是 x 的可微函数,后面用 u,v 表示,C 为常数,则有

(1) $\mathrm{d}(u\pm v)=\mathrm{d}u\pm\mathrm{d}v$

(2) $\mathrm{d}(Cu)=C\mathrm{d}u$

(3) $\mathrm{d}(uv)=v\mathrm{d}u+u\mathrm{d}v$

(4) $\mathrm{d}\left(\dfrac{u}{v}\right)=\dfrac{v\mathrm{d}u-u\mathrm{d}v}{v^2}\ (v\neq 0)$

5.2.3　复合函数的微分法则

设函数 $y=f(u)$,$u=\varphi(x)$ 都是可微函数,则复合函数 $y=f[\varphi(x)]$ 的微分为

$$\mathrm{d}y=f'[\varphi(x)]\varphi'(x)\mathrm{d}x=f'(u)\varphi'(x)\mathrm{d}x=f'(u)\mathrm{d}u$$

即

$$\mathrm{d}y=f'(u)\mathrm{d}u$$

上式与 $\mathrm{d}y=f'(x)\mathrm{d}x$ 比较可知,不论 u 是自变量还是中间变量,函数 $y=f(u)$ 的微分总保持同一形式,这一性质称为一阶微分形式的不变性.

根据这一性质,上面所得到的微分基本公式中的 x 都可以换成可微函数 u,例如 $\mathrm{d}(\sin u)=\cos u\,\mathrm{d}u$,这里 u 是 x 的可微函数.

【例 5.3】　设 $y=x^3\sin x$,求 $\mathrm{d}y$.

【解】　方法 1:应用积的微分法则,得

$$\begin{aligned}\mathrm{d}y&=\mathrm{d}(x^3\sin x)\\&=\sin x\,\mathrm{d}(x^3)+x^3\mathrm{d}(\sin x)\end{aligned}$$

$$= \sin x \cdot 3x^2\,dx + x^3\cos x\,dx$$
$$= (3x^2\sin x + x^3\cos x)\,dx$$

方法2:先求出导数

$$y' = (x^3)'\sin x + x^3(\sin x)' = 3x^2\sin x + x^3\cos x$$

得微分

$$dy = y'dx = (3x^2\sin x + x^3\cos x)\,dx$$

一般地,计算微分有两种方法:第一种方法,按照微分的运算法则计算;第二种方法,先计算函数的导数,再表示成微分的形式. 为了不增加新的计算难度,建议使用第二种方法.

【例5.4】 设 $y=\ln(1-x^2)$,求 dy.

【解】 先求出导数

$$y' = \frac{1}{1-x^2}(1-x^2)' = \frac{-2x}{1-x^2}$$

于是

$$dy = y'dx = \frac{-2x}{1-x^2}dx$$

【例5.5】 设 $y = x^2 - 3^x - \sin x + \log_2 5$,求 dy.

【解】 由于

$$y' = 2x - 3^x\ln 3 - \cos x$$

得微分

$$dy = y'dx = (2x - 3^x\ln 3 - \cos x)dx$$

【例5.6】 已知 $y=\ln[f(\sqrt{x})]$,求 dy.

【解】 由于

$$y' = \frac{1}{f(\sqrt{x})}\cdot[f(\sqrt{x})]' = \frac{1}{f(\sqrt{x})}\cdot f'(\sqrt{x})\cdot(\sqrt{x})' = \frac{1}{f(\sqrt{x})}\cdot f'(\sqrt{x})\cdot\frac{1}{2\sqrt{x}}$$

得微分

$$dy = y'dx = \frac{1}{2\sqrt{x}}\cdot\frac{1}{f(\sqrt{x})}\cdot f'(\sqrt{x})dx$$

5.2.4 特殊函数求微分

特殊函数的微分运算同样可以先求出其导数,再表示成微分的形式.

【例5.7】 求由方程 $\arctan y = \ln(x^2+y)$ 所确定的隐函数 $y=y(x)$ 的微分 dy.

【解】 先按隐函数的求导法求出函数的导数,将方程两边同时对 x 求导

$$\frac{1}{1+y^2}\cdot y' = \frac{1}{x^2+y}(2x+y')$$

化简并求解得

$$y' = \frac{2x+2xy^2}{x^2+y-y^2-1}$$

则

$$dy=y'dx=\frac{2x+2xy^2}{x^2+y-y^2-1}dx$$

【例 5.8】 求函数 $y=(1+x^2)^{\sin x}$ 的微分.

【解】 用对数求导法求出函数的导数

两边取对数

$$\ln y=\ln(1+x^2)^{\sin x}=\sin x\cdot\ln(1+x^2)$$

方程两边同时对 x 求导得

$$\frac{1}{y}y'=\cos x\ln(1+x^2)+\frac{2x\sin x}{1+x^2}$$

$$y'=(1+x^2)^{\sin x}\left[\cos x\ln(1+x^2)+\frac{2x\sin x}{1+x^2}\right]$$

得微分

$$dy=y'dx=(1+x^2)^{\sin x}\left[\cos x\ln(1+x^2)+\frac{2x\sin x}{1+x^2}\right]dx$$

习题 5.2

1. 求下列函数的微分.

(1) $y=2\sqrt{x}+\frac{1}{x}$　　(2) $y=e^{3x}\sin x$

(3) $y=\frac{1}{4}x^3+\ln(2x)$　　(4) $y=(x^2-x)^6$

(5) $y=\cos(1+2x^2)$　　(6) $xy-\ln y-3=0$

2. 将适当的函数填入下列括号内,使等式成立.

(1) $d(\quad)=3dx$　　(2) $d(\quad)=2xdx$

(3) $d(\quad)=\frac{1}{\sqrt{x}}dx$　　(4) $d(\quad)=e^{-3x}dx$

(5) $d(\quad)=\cos 2x\,dx$　　(6) $d(\quad)=\frac{1}{1+x^2}dx$

5.3 微分在近似计算中的应用

由定义 5.1 可知,如果函数 $y=f(x)$ 在点 x_0 处的导数 $f'(x_0)\neq0$,那么当 $\Delta x\to0$ 时,微分 dy 是函数改变量 Δy 的主要部分. 因此,当 $|\Delta x|$ 充分小时,忽略高阶无穷小量,可用 dy 作为 Δy 的近似值,即

$$\Delta y\approx dy=f'(x_0)\Delta x$$

即

$$\Delta y=f(x_0+\Delta x)-f(x_0)\approx f'(x_0)\Delta x$$

或

$$f(x_0+\Delta x)\approx f(x_0)+f'(x_0)\Delta x$$

由于 $\Delta x=x-x_0$ 或 $x=x_0+\Delta x$，上述近似公式也可表示为

$$f(x)\approx f(x_0)+f'(x_0)(x-x_0)$$

在选取 x_0 时，一般要求 $f(x_0)$ 和 $f'(x_0)$ 都比较容易计算，并且 $|x-x_0|$ 相对较小. 下面以例题给予说明.

【例 5.9】 计算 $\sqrt[5]{0.95}$ 的近似值.

【解】 设函数 $f(x)=\sqrt[5]{x}$，得 $f'(x)=\frac{1}{5}x^{-\frac{4}{5}}$

由

$$f(x_0+\Delta x)\approx f(x_0)+f'(x_0)\Delta x$$

得

$$\sqrt[5]{x_0+\Delta x}\approx\sqrt[5]{x_0}+\frac{1}{5}x_0^{-\frac{4}{5}}\Delta x$$

取 $x_0=1,\Delta x=-0.05$

则

$$\sqrt[5]{0.95}=\sqrt[5]{1+(-0.05)}\approx\sqrt[5]{1}+\frac{1}{5}\cdot(1)^{-\frac{4}{5}}\cdot(-0.05)=1-0.01=0.99$$

【例 5.10】 证明：当 $|x|$ 充分小时，有近似公式 $(1+x)^m\approx 1+mx$（m 为实数）.

【证明】 因为 $|x|$ 充分小，所以可以考虑在 $x_0=0$ 附近的函数值问题.

设 $f(x)=(1+x)^m$，则 $f'(x)=m(1+x)^{m-1}$，由公式

$$f(x)\approx f(x_0)+f'(x_0)(x-x_0)\quad(|x-x_0|\ll 1)$$

取 $x_0=0$，得

$$(1+x)^m\approx(1+0)^m+m(1+0)^{m-1}\cdot(x-0)$$

即

$$(1+x)^m\approx 1+mx$$

当 $|x|$ 充分小时，有以下常用近似公式：

(1) $e^{-x}\approx 1-x$　　(2) $\sin x\approx x$　　(3) $\tan x\approx x$

(4) $\arcsin x\approx x$　　(5) $\arctan x\approx x$　　(6) $\ln(1+x)\approx x$

(7) $\sqrt[h]{1+x}\approx 1+\frac{1}{h}x$

习题 5.3

1. 计算下列各题的近似值.

(1) $\sqrt{16.02}$　　(2) $\sin 29°$

2. 证明当 $|x|$ 充分小时下列近似公式成立.

(1) $\sin x\approx x$　　(2) $\ln(1+x)\approx x$

第 6 章　导数的应用

导数在自然科学和社会经济学中有着极其广泛的应用. 本章将在介绍微分中值定理的基础上,运用“洛必达法则”求不确定型的极限;利用导数研究单调性、凹凸性等函数的基本性态,并简单介绍函数图像的描绘.

6.1　洛必达法则

6.1.1　微分中值定理

1)罗尔定理

定理 6.1　如果函数$f(x)$满足:

(1)在闭区间$[a,b]$上连续;

(2)在开区间(a,b)内可导;

(3)在区间两端点处的函数值相等,即$f(a)=f(b)$.

则在开区间(a,b)内至少存在一点ξ,使得$f'(\xi)=0$.

罗尔定理的几何意义:如图 6.1 所示,满足定理条件的函数在几何图形上是一条平滑的曲线,即曲线的每一点都有切线存在,两端点的纵坐标相等,则在此曲线上至少存在一点ξ使得曲线在该点的切线与x轴平行.

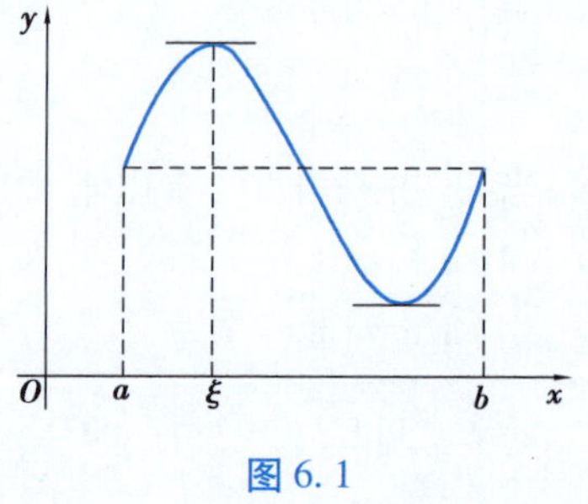

图 6.1

【例 6.1】　验证函数$f(x)=x^2-4$在$[-2,2]$上满足罗尔定理的条件,并求出定理中的ξ.

【解】　因为函数$f(x)=x^2-4$是定义在$(-\infty,+\infty)$上的初等函数,所以在闭区间$[-2,2]$上连续.

又因为$f'(x)=2x$,所以在开区间$(-2,2)$内可导,且$f(2)=f(-2)=0$.

故函数$f(x)=x^2-4$在$[-2,2]$上满足罗尔定理的条件,则在开区间$(-2,2)$内至少存在一点ξ,使得$f'(\xi)=0$,解方程$f'(\xi)=0$,即$2\xi=0$,得$\xi=0$.

【例 6.2】　不求函数$f(x)=(x-1)(x-2)(x-3)(x-4)$的导数,说明$f'(x)=0$的实根个数.

【解】　函数$f(x)$是定义在$(-\infty,+\infty)$内的初等函数,所以在$(-\infty,+\infty)$内连续.

又因为$f'(x)$是三次多项式且定义域是$(-\infty,+\infty)$,所以$f(x)$在$(-\infty,+\infty)$内连续可

导. 并且$f(1)=f(2)=f(3)=f(4)=0$,故函数$f(x)$在闭区间$[1,2]$,$[2,3]$,$[3,4]$上都满足罗尔定理的条件,在此3个区间上分别使用罗尔定理,可得在开区间$(1,2)$,$(2,3)$和$(3,4)$内各至少存在一点ξ_1,ξ_2和ξ_3,使得$f'(\xi_1)=0$,$f'(\xi_2)=0$和$f'(\xi_3)=0$.

因为$f'(x)$为三次多项式,最多有3个实根,所以恰有3个实根,分别在$(1,2)$,$(2,3)$和$(3,4)$内.

2)拉格朗日中值定理

定理6.2　如果函数$f(x)$满足:

(1)在闭区间$[a,b]$上连续;

(2)在开区间(a,b)内可导.

则至少存在一点$\xi\in(a,b)$,使得

$$f'(\xi)=\frac{f(b)-f(a)}{b-a}\quad 或\quad f(b)-f(a)=f'(\xi)(b-a)\quad (b\neq a)$$

拉格朗日中值定理的几何意义:如图6.2所示,满足定理条件的函数$f(x)$,其图像是在区间$[a,b]$内的一条连续光滑的曲线,即每一点$(x,f(x))$的切线均存在. 则该曲线在开区间(a,b)内至少存在一点ξ,使得该点处的切线与弦AB平行.

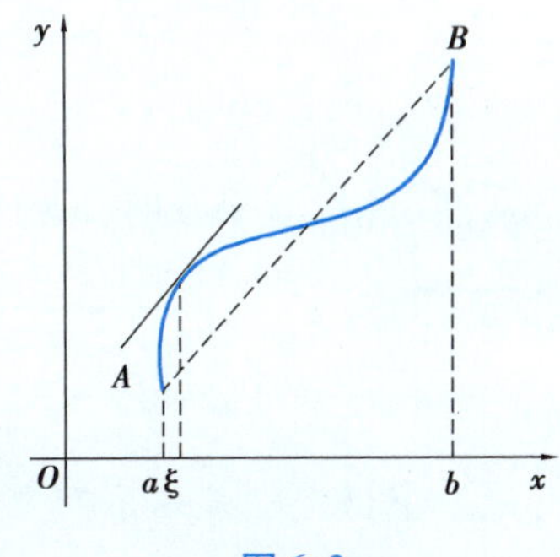

图6.2

在拉格朗日中值定理中,如果$f(a)=f(b)$,则得$f'(\xi)=0$,切线平行于x轴,是罗尔定理的结论. 罗尔定理是拉格朗日中值定理的特殊情况.

【例6.3】　证明:设函数$f(x)$与$g(x)$在开区间(a,b)内有$f'(x)\equiv g'(x)$,则在开区间(a,b)内,恒有$f(x)-g(x)=C$或$f(x)=g(x)+C$(C为常数).

【证明】　令$\varphi(x)=f(x)-g(x)$,则$\varphi'(x)=f'(x)-g'(x)=0$,任取两点$x_1,x_2\in(a,b)$且$x_1\neq x_2$,在闭区间$[x_1,x_2]$上函数$\varphi(x)$满足拉格朗日定理的条件,必有$\xi\in(x_1,x_2)$使得

$$\varphi(x_2)-\varphi(x_1)=\varphi'(\xi)(x_2-x_1)$$

又因为$\varphi'(\xi)=0$,所以

$$\varphi(x_2)-\varphi(x_1)=0\quad 即\quad \varphi(x_2)=\varphi(x_1)$$

由x_1,x_2的任意性知,函数$\varphi(x)$在(a,b)内必恒等于常数C,即$\varphi(x)=C$,亦即

$$f(x)-g(x)=C\quad 或\quad f(x)=g(x)+C$$

我们知道常数的导数等于零,本例题利用拉格朗日定理证明了导数为零的函数必为常数. 这个结论在后面积分学研究中非常有用.

结论1　若函数$f(x)$在区间(a,b)内可导,且有$f'(x)=0$,则在(a,b)内$f(x)=C$.

结论2　若函数$f(x)$,$g(x)$在区间(a,b)内可导,对任意x在(a,b)内,有$f'(x)=g'(x)$,则在(a,b)内,恒有

$$f(x)-g(x)=C\quad 或\quad f(x)=g(x)+C\quad (C为常数)$$

【例 6.4】 证明：当 $x>0$ 时，$\ln(1+x)>\frac{x}{1+x}$.

【证明】 令 $f(x)=\ln(1+x)-\frac{x}{1+x}\ (x>0)$，因为函数 $f(x)$ 是初等函数($x>0$)，所以在闭区间 $[0,x]$ 上连续，又因为

$$f'(x)=\frac{1}{1+x}-\frac{1}{(1+x)^2}=\frac{x}{(1+x)^2}$$

在开区间 $(0,x)$ 内可导，故函数 $f(x)$ 在闭区间 $[0,x]$ 上满足拉格朗日定理的条件，则至少存在一点 $\xi\in(0,x)$，使得

$$f(x)-f(0)=f'(\xi)(x-0)=\frac{\xi}{(1+\xi)^2}\cdot x$$

因为 $f(0)=0$，且在区间 $(0,x)$ 内有 $\frac{\xi}{(1+\xi)^2}\cdot x>0$，所以 $f(x)>0$，即

$$f(x)=\ln(1+x)-\frac{x}{1+x}>0$$

从而可得：当 $x>0$ 时，$\ln(1+x)>\frac{x}{1+x}$.

数学文化

微分中值定理的发展

微分中值定理是一系列中值定理的总称，它包括三个定理，是研究函数的有力工具. 微分中值定理反映了导数的局部性与函数的整体性之间的关系，三个定理中拉格朗日中值定理尤为重要，罗尔定理、柯西定理是拉格朗日定理的特殊情况或推广.

人类对微分中值定理的认识始于古希腊时代，当时的数学家们发现：过抛物线顶点的切线必平行于抛物线底端的连线. 同时，阿基米德利用这个结论求出了抛物线弓形的面积，这是拉格朗日中值定理的特殊情形.

17 世纪微积分建立之时，数学家开始对中值定理进行深入研究. 1627 年，意大利数学家卡瓦列里在《不可分量几何学》中描述：曲线段上必有一点的切线平行于曲线的弦. 这也就是后来的卡瓦列里定理，它反映了微分中值定理的几何意义.

1637 年，法国数学家费马(Fermat)在《求最大值和最小值的方法》中描述：函数在极值点处的导数为零. 它以皮埃尔 · 德 · 费马命名，称为费马引理. 通过证明可导函数的每一个可导的极值点都是驻点(函数的导数在该点为零)，此定理给出了一个求解可微函数的最值的方法.

1691 年，法国数学家罗尔在《方程的解法》中给出了多项式形式的罗尔定理. 此定理后来发展成一般函数的罗尔定理，并且由费马引理推导出来.

1797 年，法国数学家拉格朗日在《解析函数论》中首先给出了拉格朗日中值定理，并提供了最初的证明，应用甚广. 后由法国数学家 O. 博内给出现代形式. 拉格朗日中值定理沟通了函数与其导数的联系，在研究函数的单调性、凹凸性以及不等式的证明等方面，都可能会用到拉格朗日中值定理.

19 世纪 10 至 20 年代，法国的数学家柯西对微分中值定理进行了更加深入的研究. 在 18 世纪微积分的分析严密性备受质疑时，他的三部巨著《分析教程》《无穷小计算教程概论》和《微分计算教程》，以严格化为主要目标，创立了极限理论. 甚至可以说柯西对微积分理论进行了重构，他首先赋予中值定理以重要作用，使它成为微积分学的核心定理. 他在《无穷小计算教程概论》中严格地证明了拉格朗日定理，并在《微分计算教程》中将其推广，最后发现了柯西中值定理，建立了现在的独立学科微积分，柯西中值定理是拉格朗日中值定理的推广，是微分学的基本定理之一. 其几何意义为，用参数方程表示的曲线上至少有一点，它的切线平行于两端点所在的弦，该定理可以视作在参数方程下拉格朗日中值定理的表达形式.

拉格朗日简介

约瑟夫 · 拉格朗日（Joseph-Louis Lagrange，1736—1813 年），法国著名数学家、物理学家.

他在数学、力学和天文学三个学科领域中都有历史性的贡献，其中尤以数学方面的成就最为突出.

他在数学上最突出的贡献是使数学分析与几何及力学脱离开来，使数学的独立性更明显，从此数学不再仅仅是其他学科的工具. 拉格朗日总结了 18 世纪的数学成果，同时又为 19 世纪的数学研究开辟了道路，堪称法国最杰出的数学大师.

6.1.2　洛必达法则

如果两个函数 $f(x)$，$g(x)$ 在自变量 x 的某一变化过程的极限都为零，即

$$\lim_{\substack{x\to x_0\\(x\to\infty)}} f(x)=0,\ \lim_{\substack{x\to x_0\\(x\to\infty)}} g(x)=0$$

则称 $\lim\limits_{\substack{x\to x_0\\(x\to\infty)}} \dfrac{f(x)}{g(x)}$ 的极限为“$\dfrac{0}{0}$”的不确定型，简称未定式（或不定式）；如果在自变量 x 的某一变化过程有

$$\lim_{\substack{x\to x_0\\(x\to\infty)}} f(x)=\infty,\ \lim_{\substack{x\to x_0\\(x\to\infty)}} g(x)=\infty$$

则称 $\lim\limits_{\substack{x\to x_0\\(x\to\infty)}} \dfrac{f(x)}{g(x)}$ 的极限为“$\dfrac{\infty}{\infty}$”的不确定型，简称未定式（或不定式）.

对于极限计算中的“$\dfrac{0}{0}$”或“$\dfrac{\infty}{\infty}$”型的未定式，其最后的极限可能存在，也可能不存在，这类函数极限的计算通常都比较困难. 下面我们引入洛必达法则，用以计算此类未定式的极限.

1）“$\dfrac{0}{0}$”型未定式的极限

定理 6.3（洛必达第一法则）　设函数 $f(x)$ 和 $g(x)$ 在 x_0 的某去心邻域内有定义且满足条件：

(1) $\lim\limits_{x\to x_0} f(x)=0, \lim\limits_{x\to x_0} g(x)=0$;

(2)在 x_0 的去心邻域内 $f'(x)$, $g'(x)$ 都存在,且 $g'(x)\neq 0$;

(3) $\lim\limits_{x\to x_0} \dfrac{f'(x)}{g'(x)}$ 存在或为∞.

则

$$\lim_{x\to x_0} \frac{f(x)}{g(x)}=\lim_{x\to x_0} \frac{f'(x)}{g'(x)}$$

注 意

当 $x\to\infty$ 时,上述洛必达法则仍成立.

【例 6.5】 求极限 $\lim\limits_{x\to 0} \dfrac{\sin x}{x}$.

【解】 因为 $\lim\limits_{x\to 0} \sin x=0, \lim\limits_{x\to 0} x=0$,则 $\lim\limits_{x\to 0} \dfrac{\sin x}{x}$ 是“$\dfrac{0}{0}$”的未定式,所以

$$\begin{aligned}\lim_{x\to 0} \frac{\sin x}{x} &= \lim_{x\to 0} \frac{(\sin x)'}{(x)'} \\ &= \lim_{x\to 0} \frac{\cos x}{1} = 1\end{aligned}$$

【例 6.6】 求极限 $\lim\limits_{x\to 5} \dfrac{\sqrt{x-1}-2}{x-5}$.

【解】 $\lim\limits_{x\to 5} \dfrac{\sqrt{x-1}-2}{x-5}$　　$\left(\dfrac{0}{0}\text{型}\right)$

$=\lim\limits_{x\to 5} \dfrac{(\sqrt{x-1}-2)'}{(x-5)'}$

$=\lim\limits_{x\to 5} \dfrac{\dfrac{1}{2\sqrt{x-1}}}{1}$

$=\dfrac{1}{4}$

【例 6.7】 求极限 $\lim\limits_{x\to 0} \dfrac{e^x-e^{-x}}{x^2}$.

【解】 $\lim\limits_{x\to 0} \dfrac{e^x-e^{-x}}{x^2}$　　$\left(\dfrac{0}{0}\text{型}\right)$

$=\lim\limits_{x\to 0} \dfrac{(e^x-e^{-x})'}{(x^2)'}$

$=\lim\limits_{x\to 0} \dfrac{e^x+e^{-x}}{2x}$

$=\infty$

【例 6.8】　求极限 $\lim\limits_{x\to2}\dfrac{2x^3-11x^2+20x-12}{x^3-x^2-8x+12}$.

【解】

$$\begin{aligned}&\lim_{x\to2}\frac{2x^3-11x^2+20x-12}{x^3-x^2-8x+12}\qquad\left(\frac{0}{0}\text{型}\right)\\&=\lim_{x\to2}\frac{6x^2-22x+20}{3x^2-2x-8}\qquad\left(\frac{0}{0}\text{型}\right)\\&=\lim_{x\to2}\frac{12x-22}{6x-2}=\frac{1}{5}\end{aligned}$$

例 6.8 中两次重复使用洛必达法则. 在满足定理的条件下且 $f(x)$, $g(x)$ 有任意阶导数,则有

$$\lim_{x\to x_0}\frac{f(x)}{g(x)}=\lim_{x\to x_0}\frac{f'(x)}{g'(x)}=\lim_{x\to x_0}\frac{f''(x)}{g''(x)}==\cdots=\lim_{x\to x_0}\frac{f^{(n)}(x)}{g^{(n)}(x)}=\cdots$$

【例 6.9】　求极限 $\lim\limits_{x\to0}\dfrac{x^2\sin\dfrac{1}{x}}{\sin x}$.

【解】

$$\begin{aligned}&\lim_{x\to0}\frac{x^2\sin\dfrac{1}{x}}{\sin x}\qquad\left(\frac{0}{0}\text{型}\right)\\&=\lim_{x\to0}\frac{\left(x^2\sin\dfrac{1}{x}\right)'}{(\sin x)'}\\&=\lim_{x\to0}\frac{2x\sin\dfrac{1}{x}-\cos\dfrac{1}{x}}{\cos x}\end{aligned}$$

由解可知,分子的极限是振荡性不存在,而分母的极限存在,故 $\lim\limits_{x\to0}\dfrac{2x\sin\dfrac{1}{x}-\cos\dfrac{1}{x}}{\cos x}$ 不存在. 此时洛必达法则失效,需用其他方法来求此极限.

分析:把分子、分母同除以 x,得 $\lim\limits_{x\to0}\dfrac{x\sin\dfrac{1}{x}}{\dfrac{\sin x}{x}}$,其中分子 $\lim\limits_{x\to0}\left(x\sin\dfrac{1}{x}\right)=0$(无穷小量与有界函数的积仍为无穷小量),$\lim\limits_{x\to0}\dfrac{\sin x}{x}=1$(第一个重要极限). 正确解法如下:

【解】

$$\lim_{x\to0}\frac{x^2\sin\dfrac{1}{x}}{\sin x}=\lim_{x\to0}\frac{x\sin\dfrac{1}{x}}{\dfrac{\sin x}{x}}=0$$

2）“$\frac{\infty}{\infty}$”型未定式的极限

定理 6.4（洛必达第二法则） 设函数 $f(x)$ 和 $g(x)$ 在 x_0 的某去心邻域内有定义且满足条件：

(1) $\lim\limits_{x \to x_0} f(x)=\infty$，$\lim\limits_{x \to x_0} g(x)=\infty$；

(2) 在 x_0 的去心邻域内 $f'(x)$，$g'(x)$ 都存在，且 $g'(x)\neq 0$；

(3) $\lim\limits_{x \to x_0}\dfrac{f'(x)}{g'(x)}$ 存在或为 ∞.

则

$$\lim_{x \to x_0}\frac{f(x)}{g(x)}=\lim_{x \to x_0}\frac{f'(x)}{g'(x)}$$

同样，当 $x\to\infty$ 时，定理仍成立.

【例 6.10】 求极限 $\lim\limits_{x \to +\infty}\dfrac{\ln x}{x}$.

【解】 $\lim\limits_{x \to +\infty}\dfrac{\ln x}{x}\quad\left(\dfrac{\infty}{\infty}\text{型}\right)$

$$=\lim_{x \to +\infty}\frac{(\ln x)'}{(x)'}$$

$$=\lim_{x \to +\infty}\frac{1}{x}$$

$$=0$$

【例 6.11】 求极限 $\lim\limits_{x \to +\infty}\dfrac{\sqrt{x^2+1}}{4x-3}$.

【解】 $\lim\limits_{x \to +\infty}\dfrac{\sqrt{x^2+1}}{4x-3}\quad\left(\dfrac{\infty}{\infty}\text{型}\right)$

$$=\lim_{x \to +\infty}\frac{(\sqrt{x^2+1})'}{(4x-3)'}$$

$$=\lim_{x \to +\infty}\frac{\frac{x}{\sqrt{x^2+1}}}{4}$$

$$=\frac{1}{4}\lim_{x \to +\infty}\frac{x}{\sqrt{x^2+1}}\quad\left(\frac{\infty}{\infty}\text{型}\right)$$

$$=\frac{1}{4}\lim_{x \to +\infty}\frac{1}{\frac{x}{\sqrt{x^2+1}}}$$

$$=\frac{1}{4}\lim_{x \to +\infty}\frac{\sqrt{x^2+1}}{x}\quad\left(\frac{\infty}{\infty}\text{型}\right)$$

上述解题过程中循环出现"$\frac{\infty}{\infty}$"的未定式，此时洛必达法则失效，需用另外的方法求解. 正确解法如下：

【解】

$$\lim_{x\to+\infty}\frac{\sqrt{x^2+1}}{4x-3}=\lim_{x\to+\infty}\frac{x\sqrt{1+\frac{1}{x^2}}}{x\left(4-\frac{3}{x}\right)}=\lim_{x\to+\infty}\frac{\sqrt{1+\frac{1}{x^2}}}{4-\frac{3}{x}}=\frac{1}{4}$$

【例 6.12】　求极限 $\lim\limits_{x\to0^+}\frac{\ln\sin x}{\ln x}$.

【解】　$\lim\limits_{x\to0^+}\frac{\ln\sin x}{\ln x}\qquad\left(\frac{\infty}{\infty}\text{型}\right)$

$=\lim\limits_{x\to0^+}\frac{x\cos x}{\sin x}\qquad\left(\frac{0}{0}\text{型}\right)$

$=\lim\limits_{x\to0^+}\frac{\cos x-x\sin x}{\cos x}=1$

分析上述例题可得出：无论是"$\frac{0}{0}$"型还是"$\frac{\infty}{\infty}$"型的未定式，用洛必达第一、第二法则求极限时，求解的顺序都一致，首先判定是否为"$\frac{0}{0}$"或"$\frac{\infty}{\infty}$"型，接着对分子、分母分别求导数，然后再继续求极限.

未定式极限除"$\frac{0}{0}$"型与"$\frac{\infty}{\infty}$"型外，还有其他一些类型，如$0\cdot\infty$，$\infty-\infty$，0^0，1^∞型等，一般是将这些类型转化成这两个基本类型后，再用洛必达法则求解. 下面通过几个实例说明这种方法.

【例 6.13】　求极限 $\lim\limits_{x\to0^+}x\ln x$.

【解】　因为 $\lim\limits_{x\to0^+}x=0$，$\lim\limits_{x\to0^+}\ln x=\infty$，所以 $\lim\limits_{x\to0^+}x\ln x$ 是"$0\cdot\infty$"型的未定式极限，不能直接使用洛必达法则.

$\lim\limits_{x\to0^+}x\ln x\qquad(0\cdot\infty\text{型})$

$=\lim\limits_{x\to0^+}\frac{\ln x}{\frac{1}{x}}\qquad\left(\frac{\infty}{\infty}\text{型}\right)$

$=\lim\limits_{x\to0^+}(-x)=0$

【例 6.14】　求极限 $\lim\limits_{x\to1}\left(\frac{x}{x-1}-\frac{2}{x^2-1}\right)$.

【解】　$\lim\limits_{x\to1}\left(\frac{x}{x-1}-\frac{2}{x^2-1}\right)\qquad(\infty-\infty\text{型})$

$=\lim\limits_{x\to1}\frac{x^2+x-2}{x^2-1}\qquad\left(\frac{0}{0}\text{型}\right)$

$$=\lim_{x\to1}\frac{2x+1}{2x}=\frac{3}{2}$$

【例 6.15】 求极限 $\lim\limits_{x\to0}\left(\frac{1}{\sin x}-\frac{\cos x}{\sin x}\right)$.

【解】 $\lim\limits_{x\to0}\left(\frac{1}{\sin x}-\frac{\cos x}{\sin x}\right)$ （$\infty-\infty$ 型）

$=\lim\limits_{x\to0}\frac{1-\cos x}{\sin x}$ $\left(\frac{0}{0}\text{型}\right)$

$$=\lim_{x\to0}\frac{\sin x}{\cos x}=0$$

【例 6.16】 求极限 $\lim\limits_{x\to1} x^{\frac{1}{1-x}}$.

【解】 方法 1：$\lim\limits_{x\to1} x^{\frac{1}{1-x}}$ （1^{∞} 型）

$=\lim\limits_{x\to1}\mathrm{e}^{\ln x^{\frac{1}{1-x}}}$ （采用对数恒等式 $\mathrm{e}^{\ln y}=y$）

$$=\lim_{x\to1}\mathrm{e}^{\frac{1}{1-x}\ln x}$$

$=\mathrm{e}^{\lim\limits_{x\to1}\frac{\ln x}{1-x}}$ $\left(\text{指数部分的极限为}\frac{0}{0}\text{型}\right)$

$$=\mathrm{e}^{\lim\limits_{x\to1}\frac{\frac{1}{x}}{-1}}=\mathrm{e}^{-1}$$

方法 2：$\lim\limits_{x\to1} x^{\frac{1}{1-x}}$ （1^{∞} 型）

$=\lim\limits_{x\to1}[1+(x-1)]^{\frac{1}{x-1}\cdot(-1)}$（第二个重要极限）

$$=\mathrm{e}^{-1}$$

【例 6.17】 求极限 $\lim\limits_{x\to0^+}x^x$.

【解】 $\lim\limits_{x\to0^+}x^x$ （0^0 型）

$$=\lim_{x\to0^+}\mathrm{e}^{\ln x^x}$$

$$=\lim_{x\to0^+}\mathrm{e}^{x\ln x}$$

$=\mathrm{e}^{\lim\limits_{x\to0^+}\frac{\ln x}{\frac{1}{x}}}$ $\left(\frac{\infty}{\infty}\text{型}\right)$

$$=\mathrm{e}^{\lim\limits_{x\to0^+}(-x)}$$

$$=\mathrm{e}^0=1$$

习题 6.1

1. 函数 $f(x)=x^2-2x+3$ 在区间 $[-1,3]$ 上是否满足罗尔定理的条件？若满足，求出 ξ.

2. 函数 $f(x)=\ln x$ 在区间 $[1,\mathrm{e}]$ 上是否满足拉格朗日中值定理的条件？若满足，求出 ξ.

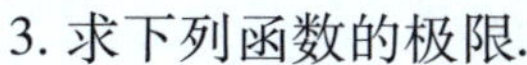

3. 求下列函数的极限.

(1) $\lim\limits_{x\to 1}\dfrac{\sin(x-1)}{x^3-1}$

(2) $\lim\limits_{x\to 0^+}\dfrac{\ln(1+x)}{x}$

(3) $\lim\limits_{x\to 0}\dfrac{x^2-x}{1-\cos x}$

(4) $\lim\limits_{x\to -\infty}\dfrac{\ln(e^x+1)}{e^x}$

(5) $\lim\limits_{x\to 2}\dfrac{x^2-4}{\sqrt{x-1}-1}$

(6) $\lim\limits_{x\to 0}\dfrac{x-x\cos x}{x-\sin x}$

(7) $\lim\limits_{x\to 0}\dfrac{1-\cos x}{e^x+e^{-x}-2}$

(8) $\lim\limits_{x\to 0}\dfrac{x-\sin x}{e^x-\cos x-x}$

4. 求下列函数的极限.

(1) $\lim\limits_{x\to +\infty}\dfrac{x^2+2}{e^x-1}$

(2) $\lim\limits_{x\to +\infty}\dfrac{x+e^{2x}}{x+e^{-2x}}$

(3) $\lim\limits_{x\to 0^+}\dfrac{\log_2 x}{\ln x}$

(4) $\lim\limits_{x\to +\infty}\dfrac{\ln(e^x+1)}{e^x}$

(5) $\lim\limits_{x\to +\infty}\dfrac{\ln(1+e^x)}{x+1}$

(6) $\lim\limits_{x\to +\infty}\dfrac{\ln x+e^{-x}}{3x+1}$

5. 求下列函数的极限.

(1) $\lim\limits_{x\to 0^+}x^2\ln x$

(2) $\lim\limits_{x\to 0^+}\sin x\ln x$

(3) $\lim\limits_{x\to 1}\left(\dfrac{4}{x^2-1}-\dfrac{2}{x-1}\right)$

(4) $\lim\limits_{x\to 1}\left(\dfrac{x}{x-1}-\dfrac{1}{\ln x}\right)$

6. 计算下列极限能否使用洛必达法则,说明理由.

(1) $\lim\limits_{x\to \infty}\dfrac{2x+\cos^2 x}{x}$

(2) $\lim\limits_{x\to 0}\dfrac{2x-\sin x}{x+\sin x}$

6.2　函数的单调性与极值

6.2.1　函数的单调性

函数在某区间上的单调性包括单调递增和单调递减,到目前为止我们只能用定义来判断函数的单调性,对于一些较复杂的函数直接用定义来判定显得非常困难甚至无法判断.这一节将讨论如何用导数符号来判定函数的单调性.

设函数 $f(x)$ 在闭区间 $[a,b]$ 上连续,在 (a,b) 内可导,如果函数在 $[a,b]$ 上是单调递增的函数,则此曲线上任意一点的切线的倾斜角 α 为锐角($0<\alpha<\dfrac{\pi}{2}$),即 $f'(x)>0$;如果函数在 $[a,b]$ 上是单调递减的函数,则此曲线上任意一点的切线的倾斜角 α 为钝角($\dfrac{\pi}{2}<\alpha<\pi$),即 $f'(x)<0$. 故函数的单调性与其导数的符号密切相关.

定理 6.5 设函数$f(x)$在$[a,b]$上连续，在(a,b)内可导，则有：

(1)若在$x\in(a,b)$时，有$f'(x)>0$，则函数$f(x)$在区间$[a,b]$上单调递增；

(2)若在$x\in(a,b)$时，有$f'(x)<0$，则函数$f(x)$在区间$[a,b]$上单调递减.

【证明】 任取两点$x_1,x_2\in(a,b)$，且$x_1<x_2$. 由于函数$f(x)$在(a,b)内可导，$f(x)$在区间$[x_1,x_2]$上满足拉格朗日中值定理的条件，于是至少存在一个点$\xi\in(x_1,x_2)$，使得

$$f(x_2)-f(x_1)=f'(\xi)(x_2-x_1)$$

于是可得：

(1)若$f'(x)>0$，则$f'(\xi)>0$，又$x_1<x_2$，故

$$f(x_2)-f(x_1)=f'(\xi)(x_2-x_1)>0 \quad 即 \quad f(x_2)>f(x_1)$$

所以函数$f(x)$在区间$[a,b]$上单调递增；

(2)若$f'(x)<0$，则$f'(\xi)<0$，又$x_1<x_2$，故

$$f(x_2)-f(x_1)=f'(\xi)(x_2-x_1)<0 \quad 即 \quad f(x_2)<f(x_1)$$

所以函数$f(x)$在区间$[a,b]$上单调递减.

如果函数$f(x)$在$[a,b]$上单调递增，称$f(x)$是区间$[a,b]$上的增函数，区间$[a,b]$称为函数的单调递增区间；如果函数$f(x)$在$[a,b]$上单调递减，称$f(x)$是区间$[a,b]$上的减函数，区间$[a,b]$称为函数的单调递减区间.

【例 6.18】 求函数$y=2x^2-\ln x$的单调区间.

【解】 函数的定义域为$(0,+\infty)$，且有导数

$$y'=4x-\frac{1}{x}=\frac{4x^2-1}{x}=\frac{(2x-1)(2x+1)}{x}$$

令$y'=0$，解得$x_1=\frac{1}{2}$，$x_2=-\frac{1}{2}$(舍去).

列表讨论y'的符号确定函数的单调性(见表 6.1).

表 6.1

x	$\left(0,\frac{1}{2}\right)$	$\frac{1}{2}$	$\left(\frac{1}{2},+\infty\right)$
y'	$-$	0	$+$
y	↘		↗

从表 6.1 可得：函数y单调递增的区间为$\left(\frac{1}{2},+\infty\right)$，单调递减的区间为$\left(0,\frac{1}{2}\right)$.

利用函数的单调性可以证明某些不等式.

【例 6.19】 用函数的单调性证明：当$x>1$时，$e^x>ex$.

【证明】 设函数$f(x)=e^x-ex$，则有$f'(x)=e^x-e$.

当$x>1$时，$f'(x)=e^x-e>0$，故函数$f(x)$在区间$(1,+\infty)$上单调递增.

由定义可得$f(x)>f(1)$，而$f(1)=e-e=0$. 即$f(x)>0$，$e^x-ex>0$.

故当$x>1$时，$e^x>ex$.

6.2.2　函数的极值

极值问题与自然科学、工程技术、国民经济和生活实践密切相关,最优化理论在生活中有着广泛的应用,本节将介绍极值及其相关问题.

定义 6.1(极值的定义)　设函数 $f(x)$ 在点 x_0 及其邻域内有定义,对此邻域内任意一点 $x(x\neq x_0)$,恒有:

(1) $f(x)<f(x_0)$,则称 $f(x_0)$ 为函数 $f(x)$ 的一个极大值,x_0 称为函数 $f(x)$ 的一个极大值点;

(2) $f(x)>f(x_0)$,则称 $f(x_0)$ 为函数 $f(x)$ 的一个极小值,x_0 称为函数 $f(x)$ 的一个极小值点.

函数的极大值、极小值统称为函数的极值,极大值点、极小值点统称为函数的极值点.

函数极值是一个局部性概念,极大值即局部相对最大,极小值即局部相对最小,函数在定义域上极值可能有多个,极大值并不一定大于极小值,极小值不一定小于极大值.

函数极值是函数的局部性质.如图 6.3 所示,根据函数极值的定义,$f(x_1)$,$f(x_3)$,$f(x_5)$ 为函数的极大值,而 $f(x_2)$,$f(x_4)$ 为函数的极小值,且在此例中极小值 $f(x_2)$ 大于极大值 $f(x_5)$.

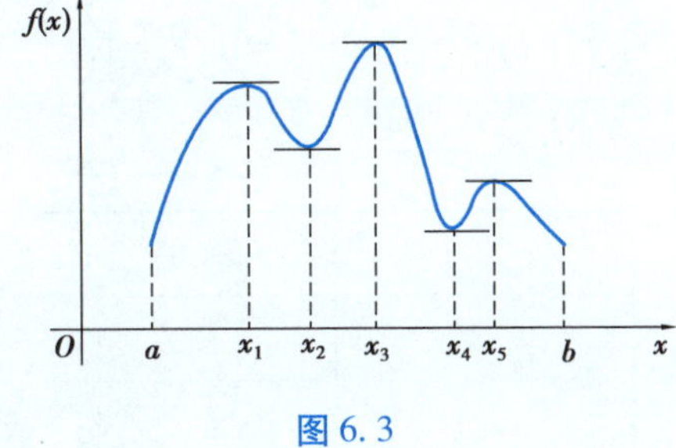

图 6.3

函数在极值点处的切线都平行于 x 轴,即 $f'(x)=0$,且在极值点的左右,函数的单调性发生转变,即 $f'(x)$ 的符号相反.

定理 6.6(极值存在的必要条件)　如果函数 $f(x)$ 在 x_0 处可导,且在点 x_0 处取得极值,则必有 $f'(x_0)=0$.

定理的逆定理不成立,即 $f'(x)=0$,但函数 $f(x)$ 在 x_0 处不一定取得极值,如图 6.4 中 $f'(x_5)=0$,但函数在点 x_5 处取不到极值.

例如,函数 $f(x)=x^3$ 在点 $x=0$ 处的导数为零,但函数在该点取不到极值.

驻点:导数为零的点称为函数的驻点,即若 $f'(x_0)=0$,则称 x_0 是 $f(x)$ 的驻点.

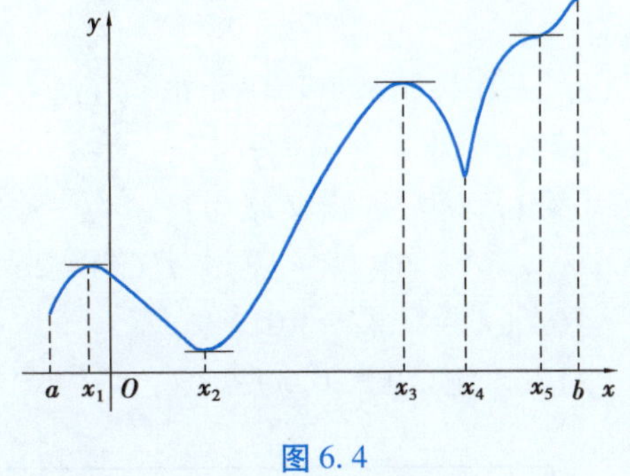

图 6.4

驻点与极值点关系:定理 6.6 说明函数的可导极值点一定为驻点,但驻点不一定为极值点.

不可导点:函数 $f(x)$ 在导数不存在的连续点也可能取得极值,如图 6.4 中 x_4.例如,函数 $f(x)=|x|$ 在 $x=0$ 处导数不存在(尖点或折点不可导),但函数在该点取得极小值.

极值点存在的范围:把驻点和导数不存在的连续点统称为函数的可能极值点,或者说极值点存在于驻点和导数不存在的连续点之中.

定理 6.7(极值存在的第一充分条件)　已知函数 $f(x)$ 在 x_0 及其邻域内连续,且在 x_0 的去心邻域内可导,则有:

(1)当 $x<x_0$ 时 $f'(x)>0$，当 $x>x_0$ 时 $f'(x)<0$，则 $f(x_0)$ 为函数 $f(x)$ 的极大值，x_0 为极大值点；

(2)当 $x<x_0$ 时 $f'(x)<0$，当 $x>x_0$ 时 $f'(x)>0$，则 $f(x_0)$ 为函数 $f(x)$ 的极小值，x_0 为极小值点；

(3)当 $x<x_0$ 和 $x>x_0$ 时，恒有 $f'(x)>0$ 或 $f'(x)<0$，则 $f(x_0)$ 不是函数 $f(x)$ 的极值.

由定理6.7可知在极值点左右，函数的单调性是不一致的，即导数的符号相反.

由此总结出求极值的一般步骤：

(1)确定函数的定义域，并求 $f'(x)$；

(2)令 $f'(x)=0$，求出驻点和导数 $f'(x)$ 不存在的连续点，并按从小到大的顺序将定义域划分为若干区间，并绘出表格；

(3)在表格中讨论 $f'(x)$ 的符号，确定极值点并求得极值.

【例6.20】 求函数 $f(x)=-2x^3+3x^2$ 的单调区间与极值.

【解】 函数的定义域为：$(-\infty,+\infty)$，且

$$f'(x)=6x-6x^2=6x(1-x)$$

令 $f'(x)=0$，解得 $x_1=0, x_2=1$.

列表讨论（见表6.2）：

表6.2

x	$(-\infty,0)$	0	$(0,1)$	1	$(1,+\infty)$
$f'(x)$	−	0	+	0	−
$f(x)$	↘	极小值	↗	极大值	↘

由表6.2可知，函数 $f(x)$ 在区间 $(0,1)$ 上单调递增；在区间 $(-\infty,0)\cup(1,+\infty)$ 上单调递减.

在 $x=0$ 处函数取得极小值 $f(0)=0$，在 $x=1$ 处函数取得极大值 $f(1)=1$.

【例6.21】 求函数 $f(x)=e^{2x}+e^{-2x}+3$ 的极值.

【解】 函数的定义域为：$(-\infty,+\infty)$，且

$$f'(x)=2e^{2x}-2e^{-2x}=2(e^{2x}-e^{-2x})$$

令 $f'(x)=0$，得 $x=0$.

列表讨论（见表6.3）：

表6.3

x	$(-\infty,0)$	0	$(0,+\infty)$
$f'(x)$	−	0	+
$f(x)$	↘	极小值	↗

从表6.3可知，函数 $f(x)$ 的极小值为 $f(0)=5$，函数 $f(x)$ 无极大值.

【例6.22】 求函数 $f(x)=x-\sqrt[3]{x^2}$ 的极值.

【解】 函数$f(x)$的定义域为：$(-\infty,+\infty)$，且

$$f'(x)=1-\frac{2}{3}x^{-\frac{1}{3}}=\frac{3\sqrt[3]{x}-2}{3\sqrt[3]{x}}$$

故

令$f'(x)=0$，得$x_1=\frac{8}{27}$. 导数$f'(x)$不存在的连续点为$x_2=0$.

列表讨论（见表6.4）：

表6.4

x	$(-\infty,0)$	0	$\left(0,\frac{8}{27}\right)$	$\frac{8}{27}$	$\left(\frac{8}{27},+\infty\right)$
$f'(x)$	+	不存在	−	0	+
$f(x)$	↗	极大值	↘	极小值	↗

从表6.4可知，函数$f(x)$的极大值为$f(0)=0$，函数$f(x)$的极小值为$f\left(\frac{8}{27}\right)=-\frac{4}{27}$.

定理6.8（极值存在的第二充分条件） 函数$f(x)$在x_0及其邻域内有一、二阶导数存在，且$f'(x_0)=0$（即x_0为驻点），$f''(x_0)\neq 0$. 则有：

(1)若$f''(x_0)>0$，则$f(x_0)$为极小值；

(2)若$f''(x_0)<0$，则$f(x_0)$为极大值.

【例6.23】 求函数$f(x)=2x^3-6x^2-18x+7$的极值.

【解】 函数的定义域为：$(-\infty,+\infty)$，且

$$f'(x)=6x^2-12x-18=6(x+1)(x-3)$$

令$f'(x)=0$，得$x_1=-1$，$x_2=3$.

又因为

$$f''(x)=12x-12=12(x-1)$$

则$f''(-1)=-24<0$，故函数$f(x)$的极大值为$f(-1)=17$.

而$f''(3)=24>0$，故函数$f(x)$的极小值为$f(3)=-47$.

【例6.24】 求函数$f(x)=4x^3-3x^2-6x+5$的极值.

【解】 函数的定义域为：$(-\infty,+\infty)$，且

$$f'(x)=12x^2-6x-6=6(2x+1)(x-1)$$

令$f'(x)=0$，得$x_1=-\frac{1}{2}$，$x_2=1$.

又因为

$$f''(x)=24x-6=6(4x-1)$$

则$f''\left(-\frac{1}{2}\right)=-18<0$，故函数$f(x)$的极大值为$f\left(-\frac{1}{2}\right)=\frac{27}{4}$.

而$f''(1)=18>0$，故函数$f(x)$的极小值为$f(1)=0$.

习题 6.2

1. 证明下列不等式.

(1)当 $0<x<1$ 时，$e^x<\frac{1}{1-x}$　　(2)当 $x>0$ 时，$\arctan x>x-\frac{1}{3}x^3$

2. 求下列函数的单调区间与极值.

(1)$f(x)=x^2-2x+5$　　(2)$f(x)=\frac{1}{3}x^3-2x^2+3x+1$

(3)$f(x)=x^2e^{-x}$　　(4)$f(x)=x-\ln(1+x)$

3. 求下列函数的极值.

(1)$f(x)=2x^2-\ln x$　　(2)$f(x)=3x^2-2x^3$

(3)$f(x)=4x^3-3x^2-6x+3$　　(4)$f(x)=2x^2-x^4+1$

4. 设函数 $f(x)=ax^3+x^2+1$ 在点 $x=2$ 取得极值，求常数 a 的值.

6.3　函数的最值及应用

函数的最值是指函数在整个定义域上的最大值和最小值. 函数的极值与最值是两个不同的概念. 函数的极值反映的是函数的局部最大或最小，而函数的最值反映的是全局或整个定义域上的最大或最小.

一般情况下，函数的极值不一定是最值，极值点也不一定是最值点，但在一定条件下，极值与最值又有着紧密的联系.

6.3.1　连续函数在闭区间上的最值

前面已经学习过最大值最小值定理，如果函数 $f(x)$ 在区间 $[a,b]$ 上连续，则 $f(x)$ 在区间 $[a,b]$ 上一定能够取到最大值和最小值.

求连续函数 $f(x)$ 在区间 $[a,b]$ 上最大值和最小值的方法是：

(1)先求出函数在 (a,b) 内所有可能的极值及 $f(a)$，$f(b)$（端点值）；

(2)比较 (a,b) 内所有可能的极值及 $f(a)$，$f(b)$（端点值），其中最大者即为函数在此区间上的最大值，最小者即为函数在此区间上的最小值.

【例 6.25】　求函数 $f(x)=x^4-8x^2+6$，$x\in[-1,3]$ 上的最值.

【解】　$f'(x)=4x^3-16x=4x(x-2)(x+2)$

令 $f'(x)=0$，得 $x_1=-2$（舍去），$x_2=0$，$x_3=2$.

计算驻点处函数值和两端点函数值：

$$f(0)=6, f(2)=-10, f(-1)=-1, f(3)=15$$

比较上面的函数值可得，函数在此闭区间上的最大值：$f(3)=15$，最小值：$f(2)=-10$.

【例 6.26】　求函数 $f(x)=\frac{x}{2}-\sqrt{x}$，$x\in[0,9]$ 上的最值.

【解】 $f'(x)=\frac{1}{2}-\frac{1}{2\sqrt{x}}=\frac{\sqrt{x}-1}{2\sqrt{x}}$

故导数不存在的连续点 $x_1=0$.

令 $f'(x)=0$,得 $x_2=1$.

计算驻点、导数不存在的点处函数值和两端点函数值:

$$f(0)=0, f(1)=-\frac{1}{2}, f(9)=\frac{3}{2}$$

比较上面的函数值可得,函数在此闭区间上的最大值:$f(9)=\frac{3}{2}$,最小值:$f(1)=-\frac{1}{2}$.

6.3.2　最值的应用问题

求函数的最值时,经常会遇到仅有一个驻点的情形. 设函数 $f(x)$ 在闭区间 $[a,b]$ 上可导且仅有一个驻点 x_0,可以用极值存在的第二充分条件判断,极值即为函数在该区间上的最值.

【例 6.27】 如图 6.5 所示,在半径为 R 的半球内,内接一圆柱体,求当圆柱体的高为多少时其体积最大?

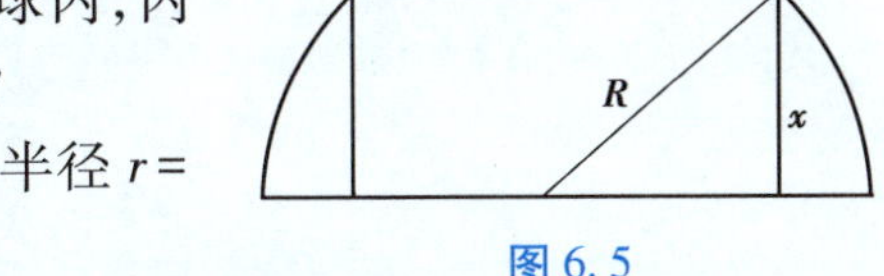

图 6.5

【解】 如图 6.5 所示,设圆柱体的高为 x,则底半径 $r=\sqrt{R^2-x^2}$,于是其体积

$$V=\pi(R^2-x^2)x \quad (0<x<R)$$

则

$$V'=\pi(R^2x-x^3)'=\pi(R^2-3x^2)$$

令 $V'=0$,得 $x_1=\frac{\sqrt{3}R}{3}$,$x_2=-\frac{\sqrt{3}R}{3}$(舍去)

又因为 $V''=-6\pi x$,得

$$V''\left(\frac{\sqrt{3}}{3}R\right)=-2\sqrt{3}\pi R<0$$

即 $x=\frac{\sqrt{3}R}{3}$ 是体积 V 的最大值点. 故当高为 $\frac{\sqrt{3}}{3}R$ 时,所得圆柱体体积最大.

【例 6.28】 设矩形的周长为 120 cm,以矩形的一边为轴旋转形成圆柱体,试求:矩形的边长为多少时,才能使圆柱体的体积最大,其最大体积为多少?

【解】 设矩形一边长为 x cm,则另一边长 $(60-x)$ cm,以 $(60-x)$ cm 的一边为轴旋转,体积为 V,则体积:

$$V=\pi x^2\cdot(60-x)=60\pi x^2-\pi x^3 \qquad (0<x<60)$$

求导得

$$V'=120\pi x-3\pi x^2=3\pi x(40-x)$$

令 $V'=0$,得 $x_1=40$,$x_2=0$(舍去),又因为

$$V''=120\pi-6\pi x$$

得

$$V''(40) = -120\pi < 0$$

所以 $x=40$ 是体积函数 V 的最大值点. 故当矩形边长为 40 cm 和 20 cm 时，且以边长为 20 cm 旋转时，得到的圆柱体积最大，最大体积 $V(40)=32\ 000\pi\ \text{cm}^3$.

【例 6.29】 在抛物线 $y=x^2$ 与直线 $y=h(h>0)$ 所围成的图形内，内接一矩形（矩形的一边在直线上），求矩形的最大面积.

图 6.6

【解】 如图 6.6 所示，根据图形的对称性，设矩形的长为 $2x$，点 $P(x,x^2)$ 一定在抛物线上，则矩形的宽为 $h-x^2$，于是面积

$$S=2x(h-x^2) \quad (0<x<\sqrt{h})$$

求导得

$$S'=2h-6x^2=2(h-3x^2)$$

令 $S'=0$，得 $x=\dfrac{\sqrt{3h}}{3}$，$x=-\dfrac{\sqrt{3h}}{3}$（舍去）.

又因为 $S''=-12x$，得

$$S''\left(\frac{\sqrt{3h}}{3}\right)=-4\sqrt{3h}<0$$

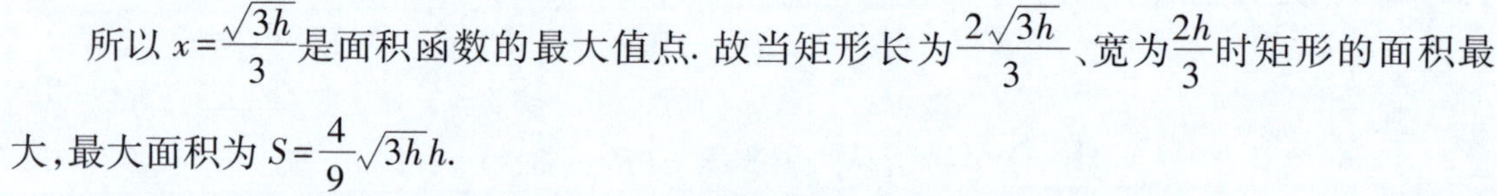

所以 $x=\dfrac{\sqrt{3h}}{3}$ 是面积函数的最大值点. 故当矩形长为 $\dfrac{2\sqrt{3h}}{3}$、宽为 $\dfrac{2h}{3}$ 时矩形的面积最大，最大面积为 $S=\dfrac{4}{9}\sqrt{3h}\,h$.

【例 6.30】 某厂生产过程中，当每月产量为 q（百件）时总成本

$$C(q)=30-q+q^2\text{（万元）}$$

若每售出 100 件该产品的收入为 21 万元，试求：当月产量为多少时，总利润最大？最大利润又是多少？

【解】 由题意知，销售价格 $P=21$ 万元，则每销售 q（百件）时其收入函数为

$$R(q)=pq=21q$$

利润函数为

$$L(q)=R(q)-C(q)=21q-(30-q+q^2)=-q^2+22q-30$$

求导得 $L'(q)=R'(q)-C'(q)=-2q+22$，令 $L'(q)=0$ 得 $q=11$，又因为 $L''(q)=-2<0$ 所以 $q=11$ 是利润函数的最大值点.

故当该厂月产量为 1 100 件时，总利润最大，最大利润为 91 万元.

习题 6.3

1. 求下列函数的最值.

(1) $f(x)=\dfrac{x-1}{x+1}$，$[2,4]$

(2) $f(x)=x+3(1-x)^{\frac{1}{3}}$，$[0,2]$

(3) $f(x)=x^3-x+1,[0,2]$　　　　(4) $f(x)=x^2\mathrm{e}^{-x},[0,3]$

2. 将一段长为 a 的铁丝分成两段,一段围成圆形,另一段围成正方形,问怎样分才能使所围成的两个图形的面积之和最小?

3. 设有一块边长为 a 的正方形铁皮,在 4 个角截去同样的小方块,做成一个无盖的方盒子. 小方块的边长为多少时盒子容积最大?

4. 生产某种商品 x 单位的总成本函数为:$C(x)=\dfrac{1}{12}x^2+20x+300$ 元,每单位产品的售价是 140 元,问生产多少单位时利润最大? 并求出最大利润.

5. 已知某商店以每双 200 元的价格进一批鞋子,据统计此种鞋子的需求函数为 $Q=1\,000-2P$,Q 为需求量(单位:双),问鞋子的售价 P 为多少时,商店能获得最大利润.

6.4 曲线的凹凸性与拐点

6.4.1 曲线的凹凸性

定义 6.2 在某区间内,如果曲线弧总是位于其切线的上方,则称曲线在这个区间上是凹的(图 6.7);如果曲线弧总是位于切线的下方,则称曲线在这个区间上是凸的(图 6.8).

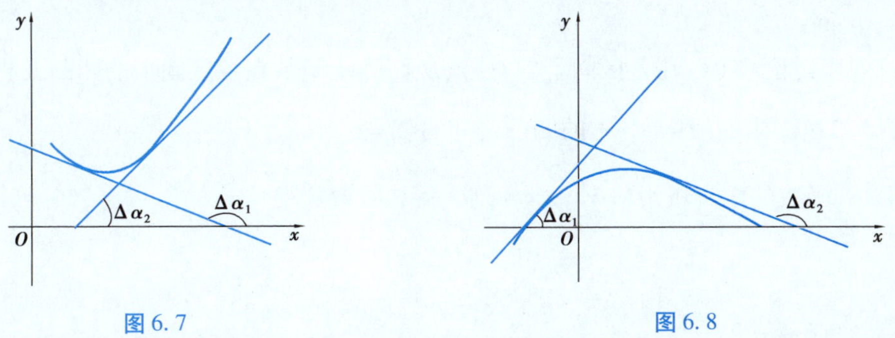

图 6.7　　　　图 6.8

由图 6.7 可知,当曲线是凹的时,曲线 $y=f(x)$ 的切线斜率随着 x 的增加而增加,即 $f'(x)$ 是增函数,则 $[f'(x)]'=f''(x)>0$;反之,由图 6.8 可知,当曲线是凸的时,曲线 $y=f(x)$ 的切线斜率随着 x 的增加而减少,即 $f'(x)$ 是减函数,则 $[f'(x)]'=f''(x)<0$. 由此可见曲线 $y=f(x)$ 的凹凸性与 $f''(x)$ 的符号密切相关.

定理 6.9(凹凸性的判定定理) 设函数 $f(x)$ 在区间 (a,b) 内存在二阶导数,则有:

(1) 如果 $x\in(a,b)$ 时,恒有 $f''(x)>0$,则曲线 $f(x)$ 在 (a,b) 内是凹的,区间 (a,b) 称为凹区间;

(2) 如果 $x\in(a,b)$ 时,恒有 $f''(x)<0$,则曲线 $f(x)$ 在 (a,b) 内是凸的,区间 (a,b) 称为凸区间.

【例 6.31】 讨论函数 $y=x^3-x^2-2x+1$ 的凹凸性.

【解】 函数的定义域为$(-\infty,+\infty)$，求一、二阶导数得

$$y' = 3x^2 - 2x - 2,\quad y'' = 6x - 2 = 6\left(x - \frac{1}{3}\right)$$

当$x<\frac{1}{3}$时：$y''=6\left(x-\frac{1}{3}\right)<0$，则曲线在$\left(-\infty,\frac{1}{3}\right)$内是凸的；

当$x>\frac{1}{3}$时：$y''=6\left(x-\frac{1}{3}\right)>0$，则曲线在$\left(\frac{1}{3},+\infty\right)$内是凹的.

6.4.2 曲线的拐点

定义6.3 设$y=f(x)$在$[a,b]$上连续，则在该区间内曲线$y=f(x)$凹与凸的分界点称为曲线的拐点.

拐点存在的范围：函数$f(x)$的拐点横坐标x_0包含在$f''(x)=0$的点和$f''(x)$不存在的连续点中，或者说$f''(x)=0$的点和$f''(x)$不存在的连续点，可能是函数的拐点的横坐标. 再进一步判定：如果点x_0左右两边二阶导数$f''(x)$的符号相反，则点$(x_0,f(x_0))$为拐点；否则点$(x_0,f(x_0))$不是拐点.

由此，我们可以得出判定曲线凹凸与拐点的步骤如下：

(1)求出函数的定义域、函数的$f'(x)$，$f''(x)$；

(2)求出$f''(x)=0$及$f''(x)$不存在的连续点，并按从小到大的顺序将函数的定义域划分为若干区间；

(3)列表讨论$f''(x)$在各区间上的符号，从而确定函数在各区间上的凹凸及拐点.

【例6.32】 求曲线$y=\frac{1}{x^2+1}$的凹凸区间与拐点.

【解】 函数的定义域为$(-\infty,+\infty)$，求一、二阶导数得

$$y' = -2x(1+x^2)^{-2},\quad y'' = \frac{6x^2-2}{(1+x^2)^3}$$

令$y''=\frac{6x^2-2}{(1+x^2)^3}=0$，得$x_1=-\frac{\sqrt{3}}{3}$，$x_2=\frac{\sqrt{3}}{3}$.

列表讨论，见表6.5.

表6.5

x	$\left(-\infty,-\frac{\sqrt{3}}{3}\right)$	$-\frac{\sqrt{3}}{3}$	$\left(-\frac{\sqrt{3}}{3},\frac{\sqrt{3}}{3}\right)$	$\frac{\sqrt{3}}{3}$	$\left(\frac{\sqrt{3}}{3},+\infty\right)$
$f''(x)$	+	0	−	0	+
$f(x)$	$\cup$	$\left(-\frac{\sqrt{3}}{3},\frac{3}{4}\right)$ 拐点	$\cap$	$\left(\frac{\sqrt{3}}{3},\frac{3}{4}\right)$ 拐点	$\cup$

由表 6.5 可知，曲线的凹区间为 $\left(-\infty,-\frac{\sqrt{3}}{3}\right)$，$\left(\frac{\sqrt{3}}{3},+\infty\right)$；凸区间为 $\left(-\frac{\sqrt{3}}{3},\frac{\sqrt{3}}{3}\right)$；曲线的拐点是 $\left(-\frac{\sqrt{3}}{3},\frac{3}{4}\right)$，$\left(\frac{\sqrt{3}}{3},\frac{3}{4}\right)$，如图 6.9 所示.

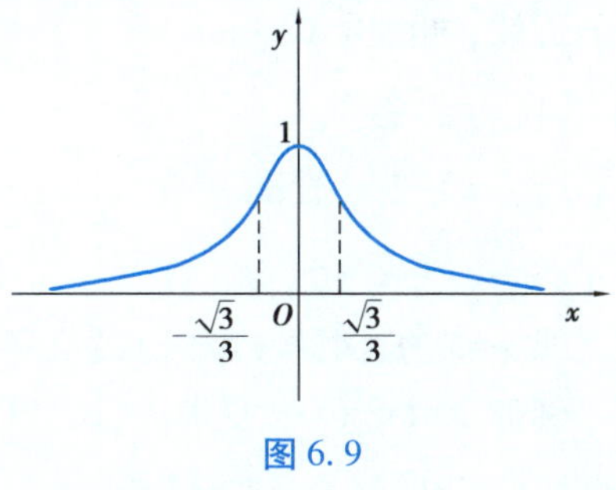

图 6.9

【例 6.33】　求曲线 $y=x+e^{-x}$ 的凹凸区间与拐点.

【解】　函数的定义域为 $(-\infty,+\infty)$，求一、二阶导数得

$$y'=1-e^{-x},\quad y''=e^{-x}$$

在定义域内恒有 $y''>0$. 所以，曲线在 $(-\infty,+\infty)$ 内都是凹的，曲线没有拐点.

有关曲线的曲率的知识详见二维码的内容.

曲线的曲率

习题 6.4

1. 求下列函数的凹凸区间与拐点.

(1) $y=x^2+\frac{1}{x}$　　　　(2) $y=x^3+6x^2-2$

(3) $y=3x^4-4x^3+2$　　　　(4) $y=\ln(x^2+1)$

2. 当 a,b 为何值时，点 $(1,3)$ 是曲线 $y=ax^3+bx^2$ 的拐点？

3. 当 a,b 为何值时，点 $(1,5)$ 是曲线 $y=ax^4+bx^2+1$ 的拐点？

* 6.5　函数图形的描绘

6.5.1　曲线的渐近线

函数 $y=f(x)$ 在自变量 x 的某一个变化过程中，函数曲线与一直线无限接近但永远不相交，则此直线为曲线在该过程中的渐近线. 渐近线分为水平渐近线、垂直渐近线等.

1) 水平渐近线

若函数 $y=f(x)$ 的定义域是无限区间，且有

$$\lim_{x\to\infty} f(x)=A \quad (A \text{ 为常数})$$

则直线 $y=A$ 是曲线 $y=f(x)$ 的一条水平渐近线.

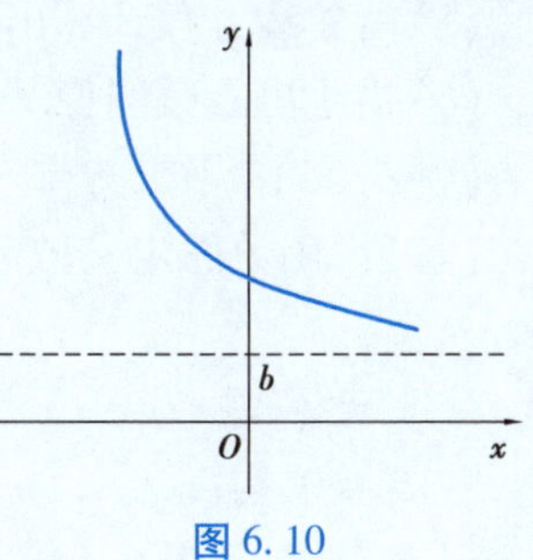

图 6.10

【例 6.34】　求曲线 $f(x)=a^x+b\ (0<a<1,b>0)$ 的水平渐近线.

【解】　因为 $\lim\limits_{x\to+\infty}(a^x+b)=b$，所以 $y=b$ 是曲线的一条水

平渐近线，如图 6.10 所示.

2）垂直渐近线

若 $f(x)$ 在 x_0 处有

$$\lim_{x \to x_0} f(x) = \infty$$

则直线 $x=x_0$ 是曲线 $y=f(x)$ 的一条垂直渐近线.

例如 $y=\log_a(x-b)\ (0<a<1, b>0)$，因为 $\lim\limits_{x\to b^+}\log_a(x-b)=+\infty$，所以 $x=b$ 是曲线的一条垂直渐近线，如图 6.11 所示.

$y=\tan x$ 是我们熟悉的正切函数，因为 $\lim\limits_{x\to\frac{\pi}{2}^-}\tan x=+\infty$，$\lim\limits_{x\to-\frac{\pi}{2}^+}\tan x=-\infty$，所以 $x=\dfrac{\pi}{2}$，$x=-\dfrac{\pi}{2}$ 都是曲线的垂直渐近线，如图 6.12 所示.

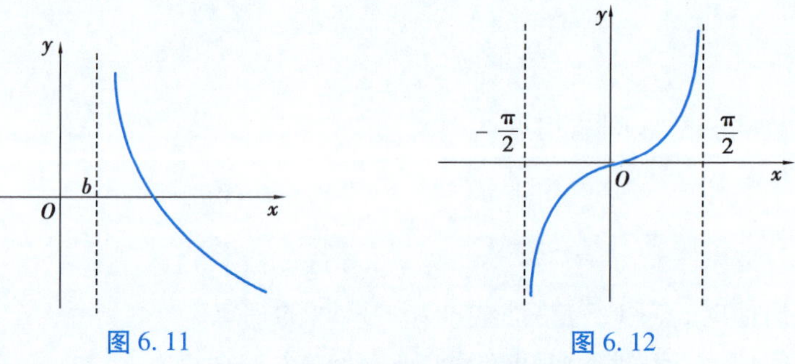

图 6.11　　图 6.12

曲线的垂直渐近线通常都是在函数的无穷间断点处存在.

6.5.2　函数图像作图

我们结合函数的单调性、极值以及函数的凹凸性、拐点，结合初等函数的基本性质，参照下面的作图步骤可作出复杂函数的图像.

（1）确定函数的定义域、周期及奇偶性；

（2）确定函数的单调性与极值；

（3）确定曲线的凹凸区间与拐点；

（4）确定曲线的所有渐近线；

（5）由曲线方程计算出一些特殊点，特别是曲线与坐标轴的交点；

（6）描绘出函数图像.

【例 6.35】　作出 $y=x^3-6x^2+9x-4$ 的函数图像.

【解】　函数的定义域为 $(-\infty,+\infty)$，求一、二阶导数，得

$$y'=3x^2-12x+9,\quad y''=6x-12$$

令 $y'=0$，得 $x_1=1, x_2=3$；

令 $y''=0$，得 $x_3=2$.

列表分析（见表 6.6）：

表 6.6

x	$(-\infty,1)$	1	$(1,2)$	2	$(2,3)$	3	$(3,+\infty)$
y'	+	0	−		−	0	+
y''	−		−	0	+		+
y	↗	极大值 0	↘	$(2,-2)$ 拐点	↘	极小值-4	↗

经分析此函数无渐近线. 在坐标系上描出几个特殊点(拐点、极值和坐标轴的交点),绘出该函数的图像,如图 6.13 所示.

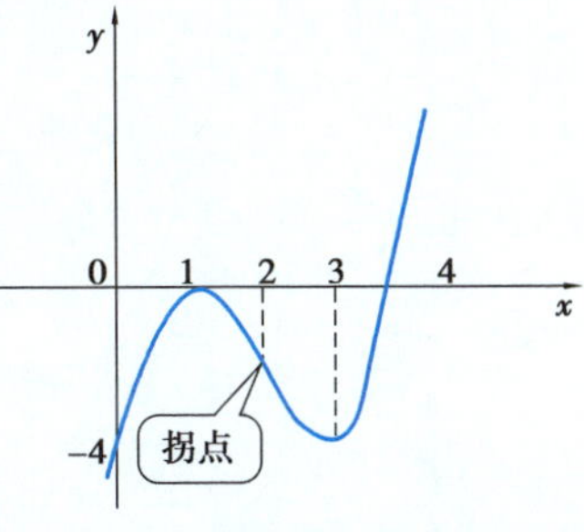

图 6.13

【例 6.36】 作出 $y=xe^x$ 的函数图像.

【解】 函数的定义域为 $(-\infty,+\infty)$,求函数的一、二阶导数,得

$$y'=e^x+xe^x,\quad y''=2e^x+xe^x$$

令 $y'=0$,得 $x_1=-1$;

令 $y''=0$,得 $x_2=-2$.

列表分析(见表 6.7):

表 6.7

x	$(-\infty,-2)$	-2	$(-2,-1)$	-1	$(-1,+\infty)$
y'	−		−	0	+
y''	−	0	+		+
y	↘	$\left(-2,-\frac{2}{e^2}\right)$ 拐点	↘	极小值 $-\frac{1}{e}$	↗

因为存在 $\lim\limits_{x\to-\infty}xe^x=0$,故直线 $y=0$ 为水平渐进线,则在坐标系上描出几个特殊点(拐点、极值和坐标轴的交点),绘出函数的图像,如图 6.14 所示.

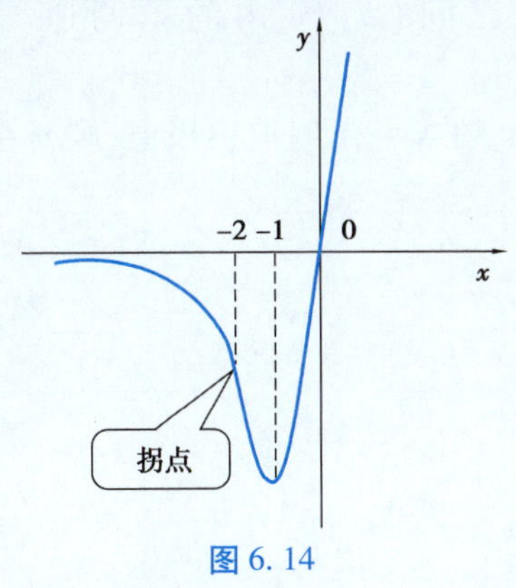

图 6.14

习题 6.5

1. 求下列函数的渐近线.

(1) $y=\frac{1}{x^2-5x+6}$　　(2) $y=\frac{1}{(x+2)^3}$

(3) $y=\frac{x-1}{x-2}$　　(4) $y=e^{\frac{1}{x}}-1$

2. 作出下列函数的图像.

(1) $y=x^3-6x^2+9x-4$　　(2) $y=\frac{1}{3}x^3-2x+3x+1$

(3) $y=\frac{x^2}{2+x^2}$　　(4) $y=xe^{-x}$

综合练习题 2

1. 填空题.

(1) 已知 $f(x)=x^3+3x^2+a$ 在 $[-3,3]$ 上有最小值 3，那么在 $[-3,3]$ 上 $f(x)$ 的最大值是________.

(2) 计算 $y=\sqrt{x^2+2x}$ 的导数值，$y'|_{x=1}=$________.

(3) 设 $f(x)=x(x-1)(x-2)$，则 $f'(0)=$________.

(4) 函数 $f(x)=(x^3-a^3)h(x)$，且 $h(x)$ 在点 $x=a$ 处连续，则 $f'(a)=$________.

(5) 由方程 $2y-x=\sin y$ 确定 $y=f(x)$，则 $dy=$________.

(6) 函数 $y=x-e^x$ 上某点的切线平行于 x 轴，则这点的坐标为________.

(7) 已知 $f(x)=x^2+1$ 在 $[-1,2]$ 上满足拉格朗日中值定理的条件，则满足定理中的 $\xi=$________.

(8) 若 x_0 是函数 $f(x)$ 的可导极值点，则必有 $f'(x_0)=$________.

(9) 若函数 $y=f(x)$ 是区间 (a,b) 内的单调递增凹函数，则 $x\in(a,b)$ 时，有 $f''(x)$________.

(10) 函数 $f(x)=x^3+3mx+1$，在 $x=\pm1$ 时取得极值，则 $m=$________.

(11) 若 $y=(2e)^{kx}$，则 $y^{(n)}=$________.

(12) 已知 $y=x^2-x$，计算在 $x=2$ 处

①当 $\Delta x=0.1$ 时，$\Delta y=$________，$dy=$________；

②当 $\Delta x=0.001$ 时，$\Delta y=$________，$dy=$________.

2. 选择题.

(1) 设 $f(x)$ 在 $x=x_0$ 附近有定义，且 $\lim\limits_{h\to0}\frac{f(x_0-2h)-f(x_0)}{h}=1$，则 $f'(x_0)=$（　　）.

A. $-\frac{1}{2}$　　B. -2　　C. 1　　D. $\frac{1}{2}$

(2) 若 $f(x)=\ln(1+e^{-2x})$，则 $f'(0)=$ (　　).

A. -1　　B. 1　　C. $-\frac{1}{2}$　　D. $\frac{1}{2}$

(3) 下列函数中(　　)在区间 $[-1,1]$ 上满足罗尔定理的条件.

A. $f(x)=\frac{1}{x^2}$　　B. $f(x)=\left|x-\frac{1}{2}\right|$　　C. $f(x)=x^2+1$　　D. $f(x)=x^3+1$

(4) 函数 $f(x)=\frac{1}{2}(e^x+e^{-x})$ 的极小值点为(　　).

A. 0　　B. -1　　C. 1　　D. 2

(5) 若 $f'(x_0)=0$ 且 $f''(x_0)=0$，则函数 $f(x)$ 在 x_0 处(　　).

A. 一定有极大值　　B. 一定有极小值

C. 不能确定是否有极值　　D. 一定无极值

(6) 若函数 $f(x)=x^3+ax^2+3x-9$ 在 $x=3$ 处取得极值，则 $a=$ (　　).

A. -2　　B. -3　　C. -4　　D. -5

(7) 下列函数中，在 $x=0$ 处可导的是(　　).

A. $y=\ln x$　　B. $y=|\cos x|$　　C. $y=|x|$　　D. $y=\begin{cases}x^2 & x\leqslant 0\\ x & x>0\end{cases}$

(8) 函数 $f(x)=2x^3-3x^2-12x+5$ 在 $[0,3]$ 上的最大值和最小值依次是(　　).

A. 12，-15　　B. 5，-15　　C. 5，-4　　D. -4，-15

(9) 如果 $x_0\in(a,b)$，$f'(x_0)=0$，$f''(x_0)<0$，则 x_0 一定是 $f(x)$ 的(　　).

A. 极小值点　　B. 极大值点　　C. 最小值点　　D. 最大值点

(10) 函数 $f(x)$ 在 (a,b) 内恒有 $f'(x)>0$，$f''(x)<0$，则曲线在 (a,b) 内(　　).

A. 单增且凸的　　B. 单减且凸的　　C. 单增且凹的　　D. 单减且凹的

(11) 曲线 $y=x^3-x$ 在点 $(1,0)$ 的切线方程是(　　).

A. $y=2x-2$　　B. $y=-2x+2$　　C. $y=2x+2$　　D. $y=-2x-2$

(12) 设函数 $f(x)=\begin{cases}x^2-1 & x>2\\ ax+b & x\leqslant 2\end{cases}$ (其中，a,b 为常数)，现已知 $f'(2)$ 存在，则必有(　　).

A. $a=2,b=1$　　B. $a=-1,b=5$　　C. $a=4,b=-5$　　D. $a=3,b=-3$

(13) 设函数 $y=e^{xy}$，则 $dy=$ (　　).

A. $e^{xy}dx$　　B. $(1+x)dx$　　C. $\frac{ye^{xy}}{1-xe^{xy}}dx$　　D. $\frac{xe^{xy}}{1-ye^{xy}}dx$

(14) 设由方程 $\begin{cases}x=a(t-\sin t)\\ y=a(1-\cos t)\end{cases}$ 所确定的函数为 $y=y(x)$，则在 $t=\frac{\pi}{2}$ 处的导数为(　　).

A. -1　　B. 1　　C. 0　　D. $-\frac{1}{2}$

(15) 下列各式正确的是(　　).

A. $e^{-x}dx=de^{-x}$　　B. $xdx=dx^2$　　C. $\ln x\,dx=d\,\frac{1}{x}$　　D. $4\,dx=d(4x)$

(16) 若 $y=\frac{1}{1+x^2}$，则 $dy\Big|_{\substack{x=1\\ \Delta x=0.1}}=($　　$)$.

A. 0.01　　B. 0.025　　C. 0.05　　D. −0.05

3. 求下列函数的导数或微分.

(1) $y=\sin x\cdot\ln(x^2+x)$，求 dy；

(2) $y=\frac{e^{\sin x}}{1+x^2}+\log_2 x$，求 y'；

(3) $y=x^2\sin 2x$，求 $y''(0)$；

(4) $y=(x^3+1)^2$，求 y'''；

(5) $y^3+xy=0$，求 y'；

(6) $\ln y=\cos(x+y)-x$，求 dy；

(7) $\begin{cases}x=\frac{1}{t+1}\\ y=\frac{t}{t+1}\end{cases}$，求 $\frac{dy}{dx}$；

(8) $y=(\sin x)^x$，求 y'.

4. 利用洛必达法则求下列极限.

(1) $\lim\limits_{x\to4}\frac{x^2-6x+8}{x^2-x-12}$

(2) $\lim\limits_{x\to3}\frac{\ln(4-x)}{x^2-7x+12}$

(3) $\lim\limits_{x\to0^+}\frac{\sin 2x}{\sin 5x}$

(4) $\lim\limits_{x\to\frac{\pi}{2}}\left(\frac{2}{3\cos x}-\frac{3\sin x}{\cos x}\right)$

(5) $\lim\limits_{x\to+\infty}\frac{\ln 4x}{3x^2-x}$

(6) $\lim\limits_{x\to0^+}x^2\ln x$

5. 求函数 $f(x)=x-\arcsin x$ 的单调性与极值.

6. 试求曲线 $x^2+xy+2y^2-28=0$ 在点(2,3)处的切线方程和法线方程.

7. 讨论函数 $f(x)=2x^3-3x^2+a$ 的单调性，并求函数极大值为 6 时 a 的取值.

8. 求函数 $f(x)=x^4-2x^3-12x^2+x+1$ 的凹凸区间与拐点.

9. 从直径为 d 的圆形树干中切出横断面为矩形的梁，此矩形的宽为 b，高为 h，若梁的抗弯强度与 bh^2 成正比，问梁的尺寸为多大时，其抗弯强度最大？

模块 3

积分学

第7章　不定积分

微分学主要研究的是函数的变化率问题即导数问题，但在自然科学和工程技术中经常还需要研究相反的问题. 例如已知函数的变化率求这个函数；已知物体的运动速度，求物体在任一时刻的移动位移即运动方程；已知边际收入求总收入等问题. 这些都是积分学所要解决的基本问题. 对线性函数来说，运用之前的数学工具就能够解决，但在生产科学技术以及经济领域内存在大量的非线性函数，特别是在天文学、力学等方面还涉及许多非匀速运动，且大多数不是直线运动，这就要求建立新的数学工具——积分学理论来解决这些问题. 积分学包含两大理论——不定积分与定积分. 定积分的微元法可解决一些基本问题，如几何上的面积、体积，物理上的功、压力等问题.

本章将在导数与微分的基础上给出原函数与不定积分的概念、性质、基本积分公式，重点学习掌握不定积分的计算方法，为学习定积分奠定必要的理论基础及运算技巧.

7.1　不定积分的概念

7.1.1　原函数与不定积分

在许多实际问题中，需要我们解决微分法的逆运算问题，这就是由某函数的已知导数求原来的函数，即求原函数的问题.

问题1　已知物体作变速直线运动，其运动方程为 $s=s(t)$，在任意时刻 t 的速度为 $v(t)=at$（a 为常数），求物体的运动方程 $s=s(t)$.

分析　由导数的物理意义可知：变速直线运动的速度 $v(t)$ 是路程对时间 t 的导数 $v(t)=s'(t)$，故此问题就是已知 $s(t)$ 的导数 $s'(t)$，求 $s(t)$ 的函数关系式问题.

问题2　设曲线上任意一点 (x,y) 处切线的斜率 $k=2x$，求曲线的方程.

分析　设所求曲线方程为 $y=f(x)$，由导数的几何意义可知：$k=f'(x)$，即 $f'(x)=2x$，故问题转化为已知函数 $f(x)$ 的导数 $f'(x)$，求该函数 $f(x)$ 的表达式.

以上两个问题，如果去掉其物理意义和几何意义，可以归纳为同一个问题，就是已知某函数的导数求该函数.

定义7.1　设 $F(x)$ 与 $f(x)$ 是定义在某一区间 I 上的函数，如果对于该区间内的任意一点 x 都有

$$F'(x)=f(x) \quad 或 \quad \mathrm{d}F(x)=f(x)\mathrm{d}x$$

成立,则称函数 $F(x)$ 为 $f(x)$ 在区间 I 上的一个原函数.

在上述问题中,因为 $\left(\frac{1}{2}at^2\right)'=at$,所以 $S=\frac{1}{2}at^2$ 是 $v=at$ 的一个原函数;又由于 $(x^2)'=2x$,所以 $f(x)=x^2$ 是 $k=2x$ 的一个原函数,并且 $(x^2+C)'=2x$(C 为任意常数),因此 $F(x)=x^2+C$(C 为任意常数)也是 $2x$ 的原函数,由此可见,一个函数的原函数如果存在,则此函数的原函数有无穷多个.

定理 7.1(原函数族定理)　如果函数 $f(x)$ 在 I 上有一个原函数,那么它就有无穷多个原函数,并且任意两个原函数之差为常数,即 $f(x)$ 在 I 上的所有的原函数为

$$F(x)+C$$

定义 7.2　若 $F(x)$ 是 $f(x)$ 在 I 上的一个原函数,则 $f(x)$ 在 I 上的所有原函数 $F(x)+C$ 称为 $f(x)$ 在 I 上的不定积分,记为

$$\int f(x)\mathrm{d}x=F(x)+C$$

其中,符号 $\int$ 为积分号,$f(x)$ 称为被积函数,$f(x)\mathrm{d}x$ 称为被积表达式,x 称为积分变量,C 称为积分常数.

由定义 7.2,问题 1 与问题 2 的求解过程如下:

解问题 1　因为 $(\frac{1}{2}at^2)'=at$,所以 $S(t)=\int at\mathrm{d}t=\frac{1}{2}at^2+C$.

解问题 2　因为 $(x^2)'=2x$,所以 $f(x)=\int 2x\mathrm{d}x=x^2+C$.

【例 7.1】　求不定积分 $\int \cos x\,\mathrm{d}x$.

【解】　因为 $(\sin x)'=\cos x$,所以 $\int \cos x\,\mathrm{d}x=\sin x+C$.

同理可得 $\int \sin x\,\mathrm{d}x=-\cos x+C$.

【例 7.2】　求不定积分 $\int \mathrm{e}^x\mathrm{d}x$.

【解】　因为 $(\mathrm{e}^x)'=\mathrm{e}^x$,所以 $\int \mathrm{e}^x\mathrm{d}x=\mathrm{e}^x+C$.

【例 7.3】　求不定积分 $\int \frac{1}{1+x^2}\mathrm{d}x$.

【解】　因为 $(\arctan x)'=\frac{1}{1+x^2}$,所以 $\int \frac{1}{1+x^2}\mathrm{d}x=\arctan x+C$.

注　意

不定积分是被积函数的全体原函数,求不定积分时,得到一个原函数,必须在后面加上积分常数 C,否则仅仅是一个原函数,而非全体原函数了.不定积分运算的结果是否正确,可以用求导的方法来检验.

7.1.2 不定积分的几何意义

在问题2中，由 $y=\int 2x\mathrm{d}x=x^2+C$ 可知，当 C 每取一个确定的值（如 $-1,0,1$ 等），就得到 $2x$ 的一个原函数（如 $y=x^2-1,y=x^2,y=x^2+1$ 等）．每一个原函数都对应一条曲线，该曲线称为积分曲线，显然函数 $y=2x$ 的不定积分 $y=x^2+C$ 表示无穷多条积分曲线，构成了一个曲线的集合，称之为积分曲线族，如图 7.1 所示.

积分曲线族 $\int f(x)\mathrm{d}x=F(x)+C$ 的特点是：

(1) 积分曲线族中任意一条曲线，可由其中一条曲线向上或向下平行移动 $|C|$ 个单位得到；

(2) $[F(x)+C]'=f(x)$ 说明积分曲线族中横坐标相同点处的切线斜率相等，都等于 $f(x)$，从而相应点处切线彼此平行，如图 7.2 所示.

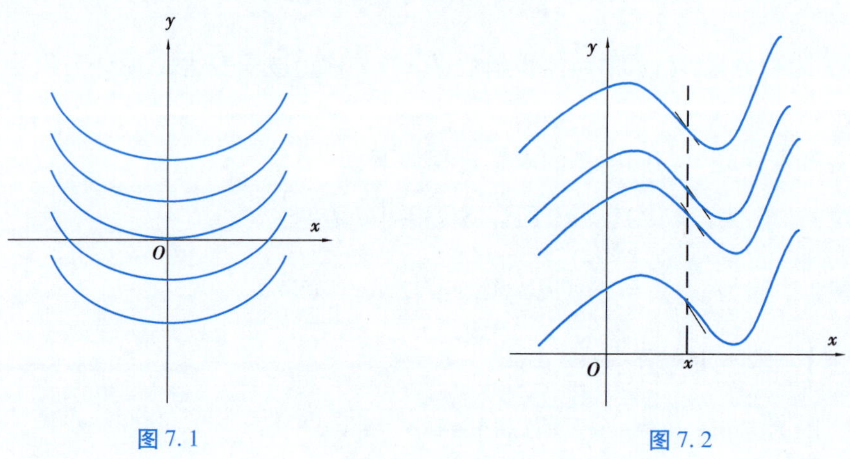

图 7.1　　图 7.2

如果一族曲线在任意点处所有曲线的切线都平行，称此族曲线为平行曲线族. 原函数曲线即为一族平行曲线.

在应用题中，已知某函数的导数求该函数时，可用公式 $y=\int y'\mathrm{d}x$ 求出所有原函数，即积分曲线族 $y=F(x)+C$，如果还需要从积分曲线族中求出过点 (x_0,y_0) 的一条积分曲线时，则只要把该点坐标 x_0,y_0 代入 $y=F(x)+C$ 中，解出 C 即可.

【例 7.4】　已知曲线上任一点的切线斜率为该点横坐标的 2 倍加 3，且曲线过 $(1,2)$ 点，求曲线的方程.

【解】　设所求曲线方程为 $y=f(x)$，$M(x,y)$ 为曲线上任意一点，由题意得

$$y'=f'(x)=2x+3$$

$$y=\int(2x+3)\mathrm{d}x=x^2+3x+C$$

又因曲线过 $(1,2)$，将点 $(1,2)$ 代入上式，得 $C=-2$，故所求曲线方程为

$$y=x^2+3x-2$$

【例 7.5】 设一质点以速度 $v=2\cos t$ 做直线运动,质点的起始位移为 s_0,求该质点的运动规律.

【解】 $v=\dfrac{ds}{dt}=2\cos t$,即 $ds=2\cos t\,dt$,可求得

$$s=\int ds=\int 2\cos t\,dt=2\sin t+C$$

由条件 $s|_{t=0}=s_0$,得 $C=s_0$,故所求质点运动规律为 $s=2\sin t+s_0$.

7.1.3 基本积分公式

由原函数与不定积分的定义可知

$$\int f(x)dx=F(x)+C \Leftrightarrow F'(x)=f(x) \quad 或 \quad dF(x)=f(x)dx$$

积分与导数或微分互为逆运算,由基本初等函数的导数公式,可以得到相应的不定积分公式.

例如:因为

$$\left(\frac{1}{\ln a}a^x\right)'=\frac{1}{\ln a}\cdot a^x\cdot\ln a=a^x(a>0,a\neq 1),$$

所以

$$\int a^x dx=\frac{a^x}{\ln a}+C \quad (a>0,a\neq 1)$$

类似地,可以得到其他基本积分公式.

现将最常用的初等函数的导数与基本积分公式对照列出,如表 7.1 所示.

表 7.1　常用的初等函数的导数与基本积分公式对照表

序号	$F'(x)=f(x)$	$\int f(x)dx=F(x)+C$(C 为常数)
1	$(kx)'=k$	$\int k dx=kx+C$(k 为常数)
2	$\left(\frac{x^{\alpha+1}}{\alpha+1}\right)'=x^\alpha \quad (\alpha\neq -1)$	$\int x^\alpha dx=\frac{x^{\alpha+1}}{\alpha+1}+C \quad (\alpha\neq -1)$
3	$(\ln\|x\|)'=\frac{1}{x}$	$\int \frac{1}{x}dx=\ln\|x\|+C$
4	$\left(\frac{a^x}{\ln a}\right)'=a^x(a>0,a\neq 1)$	$\int a^x dx=\frac{a^x}{\ln a}+C(a>0,a\neq 1)$
5	$(e^x)'=e^x$	$\int e^x dx=e^x+C$
6	$(\sin x)'=\cos x$	$\int \cos x\,dx=\sin x+C$
7	$(-\cos x)'=\sin x$	$\int \sin x\,dx=-\cos x+C$

续表

序号	$F'(x)=f(x)$	$\int f(x)\mathrm{d}x=F(x)+C$（$C$为常数）
8	$(\tan x)'=\sec^2 x$	$\int\sec^2 x\mathrm{d}x=\tan x+C$
9	$(\cot x)'=-\csc^2 x$	$\int\csc^2 x\mathrm{d}x=-\cot x+C$
10	$(\sec x)'=\sec x\tan x$	$\int\sec x\tan x\mathrm{d}x=\sec x+C$
11	$(-\csc x)'=\csc x\cot x$	$\int\csc x\cot x\mathrm{d}x=-\csc x+C$
12	$(\arcsin x)'=\dfrac{1}{\sqrt{1-x^2}}$	$\int\dfrac{1}{\sqrt{1-x^2}}\mathrm{d}x=\arcsin x+C=-\arccos x+C$
13	$(\arctan x)'=\dfrac{1}{1+x^2}$	$\int\dfrac{1}{1+x^2}\mathrm{d}x=\arctan x+C=-\operatorname{arccot} x+C$

7.1.4 不定积分的性质

由不定积分的定义，可得到如下性质：

性质 1（求积分与求导互为逆运算）

(1) $\left[\int f(x)\mathrm{d}x\right]'=f(x)$　或　$\mathrm{d}\left[\int f(x)\mathrm{d}x\right]=f(x)\mathrm{d}x$

(2) $\int F'(x)\mathrm{d}x=F(x)+C$　或　$\int \mathrm{d}F(x)=F(x)+C$

根据不定积分的定义，(2)式显然成立，下面证明(1)式.

【证明】 设 $F(x)$ 是 $f(x)$ 的一个原函数，即

$$\int f(x)\mathrm{d}x=F(x)+C$$

于是

$$\left[\int f(x)\mathrm{d}x\right]'=[F(x)+C]'=F'(x)=f(x)$$

故(1)式成立.

【例 7.6】 求 $\left[\int\sin(x^3+x^2+4)\mathrm{d}x\right]'$.

【解】 $\left[\int\sin(x^3+x^2+4)\mathrm{d}x\right]'=\sin(x^3+x^2+4)$

性质 2 $\int[f(x)\pm g(x)]\mathrm{d}x=\int f(x)\mathrm{d}x\pm\int g(x)\mathrm{d}x$

性质 3 $\int kf(x)\mathrm{d}x=k\int f(x)\mathrm{d}x$　（k 为非零常数）

由性质 2 和性质 3 可得

$$\int[k_1 f_1(x) \pm k_2 f_2(x)]\,dx = k_1\int f_1(x)\,dx \pm k_2\int f_2(x)\,dx \quad (k_1, k_2 \text{ 为不同时为零的常数})$$

此性质称为不定积分线性运算性质，并可以推广到有限多个函数的情形：

$$\int[k_1 f_1(x) + k_2 f_2(x) + \cdots + k_n f_n(x)]\,dx$$

$$= k_1\int f_1(x)\,dx + k_2\int f_2(x)\,dx + \cdots + k_n\int f_n(x)\,dx \quad (k_1, k_2, \cdots, k_n \text{ 为不同时为零的常数})$$

【例 7.7】 求不定积分 $\int\left(\frac{2}{x} - 4\sin x + e\right)dx$.

【解】

$$\int\left(\frac{2}{x} - 4\sin x + e\right)dx = \int \frac{2}{x}dx - \int 4\sin x\,dx + \int e\,dx$$

$$= 2\int \frac{1}{x}dx - 4\int \sin x\,dx + \int e\,dx$$

$$= 2\ln|x| + 4\cos x + ex + C$$

【例 7.8】 已知边际成本 $C'(x)=33+38x-12x^2$，固定成本 $C(0)=68$，求总成本函数.

【解】 因为 $C'(x)=33+38x-12x^2$，所以

$$C(x) = \int C'(x)\,dx = \int(33 + 38x - 12x^2)\,dx$$

$$=33x+19x^2-4x^3+C$$

代入条件 $C(0)=68$，得 $C=68$，因此所求的总成本函数为

$$C(x) = 33x + 19x^2 - 4x^3 + 68$$

数学文化

微积分与第二次数学危机

在人类数学史上，出现过三次数学危机，每次数学危机都为数学的发展带来了巨大突破，其中第二次数学危机极大地促进了微积分的发展与完善. 17 世纪下半叶，牛顿和莱布尼茨分别独立地创立了微积分，而微积分从创立之时就伴随着巨大的争议与质疑. 当时英国主教贝克莱就是最著名的质疑者，他在 1734 年，以“渺小的哲学家”之名出版了一本标题很长的书《分析学家；或一篇致一位不信神数学家的论文，其中审查一下近代分析学的对象、原则及论断是不是比宗教的神秘，信仰的要点有更清晰的表达，或更明显的推理》，书中对牛顿的理论进行了猛烈攻击，比如牛顿对 $y=x^2$ 的流数（导数）计算方法：

$$y + \Delta y = (x + \Delta x)^2 \tag{1}$$

$$x^2 + \Delta y = x^2 + 2x\Delta x + (\Delta x)^2 \tag{2}$$

$$\Delta y = 2x\Delta x + (\Delta x)^2 \tag{3}$$

$$\frac{\Delta y}{\Delta x} = 2x + \Delta x \tag{4}$$

$$\frac{\Delta y}{\Delta x} = 2x \tag{5}$$

上面过程中，前四个式子中 Δx 不为 0，而在(4)到(5)时又令 $\Delta x=0$，贝克莱指责牛顿这是“依靠双重错误得到了不科学却正确的结果”. 因为无穷小量在牛顿的理论中并没有解释清楚，牛顿对它曾做过三种不同的解释：1669 年说它是一种常量；1671 年又说它是一

个趋于零的变量;1676 年它被“两个正在消逝的量的最终比”所代替. 因此,贝克莱嘲笑无穷小量是“已死量的幽灵”,说有就有,说消失就消失. 贝克莱的攻击虽说出自维护神学的目的,但却真正抓住了牛顿理论中的缺陷,是切中要害的. 牛顿微积分的不严格,在数学史上称为“第二次数学危机”. 为了解决这些问题,一些数学家开始对微积分进行修正和严格化,经过柯西、魏尔斯特拉斯等一大批数学家的努力,建立了完备的实数理论和极限理论,终于在微积分创立 200 年以后,第二次数学危机才彻底解除.

这个过程虽然曲折,但是我们也可以从另一方面看,新生事物往往不完备,但却具有强大的生命力,科学理论如此,生活也是如此,“危”与“机”矛盾而又依存着,就像微积分产生之初,充满了矛盾与争议,但是随着新的理论和知识的产生,第二次数学危机也就迎刃而解了. 危机没有打倒微积分理论,反而让其更加完善和强大.

习题 7.1

1. 验证下列等式是否成立(C 为常数).

(1) $\int \frac{x}{\sqrt{1+x^2}}\mathrm{d}x = \sqrt{1+x^2} + C$　　(2) $\int \cos 2x\,\mathrm{d}x = \frac{1}{2}\sin 2x + C$

2. 验证 $F(x) = x(\ln x - 1)$ 是 $f(x) = \ln x$ 的一个原函数.

3. 求 $\int \left[\ln(x^2+1)\right]'\mathrm{d}x$.

4. 求下列不定积分.

(1) $\int (x^2 + 2x + 2)\mathrm{d}x$　　(2) $\int (\sin x + \cos x)\mathrm{d}x$

(3) $\int \left(3\mathrm{e}^x - \frac{1}{x}\right)\mathrm{d}x$　　(4) $\int \frac{2x^2 - 5x + 1}{x}\mathrm{d}x$

(5) $\int \sec x(\sec x - \tan x)\mathrm{d}x$　　(6) $\int \csc x(\cot x - \csc x)\mathrm{d}x$

5. 设某曲线上任意一点处切线斜率为该点横坐标的平方,又知该曲线过原点,求此曲线方程.

6. 物体作变速直线运动,运动速度为 $v = \cos t$(m/s),当 $t = \frac{\pi}{2}$ (s) 时,物体所经过的路程 $s = 10$(m),求物体的运动方程.

7.2　不定积分的计算

7.2.1　直接积分法

直接利用不定积分的性质和基本积分公式,或者先对被积函数进行恒等变形,再利用不定积分性质和基本积分公式求出不定积分的方法,称为直接积分法.

【例 7.9】　求$\int \frac{\sqrt[3]{x}}{x^3}\mathrm{d}x$.

【解】　$\int \frac{\sqrt[3]{x}}{x^3}\mathrm{d}x = \int \frac{x^{\frac{1}{3}}}{x^3}\mathrm{d}x = \int x^{\frac{1}{3}-3}\mathrm{d}x = \int x^{-\frac{8}{3}}\mathrm{d}x = \frac{1}{-\frac{8}{3}+1}x^{-\frac{8}{3}+1} + C = -\frac{3}{5}x^{-\frac{5}{3}} + C$

先把根式写成分数指数,再利用指数运算,化简为幂函数后直接使用幂函数的积分公式计算积分.

【例 7.10】　求$\int \mathrm{e}^x 2^x \mathrm{d}x$.

【解】　$\int \mathrm{e}^x 2^x \mathrm{d}x = \int (2\mathrm{e})^x \mathrm{d}x = \frac{(2\mathrm{e})^x}{\ln 2\mathrm{e}} + C = \frac{(2\mathrm{e})^x}{1+\ln 2} + C$

【例 7.11】　求$\int x^2(2+x)^2\mathrm{d}x$.

【解】　$$\begin{aligned}\int x^2(2+x)^2\mathrm{d}x &= \int x^2(4+4x+x^2)\mathrm{d}x = \int (4x^2+4x^3+x^4)\mathrm{d}x \\ &= \frac{4}{3}x^3 + x^4 + \frac{1}{5}x^5 + C\end{aligned}$$

【例 7.12】　求$\int \frac{(1+x)^3}{x^2}\mathrm{d}x$.

【解】　$$\begin{aligned}\int \frac{(1+x)^3}{x^2}\mathrm{d}x &= \int \frac{1+3x+3x^2+x^3}{x^2}\mathrm{d}x \\ &= \int \left(\frac{1}{x^2} + \frac{3}{x} + 3 + x\right)\mathrm{d}x = -\frac{1}{x} + 3\ln|x| + 3x + \frac{x^2}{2} + C\end{aligned}$$

【例 7.13】　求$\int \frac{1-2x^2}{1+x^2}\mathrm{d}x$.

【解】　$$\begin{aligned}\int \frac{1-2x^2}{1+x^2}\mathrm{d}x &= \int \frac{3-2x^2-2}{1+x^2}\mathrm{d}x = \int \frac{3-2(x^2+1)}{1+x^2}\mathrm{d}x = \int \left(\frac{3}{1+x^2} - 2\right)\mathrm{d}x \\ &= 3\arctan x - 2x + C\end{aligned}$$

【例 7.14】　求$\int \frac{\cos 2x}{\cos x - \sin x}\mathrm{d}x$.

【解】　$$\begin{aligned}\int \frac{\cos 2x}{\cos x - \sin x}\mathrm{d}x &= \int \frac{\cos^2 x - \sin^2 x}{\cos x - \sin x}\mathrm{d}x = \int (\cos x + \sin x)\mathrm{d}x \\ &= \int \cos x\mathrm{d}x + \int \sin x\mathrm{d}x = \sin x - \cos x + C\end{aligned}$$

注　意

(1)由上述例题的求解看出,对被积函数进行的恒等变形十分重要,当被积函数是两个函数的积或商时,首先是设法化被积函数为和或差的形式,再逐项积分. 因此,直接积分法又称为逐项积分法.

(2) 在求不定积分过程中，当不定积分号未完全消失时，不必加上任意常数（即使有的项已算出了积分结果）；当不定积分号完全消失后，才在表达式的最后加上任意常数.

【例 7.15】 设某商品的需求量 y 为价格 x 的函数，该商品的最大需求量为 1000（即 $x=0$ 时，$y=1000$）. 已知需求量的变化率为 $y'=-1000\cdot\ln3\cdot\left(\frac{1}{3}\right)^x$，求需求量 y 与价格 x 的函数关系.

【解】 $y=\int y'\mathrm{d}x=\int\left[-1000\cdot\ln3\cdot\left(\frac{1}{3}\right)^x\right]\mathrm{d}x=-1000\cdot\ln3\cdot\int\left(\frac{1}{3}\right)^x\mathrm{d}x$

$$=-1000\cdot\ln3\cdot\frac{\left(\frac{1}{3}\right)^x}{\ln\frac{1}{3}}+C=1000\cdot\left(\frac{1}{3}\right)^x+C$$

将 $x=0$，$y=1000$ 代入上式，得 $C=0$，故需求量 y 与价格 x 的函数关系为

$$y=1000\cdot\left(\frac{1}{3}\right)^x.$$

7.2.2 换元积分法

利用直接积分法可以处理一些简单的不定积分，但无法解决复合函数的不定积分，因此需要引入基于复合函数求导法则之逆向思维的计算复合函数的不定积分的方法——换元积分法（简称换元法）. 常用的换元积分法分为两类：第一类换元积分法和第二类换元积分法.

1) 第一类换元积分法（凑微分法）

引例 1 求 $\int e^{2x}\mathrm{d}x$.

分析 因为被积函数 e^{2x} 是一个复合函数，故不能用直接积分法求出，若引入中间变量 $u=2x\Rightarrow x=\frac{u}{2}\Rightarrow\mathrm{d}x=\frac{\mathrm{d}u}{2}$，代入积分有

$$\int e^{2x}\mathrm{d}x=\int e^u\frac{\mathrm{d}u}{2}=\frac{1}{2}\int e^u\mathrm{d}u$$

$$=\frac{1}{2}e^u+C\overset{\text{回代 }u=2x}{=\!=\!=\!=}\frac{1}{2}e^{2x}+C$$

可以验证积分结果是正确的，这一方法用于计算某些复合函数的积分相当有效.

一般地，关于换元法，有如下定理.

定理 7.2 若 $\int f(u)\mathrm{d}u=F(u)+C$，且 $u=\varphi(x)$ 可微，则

$$\int f[\varphi(x)]\varphi'(x)\mathrm{d}x=F[\varphi(x)]+C$$

【证明】 因为 $F'(u)=f(u)$，$u=\varphi(x)$ 可微，所以

$$[F(\varphi(x))]' = F'_u \cdot u'_x = f(u)\varphi'(x) = f[\varphi(x)]\varphi'(x)$$

两边积分,可得

$$\int f[\varphi(x)]\varphi'(x)\mathrm{d}x = F[\varphi(x)] + C$$

故定理成立.

由定理 7.2 知:若$\int f(u)\mathrm{d}u = F(u) + C$,则求形如$\int f[\varphi(x)]\varphi'(x)\mathrm{d}x$ 的基本步骤如下:先凑微分,再换元,然后积分,最后回代,即

$$\begin{aligned}\int f[\varphi(x)]\varphi'(x)\mathrm{d}x &\xlongequal{\text{凑微分}} \int f[\varphi(x)]\mathrm{d}[\varphi(x)] \\ &\xlongequal{\text{令 } u=\varphi(x)} \int f(u)\mathrm{d}u = F(u) + C \\ &\xlongequal{\text{回代}} f[\varphi(x)] + C\end{aligned}$$

上式显示:第一类换元积分法最关键的一步是将 $\varphi'(x)\mathrm{d}x$ 变成 $\mathrm{d}[\varphi(x)]$,即凑出恰当的微分,故第一类换元法又称为凑微分法.

【例 7.16】 求$\int(3x-1)^4\mathrm{d}x$.

【解】 $\int(3x-1)^4\mathrm{d}x = \dfrac{1}{3}\int(3x-1)^4\mathrm{d}(3x-1) \xlongequal{\text{令 } u=3x-1} \dfrac{1}{3}\int u^4\mathrm{d}u$

$$= \frac{1}{3}\cdot\frac{1}{5}u^5 + C = \frac{1}{15}u^5 + C \xlongequal{\text{回代}} \frac{1}{15}(3x-1)^5 + C$$

一般地,对于不定积分$\int f(ax+b)\mathrm{d}x\ (a\neq 0)$,总可以把 $\mathrm{d}x$ 凑成 $\mathrm{d}x = \dfrac{1}{a}\mathrm{d}(ax+b)$ 的形式[提示:可用 $\mathrm{d}F(x) = F'(x)\mathrm{d}x$ 验证],于是$\int f(ax+b)\mathrm{d}x = \dfrac{1}{a}\int f(ax+b)\mathrm{d}(ax+b)$,实际上这里所做的变换是 $u = ax+b$,只是不写出这一步而已.

【例 7.17】 求$\int\dfrac{1}{5-7x}\mathrm{d}x$.

【解】 $\int\dfrac{1}{5-7x}\mathrm{d}x = -\dfrac{1}{7}\int\dfrac{1}{5-7x}\mathrm{d}(5-7x) = -\dfrac{1}{7}\ln|5-7x| + C$

在对凑微分法比较熟悉后,可省略设中间变量的过程. 例 7.17 中省略了令 $u = 5-7x$ 的换元过程.

【例 7.18】 求$\int\dfrac{\mathrm{d}x}{(3x+2)^2}$.

【解】 $\int\dfrac{\mathrm{d}x}{(3x+2)^2} = \dfrac{1}{3}\int\dfrac{1}{(3x+2)^2}\mathrm{d}(3x+2) = -\dfrac{1}{3(3x+2)} + C$

【例 7.19】 求$\int\sin(\omega t+\varphi)\mathrm{d}t$.

【解】 $\int\sin(\omega t+\varphi)\mathrm{d}t = \dfrac{1}{\omega}\int\sin(\omega t+\varphi)\mathrm{d}(\omega t+\varphi) = -\dfrac{1}{\omega}\cos(\omega t+\varphi) + C$

【例 7.20】 求 $\int xe^{x^2}dx$.

【解】 令 $u=x^2$，则有 $du=dx^2=2xdx$，得 $xdx=\frac{1}{2}dx^2$，省略换元过程，求解如下：

$$\int xe^{x^2}dx=\frac{1}{2}\int e^{x^2}dx^2=\frac{1}{2}e^{x^2}+C$$

凑微分公式 $xdx=\frac{1}{2}dx^2$，可扩展为 $xdx=\frac{1}{2a}d(ax^2+b)\ (a\neq0)$.

在求解过程中，凑微分公式及中间变量 u 可以不写出来，以便简化求解过程.

【例 7.21】 求 $\int x(x^2+1)^5dx$.

【解】 $\int x(x^2+1)^5dx=\frac{1}{2}\int(x^2+1)^5d(x^2+1)=\frac{1}{12}(x^2+1)^6+C$

类似于上述例题，还有下列常用的凑微分公式：

$$x^2dx=\frac{1}{3}dx^3,\quad \frac{1}{x^2}dx=-d\frac{1}{x},\quad \frac{1}{\sqrt{x}}dx=2d\sqrt{x}$$

凑微分公式的一般形式为

$$\varphi'(x)dx=d\varphi(x)$$

现将常见的凑微分关系式列出：

(1) $dx=\frac{1}{a}dax=\frac{1}{a}d(ax+b)\ (a\neq0)$

(2) $xdx=\frac{1}{2}dx^2$

(3) $x^2dx=\frac{1}{3}dx^3$

(4) $\frac{1}{x}dx=d\ln|x|$

(5) $\frac{1}{x^2}dx=-d\frac{1}{x}$

(6) $\frac{1}{\sqrt{x}}dx=2d(\sqrt{x})$

(7) $e^xdx=de^x$

(8) $e^{ax}dx=\frac{1}{a}de^{ax}$

(9) $\cos x\,dx=d\sin x$

(10) $\sin x\,dx=-d\cos x$

(11) $\sec^2x\,dx=d\tan x$

(12) $\csc^2x\,dx=-d\cot x$

(13) $\frac{1}{\sqrt{1-x^2}}dx=d\arcsin x=-d\arccos x$

(14) $\frac{1}{1+x^2}dx=d\arctan x=-d\operatorname{arccot} x$

(15) $\sec x\tan x\,dx=d\sec x$

(16) $\csc x\cot x\,dx=-d\csc x$

以上每个凑微分公式都可运用公式(1)进行变形，例如：

公式(4)可变形为 $\frac{1}{x}dx=d\ln|x|=\frac{1}{a}d(a\ln|x|+b)\ (a\neq0)$；

公式(9)可变形为 $\cos x\,dx=d\sin x=\frac{1}{a}d(a\sin x+b)\ (a\neq0)$.

凑微分法主要用于被积分函数中含复合函数 $f[\varphi(x)]$ 的积分，使用凑微分法的关键是把被积表达式凑成两部分：一部分为 $d[\varphi(x)]$，另一部分为 $f[\varphi(x)]$，即将积分先凑成$\int f[\varphi(x)]\varphi'(x)\mathrm{d}x = \int f[\varphi(x)]\mathrm{d}[\varphi(x)]$ 的形式后再积分.

【例 7.22】 求$\int x^2\cos(x^3-2)\mathrm{d}x$.

【解】 $\int x^2\cos(x^3-2)\mathrm{d}x = \frac{1}{3}\int\cos(x^3-2)\mathrm{d}(x^3-2) = \frac{1}{3}\sin(x^3-2)+C$

【例 7.23】 求$\int\frac{\cos\sqrt{x}}{\sqrt{x}}\mathrm{d}x$.

【解】 $\int\frac{\cos\sqrt{x}}{\sqrt{x}}\mathrm{d}x = 2\int\cos\sqrt{x}\,\mathrm{d}\sqrt{x} = 2\sin\sqrt{x}+C$

【例 7.24】 求$\int\frac{1}{x^2}\mathrm{e}^{-\frac{2}{x}}\mathrm{d}x$.

【解】
$$\int\frac{1}{x^2}\mathrm{e}^{-\frac{2}{x}}\mathrm{d}x = \int\mathrm{e}^{-\frac{2}{x}}\cdot\frac{1}{x^2}\mathrm{d}x = \int\mathrm{e}^{-\frac{2}{x}}\cdot\mathrm{d}\left(-\frac{1}{x}\right)$$
$$= \frac{1}{2}\int\mathrm{e}^{-\frac{2}{x}}\mathrm{d}\left(-\frac{2}{x}\right) = \frac{1}{2}\mathrm{e}^{-\frac{2}{x}}+C$$

当被积函数含指数函数 e^x 或 e^{ax}（$a\neq0$）时,可用凑微分公式 $\mathrm{e}^x\mathrm{d}x=\mathrm{d}\mathrm{e}^x$ 或 $\mathrm{e}^{ax}\mathrm{d}x=\frac{1}{a}\mathrm{d}\mathrm{e}^{ax}$（$a\neq0$）.

【例 7.25】 求$\int\frac{\mathrm{e}^x}{1+\mathrm{e}^{2x}}\mathrm{d}x$.

【解】 $\int\frac{\mathrm{e}^x}{1+\mathrm{e}^{2x}}\mathrm{d}x = \int\frac{1}{1+(\mathrm{e}^x)^2}\mathrm{d}\mathrm{e}^x = \arctan\mathrm{e}^x+C$

当被积函数同时出现$\frac{1}{x}$与 $\ln x$ 时,可用凑微分公式$\frac{1}{x}\mathrm{d}x=\mathrm{d}\ln x$.

【例 7.26】 求$\int\frac{1}{x\sqrt{1+\ln x}}\mathrm{d}x$.

【解】
$$\int\frac{1}{x\sqrt{1+\ln x}}\mathrm{d}x = \int\frac{1}{\sqrt{1+\ln x}}\cdot\frac{1}{x}\mathrm{d}x = \int\frac{1}{\sqrt{1+\ln x}}\mathrm{d}\ln x$$
$$= \int\frac{1}{\sqrt{1+\ln x}}\mathrm{d}(1+\ln x) = 2\sqrt{1+\ln x}+C$$

在三角函数积分中,常用的凑微分公式:

$$\cos x\,\mathrm{d}x = \mathrm{d}\sin x = \frac{1}{a}\mathrm{d}(a\sin x+b)\quad(a\neq0)$$
$$\sin x\,\mathrm{d}x = -\mathrm{d}\cos x = -\frac{1}{a}\mathrm{d}(a\cos x+b)\quad(a\neq0)$$

【例 7.27】 求$\int(5\sin x+6)^3\cos x\,\mathrm{d}x$.

【解】 $\int(5\sin x+6)^3\cos x\,\mathrm{d}x = \frac{1}{5}\int(5\sin x+6)^3\mathrm{d}(5\sin x+6)$

$$=\frac{1}{20}(5\sin x+6)^4+C$$

【例 7.28】 求 $\int \tan x\,\mathrm{d}x$.

【解】 $\int \tan x\,\mathrm{d}x=\int \frac{\sin x}{\cos x}\mathrm{d}x=-\int \frac{1}{\cos x}\mathrm{d}(\cos x)=-\ln|\cos x|+C$

类似地,可以求得

$$\int \cot x\mathrm{d}x=\ln|\sin x|+C$$

【例 7.29】 求 $\int \sin x\cos x\,\mathrm{d}x$.

【解】 **方法 1** $\int \sin x\cos x\,\mathrm{d}x=\int \sin x\,\mathrm{d}(\sin x)=\frac{1}{2}\sin^2 x+C$

方法 2 $\int \sin x\cos x\,\mathrm{d}x=\int \cos x\sin x\,\mathrm{d}x=-\int \cos x\,\mathrm{d}(\cos x)=-\frac{1}{2}\cos^2 x+C$

方法 3 $\int \sin x\cos x\,\mathrm{d}x=\frac{1}{2}\int 2\sin x\cos x\,\mathrm{d}x=\frac{1}{4}\int \sin 2x\,\mathrm{d}2x=-\frac{1}{4}\cos 2x+C$

注 意

对于三角函数的积分,由于求解方法不同其结果在形式上可能不同,但通过三角函数公式的变形,本质上是一致的. 事实上,要想知道积分结果是否正确,只需对所得结果求导检验即可.

2)第二类换元积分法(简称"第二换元积分")

第一类换元积分法是求具有 $\int f[\varphi(x)]\,\varphi'(x)\mathrm{d}x$ 这种特殊结构的复合函数的积分,对于函数 $f[\varphi(x)]$ 必须有一个与之配合的函数 $\varphi'(x)$,通过凑微分 $\varphi'(x)\mathrm{d}x=\mathrm{d}\varphi(x)$ 求出积分. 但是对于类似 $\int \frac{1}{\sqrt{x}-1}\mathrm{d}x$, $\int \sqrt{a^2-x^2}\,\mathrm{d}x(a>0)$ 这类积分,第一类换元积分法是不能解决问题的,此时需要做相反方式的换元,才能进行计算.

引例 2 求 $\int \frac{1}{1+\sqrt{2+x}}\mathrm{d}x$.

分析 被积函数中含有根号,不能凑微分. 为了去掉根号,令 $t=\sqrt{2+x}$, $x=t^2-2$,则 $\mathrm{d}x=2t\mathrm{d}t$, 于是

$$\int \frac{1}{1+\sqrt{2+x}}\mathrm{d}x=\int \frac{2t\mathrm{d}t}{1+t}=2\int \frac{(t+1)-1}{1+t}\mathrm{d}t$$

$$=2\int\left(1-\frac{1}{1+t}\right)\mathrm{d}t=2(t-\ln|1+t|)+C$$

$$\xlongequal{\text{回代 } t=\sqrt{2+x}}2(\sqrt{2+x}-\ln|1+\sqrt{2+x}|)+C$$

本题的解题思路是：首先选择适当的变量替换 $t=\sqrt{2+x}$，将原积分变量 x 替换成新的积分变量 t，再求出关于新积分变量 t 的不定积分，最后将 t 还原成 x. 这就是下面将介绍的第二类换元积分.

定理 7.3(第二类换元积分法)　设函数 $f(x)$ 连续，函数 $x=\varphi(t)$ 单调可导，$\varphi'(t)\neq 0$ 且 $f[\varphi(t)]\varphi'(t)$ 有原函数 $F(t)$，则有换元公式

$$\int f(x)\,\mathrm{d}x \xlongequal{\text{令 } x=\varphi(t)} \int f[\varphi(t)]\varphi'(t)\,\mathrm{d}t = F(t)+C$$

$$\xlongequal{\text{回代 } t=\varphi^{-1}(x)} F[\varphi^{-1}(x)]+C$$

(证明略)

定理 7.3 表明，第二类换元积分法的基本步骤为换元、积分、回代.

这一方法是把第一类换元积分法反过来使用. 在第一类换元积分法中换元过程可以凑微分形式出现，不必写出换元过程，但当换元过程不使用凑微分形式表示时，则必须写出换元过程. 定理 7.2 与定理 7.3 中的换元公式只是在不同的情况下同一公式的两种不同的使用方式而已，两类换元法在本质上是一样的.

一般地，第二类换元积分法主要用于消去被积函数中的根号，常用的有简单根式代换和三角代换. 本节主要讲解简单根式代换，三角代换参考二维码内容.

三角代换

(1)简单根式代换：当被积函数含有根式 $\sqrt[n]{ax+b}$ 时，变量替换令 $t=\sqrt[n]{ax+b}$ 消去根号后再积分.

【例 7.30】　求 $\int \frac{x^2}{\sqrt{2-x}}\mathrm{d}x$.

【解】　令 $\sqrt{2-x}=t \Rightarrow x=2-t^2 \Rightarrow \mathrm{d}x=-2t\mathrm{d}t$，于是

$$\int \frac{x^2}{\sqrt{2-x}}\mathrm{d}x=\int \frac{(2-t^2)^2}{t}(-2t)\,\mathrm{d}t=-2\int(4-4t^2+t^4)\,\mathrm{d}t$$

$$=-2\left(4t-\frac{4}{3}t^3+\frac{1}{5}t^5\right)+C=t\left(-8+\frac{8}{3}t^2-\frac{2}{5}t^4\right)+C$$

$$=\sqrt{2-x}\left(-\frac{2}{5}x^2-\frac{16}{15}x-\frac{64}{15}\right)+C$$

【例 7.31】　求 $\int x\sqrt{2x+3}\,\mathrm{d}x$.

【解】　令 $\sqrt{2x+3}=t$，即 $x=\frac{1}{2}(t^2-3)$，$\mathrm{d}x=t\mathrm{d}t$，于是

$$\int x\sqrt{2x+3}\,\mathrm{d}x=\int \frac{1}{2}(t^2-3)\cdot t\cdot t\mathrm{d}t=\frac{1}{2}\int(t^4-3t^2)\,\mathrm{d}t$$

$$=\frac{1}{10}t^5-\frac{1}{2}t^3+C=\frac{1}{10}(2x+3)^{\frac{5}{2}}-\frac{1}{2}(2x+3)^{\frac{3}{2}}+C$$

【例 7.32】　求 $\int \frac{\mathrm{d}x}{\sqrt{x}+\sqrt[3]{x}}$.

【解】 为了同时去掉被积函数中的两个根式，令 $x = t^6$，则 $\mathrm{d}x = 6t^5\mathrm{d}t$，于是

$$\int \frac{1}{\sqrt{x}+\sqrt[3]{x}}\mathrm{d}x = \int \frac{6t^5}{t^3+t^2}\mathrm{d}t = 6\int \frac{t^3}{t+1}\mathrm{d}t$$

$$= 6\int \frac{(t^3+1)-1}{t+1}\mathrm{d}t = 6\int\left(t^2-t+1-\frac{1}{t+1}\right)\mathrm{d}t$$

$$= 2t^3-3t^2+6t-6\ln|t+1|+C$$

$$= 2\sqrt{x}-3\sqrt[3]{x}+6\sqrt[6]{x}-6\ln(\sqrt[6]{x}+1)+C$$

【例 7.33】 求$\int \frac{1}{\sqrt{1+\mathrm{e}^x}}\mathrm{d}x$.

【解】 $\int \frac{1}{\sqrt{1+\mathrm{e}^x}}\mathrm{d}x \xlongequal{\sqrt{1+\mathrm{e}^x}=t,x=\ln(t^2-1)} \int \frac{1}{t}\mathrm{d}[\ln(t^2-1)]$

$$= \int \frac{1}{t}\cdot\frac{2t}{t^2-1}\mathrm{d}t = 2\int \frac{1}{t^2-1}\mathrm{d}t = 2\cdot\frac{1}{2}\ln\left|\frac{t-1}{t+1}\right|+C$$

$$= \ln\left|\frac{\sqrt{1+\mathrm{e}^x}-1}{\sqrt{1+\mathrm{e}^x}+1}\right|+C$$

当被积函数中含有 x 的根式时，一般可作代换去掉根式，从而得积分. 这种代换也称为有理代换.

有些积分结果在求其他积分时经常用到，通常将它们作为公式直接应用.

(1) $\int \tan x\,\mathrm{d}x = -\ln|\cos x|+C$

(2) $\int \cot x\,\mathrm{d}x = \ln|\sin x|+C$

(3) $\int \sec x\,\mathrm{d}x = \ln|\sec x+\tan x|+C$

(4) $\int \csc x\,\mathrm{d}x = \ln|\csc x-\cot x|+C$

(5) $\int \frac{1}{a^2+x^2}\mathrm{d}x = \frac{1}{a}\arctan\frac{x}{a}+C$

(6) $\int \frac{1}{\sqrt{a^2-x^2}}\mathrm{d}x = \arcsin\frac{x}{a}+C$

(7) $\int \frac{\mathrm{d}x}{a^2-x^2} = \frac{1}{2a}\ln\left|\frac{x+a}{x-a}\right|+C$

(8) $\int \frac{1}{\sqrt{x^2\pm a^2}}\mathrm{d}x = \ln\left|x+\sqrt{x^2\pm a^2}\right|+C$

【例 7.34】 求$\int \frac{\mathrm{d}x}{\sqrt{4x^2+9}}$.

【解】 由上述公式(8)可得

$$\int \frac{\mathrm{d}x}{\sqrt{4x^2+9}} = \int \frac{\mathrm{d}x}{\sqrt{(2x)^2+3^2}} = \frac{1}{2}\int \frac{\mathrm{d}(2x)}{\sqrt{(2x)^2+3^2}} = \frac{1}{2}\ln\left|2x+\sqrt{4x^2+9}\right|+C$$

【例 7.35】 求 $\int \frac{\mathrm{d}x}{\sqrt{1+x-x^2}}$.

【解】 由上述公式(6),得

$$\int \frac{\mathrm{d}x}{\sqrt{1+x-x^2}} = \int \frac{\mathrm{d}\left(x-\frac{1}{2}\right)}{\sqrt{\left(\frac{\sqrt{5}}{2}\right)^2-\left(x-\frac{1}{2}\right)^2}} = \arcsin\frac{x-\frac{1}{2}}{\frac{\sqrt{5}}{2}}+C = \arcsin\frac{2x-1}{\sqrt{5}}+C$$

一般地,若被积函数中含有$\sqrt{ax^2+bx+c}$时,先对二次三项式配方,再利用三角代换或公式即可.

7.2.3 分部积分法

前面在复合函数微分法基础上得到了换元积分法,从而通过适当的变量代换,把一些不易计算的不定积分转化为容易计算的形式. 但当被积分函数是两个不同类型函数的乘积时,则需应用两个函数乘积的求导(或微分)公式.

例如, $\int x^n \sin\beta t\mathrm{d}x$, $\int x^n a^x \mathrm{d}x$, $\int x^n \ln x\,\mathrm{d}x$, $\int x^n \arctan x\,\mathrm{d}x$, $\cdots$

下面利用两个函数乘积的微分法来推导另一种基本积分法 —— 分部积分法.

定理 7.4(分部积分法) 若函数 $u=u(x)$, $v=v(x)$ 可导, 则

$$\int uv'\mathrm{d}x = uv - \int u'v\mathrm{d}x \quad 或 \quad \int u\mathrm{d}v = uv - \int v\mathrm{d}u$$

【证明】 因为

$$(uv)' = u'v + uv'$$

所以

$$uv' = (uv)' - u'v$$

两边积分得

$$\int uv'\mathrm{d}x = uv - \int u'v\mathrm{d}x$$

又因为

$$v'\mathrm{d}x = \mathrm{d}v, u'\mathrm{d}x = \mathrm{d}u$$

所以

$$\int u\mathrm{d}v = uv - \int v\mathrm{d}u$$

定理 7.4 中所列公式称为分部积分公式,利用上式求积分的方法称为分部积分法. 其特点是把左边积分$\int u\mathrm{d}v$ 换成了右边积分$\int v\mathrm{d}u$.

习惯上称公式:$\int uv'\mathrm{d}x = uv - \int u'v\mathrm{d}x$ 为导数型;$\int u\mathrm{d}v = uv - \int v\mathrm{d}u$ 为微分型.

使用分部积分法的关键在于适当选取 u 和 $\mathrm{d}v$,使等式右边的积分易于计算,若选取不当,反而会使运算更加复杂.

一般情况下，选择 u 和 dv 应注意以下两个方面：

(1) v 容易求出；

(2) vdu 要比 udv 容易积出.

【例 7.36】 求 $\int x\sin x\,dx$.

【解】 选择导数型公式，令 $u=x, v'=\sin x$，则 $u'=1, v=-\cos x$，故

$$\int x\sin x\,dx=\int x\cdot(-\cos x)'dx=-x\cos x+\int\cos x\,dx=-x\cos x+\sin x+C$$

【例 7.37】 求 $\int x^2e^x dx$.

【解】 选择微分型公式，令 $u=x^2, dv=e^x dx=de^x$，则 $du=2xdx, v=e^x$，故

$$\int x^2e^x dx=\int x^2de^x=x^2e^x-\int 2xe^x dx=x^2e^x-2\int xe^x dx$$

对 $\int xe^x dx$ 再用一次分部积分法的微分型公式

$$\int xe^x dx=\int xde^x=xe^x-\int e^x dx=xe^x-e^x+C$$

代回原式可得

$$\int x^2e^x dx=x^2e^x-2xe^x+2e^x+C$$

通过上述例题可知：当被积函数是幂函数与指数函数（或三角函数）的乘积时，设幂函数为 u，其余部分为 dv.

【例 7.38】 求 $\int x\ln x\,dx$.

【解】
$$\int x\ln x\,dx=\int\ln x\,d\left(\frac{1}{2}x^2\right)=\frac{1}{2}x^2\ln x-\frac{1}{2}\int x^2d(\ln x)$$
$$=\frac{1}{2}x^2\ln x-\frac{1}{2}\int x^2\cdot\frac{1}{x}dx=\frac{1}{2}x^2\ln x-\frac{1}{4}x^2+C$$

【例 7.39】 求 $\int\arctan x\,dx$.

【解】
$$\int\arctan x\,dx=\arctan x\cdot x-\int xd(\arctan x)=x\arctan x-\int\frac{x}{1+x^2}dx$$
$$=x\arctan x-\frac{1}{2}\int\frac{1}{1+x^2}dx^2$$
$$=x\arctan x-\frac{1}{2}\int\frac{1}{1+x^2}d(1+x^2)$$
$$=x\arctan x-\frac{1}{2}\ln(1+x^2)+C$$

当被积函数是幂函数与对数函数（或反三角函数）乘积时，设幂函数与 dx 的乘积为 dv，其余部分为 u.

【例 7.40】 求 $\int e^x\sin x\,dx$.

【解】 $\int e^x \sin x\,dx = \int e^x d(-\cos x) = -e^x\cos x + \int \cos x e^x dx$

$$= -e^x\cos x + \int e^x d(\sin x)$$

$$= -e^x\cos x + e^x\sin x - \int e^x \sin x\,dx$$

故

$$\int e^x \sin x\,dx = \frac{1}{2}e^x(\sin x - \cos x) + C$$

某些积分在连续使用分部积分公式的过程中,会出现原积分的形式,称此种形式的积分为循环积分. 这时把等式看作以原积分为未知量的方程,解之可得所求积分.

由上述例子可总结出,一般情况下选择 u 和 dv 应遵循如下规则:

(1)当被积函数是幂函数与指数函数或三角函数的乘积时,设幂函数为 u, 其余部分为 dv,即将三角函数或指数函数凑成微分形式,简称"三指凑 dv";

(2)当被积函数是幂函数与对数函数或反三角函数的乘积时,设幂函数与 dx 的乘积为 dv,其余部分为 u,即将反三角函数或对数函数设为 u,简称"反对选作 u";

(3)当被积函数是指数函数与三角函数之积时,u,dv 可任意选择,但必须以相同的选择连续使用两次分部积分法,这时在等式右边会出现循环积分,然后移项解出所求积分.

7.2.4 综合应用

不定积分的常用积分法有:第一类换元积分法——凑微分法;第二类换元积分法中的根式代换与分部积分法三种方法. 通常凑微分法主要用于复合函数积分,其基本步骤是利用凑微分公式将积分凑成 $\int f[\varphi(x)]d\varphi(x)$ 形式再积分;根式代换法主要用于被积函数含有根号的积分,换元的目的是消去根号,常用的代换有简单根式代换与三角代换,其基本步骤是换元、积分、回代;分部积分法主要用于两类不同函数的乘积的积分,其基本步骤是先将积分凑成 $\int u dv$ 形式,再套用分部积分公式. 当然,这几种积分方法应灵活使用,切忌死套公式. 有时一题可用多种方法求解,有时又需兼用换元法与分部积分法才能求出最终结果.

【例 7.41】 求 $\int \frac{x}{\sqrt{x-1}}dx$.

【解 1】 (换元法)

$$\int \frac{x}{\sqrt{x-1}}dx \xlongequal[dx = 2tdt]{\sqrt{x-1} = t, x = 1+t^2} \int \frac{1+t^2}{t}\cdot 2tdt = 2\int (1+t^2)dt = 2t + \frac{2}{3}t^3 + C$$

$$\xlongequal{\text{回代}} 2\sqrt{x-1} + \frac{2}{3}\sqrt{(x-1)^3} + C$$

【解 2】 (凑微分法)

$$\int \frac{x}{\sqrt{x-1}}\mathrm{d}x = \int \frac{x-1+1}{\sqrt{x-1}}\mathrm{d}x = \int\left(\sqrt{x-1}+\frac{1}{\sqrt{x-1}}\right)\mathrm{d}(x-1)$$
$$= \frac{2}{3}\sqrt{(x-1)^3}+2\sqrt{x-1}+C$$

【解 3】（分部积分法）

$$\int \frac{x}{\sqrt{x-1}}\mathrm{d}x = 2\int x\mathrm{d}\sqrt{x-1} = 2\left(x\sqrt{x-1}-\int\sqrt{x-1}\,\mathrm{d}x\right)$$
$$= 2\left(x\sqrt{x-1}-\frac{2}{3}\sqrt{(x-1)^3}\right)+C$$

【例 7.42】 求$\int \mathrm{e}^{\sqrt{x-1}}\mathrm{d}x$.

【解】 令$\sqrt{x-1}=t$，则$x=t^2+1, \mathrm{d}x=2t\mathrm{d}t$，于是

$$\int \mathrm{e}^{\sqrt{x-1}}\mathrm{d}x = \int \mathrm{e}^t\cdot 2t\mathrm{d}t = 2\int \mathrm{e}^t t\mathrm{d}t = 2\int t\mathrm{d}(\mathrm{e}^t) = 2t\mathrm{e}^t - 2\int \mathrm{e}^t\mathrm{d}t = 2t\mathrm{e}^t - 2\mathrm{e}^t + C$$
$$\xlongequal{\text{回代}} 2\mathrm{e}^{\sqrt{x-1}}(\sqrt{x-1}-1)+C$$

分部积分的“竖式”方法

习题 7.2

1. 求下列不定积分.

(1) $\int x^2\sqrt{x}\,\mathrm{d}x$　　(2) $\int \frac{(x-1)^3}{x^2}\mathrm{d}x$

(3) $\int\left(3x^2+\sqrt{x}-\frac{2}{x}\right)\mathrm{d}x$　　(4) $\int \frac{3\times 4^x-3^x}{4^x}\mathrm{d}x$

(5) $\int(10^x+x^{10})\mathrm{d}x$　　(6) $\int \frac{3x^4+3x^2-1}{x^2+1}\mathrm{d}x$

(7) $\int \frac{5}{x^2(1+x^2)}\mathrm{d}x$　　(8) $\int \mathrm{e}^x\left(2^x+\frac{\mathrm{e}^{-x}}{\sqrt{1-x^2}}\right)\mathrm{d}x$

(9) $\int \sin^2\frac{x}{2}\mathrm{d}x$　　(10) $\int\left(\sin\frac{x}{2}-\cos\frac{x}{2}\right)^2\mathrm{d}x$

2. 利用凑微分法求不定积分.

(1) $\int \mathrm{e}^{-3x}\mathrm{d}x$　　(2) $\int \sin ax\,\mathrm{d}x$

(3) $\int \frac{\mathrm{d}x}{\sin^2 3x}$　　(4) $\int \frac{\mathrm{d}x}{4x-3}$

(5) $\int \tan 2x\,\mathrm{d}x$　　(6) $\int \mathrm{e}^x\sin(\mathrm{e}^x+1)\mathrm{d}x$

(7) $\int \tan\varphi\sec^2\varphi\,\mathrm{d}\varphi$　　(8) $\int\left(\tan 4s-\cot\frac{s}{4}\right)\mathrm{d}s$

(9) $\int \cos^2 x\sin x\,\mathrm{d}x$　　(10) $\int \frac{1}{x^2-x-6}\mathrm{d}x$

(11) $\int \frac{x^2}{\sqrt{x^3+1}}dx$

(12) $\int \frac{dx}{\cos^2 x\sqrt{\tan x-1}}$

(13) $\int \frac{\sin 2x}{\sqrt{1+\sin^2 x}}dx$

(14) $\int \frac{\ln^3 x}{x}dx$

(15) $\int \frac{\cos x}{2\sin x+3}dx$

(16) $\int \frac{1}{x^2}e^{\frac{1}{x}}dx$

(17) $\int \frac{1}{x\ln x}dx$

(18) $\int \frac{dx}{\sqrt{4-x^2}}$

(19) $\int \frac{2}{4+x^2}dx$

(20) $\int \frac{dx}{4-9x}$

(21) $\int \cos^3 x\,dx$

(22) $\int \frac{x-\arctan x}{1+x^2}dx$

3. 用第二类换元积分法计算.

(1) $\int \frac{dx}{1+\sqrt[3]{x+1}}$

(2) $\int \frac{dx}{\sqrt{x}(1+\sqrt{x})}$

(3) $\int \sqrt[5]{x+1}\,x\,dx$

(4) $\int x\sqrt{x-1}\,dx$

(5) $\int \frac{x}{\sqrt{x-3}}dx$

(6) $\int \frac{2}{\sqrt{2x}+\sqrt[3]{2x}}dx$

(7) $\int \frac{dx}{\sqrt{1+x+x^2}}$

(8) $\int \frac{e^x-1}{e^x+1}dx$

4. 用分部积分法求下列不定积分.

(1) $\int xe^{2x}dx$

(2) $\int x\sin 2x\,dx$

(3) $\int \arcsin x\,dx$

(4) $\int x\ln(1+x^2)dx$

(5) $\int x^2e^{3x}dx$

(6) $\int e^{-x}\sin x\,dx$

(7) $\int \frac{\ln\sin x}{\cos^2 x}dx$

(8) $\int \frac{x\cos x}{\sin^3 x}dx$

5. 综合应用.

(1) $\int e^{\sqrt{x}}dx$

(2) $\int \cos^2\sqrt{x}\,dx$

第 8 章 定积分

定积分是积分学中的第二个基本概念，它主要起源于求一些不规则图形的面积、体积等实际问题. 本章首先利用定积分的实际背景引出定积分的概念，讨论其性质，再通过微积分基本定理，阐明定积分与不定积分的紧密联系，从而解决定积分的计算问题. 定积分的计算是本章的重点，读者要熟练掌握定积分的计算方法.

8.1 定积分的概念与性质

8.1.1 定积分的概念

1)两个引例

在实际问题中，我们常常要丈量土地的面积，而土地的形状往往是不规则的[图 8.1(a)]，此时可以将一个不规则的图形划分成一些曲边梯形的代数和.

所谓曲边梯形，就是由三条直线(其中两条互相平行且与第三条垂直)与一条曲线所围成的图形. 为方便起见，设两直线方程分别为 $x=a$ 和 $x=b$，其中 $a<b$，与之垂直的第三条直线为 x 轴，第四边为连续曲线 $y=f(x)$ ($f(x)\geqslant 0$)，如图 8.1(b)所示. 我们称该曲边梯形是以区间$[a,b]$为底，曲线 $y=f(x)$ 为高的曲边梯形.

如果我们会计算如图 8.1(b)所示的曲边梯形面积，也就会计算如图 8.1(a)所示的任意的不规则图形的面积了. 下面我们就来探讨如何求这个曲边梯形的面积.

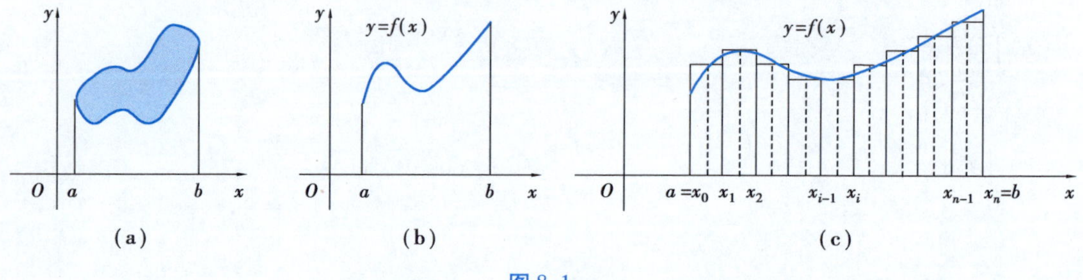

图 8.1

引例 1 求以区间$[a,b]$为底，曲线 $y=f(x)$ ($f(x)\geqslant 0$)为高的曲边梯形的面积 A.

分析 在图 8.1(c)中，可以设想沿 x 轴方向将曲边梯形纵向切割成无数个细直窄条，并把每个窄条近似地看成矩形，这些矩形的面积累加起来就是所求面积的近似值. 分割越细，误差越小，于是当所有窄条宽度趋于零时，其近似值的极限就是所求面积的精确值. 具体计算步骤归纳如下：

(1)分割取近似：在区间 $[a,b]$ 上任取分点 $a=x_0<x_1<x_2<\cdots<x_{n-1}<x_n=b$，将 $[a,b]$ 分割成 n 个小区间 $[x_{i-1},x_i]$ $(i=1,2,\cdots n)$，其长度为 $\Delta x_i=x_i-x_{i-1}(i=1,2,\cdots,n)$，相应地，曲边梯形被分割成 n 个细直窄条，面积记为 $\Delta A_i(i=1,2,\cdots,n)$，又在 $[x_{i-1},x_i]$ 内任取一点 $\xi_i(i=1,2,\cdots,n)$，于是这些小区间上对应窄条可近似地看成以 $f(\xi_i)$ 为高、Δx_i 为底的小矩形，小矩形面积为 $f(\xi_i)\Delta x_i$，即

$$\Delta A_i \approx f(\xi_i)\Delta x_i$$

(2)求和取极限：将上述 n 个小矩形的面积相加得到所求曲边梯形面积 A 的近似值，即

$$A=\sum_{i=1}^{n}\Delta A_i \approx \sum_{i=1}^{n}f(\xi_i)\Delta x_i$$

记上述小区间长度的最大值为 λ，即 $\lambda=\max\limits_{1\leqslant i\leqslant n}\{\Delta x_i\}$，并令 $\lambda\to 0$，此时 $n\to\infty$（即每个小区间的长度无限缩小，分点无限增多），则得到曲边梯形面积 A 的精确值，即

$$A=\lim_{\lambda\to 0}\sum_{i=1}^{n}f(\xi_i)\Delta x_i$$

引例 2　求变速直线运动的路程.

设一物体作变速直线运动，已知速度 $v=v(t)$ 是定义在时间区间 $[T_1,T_2]$ 上的连续函数且 $v(t)\geqslant 0$，求该物体在这段时间内所行走的路程 s.

分析　类似引例 1 的分析，部分用匀速代变速求得近似值，再通过取极限求得精确值. 具体计算步骤归纳如下：

(1)分割取近似：任取分点 $T_1=t_0<t_1<t_2<\cdots<t_{n-1}<t_n=T_2$，将时间区间 $[T_1,T_2]$ 分成 n 个长度为 $\Delta t_i=t_i-t_{i-1}(i=1,2,\cdots,n)$ 的微小时段 $[t_{i-1},t_i]$ $(i=1,2,\cdots,n)$，物体在每一小段时间内行走的路程记为 $\Delta s_i(i=1,2,\cdots,n)$，在每个小时段内任取时刻 $\tau_i\in[t_{i-1},t_i]$ $(i=1,2,\cdots,n)$，则在每个小段时间内物体都可近似地看成作速度为 $v(\tau_i)$ $(i=1,2,\cdots,n)$ 的匀速直线运动，于是在每个小段时间内物体所走路程的近似值为 $v(\tau_i)\Delta t_i(i=1,2,\cdots,n)$，即

$$\Delta s_i \approx v(\tau_i)\Delta t_i(i=1,2,\cdots,n)$$

(2)求和取极限：把上述 n 个小时间段上的路程相加得到总路程 s 的近似值，即

$$s=\sum_{i=1}^{n}\Delta s_i \approx \sum_{i=1}^{n}v(\tau_i)\Delta t_i$$

记这些小时间段的最大值为 $\lambda=\max\limits_{1\leqslant i\leqslant n}\{\Delta t_i\}$，当 $\lambda\to 0$ 时，$\sum\limits_{i=1}^{n}v(\tau_i)\Delta t_i$ 的极限就是所求的总路程，即

$$s=\lim_{\lambda\to 0}\sum_{i=1}^{n}v(\tau_i)\Delta t_i$$

比较上述两个引例中的极限

$$A=\lim_{\lambda\to 0}\sum_{i=1}^{n}f(\xi_i)\Delta x_i \quad 与 \quad s=\lim_{\lambda\to 0}\sum_{i=1}^{n}v(\tau_i)\Delta t_i$$

虽然它们的实际背景不同，但却具有相同的结构形式，都可归结为“整体无限细分，部分以常量代变量再累积求和，最后通过取极限求得所求量的精确值”. 这样的数学模型称为

定积分，并且把这种解题的思想方法称为微元法.

2）定积分的定义

定义 8.1 设函数 $f(x)$ 在区间 $[a,b]$ 上有定义，在 $[a,b]$ 内任取 $n-1$ 个分点 $a=x_0<x_1<x_2<\cdots<x_{n-1}<x_n=b$，将 $[a,b]$ 分成 n 个小区间 $[x_{i-1},x_i]$ $(i=1,2,\cdots,n)$，其长度为 $\Delta x_i=x_i-x_{i-1}$ $(i=1,2,3,\cdots,n)$，在小区间 $[x_{i-1},x_i]$ 上任取一点 ξ_i，作乘积 $f(\xi_i)\Delta x_i$ 的和式 $\sum\limits_{i=1}^{n}f(\xi_i)\Delta x_i$，并记 $\lambda=\max\limits_{1\leqslant i\leqslant n}\{\Delta x_i\}$，如果不论怎么分割区间 $[a,b]$，也不论怎么取点 ξ_i，当 $\lambda\to 0$ 时，上述和式的极限 $\lim\limits_{\lambda\to 0}\sum\limits_{i=1}^{n}f(\xi_i)\Delta x_i$ 都存在，则称函数 $f(x)$ 在区间 $[a,b]$ 上可积，并将此极限称为函数 $f(x)$ 在区间 $[a,b]$ 上的定积分，记为 $\int_a^b f(x)\mathrm{d}x$，即

$$\int_a^b f(x)\mathrm{d}x=\lim_{\lambda\to 0}\sum_{i=1}^{n}f(\xi_i)\Delta x_i$$

其中，符号 $\int$ 称为积分符号，$f(x)$ 称为被积函数，$f(x)\mathrm{d}x$ 称为被积表达式，x 称为积分变量，a 和 b 分别称为积分下限和积分上限，$[a,b]$ 称为积分区间.

根据定积分的定义，引例 1 中曲边梯形的面积 A 与引例 2 中变速直线运动的路程 s 可分别表示为

$$A=\lim_{\lambda\to 0}\sum_{i=1}^{n}f(\xi_i)\Delta x_i=\int_a^b f(x)\mathrm{d}x$$

$$s=\lim_{\lambda\to 0}\sum_{i=1}^{n}v(\tau_i)\Delta t_i=\int_{T_1}^{T_2}v(t)\mathrm{d}t$$

关于定积分的几点说明：

（1）定积分的存在性：当 $f(x)$ 在 $[a,b]$ 上连续或只有有限个第一类间断点时，$f(x)$ 在区间 $[a,b]$ 上的定积分存在，或称 $f(x)$ 在区间 $[a,b]$ 上可积.

（2）定积分只要存在，定积分就是一个常数，其值只取决于被积函数与积分区间，而与积分变量采用什么字母无关，即 $\int_a^b f(x)\mathrm{d}x=\int_a^b f(t)\mathrm{d}t=\int_a^b f(u)\mathrm{d}u$.

（3）两个补充规定：

当积分上、下限相等时，定积分的值为零，即 $\int_a^a f(x)\mathrm{d}x=0$；

当交换积分上、下限位置时，定积分的值改变符号，即 $\int_a^b f(x)\mathrm{d}x=-\int_b^a f(x)\mathrm{d}x$.

有了上述两个补充规定，定积分的积分上、下限的大小就可以是任意的情形.

利用定积分的定义计算定积分，步骤是很复杂的，具体内容参见二维码内容.

8.1.2 定积分的几何意义

定积分计算

由引例 1 可见，定积分表示了曲边梯形的面积，一般情况有：

(1)当$f(x)\geqslant 0$时,图形位于x轴上方,如图8.2(a)所示,积分值为正,此时定积分表示由$y=f(x)$与$x=a,x=b(a<b)$及x轴所围成的曲边梯形的面积,即$\int_a^b f(x)\mathrm{d}x=A$.

(2)当$f(x)\leqslant 0$时,图形位于x轴下方,如图8.2(b)所示,积分值为负,此时定积分表示由$y=f(x)$与$x=a,x=b(a<b)$及x轴所围成的曲边梯形的面积的相反数,即$\int_a^b f(x)\mathrm{d}x=-A$.

(3)当$f(x)$在$[a,b]$上有正有负时,图形一部分在x轴上方,一部分在x轴下方,定积分表示由$y=f(x)$与$x=a,x=b$及x轴所围成的平面区域面积的代数和.其中,x轴上方部分为正,下方部分为负.例如在图8.2(c)中,有$\int_a^b f(x)\mathrm{d}x=A_1-A_2+A_3$.

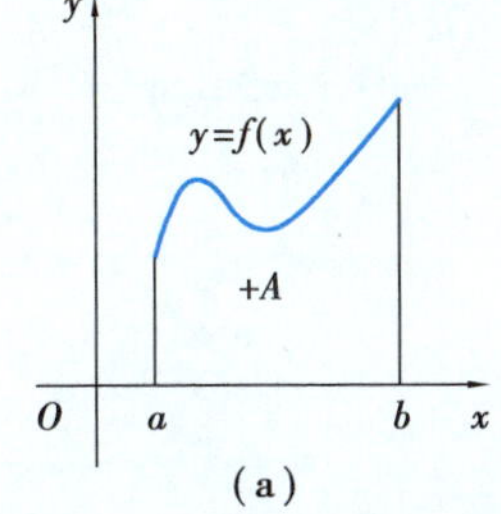

(a)

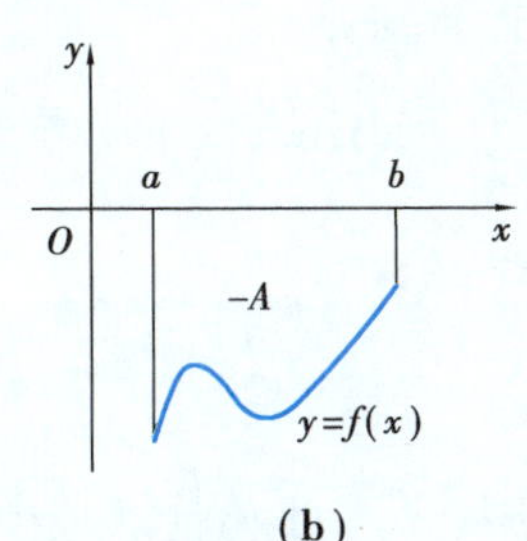

(b)

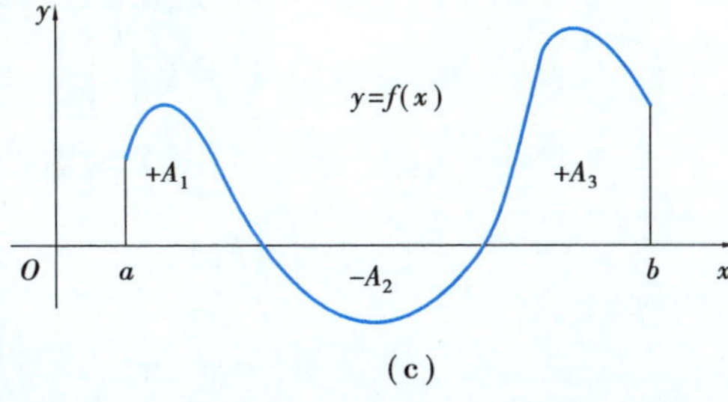

(c)

图8.2

【例8.1】　用定积分的几何意义求下列定积分.

(1) $\int_0^a \sqrt{a^2-x^2}\,\mathrm{d}x$　　(2) $\int_0^{2\pi}\sin x\mathrm{d}x$　　(3) $\int_{-1}^1 x^3\mathrm{d}x$

【解】　由定积分的几何意义可得:

(1) $\int_0^a \sqrt{a^2-x^2}\,\mathrm{d}x=A_{扇形}=\frac{1}{4}\pi a^2$　　[图8.3(a)]

(2) $\int_0^{2\pi}\sin x\,\mathrm{d}x=A_1-A_2=0$　　[图8.3(b)]

(3) $\int_{-1}^1 x^3\mathrm{d}x=A_1-A_2=0$　　[图8.3(c)]

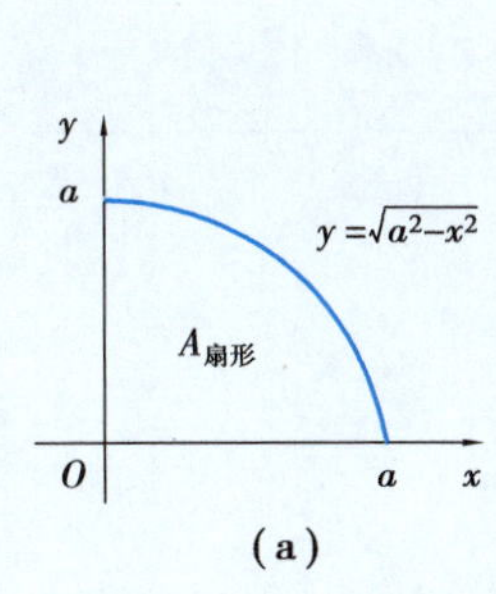

(a)

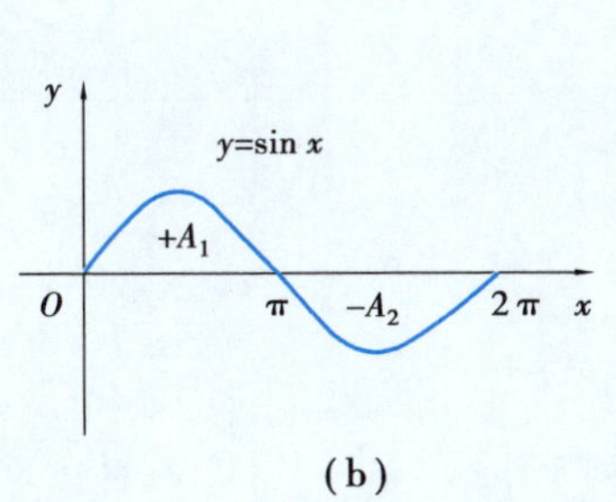

(b)

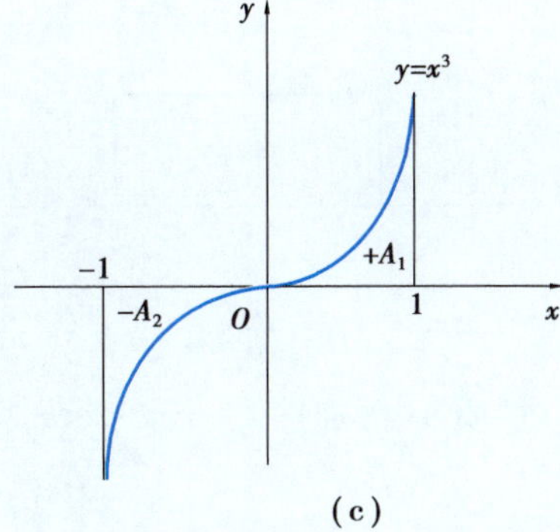

(c)

图8.3

8.1.3 定积分的性质

在下列性质中,假设函数 $f(x)$,$g(x)$ 的定积分都存在.

性质1 两个函数和与差的定积分等于定积分的和与差,即

$$\int_a^b [f(x) \pm g(x)]\,dx = \int_a^b f(x)\,dx \pm \int_a^b g(x)\,dx$$

性质2 被积函数的常数因子可以提到积分号之外,即

$$\int_a^b kf(x)\,dx = k\int_a^b f(x)\,dx$$

综合上面两个性质可以得出定积分的线性运算法则:

$$\int_a^b [k_1 f(x) + k_2 g(x)]\,dx = k_1\int_a^b f(x)\,dx + k_2\int_a^b g(x)\,dx \quad (\text{其中 } k_1, k_2 \text{ 为任意常数})$$

上述法则还可推广到有限多个函数的线性运算,即

$$\int_a^b [k_1 f(x) + k_2 f_2(x) + \cdots + k_n f_n(x)]\,dx$$

$$= k_1\int_a^b f_1(x)\,dx + k_2\int_a^b f_2(x)\,dx + \cdots + k_n\int_a^b f_n(x)\,dx$$

（其中 $k_1, k_2, \cdots, k_n$ 为任意常数）

性质3 若在区间 $[a,b]$ 上 $f(x)$ 恒等于1,则

$$\int_a^b f(x)\,dx = b - a$$

即

$$\int_a^b dx = b - a$$

如图8.4由定积分的几何意义,有

$$\int_a^b f(x)\,dx = \int_a^b dx = A_{\text{矩形}} = b - a$$

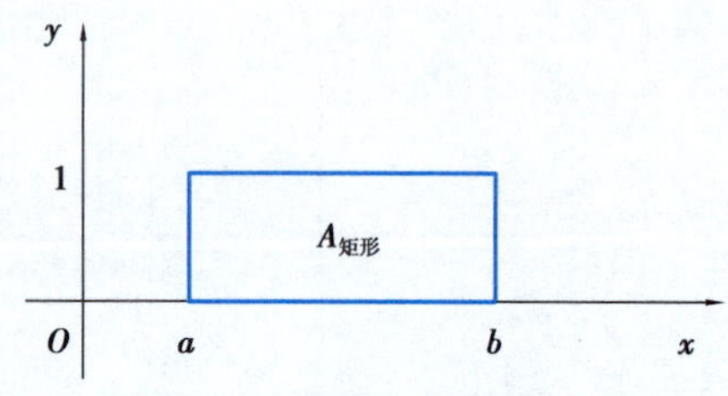

图8.4

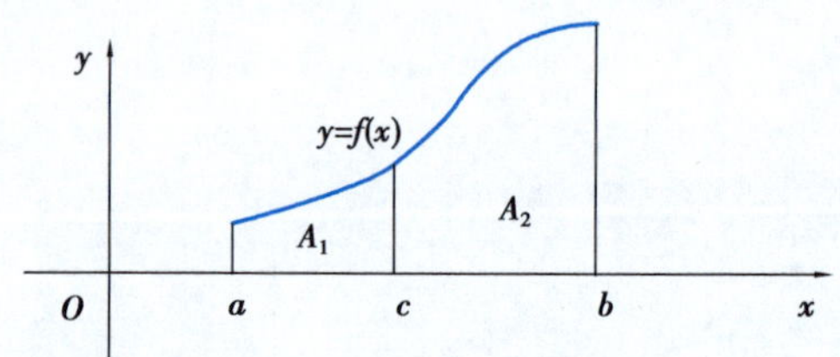

图8.5

性质4(可加性) 若 $a<c<b$,则

$$\int_a^b f(x)\,dx = \int_a^c f(x)\,dx + \int_c^b f(x)\,dx$$

如图8.5所示,由定积分的几何意义有

$$\int_a^b f(x)\,dx = A_{\text{曲梯}} = A_1 + A_2 = \int_a^c f(x)\,dx + \int_c^b f(x)\,dx$$

定积分的可加性也可推广到区间 $[a,b]$ 内具有多个分点的情形，以及分点 c 在区间 $[a,b]$ 之外的情形. a,b,c 之间的大小关系可以是任意的.

性质5（积分中值定理） 若函数 $f(x)$ 在闭区间 $[a,b]$ 上连续，则在区间 $[a,b]$ 上至少存在一点 ξ，使得

$$\int_a^b f(x)\,\mathrm{d}x = f(\xi)(b-a) \quad 或 \quad \frac{1}{b-a}\int_a^b f(x)\,\mathrm{d}x = f(\xi) \quad (a \leqslant \xi \leqslant b)$$

成立.

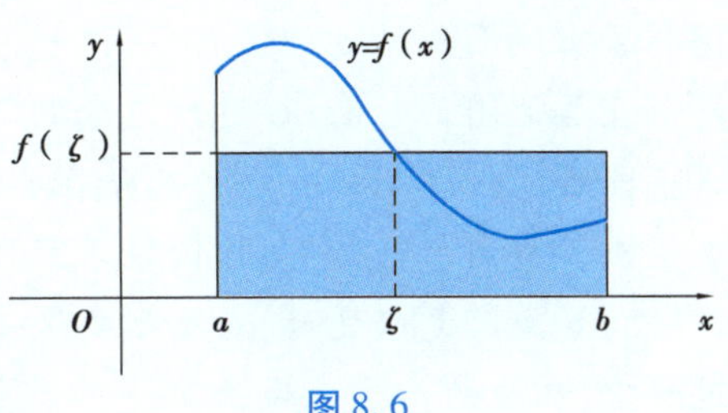

图 8.6

积分中值定理的几何解释：若函数 $f(x)$ 在闭区间 $[a,b]$ 上连续，则在区间 $[a,b]$ 上至少存在一点 ξ，使得以区间 $[a,b]$ 为底，高为 $y=f(x)$ 的曲边梯形的面积等于同一底边且高为 $f(\xi)$ 的矩形面积，如图 8.6 所示.

因此 $f(\xi)$ 可视为上述曲边梯形的平均高，称数值

$$\bar{y} = f(\xi) = \frac{1}{b-a}\int_a^b f(x)\,\mathrm{d}x \quad (a \leqslant \xi \leqslant b)$$

为连续函数 $y=f(x)$ 在区间 $[a,b]$ 上的平均值.

【例 8.2】 求函数 $y=f(x)=2x$ 在区间 $[0,1]$ 上的平均值 $\bar{y}$ 及取平均值的点.

【解】 由定积分的几何意义，得

$$\int_0^1 2x\mathrm{d}x = A_{三角形} = 1 \quad (图 8.7)$$

因此，函数 $y=2x$ 在区间 $[0,1]$ 上的平均值为

$$\bar{y} = \frac{1}{1-0}\int_0^1 2x\,\mathrm{d}x = 1$$

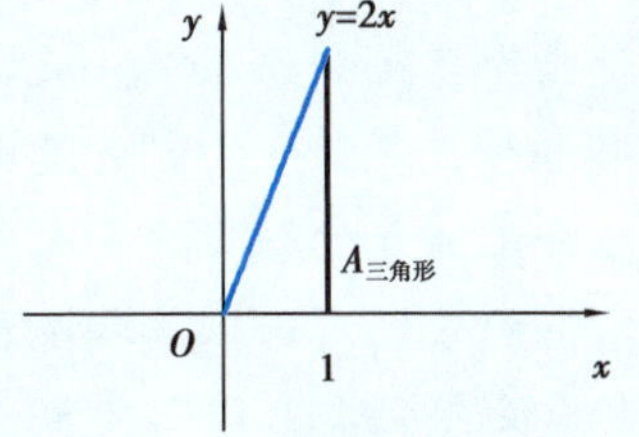

图 8.7

令 $f(x)=2x=1$，则 $x=\frac{1}{2}$，即函数在点 $x=\frac{1}{2}$ 处的值恰等于它在区间 $[0,1]$ 上的平均值.

性质6（定积分的单调性） 若在区间 $[a,b]$ 上有 $f(x) \leqslant g(x)$，则有

$$\int_a^b f(x)\,\mathrm{d}x \leqslant \int_a^b g(x)\,\mathrm{d}x$$

推论1（定积分的保号性） 若在区间 $[a,b]$ 上 $f(x) \geqslant 0$，则有

$$\int_a^b f(x)\,\mathrm{d}x \geqslant 0 (a < b)$$

推论2

$$\left|\int_a^b f(x)\,\mathrm{d}x\right| \leqslant \int_a^b |f(x)|\,\mathrm{d}x \quad (a < b)$$

性质7（定积分的有界性） 设函数 $f(x)$ 在闭区间 $[a,b]$ 上的最大值与最小值分别是 M 和 m，则有

$$m(b-a) \leqslant \int_a^b f(x)\,\mathrm{d}x \leqslant M(b-a)$$

定积分的有界性

数学文化

定积分的发展史

定积分的概念起源于求平面图形的面积和其他一些实际问题.古希腊人在丈量形状不规则的土地的面积时,先尽可能地用规则图形,如矩形和三角形,把丈量的土地分割成若干小块,忽略那些零碎的不规则的小块,计算出每一小块规则图形的面积,然后将它们相加,就得到了土地面积的近似值.阿基米德在公元前240年左右,就曾用这个方法计算过抛物线弓形及其他图形的面积.这就是分割与逼近思想的萌芽.

我国古代数学家祖冲之的儿子在公元6世纪前后提出了祖暅原理,公元263年我国刘徽也提出了割圆术,这些是我国数学家用定积分思想计算体积的典范.

而到了文艺复兴之后,人类需要进一步认识和征服自然,在确立"日心说"和探索宇宙的过程中,积分的产生成为必然.

开普勒三大定律中有关行星扫过面积的计算,牛顿有关天体之间的引力的计算直至万有引力定律的诞生,更加直接地推动了积分学核心思想的产生.

在那个年代,数学家们已经建立了定积分的概念,并能够计算许多简单函数的积分.但是,有关定积分的种种结果还是孤立零散的,直到牛顿、莱布尼茨之后的200年,严格的现代积分学理论才逐步诞生.

严格的积分定义是柯西提出的,但是柯西对于积分的定义仅限于连续函数.1854年,黎曼指出了可积函数不一定是连续的或者其分段是连续的,从而推广了积分学,而现代教科书中有关定积分的定义是由黎曼给出的,人们都称之为黎曼积分.当然,我们现在所学到的积分学则是由勒贝格等人更进一步建立的现代积分理论.

定积分既是一个基本概念,又是一种基本思想.定积分的思想即"化整为零→近似代替→积零为整→取极限".定积分这种"和的极限"的思想,在高等数学、物理、工程技术和其他知识领域以及在人们的生产实践活动中具有普遍的意义,很多问题的数学结构与定积分中求"和的极限"的数学结构是一样的.可以说,定积分最重要的功能是为我们研究某些问题提供一种思想方法(或思维模式),即用无限的过程处理有限的问题,用离散的过程逼近连续,以直代曲,局部线性化等.定积分的概念及微积分基本公式,是数学史上甚至科学思想史上的重要创举.

习题 8.1

1. 利用定积分的几何意义计算下列定积分.

(1) $\int_{-2}^{2} x\mathrm{d}x$　　(2) $\int_{0}^{\pi} \cos x\,\mathrm{d}x$　　(3) $\int_{-2}^{2} \sqrt{4-x^2}\,\mathrm{d}x$

2. 求函数 $y=f(x)=\sqrt{4-x^2}$ 在区间$[0,2]$上的平均值.

3. 不计算定积分,比较下列各组积分值的大小.

(1) $\int_0^1 x\,dx$ 与 $\int_0^1 \sqrt{x}\,dx$　　　　(2) $\int_0^1 x\,dx$ 与 $\int_0^1 \sin x\,dx$

(3) $\int_1^2 \ln x\,dx$ 与 $\int_1^2 (\ln x)^2\,dx$　　　　(4) $\int_1^e x\,dx$ 与 $\int_1^e \ln(1+x)\,dx$

8.2 微积分基本定理

积分学主要解决两个问题:一是原函数的计算问题,在不定积分中已经对此作了详尽的讨论;二是定积分的计算问题. 一般来讲,直接用定积分的定义或定积分的几何意义计算定积分都是非常困难的,甚至是根本不可行的. 第二个问题在数学历史上有很长一段时期几乎被人们遗忘,直到微积分基本定理建立了定积分与不定积分之间的联系后,定积分的计算问题才得到彻底解决. 微积分基本定理奠定了近代数学发展的基础.

在引例2中求变速直线运动的路程时,如果物体的运动速度为 $v(t)$,那么物体在时间间隔 $[T_1,T_2]$ 内所行走的路程为 $s=\int_{T_1}^{T_2} v(t)\,dt$, 另一方面又有 $s=s(T_2)-s(T_1)$,故

$$\int_{T_1}^{T_2} v(t)\,dt = s(T_2)-s(T_1)$$

又由于 $v(t)=s'(t)$,故路程 $s(t)$ 是速度 $v(t)$ 的原函数,上式表明速度 $v(t)$ 在时间区间 $[T_1,T_2]$ 上的定积分是其原函数即路程函数 $s(t)$ 在该区间上的增量.

抽去问题的实际意义,这就表明了连续函数在闭区间上的定积分等于它的任一原函数在积分区间上的增量.

定理 8.1(微积分基本定理)　设函数 $f(x)$ 在区间 $[a,b]$ 上连续,$F(x)$ 是 $f(x)$ 在 $[a,b]$ 区间上的任一原函数,则有公式

$$\int_a^b f(x)\,dx = F(b)-F(a)$$

该公式称为微积分基本公式,也称为牛顿-莱布尼茨公式.

关于微积分基本公式的理论及推导,参见二维码内容.

变上限的积分函数

微积分基本公式的证明

牛顿-莱布尼茨公式通过原函数揭示了定积分与不定积分的内在关系,同时也使得定积分的计算更加简便.

使用牛顿-莱布尼茨公式计算定积分时,其常用书写格式为:

$$\int_a^b f(x)\,dx = F(x)\Big|_a^b = F(b)-F(a)$$

或

$$\int_a^b f(x)\,dx = \Big[F(x)\Big]_a^b = F(b)-F(a)$$

例如　$\int_0^{\pi} \sin x\,dx = -\cos x\Big|_0^{\pi} = -\cos\pi + \cos 0 = 2$

$$\int_0^1 2^x \mathrm{d}x = \frac{2^x}{\ln 2}\bigg|_0^1 = \frac{2-1}{\ln 2} = \frac{1}{\ln 2}$$

8.3 定积分的计算

8.3.1 直接积分法

应用牛顿-莱布尼茨公式来计算定积分，这种方法大大简化了定积分的计算. 直接积分法是先利用不定积分公式和积分性质直接求出被积函数的原函数，再代入积分限求出原函数在积分区间上的增量，简称代限求差，即若 $\int f(x)\mathrm{d}x = F(x) + C$，则

$$\int_a^b f(x)\mathrm{d}x = F(x)\big|_a^b = F(b) - F(a)$$

因此，不定积分的基本积分公式和积分方法就都可以用到定积分的计算中来，从而彻底解决了定积分的计算问题.

【例 8.3】 利用直接积分法求下列定积分.

(1) $\int_0^1 (x^6 + \mathrm{e}^x + 1)\mathrm{d}x$　　(2) $\int_1^2 \left(x - \frac{1}{x}\right)^2 \mathrm{d}x$

(3) $\int_0^5 |1 - x|\mathrm{d}x$　　(4) $\int_{-1}^1 f(x)\mathrm{d}x$，其中 $f(x) = \begin{cases} x^2 + 1 & 0 \leqslant x \leqslant 2 \\ x + 1 & -1 \leqslant x \leqslant 0 \end{cases}$

【解】 (1) $\int_0^1 (x^6 + \mathrm{e}^x + 1)\mathrm{d}x = \left(\frac{x^7}{7} + \mathrm{e}^x + x\right)\bigg|_0^1 = \frac{1}{7} + \mathrm{e}$

(2) $$\int_1^2 \left(x - \frac{1}{x}\right)^2 \mathrm{d}x = \int_1^2 \left(x^2 - 2 + \frac{1}{x^2}\right)\mathrm{d}x = \left(\frac{1}{3}x^3 - 2x - \frac{1}{x}\right)\bigg|_1^2 = \frac{5}{6}$$

(3) $$\int_0^5 |1 - x|\mathrm{d}x = \int_0^1 (1 - x)\mathrm{d}x + \int_1^5 (x - 1)\mathrm{d}x = \left(x - \frac{1}{2}x^2\right)\bigg|_0^1 + \left(\frac{1}{2}x^2 - x\right)\bigg|_1^5 = \frac{1}{2} + \frac{25}{2} - 5 + \frac{1}{2} = \frac{17}{2}$$

(4) $$\int_{-1}^1 f(x)\mathrm{d}x = \int_{-1}^0 (x + 1)\mathrm{d}x + \int_0^1 (x^2 + 1)\mathrm{d}x = \left(\frac{1}{2}x^2 + x\right)\bigg|_{-1}^0 + \left(\frac{1}{3}x^3 + x\right)\bigg|_0^1 = \frac{11}{6}$$

例(3)中，若不分区间积分就容易出现如下错误：

$$\int_0^5 (1-x)\,dx = \left(x - \frac{x^2}{2}\right)\Big|_0^5 = -\frac{15}{2}$$

通过上述例题求解可以看出：求分段函数和含绝对值函数的定积分，重点是分析积分区间上函数的表达形式，利用定积分积分区间的可加性分段积分. 这种类型的积分在不定积分的计算中没出现过，这充分体现出定积分计算的特点以及与不定积分的区别.

8.3.2　定积分的换元积分法

牛顿-莱布尼茨公式给出了计算定积分的直接积分法，只要能求出被积函数的任一原函数，将该原函数代入积分区间上下限求差即可. 因此，不定积分的计算法全都可用于定积分的计算，为了进一步简化运算，下面再介绍定积分的换元积分法和分部积分法.

与不定积分类似，定积分也有两种类型的换元积分法，即第一类换元积分法(凑微分法)和第二类换元积分法，现分述如下：

1)定积分的第一类换元积分法(凑微分法)

定积分的第一类换元积分法在积分方法上与不定积分类似，仍是先利用凑微分积出原函数，再利用牛顿-莱布尼茨公式代限求差.

【例 8.4】　用第一类换元积分法求下列定积分.

(1) $\int_0^{\frac{\pi}{2}} \sin x \cos^4 x\,dx$　　(2) $\int_0^1 t e^{-\frac{t^2}{2}}\,dt$

(3) $\int_1^e \frac{1}{x(1+\ln^2 x)}\,dx$　　(4) $\int_0^1 \frac{e^x}{3e^x-2}\,dx$

【解】　(1) $\int_0^{\frac{\pi}{2}} \sin x \cos^4 x\,dx = -\int_0^{\frac{\pi}{2}} \cos^4 x\,d\cos x = -\frac{1}{5}\cos^5 x\Big|_0^{\frac{\pi}{2}} = \frac{1}{5}$

(2) $\int_0^1 t e^{-\frac{t^2}{2}}\,dt = -\int_0^1 e^{-\frac{t^2}{2}}\,d\left(-\frac{t^2}{2}\right) = -e^{-\frac{t^2}{2}}\Big|_0^1 = 1 - \frac{1}{\sqrt{e}}$

(3) $\int_1^e \frac{1}{x(1+\ln^2 x)}\,dx = \int_1^e \frac{1}{(1+\ln^2 x)}\frac{1}{x}\,dx = \int_1^e \frac{1}{(1+\ln^2 x)}\,d(\ln x)$

$$= \arctan(\ln x)\Big|_1^e = \arctan 1 - \arctan 0 = \frac{\pi}{4}$$

(4) $\int_0^1 \frac{e^x}{3e^x-2}\,dx = \frac{1}{3}\int_0^1 \frac{1}{3e^x-2}\,d(3e^x-2) = \frac{1}{3}\ln(3e^x-2)\Big|_0^1 = \frac{1}{3}\ln(3e-2)$

2)定积分的第二类换元积分法

定理 8.2　设$f(x)$在$[a,b]$上连续，且$x=\varphi(t)$满足下列条件：

(1)$x=\varphi(t)$在$[\alpha,\beta]$上有连续导数；

(2) $a=\varphi(\alpha)$，$b=\varphi(\beta)$ 且当 t 在 $[\alpha,\beta]$ 上变化时，$x=\varphi(t)$ 的值在 $[a,b]$ 上变化.

则有

$$\int_a^b f(x)\,\mathrm{d}x=\int_\alpha^\beta f\,[\varphi(t)]\varphi'(t)\,\mathrm{d}t$$

注 意

换元公式中即使有 $a<b$ 也不一定有 $\alpha<\beta$，需要注意的是上、下限的对应，此处 β 对应上限 b，α 对应下限 a.

与不定积分类似，定积分的换元法主要用于被积函数含有根式的积分，思考理念是选择的换元函数要能够消去根式. 其基本步骤如下：

(1) 换元：令 $x=\varphi(t)$，则 $\mathrm{d}x=\varphi'(t)\,\mathrm{d}t$；

(2) 换限：当 $x=a$ 时，$t=\alpha$；当 $x=b$ 时，$t=\beta$；

(3) 代入换元公式 $\int_a^b f(x)\,\mathrm{d}x=\int_\alpha^\beta f[\varphi(t)]\varphi'(t)\,\mathrm{d}t$，再计算定积分.

上述步骤简述为：换元换限再积分.

【例 8.5】 用第二类换元积分法求下列定积分.

(1) $\int_0^4 \frac{\sqrt{x}}{2+\sqrt{x}}\mathrm{d}x$ (2) $\int_{-2}^1 \frac{x+2}{\sqrt{x+3}}\mathrm{d}x$ (3) $\int_0^{\ln 2} \frac{1}{\sqrt{\mathrm{e}^x-1}}\mathrm{d}x$

【解】 (1) 令 $\sqrt{x}=t$，则 $x=t^2$ 且 $\mathrm{d}x=2t\mathrm{d}t$.

换积分限：当 $x=0$ 时 $t=0$，$x=4$ 时 $t=2$. 故

$$\int_0^4 \frac{\sqrt{x}}{2+\sqrt{x}}\mathrm{d}x=\int_0^2 \frac{t}{2+t}\cdot 2t\mathrm{d}t=2\int_0^2\left(t-2+\frac{4}{2+t}\right)\mathrm{d}t$$

$$=2\left(\frac{1}{2}t^2-2t+4\ln|2+t|\right)\Big|_0^2=8\ln 2-4$$

(2) 令 $\sqrt{x+3}=t$，则 $x=t^2-3$ 且 $\mathrm{d}x=2t\mathrm{d}t$.

换积分限：当 $x=-2$ 时，$t=1$，当 $x=1$ 时，$t=2$. 故

$$\int_{-2}^1 \frac{x+2}{\sqrt{x+3}}\mathrm{d}x=\int_1^2 \frac{t^2-3+2}{t}\cdot 2t\mathrm{d}t=2\int_1^2 (t^2-1)\,\mathrm{d}t=2\left(\frac{1}{3}t^3-t\right)\Big|_1^2=\frac{8}{3}$$

(3) 令 $\sqrt{\mathrm{e}^x-1}=t$，则 $\mathrm{e}^x=1+t^2$，即 $x=\ln(1+t^2)$，于是 $\mathrm{d}x=\frac{2t}{1+t^2}\mathrm{d}t$.

换积分限：当 $x=0$ 时，$t=0$，当 $x=\ln 2$ 时，$t=1$. 故

$$\int_0^{\ln 2} \frac{1}{\sqrt{\mathrm{e}^x-1}}\mathrm{d}x=\int_0^1 \frac{1}{t}\cdot\frac{2t}{1+t^2}\mathrm{d}t=\int_0^1 \frac{2}{1+t^2}\mathrm{d}t=2\arctan t\,\Big|_0^1=\frac{\pi}{2}$$

注 意

定积分换元必须换限，与不定积分相比较，定积分换元换限后不需要回代.

【例 8.6】　计算定积分 $\int_1^e \frac{1}{x\sqrt{1+3\ln x}}\mathrm{d}x$.

【解】　方法 1：$\int_1^e \frac{1}{x\sqrt{1+3\ln x}}\mathrm{d}x = \int_1^e \frac{1}{\sqrt{1+3\ln x}}\mathrm{d}\ \ln x$

$$= \frac{1}{3}\int_1^e \frac{1}{\sqrt{1+3\ln x}}\mathrm{d}(1+3\ln x)$$

$$= \frac{2}{3}\sqrt{1+3\ln x}\Big|_1^e = \frac{2}{3}$$

方法 2：令 $t=1+3\ln x$，则 $\mathrm{d}t=\frac{3}{x}\mathrm{d}x$，且当 $x=1$ 时 $t=1$，又当 $x=\mathrm{e}$ 时 $t=4$，故

$$\int_1^e \frac{1}{x\sqrt{1+3\ln x}}\mathrm{d}x = \frac{1}{3}\int_1^e \frac{1}{\sqrt{1+3\ln x}}\cdot\frac{3}{x}\mathrm{d}x = \frac{1}{3}\int_1^4 \frac{1}{\sqrt{t}}\cdot\mathrm{d}t = \frac{2}{3}\sqrt{t}\Big|_1^4 = \frac{2}{3}$$

由于定积分的第一类换元积分法常以凑微分形式出现，所以在定积分中凑微分虽然使积分元有改变，但因没有换元过程，因而也就不需要换限(如例 8.6 中方法 1)；当然如果有换元过程，计算定积分时也必须换限(如例 8.6 中方法 2). 鉴于此，定积分的换元法通常是指第二类换元积分法，以后我们说的定积分的换元积分法一般是指第二类换元积分法.

定积分的换元积分法除常见的根式代换外，也有一些其他代换，如三角代换、负代换等，这里仅举负代换的例子供参考. 三角代换的例子，参见二维码内容.

三角代换计算定积分

【例 8.7】　设 $f(x)$ 在对称区间 $[-a,a]$ 上连续，试证明：

$$\int_{-a}^{a} f(x)\mathrm{d}x = \begin{cases} 2\int_0^a f(x)\mathrm{d}x & f(x)\text{ 为偶函数} \\ 0 & f(x)\text{ 为奇函数} \end{cases}$$

【证明】　因为

$$\int_{-a}^{a} f(x)\mathrm{d}x = \int_{-a}^{0} f(x)\mathrm{d}x + \int_0^a f(x)\mathrm{d}x$$

$$\int_{-a}^{0} f(x)\mathrm{d}x \xlongequal{\text{令 } x=-t} \int_a^0 f(-t)(-\mathrm{d}t) = \int_0^a f(-x)\mathrm{d}x$$

所以

$$\int_{-a}^{a} f(x)\mathrm{d}x = \int_0^a f(-x)\mathrm{d}x + \int_0^a f(x)\mathrm{d}x = \int_0^a [f(-x)+f(x)]\mathrm{d}x$$

当 $f(x)$ 是偶函数即 $f(-x)=f(x)$ 时，有

$$\int_{-a}^{a} f(x)\mathrm{d}x = 2\int_0^a f(x)\mathrm{d}x$$

当 $f(x)$ 是奇函数即 $f(-x)=-f(x)$ 时，有

$$\int_{-a}^{a} f(x)\mathrm{d}x = 0$$

故

$$\int_{-a}^{a} f(x)\mathrm{d}x = \begin{cases} 2\int_0^a f(x)\mathrm{d}x & f(x)\text{ 为偶函数} \\ 0 & f(x)\text{ 为奇函数} \end{cases}$$

本题结论可作为公式应用，该公式称为具有奇偶性的函数在对称区间上的积分公式. 其几何意义如图 8.8 所示. 图 8.8(a) 为偶函数示意图，图 8.8(b) 为奇函数示意图.

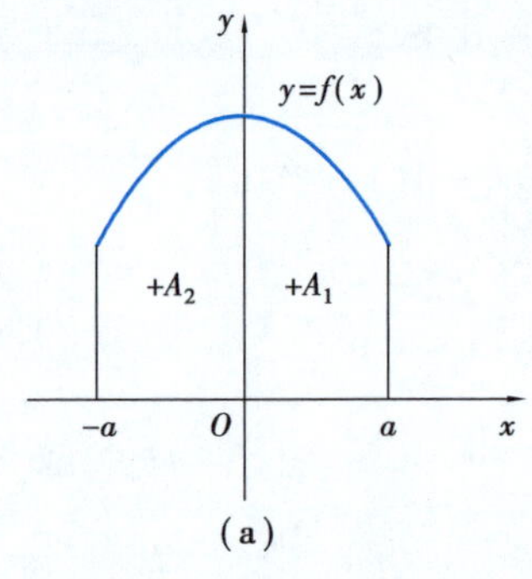

(a)

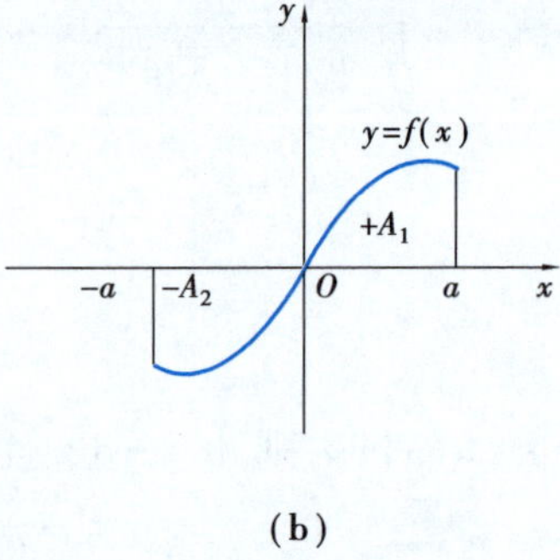

(b)

图 8.8

【例 8.8】 求下列定积分.

(1) $\int_{-\frac{\pi}{2}}^{\frac{\pi}{2}}\sqrt{\cos x - \cos^3 x}\,\mathrm{d}x$ (2) $\int_{-1}^{1} x^4 \sin x\,\mathrm{d}x$

【解】 (1) 因为被积函数 $f(x)=\sqrt{\cos x-\cos^3 x}$ 是连续偶函数，所以

$$\begin{aligned}\int_{-\frac{\pi}{2}}^{\frac{\pi}{2}}\sqrt{\cos x - \cos^3 x}\,\mathrm{d}x &= 2\int_0^{\frac{\pi}{2}}\sqrt{\cos x(1-\cos^2 x)}\,\mathrm{d}x\\ &= 2\int_0^{\frac{\pi}{2}}\sqrt{\cos x}\,\sin x\,\mathrm{d}x\\ &= -2\int_0^{\frac{\pi}{2}}\cos^{\frac{1}{2}} x\,\mathrm{d}\cos x\\ &= -2\cdot\frac{2}{3}\cos^{\frac{3}{2}} x\Big|_0^{\frac{\pi}{2}} = \frac{4}{3}\end{aligned}$$

(2) 因为被积函数 $f(x)=x^4\sin x$ 是连续奇函数，所以 $\int_{-1}^{1} x^4\sin x\,\mathrm{d}x = 0$.

注 意

例 8.8 的计算如果不用例 8.7 给出的公式，则积分非常困难，并且在计算中容易出现错误. 如在例 8.8(1) 中容易出现如下错误：

$$\int_{-\frac{\pi}{2}}^{\frac{\pi}{2}}\sqrt{\cos x - \cos^3 x}\,\mathrm{d}x = \int_{-\frac{\pi}{2}}^{\frac{\pi}{2}}\sqrt{\cos x}\,\sin x\,\mathrm{d}x = -\int_{-\frac{\pi}{2}}^{\frac{\pi}{2}}\cos^{\frac{1}{2}} x\,\mathrm{d}\cos x = -\frac{2}{3}\cos^{\frac{3}{2}} x\Big|_{-\frac{\pi}{2}}^{\frac{\pi}{2}} = 0$$

上述错误源于开方时未加绝对值，而加上绝对值后积分就要分区间分段积分了，这是比较麻烦的.

又如，例 8.8(2) 要经 3 次分部积分后才能积出原函数，这也是相当困难的.

可见，具有奇偶性的函数在对称区间上的积分公式的主要作用是简化定积分的计算.

【例 8.9】 求下列定积分.

(1) $\int_{-1}^{1}\frac{x\cos x}{\sqrt{4-x^2}}\mathrm{d}x$　　(2) $\int_{-2}^{2}|x-1|\mathrm{d}x$　　(3) $\int_{-1}^{1}(x^3+|x|)\mathrm{d}x$

【解】(1) 因为 $f(x)=\frac{x\cos x}{\sqrt{4-x^2}}$ 是连续奇函数,所以 $\int_{-1}^{1}\frac{x\cos x}{\sqrt{4-x^2}}\mathrm{d}x=0.$

(2) $\int_{-2}^{2}|x-1|\mathrm{d}x=\int_{-2}^{1}(1-x)\mathrm{d}x+\int_{1}^{2}(x-1)\mathrm{d}x=\left(x-\frac{1}{2}x^2\right)\Big|_{-2}^{1}+\left(\frac{1}{2}x^2-x\right)\Big|_{1}^{2}=5$

(3) 因为 $y=x^3$ 是连续奇函数, $y=|x|$ 是连续偶函数,所以

$$\int_{-1}^{1}(x^3+|x|)\mathrm{d}x=\int_{-1}^{1}x^3\mathrm{d}x+\int_{-1}^{1}|x|\mathrm{d}x=2\int_{0}^{1}x\mathrm{d}x=x^2\Big|_0^1=1$$

注 意

例 8.9(2) 中被积函数是非奇非偶函数,不能用具有奇偶性的函数在对称区间上的积分公式,只能利用可加性分区间分段积分;例 8.9(3) 中被积函数虽然也是非奇非偶函数,但可将其分为一个奇函数与一个偶函数之和,因而仍可利用具有奇偶性的函数在对称区间上的积分公式. 在具体求解时要灵活处理.

8.3.3 定积分的分部积分法

与不定积分相对应,定积分的分部积分法由下列定理给出.

定理 8.3 设 $u=u(x)$, $v=v(x)$ 在 $[a,b]$ 上有连续导数,则有

$$\int_a^b uv'\mathrm{d}x=uv\Big|_a^b-\int_a^b vu'\mathrm{d}x \quad 或 \quad \int_a^b u\mathrm{d}v=uv\Big|_a^b-\int_a^b v\mathrm{d}u$$

成立,该公式称为定积分的分部积分公式.

事实上,由两个函数积的求导法则

$$(uv)'=u'v+uv'\Rightarrow uv'=(uv)'-u'v$$

将上式两边积分

$$\int_a^b uv'\mathrm{d}x=\int_a^b(uv)'\mathrm{d}x-\int_a^b u'v\mathrm{d}x=uv\Big|_a^b-\int_a^b u'v\mathrm{d}x$$

又由于 $v'\mathrm{d}x=\mathrm{d}v$, $u'\mathrm{d}x=\mathrm{d}u$,得

$$\int_a^b u\mathrm{d}v=uv\Big|_a^b-\int_a^b v\mathrm{d}u$$

仍然称公式: $\int_a^b uv'\mathrm{d}x=uv\Big|_a^b-\int_a^b vu'\mathrm{d}x$ 为导数型;

$\int_a^b u\mathrm{d}v=uv\Big|_a^b-\int_a^b v\mathrm{d}u$ 为微分型.

定积分的分部积分法常用于两种不同类型函数乘积的积分,计算方法与不定积分类似,仍要注意正确选取 u 及 $\mathrm{d}v$,选取规律与不定积分一样,遵循"反对选作 u,三指凑 $\mathrm{d}v$"的规律. 此外还需要注意的是,在定积分的分部积分中,先把积出的部分代限求差,余下部分

再继续积分，比完全积出原函数后再代限求差更简便.

【例 8.10】 求下列定积分.

(1) $\int_{-1}^{1} xe^{-x}dx$　　(2) $\int_{2}^{3}\ln(x-1)dx$

(3) $\int_{0}^{2\pi} x\cos^2 x\,dx$　　(4) $\int_{0}^{\frac{\pi}{2}} e^x\sin 2x\,dx$

【解】 (1) $\int_{-1}^{1} xe^{-x}dx = -\int_{-1}^{1} x\,de^{-x} = -\left(xe^{-x}\Big|_{-1}^{1} - \int_{-1}^{1} e^{-x}dx\right)$

$$= -(e^{-1}+e+e^{-x}\Big|_{-1}^{1}) = -2e^{-1}$$

(2) $\int_{2}^{3}\ln(x-1)dx = x\ln(x-1)\Big|_{2}^{3} - \int_{2}^{3}\frac{x}{x-1}dx$

$$= 3\ln 2 - \int_{2}^{3}\left(1+\frac{1}{x-1}\right)dx$$

$$= 3\ln 2 - [x+\ln|x-1|]_{2}^{3} = 2\ln 2 - 1$$

(3) $\int_{0}^{2\pi} x\cos^2 x\,dx = \int_{0}^{2\pi} x\cdot\frac{1+\cos 2x}{2}dx$

$$= \frac{1}{2}\left[\int_{0}^{2\pi} x\,dx + \frac{1}{2}\int_{0}^{2\pi} x\,d\sin 2x\right]$$

$$= \frac{1}{4}x^2\Big|_{0}^{2\pi} + \frac{1}{4}\left[x\sin 2x + \frac{1}{2}\cos 2x\right]_{0}^{2\pi} = \pi^2$$

(4) $\int_{0}^{\frac{\pi}{2}} e^x\sin 2x\,dx = \int_{0}^{\frac{\pi}{2}}\sin 2x\,de^x = e^x\sin 2x\Big|_{0}^{\frac{\pi}{2}} - 2\int_{0}^{\frac{\pi}{2}} e^x\cos 2x\,dx = -2\int_{0}^{\frac{\pi}{2}}\cos 2x\,de^x$

$$= -2\left(e^x\cos 2x\Big|_{0}^{\frac{\pi}{2}} + 2\int_{0}^{\frac{\pi}{2}} e^x\sin 2x\,dx\right)$$

$$= 2e^{\frac{\pi}{2}} + 2 - 4\int_{0}^{\frac{\pi}{2}} e^x\sin 2x\,dx$$

将右端定积分移项后，可解得

$$\int_{0}^{\frac{\pi}{2}} e^x\sin 2x\,dx = \frac{2}{5}(e^{\frac{\pi}{2}}+1)$$

习题 8.3

1. 利用直接积分法求下列定积分.

(1) $\int_{1}^{4}\sqrt{x}(\sqrt{x}-1)dx$　　(2) $\int_{1}^{\sqrt{3}}\frac{1-x+x^2}{x+x^3}dx$

(3) $\int_{-1}^{2}|x^2-1|\,dx$　　(4) $\int_{0}^{2} f(x)dx$，其中 $f(x)=\begin{cases}x-1 & x\leqslant 1\\ x^2 & x>1\end{cases}$

2. 利用第一类换元积分法（凑微分法）求下列积分.

(1) $\int_{0}^{1}(2x-1)^{10}dx$　　(2) $\int_{0}^{1}\frac{1}{5x+2}dx$　　(3) $\int_{0}^{1} xe^{x^2}dx$

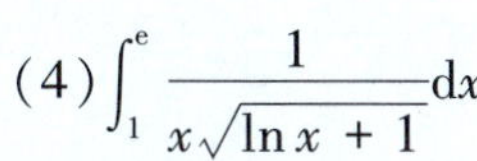

(4) $\int_1^{e}\frac{1}{x\sqrt{\ln x+1}}dx$　　(5) $\int_0^{\frac{\pi}{2}}\sin^2 x\cos x\,dx$　　(6) $\int_0^1\frac{e^x}{1+e^x}dx$

3. 利用第二类换元积分法求下列积分.

(1) $\int_{-1}^{1}\frac{x}{\sqrt{5-4x}}dx$　　(2) $\int_0^4\frac{\sqrt{x}}{\sqrt{x}+1}dx$

(3) $\int_0^1\frac{1}{\sqrt{x}(1+\sqrt[3]{x})}dx$　　(4) $\int_1^5\frac{\sqrt{x-1}}{x+3}dx$

4. 利用函数的奇偶性求下列定积分.

(1) $\int_{-\pi}^{\pi}(x^3\cos x+1)dx$　　(2) $\int_{-e}^{e}x\ln(1+x^2)dx$　　(3) $\int_{-1}^{1}\frac{(\arctan x)^2}{1+x^2}dx$

5. 用分部积分法求下列定积分.

(1) $\int_0^{\frac{\pi}{2}}x\cos x\,dx$　　(2) $\int_0^2 te^{-\frac{t}{2}}dt$

(3) $\int_1^4\frac{\ln x}{\sqrt{x}}dx$　　(4) $\int_0^{\frac{\pi}{2}}e^x\sin x\,dx$

(5) $\int_0^{\frac{1}{2}}\arcsin x\,dx$　　(6) $\int_0^1 e^{\sqrt{x}}\,dx$

(7) $\int_0^1 xe^{2x}dx$　　(8) $\int_0^{\frac{\pi}{2}}e^{2x}\cos x\,dx$

8.4　广义积分

定积分是以有限积分区间与有界函数为前提的,但在实际问题中往往需要突破这两个限制,这就要求我们把定积分概念从这两方面加以推广. 推广意义下的定积分称为广义积分,也称为反常积分. 相对于反常积分,定积分也叫常义积分.

本节仅将定积分的积分区间从有限区间推广为无穷区间,形成无穷区间上的广义积分,对于将被积函数从有界函数推广为无界函数的广义积分的相关内容,可参考二维码内容.

无界函数的广义积分

8.4.1　无穷区间上广义积分的定义

引例　求由曲线 $y=e^{-x}$ 与两坐标轴所围成的图形面积,如图 8.9(a)所示.

分析　如图 8.9(a)所示为一个不封闭的无界图形,因此不能直接求面积,可在$[0,+\infty)$上任取 b 点作直线 $x=b$ 构成图 8.9(b)中阴影所示的曲边梯形,由定积分的几何意义可得该曲边梯形的面积为 $\int_0^b e^{-x}dx$. 当 b 点沿 x 轴正向无限延伸时,如果极限 $\lim\limits_{b\to+\infty}\int_0^b e^{-x}dx$ 存在,则该极限就为所求图形的面积,否则就认为该图形面积不可求,即

$$A_{阴}=\lim_{b\to+\infty}\int_0^b e^{-x}\mathrm{d}x \xlongequal{记} \int_0^{+\infty} e^{-x}\mathrm{d}x$$

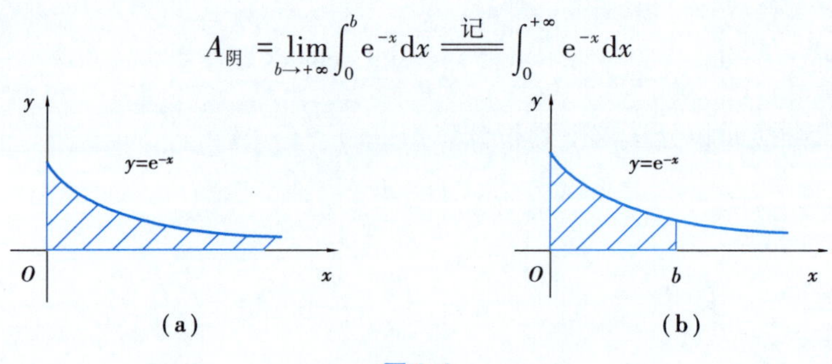

图 8.9

定义 8.2 设 $f(x)$ 在 $[a,+\infty)$ 上连续，任取实数 $b(a<b<+\infty)$，若积分 $\int_a^b f(x)\mathrm{d}x$ 存在，则称极限 $\lim\limits_{b\to+\infty}\int_a^b f(x)\mathrm{d}x$ 为函数 $f(x)$ 在区间 $[a,+\infty)$ 上的广义积分，记作 $\int_a^{+\infty} f(x)\mathrm{d}x$，即

$$\int_a^{+\infty} f(x)\mathrm{d}x=\lim_{b\to+\infty}\int_a^b f(x)\mathrm{d}x$$

若右端极限存在，称广义积分 $\int_a^{+\infty} f(x)\mathrm{d}x$ 收敛；否则称广义积分发散.

类似地，连续函数 $f(x)$ 在无穷区间 $(-\infty,b]$ 及 $(-\infty,+\infty)$ 上的广义积分可定义如下：

$$\int_{-\infty}^b f(x)\mathrm{d}x=\lim_{a\to-\infty}\int_a^b f(x)\mathrm{d}x\ (-\infty<a<b)$$

$$\int_{-\infty}^{+\infty} f(x)\mathrm{d}x=\int_{-\infty}^c f(x)\mathrm{d}x+\int_c^{+\infty} f(x)\mathrm{d}x(-\infty<c<+\infty)$$

此时，广义积分 $\int_{-\infty}^{+\infty} f(x)\mathrm{d}x$ 收敛的含义是：$\int_{-\infty}^c f(x)\mathrm{d}x$ 与 $\int_c^{+\infty} f(x)\mathrm{d}x$ 都收敛.

上述三种广义积分统称为无穷区间上的广义积分，简称为无穷积分.

有了无穷积分的定义，上述引例的计算过程可表述如下：

$$A_{阴}=\int_0^{+\infty} e^{-x}\mathrm{d}x=\lim_{b\to+\infty}\int_0^b e^{-x}\mathrm{d}x=\lim_{b\to+\infty}[-e^{-x}]_0^b=-(0-1)=1$$

按照定义，可称广义积分 $\int_0^{+\infty} e^{-x}\mathrm{d}x$ 收敛，或称其收敛于 1.

上述引例中的图 8.9(a)，按其形状通常称为开口曲边梯形，由此可见，在几何上收敛的广义积分就是一个开口曲边梯形的面积.

8.4.2 无穷区间上广义积分的计算

由上述引例的计算过程可见，广义积分就是定积分的极限，因此计算广义积分要先计算定积分再求极限. 但这样太烦琐，为方便起见，可省去极限符号，上述引例的计算过程可简化如下：

$$A_{阴}=\int_0^{+\infty} e^{-x}\mathrm{d}x=[-e^{-x}]_0^{+\infty}=-(\lim_{x\to+\infty}e^{-x}-1)=-(0-1)=1$$

引例的简化计算可看成是将牛顿-莱布尼茨公式的推广应用.

一般地，若 $F'(x)=f(x)$，则

$$\int_a^{+\infty} f(x)\mathrm{d}x = F(x)\Big|_a^{+\infty} = \lim_{x\to+\infty}F(x) - F(a)$$

$$\int_{-\infty}^{b} f(x)\mathrm{d}x = F(x)\Big|_{-\infty}^{b} = F(b) - \lim_{x\to-\infty}F(x)$$

$$\int_{-\infty}^{+\infty} f(x)\mathrm{d}x = F(x)\Big|_{-\infty}^{+\infty} = \lim_{x\to+\infty}F(x) - \lim_{x\to-\infty}F(x)$$

【例 8.11】　求下列无穷积分.

(1) $\int_a^{+\infty} \frac{1}{x\ln^2 x}\mathrm{d}x \quad (a>1)$　　(2) $\int_{-\infty}^{+\infty} \frac{1}{5+4x+4x^2}\mathrm{d}x$

(3) $\int_1^{+\infty} \frac{1}{\sqrt[3]{x^2}}\mathrm{d}x$　　(4) $\int_{-\infty}^{0} \mathrm{e}^{-px}\mathrm{d}x \quad (p<0)$

【解】　(1) $\int_a^{+\infty} \frac{1}{x\ln^2 x}\mathrm{d}x = \int_a^{+\infty} \frac{1}{\ln^2 x}\mathrm{d}\ln x = -\frac{1}{\ln x}\Big|_a^{+\infty} = \frac{1}{\ln a}$

$$(2)\int_{-\infty}^{+\infty} \frac{1}{5+4x+4x^2}\mathrm{d}x = \frac{1}{2}\int_{-\infty}^{+\infty} \frac{1}{2^2+(2x+1)^2}\mathrm{d}(2x+1)$$

$$= \frac{1}{4}\int_{-\infty}^{+\infty} \frac{1}{1+\left(\frac{2x+1}{2}\right)^2}\mathrm{d}\left(\frac{2x+1}{2}\right)$$

$$= \frac{1}{4}\arctan\frac{2x+1}{2}\Big|_{-\infty}^{+\infty} = \frac{\pi}{4}$$

(3) $\int_1^{+\infty} \frac{1}{\sqrt[3]{x^2}}\mathrm{d}x = 3\sqrt[3]{x}\Big|_1^{+\infty} = +\infty$（发散）

(4) $\int_{-\infty}^{0} \mathrm{e}^{-px}\mathrm{d}x = -\frac{1}{p}\mathrm{e}^{-px}\Big|_{-\infty}^{0} = -\frac{1}{p}(1-0) = -\frac{1}{p}$

【例 8.12】　讨论广义积分 $\int_a^{+\infty} \frac{1}{x^p}\mathrm{d}x(a>0)$ 的敛散性.

【解】　当 $p=1$ 时

$$\int_a^{+\infty} \frac{1}{x^p}\mathrm{d}x = \int_a^{+\infty} \frac{1}{x}\mathrm{d}x = \ln x\Big|_a^{+\infty} = +\infty$$

当 $p>1$，即 $1-p<0$ 时

$$\int_a^{+\infty} \frac{1}{x^p}\mathrm{d}x = \frac{1}{-p+1}x^{-p+1}\Big|_a^{+\infty} = 0 - \frac{1}{-p+1}a^{-p+1} = \frac{1}{(p-1)a^{p-1}}$$

当 $p<1$，即 $-p+1>0$ 时

$$\int_a^{+\infty} \frac{1}{x^p}\mathrm{d}x = \frac{1}{-p+1}x^{-p+1}\Big|_a^{+\infty} = +\infty$$

综上所述：当 $p>1$ 时，$\int_a^{+\infty} \frac{1}{x^p}\mathrm{d}x$ 收敛；当 $p\leqslant 1$ 时，$\int_a^{+\infty} \frac{1}{x^p}\mathrm{d}x$ 发散. 即

$$\int_a^{+\infty} \frac{1}{x^p}\mathrm{d}x = \begin{cases} \frac{1}{(p-1)a^{p-1}} & p>1(\text{收敛}) \\ +\infty & p\leqslant 1(\text{发散}) \end{cases}$$

上述积分称为 p-积分，是一个非常重要的积分，可以当作公式使用，例如

$$\int_2^{+\infty} \frac{1}{x^3}\mathrm{d}x = \frac{1}{(3-1)2^{3-1}} = \frac{1}{8}$$

习题 8.4

1. 求下列无穷区间上的广义积分.

(1) $\int_{-\infty}^{0} \mathrm{e}^x \mathrm{d}x$ (2) $\int_{\frac{2}{\pi}}^{+\infty} \frac{1}{x^2}\sin\frac{1}{x}\mathrm{d}x$ (3) $\int_{-\infty}^{+\infty} \frac{1}{x^2+2x+2}\mathrm{d}x$

(4) $\int_{-\infty}^{0} \frac{1}{1-x}\mathrm{d}x$ (5) $\int_{1}^{+\infty} \mathrm{e}^{-\sqrt{x}}\mathrm{d}x$ (6) $\int_{1}^{+\infty} \frac{1}{x(1+x)}\mathrm{d}x$

2. 讨论广义积分 $\int_2^{+\infty} \frac{1}{x\ln^k x}\mathrm{d}x$ 的敛散性.

第 9 章 定积分的应用

定积分的计算可归纳为两个步骤"分割取近似,求和取极限". 因此,凡具有可加性的量都可用定积分计算. 这里需要说明的是,所谓"可加性"是指分布在某区间上的所求量,当将该区间任意分割成若干子区间后,对应于每个子区间上的部分量相加求和仍等于整个区间上的全部所求量. 这样的量在客观现实中是非常多的,例如几何上的面积、体积、曲线的弧长等,物理上的变速运动的路程、变力做功、液体的压力等,还有经济学上的收入、成本、利润等. 因而定积分在实际问题、工程技术以及科学技术领域内都有广泛的应用. 本章重点是定积分在几何上的应用.

设非均匀分布在区间$[a,b]$上的量 U 具有可加性,则所求量 U 的计算步骤如下:

(1)在区间$[a,b]$上任取一个微小子区间$[x,x+\mathrm{d}x]$,并求出该微小子区间上所对应的部分量的近似值(称为微元)

$$\mathrm{d}U=f(x)\,\mathrm{d}x$$

(2)将微元 $\mathrm{d}U=f(x)\,\mathrm{d}x$ 在区间$[a,b]$上积分,即可得所求量 U,即

$$U=\int_a^b f(x)\,\mathrm{d}x$$

这种方法称为定积分的微元法.

微元法步骤说明:步骤(1)中的微小子区间$[x,x+\mathrm{d}x]$代表了将区间$[a,b]$任意分割后所任取的其中的一个子区间,微元 $\mathrm{d}U$ 就是所求量 U 分布在该微小子区间上的部分量的近似值,因此步骤(1)就是定积分定义中的"分割取近似";由于定积分定义中的"求和取极限"就是把分割后的所有微小子区间上的部分量的近似值累加求和再取极限而形成的定积分,因此微元法的步骤(2)将微元 $\mathrm{d}U=f(x)\,\mathrm{d}x$ 在区间$[a,b]$上积分,也就是"求和取极限",由微元法形成的定积分就是所求量 U 的精确值.

微元法是定积分应用的基本方法,具有广泛的实用价值. 利用微元法不难推出平面图形的面积公式以及旋转体的体积公式.

9.1 平面图形的面积

9.1.1 X-型区域:$a\leqslant x\leqslant b,g(x)\leqslant y\leqslant f(x)$

图 9.1 所示的平面图形即为 X-型区域,以 x 为积分变量,竖直矩形窄条的面积为微元,

根据微元法可得下列 X-型区域面积公式.

(1) $g(x)=0$ 的特殊情况：由曲线 $y=f(x)\,[f(x)\geqslant 0]$ 与直线 $x=a,x=b(a<b)$ 及 x 轴所围成的图形[图 9.1(a)]范围为：$a\leqslant x\leqslant b,0\leqslant y\leqslant f(x)$，其面积公式为

$$A=\int_a^b f(x)\,\mathrm{d}x$$

(2)由上、下两条曲线 $y=f(x),y=g(x)\,[f(x)\geqslant g(x)]$ 及直线 $x=a,x=b(a<b)$ 所围成的图形[图 9.1(b)]范围为：$a\leqslant x\leqslant b,g(x)\leqslant y\leqslant f(x)$，其面积公式为

$$A=\int_a^b [f(x)-g(x)]\,\mathrm{d}x$$

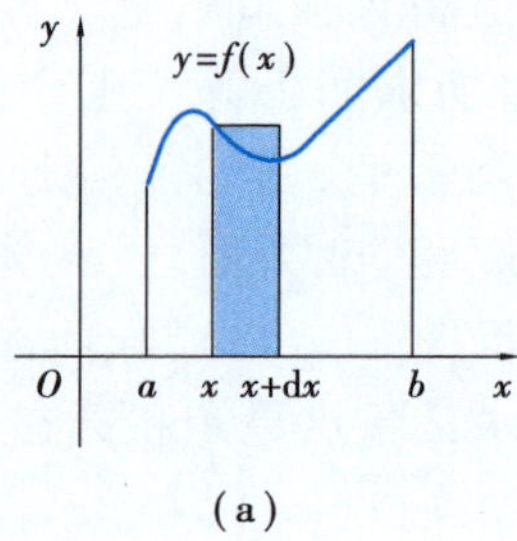

(a)

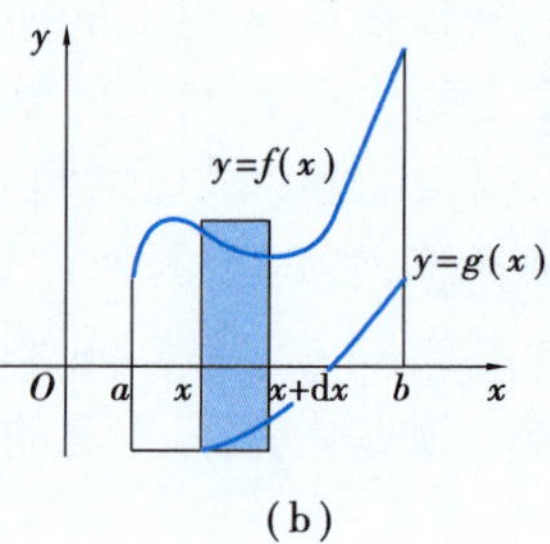

(b)

图 9.1

公式推导 在图 9.1(b)中，以 x 为积分变量，且 $x\in[a,b]$，在 $[a,b]$ 上任取微小子区间 $[x,x+\mathrm{d}x]$，并以该子区间上对应的竖直矩形窄条的面积为微元

$$\mathrm{d}A=[f(x)-g(x)]\,\mathrm{d}x$$

将该微元在区间 $[a,b]$ 上积分可得面积公式

$$A=\int_a^b \mathrm{d}A=\int_a^b [f(x)-g(x)]\,\mathrm{d}x$$

特别地，当 $g(x)=0$ 时，如图 9.1(a)所示，则可得曲边梯形面积公式

$$A=\int_a^b f(x)\,\mathrm{d}x$$

9.1.2 Y-型区域：$c\leqslant y\leqslant d,\psi(y)\leqslant x\leqslant \varphi(y)$

图 9.2 所示的平面图形即为 Y-型区域，以 y 为积分变量，水平矩形窄条的面积为微元，利用微元法可得下列 Y-型面积公式.

(1) $\psi(y)=0$ 的特殊情况：由曲线 $x=\varphi(y)\,[\varphi(y)\geqslant 0]$ 与直线 $y=c,y=d(c<d)$ 及 y 轴所围成的图形[图 9.2(a)]范围为：$c\leqslant y\leqslant d,0\leqslant x\leqslant \varphi(y)$，其面积公式为

$$A=\int_c^d \varphi(y)\,\mathrm{d}y$$

(2)由左、右两条曲线 $x=\psi(y),x=\varphi(y)\,[\varphi(y)\geqslant\psi(y)]$ 及直线 $y=c,y=d(c<d)$ 所围成的图形[图 9.2(b)]范围为：$c\leqslant y\leqslant d,\psi(y)\leqslant x\leqslant\varphi(y)$，其面积公式为

$$A=\int_c^d [\varphi(y)-\psi(y)]\,\mathrm{d}y$$

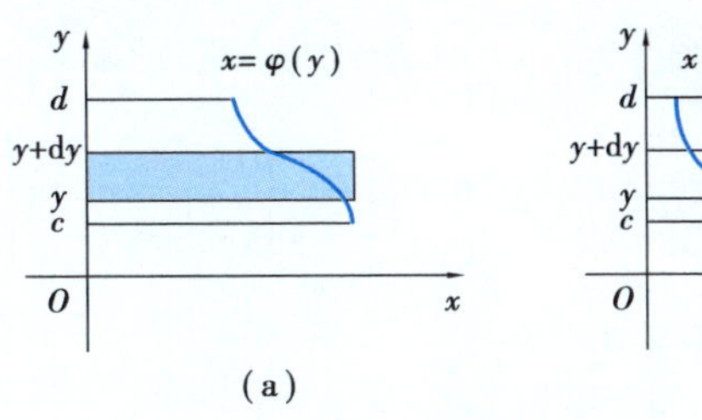

图 9.2

9.1.3　应用举例

一般地,求平面图形面积的基本步骤如下:

(1)画图形求交点;

(2)确定区域类型及范围,从而确定积分变量,积分区间及被积函数;

(3)代入相应公式计算定积分.

【例 9.1】　求下列曲线所围成的图形面积.

(1)曲线 $y=x^2$ 与 $y=\sqrt{x}$　　　　(2)抛物线 $y^2=x$ 与直线 $y=x-2$

【解】　(1)如图 9.3(a)所示,图形是 X-型区域:$0\leqslant x\leqslant 1,x^2\leqslant y\leqslant\sqrt{x}$,以 x 为积分变量,代入 X-型公式得所求面积

$$A=\int_0^1(\sqrt{x}-x^2)\,\mathrm{d}x=\left[\frac{2}{3}x^{\frac{3}{2}}-\frac{1}{3}x^3\right]_0^1=\frac{1}{3}$$

(2)如图 9.3(b)所示,由 $\begin{cases}y^2=x\\y=x-2\end{cases}$ 解得交点$(1,-1)$与$(4,2)$,且图形是 Y-型区域:$-1\leqslant y\leqslant 2,y^2\leqslant x\leqslant y+2$,以 y 为积分变量,代入 Y-型公式得所求面积

$$A=\int_{-1}^2[(y+2)-y^2]\,\mathrm{d}y=\left(\frac{1}{2}y^2+2y-\frac{1}{3}y^3\right)\Big|_{-1}^2=\frac{9}{2}$$

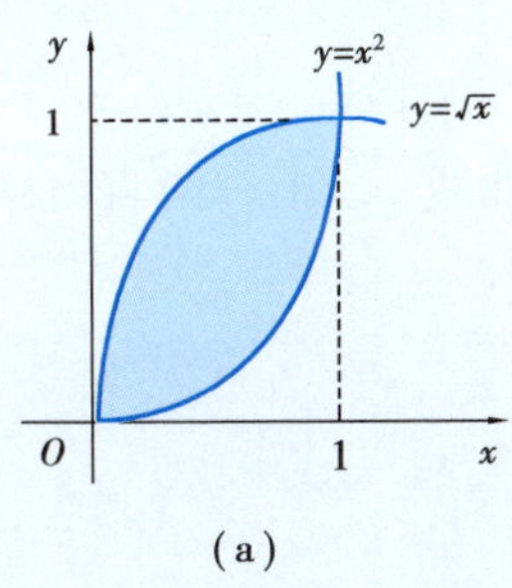

(a)

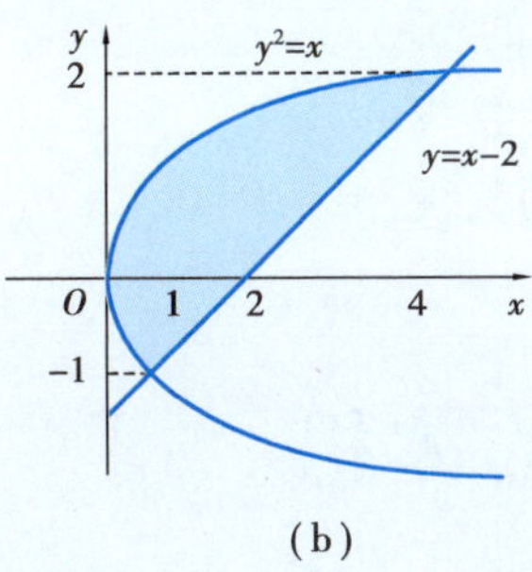

(b)

图 9.3

注　意

例 9.1(1)的图形既是 X-型也是 Y-型,所以其面积也可用 Y-型公式计算;而例 9.1(2)的图形是 Y-型,非 X-型,若用 X-型公式计算面积就必须划分区域,计算较为复杂.图形类型的确定非常重要,确定得好,计算较简便;否则,计算较复杂,甚至难以计算出结果.此外,有些图形既非 X-型也非 Y-型,计算面积时则必须划分区域.

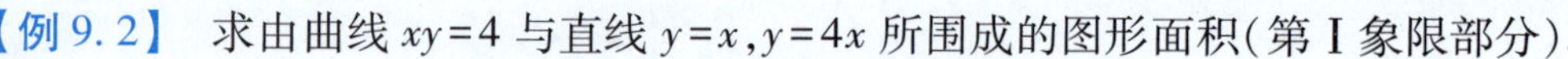

【例9.2】 求由曲线 $xy=4$ 与直线 $y=x, y=4x$ 所围成的图形面积（第Ⅰ象限部分）.

【解】 如图 9.4 所示，图形按 X-型划分成两块区域：$\begin{cases}0\leqslant x\leqslant 1\\ x\leqslant y\leqslant 4x\end{cases}$ 与 $\begin{cases}1\leqslant x\leqslant 2\\ x\leqslant y\leqslant \dfrac{4}{x}\end{cases}$，

其面积分别记为 A_1, A_2，则所求面积为

$$A = A_1 + A_2 = \int_0^1 (4x - x)\,dx + \int_1^2 \left(\frac{4}{x} - x\right) dx$$
$$= \frac{3}{2}x^2 \Big|_0^1 + \left(4\ln x - \frac{1}{2}x^2\right)\Big|_1^2 = 4\ln 2$$

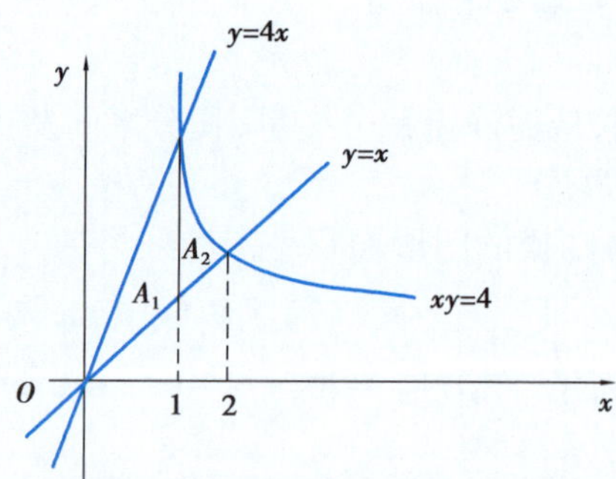

图 9.4

曲线为参数方程或极坐标下方程求面积方法

用微元法求面积还可用于曲线为参数方程或极坐标下的方程的情形，具体内容参见二维码内容.

习题 9.1

求下列曲线所围成的图形面积.

（1）抛物线 $y^2=x$ 与直线 $y=x$

（2）两条抛物线 $y=x^2, y=(x-2)^2$ 与 x 轴

（3）曲线 $y=x^3$ 与两直线 $y=1, x=0$

（4）双曲线 $xy=1$ 与两直线 $y=x, x=2$

9.2 旋转体的体积

旋转体是指由一个平面图形绕该平面内一条直线旋转一周而形成的立体，这条直线称为旋转体的旋转轴.

如图 9.5 所示为由 X-型区域：$a\leqslant x\leqslant b, 0\leqslant y\leqslant f(x)$ 绕 x 轴旋转一周而形成的旋转体，其体积可用微元法计算.

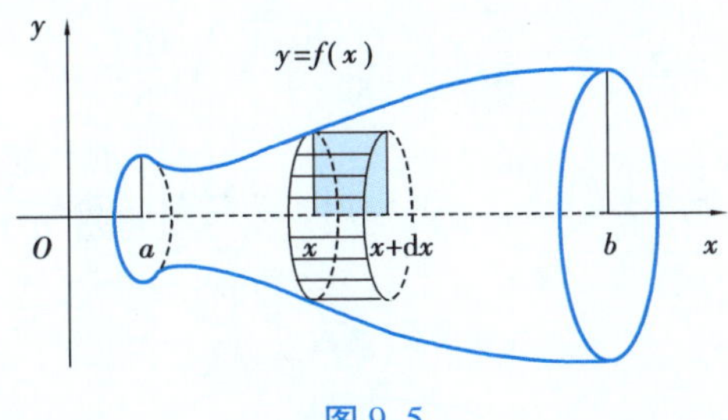

图 9.5

以 x 为积分变量，且 $x\in[a,b]$，任取微小子区间 $[x,x+\mathrm{d}x]$，其对应的竖直矩形窄条旋转一周而成的薄圆柱体为体积微元 $\mathrm{d}V=\pi f^2(x)\mathrm{d}x$，将该体积微元在区间 $[a,b]$ 上积分，可得旋转体体积公式

$$V_x=\pi\int_a^b f^2(x)\mathrm{d}x$$

公式可推广到一般的 X-型区域：$a\leqslant x\leqslant b, g(x)\leqslant y\leqslant f(x)$ 绕 x 轴旋转一周而成的旋转体的体积

$$V_x=\pi\int_a^b [f^2(x)-g^2(x)]\mathrm{d}x$$

类似地，由 Y-型区域：$c\leqslant y\leqslant d, 0\leqslant y\leqslant \varphi(y)$ 绕 y 轴旋转一周形成的旋转体体积公式为

$$V_y=\pi\int_c^d \varphi^2(y)\mathrm{d}y$$

同样，公式可推广到一般的 Y-型区域：$c\leqslant y\leqslant d, \psi(y)\leqslant x\leqslant \varphi(y)$ 绕 y 轴旋转一周形成的旋转体的体积计算公式为

$$V_y=\pi\int_c^d [\varphi^2(y)-\psi^2(y)]\mathrm{d}y$$

注　意

上述给出的旋转体的体积计算公式，X-型区域必须绕 x 轴旋转，Y-型区域必须绕 y 轴旋转，在使用时务必重视.

【例 9.3】　求下列旋转体的体积.

(1) 由抛物线 $y=1-x^2$ 与 x 轴所围图形分别绕两坐标轴旋转而成的立体体积；

(2) 由椭圆 $\dfrac{x^2}{a^2}+\dfrac{y^2}{b^2}=1$ 分别绕两坐标轴旋转而成的立体体积；

(3) 由抛物线 $y^2=x$ 与直线 $y=x-2$ 所围成的图形绕 x 轴旋转而成的立体体积.

【解】　(1) 图形关于 y 轴对称，其绕 x 轴旋转而成的立体体积 V_x 等于由图 9.6(a) 中第一象限部分绕 x 轴旋转而成的立体体积的 2 倍，由于第一、二象限两部分在旋转时是重合的，绕 y 轴旋转的立体体积 V_y 等于第一象限部分绕 y 轴旋转而成的立体体积，即

$$V_x=2\pi\int_0^1(1-x^2)^2\mathrm{d}x=2\pi\int_0^1(1-2x^2+x^4)\mathrm{d}x$$

$$= 2\pi\left(x - \frac{2}{3}x^3 + \frac{1}{5}x^5\right)\Big|_0^1 = \frac{16}{15}\pi$$

$$V_y = \pi\int_0^1 (1 - y)\,dy = \pi\left(y - \frac{1}{2}y^2\right)\Big|_0^1 = \frac{\pi}{2}$$

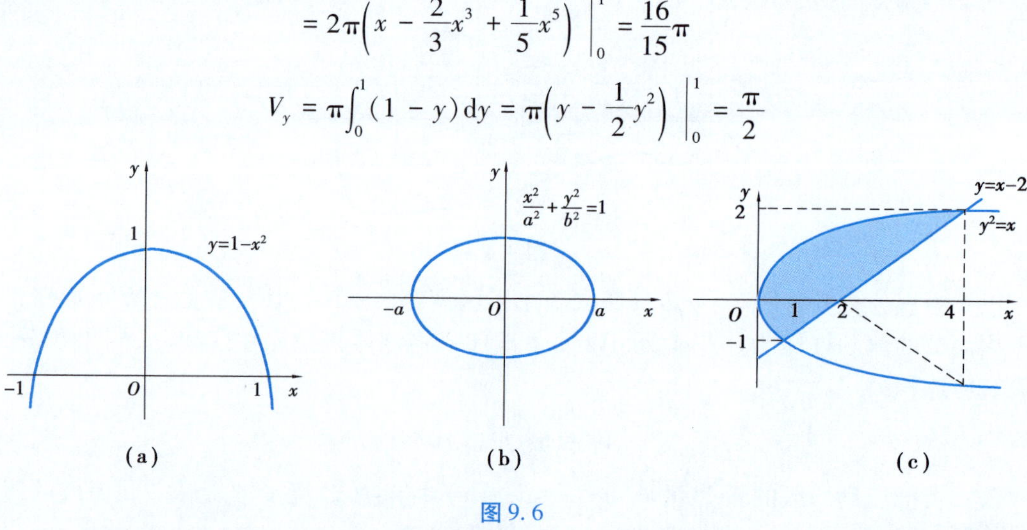

图 9.6

(2)椭圆旋转而成的立体是旋转椭球体,绕 x(或 y)轴旋转时上下两半(或左右两半)重合,又由对称性可知,绕 x(或 y)轴旋转而成的立体体积等于图 9.6(b)中第一象限部分绕 x(或 y)轴旋转而成的立体体积的 2 倍,即

$$V_x = 2\pi\int_0^a y^2 dx = 2\pi\int_0^a b^2\left(1 - \frac{x^2}{a^2}\right) dx = 2\pi b^2\left(x - \frac{x^3}{3a^2}\right)\Big|_0^a = \frac{4}{3}\pi ab^2$$

$$V_y = 2\pi\int_0^b x^2 dy = 2\pi\int_0^b a^2\left(1 - \frac{y^2}{b^2}\right) dy = 2\pi a^2\left(y - \frac{y^3}{3b^2}\right)\Big|_0^b = \frac{4}{3}\pi a^2 b$$

(3)如图 9.6(c)所示图形绕 x 轴旋转时因有重合部分(图中第四象限部分),所求旋转体体积 V_x 应看成由曲线(外曲线)$y^2=x$ 第一象限部分旋转而成的立体体积与曲线(内曲线)$y=x-2$ 旋转而成的立体体积的差,即

$$V_x = \pi\int_0^4 x dx - \pi\int_2^4 (x-2)^2 dx$$

$$= \pi\frac{x^2}{2}\Big|_0^4 - \pi\frac{(x-2)^3}{3}\Big|_2^4 = \frac{16}{3}\pi$$

此旋转体也可以看成由抛物线旋转成的旋转抛物体体积 $V_{抛}$ 与直线旋转成的圆锥体体积 $V_{锥}$ 之差,即

$$V_x = V_{抛} - V_{锥} = \pi\int_0^4 x dx - \frac{1}{3}\pi\cdot 2^2\cdot 2 = \pi\frac{x^2}{2}\Big|_0^4 - \frac{8}{3}\pi = \frac{16}{3}\pi$$

注 意

求旋转体体积时,一定要观察旋转的过程中有无重合部分,重合部分不能重复计算,有时可利用对称性简化计算,有时甚至还需要适当划分区域将所求立体看成两立体之差或和的形式.

【例 9.4】 求由双曲线 $xy=3$ 与直线 $y=4-x$ 所围成的图形面积及其分别绕 x 轴与 y 轴旋转一周所形成的立体体积.

【解】　由 $\begin{cases}xy=3\\y=4-x\end{cases}$ 得交点：$(1,3)$，$(3,1)$，如图 9.7 所示图形既是 X-型区域也是 Y-型区域.

于是所求面积与体积分别为：

$$A=\int_1^3\left(4-x-\frac{3}{x}\right)\mathrm{d}x=\left[4x-\frac{1}{2}x^2-3\ln x\right]_1^3=4-3\ln 3$$

$$V_x=\pi\int_1^3\left[(4-x)^2-\frac{9}{x^2}\right]\mathrm{d}x=\pi\left[-\frac{1}{3}(4-x)^3+\frac{9}{x}\right]_1^3=\frac{8}{3}\pi$$

$$V_y=\pi\int_1^3\left[(4-y)^2-\frac{9}{y^2}\right]\mathrm{d}y=\pi\left[-\frac{1}{3}(4-y)^3+\frac{9}{y}\right]_1^3=\frac{8}{3}\pi$$

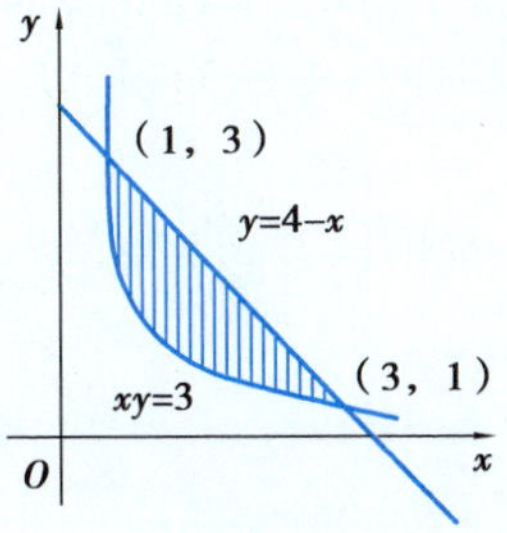

图 9.7

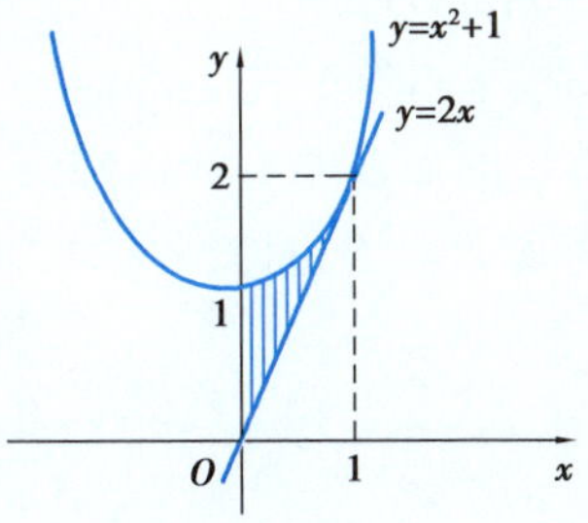

图 9.8

【例 9.5】　求由抛物线 $y=x^2+1$ 与其在 $x=1$ 点处的切线以及 y 轴所围成的平面图形的面积，并求该图形分别绕两坐标轴旋转一周所形成的立体体积.

【解】　由导数的几何意义可知切线斜率为 $k=y'|_{x=1}=2$.

当 $x=1$ 时，切点为 $(1,2)$，故切线方程为 $y-2=2(x-1)$ 即 $y=2x$.

如图 9.8 所示的图形为 X-型区域，于是所求面积为

$$A=\int_0^1(x^2+1-2x)\mathrm{d}x=\left(\frac{1}{3}x^3+x-x^2\right)\Big|_0^1=\frac{1}{3}$$

图形绕 x 轴旋转一周所形成的立体体积为

$$\begin{aligned}V_x&=\pi\int_0^1[(x^2+1)^2-(2x)^2]\mathrm{d}x\\&=\pi\int_0^1(x^4-2x^2+1)\mathrm{d}x\\&=\pi\left(\frac{1}{5}x^5-\frac{2}{3}x^3+x\right)\Big|_0^1=\frac{8}{15}\pi\end{aligned}$$

图形绕 y 轴旋转时，由 $y=2x\Rightarrow x=\frac{y}{2}$，$y=x^2+1\Rightarrow x^2=y-1$，所形成的立体体积为

$$\begin{aligned}V_y&=\pi\int_0^2\left(\frac{y}{2}\right)^2\mathrm{d}y-\pi\int_1^2(y-1)\mathrm{d}y\\&=\pi\frac{y^3}{12}\Big|_0^2-\pi\frac{(y-1)^2}{2}\Big|_1^2\\&=\frac{2\pi}{3}-\frac{\pi}{2}=\frac{\pi}{6}\end{aligned}$$

图形绕 y 轴旋转时，先将 X-型区域转为 Y-型区域，再代入公式求体积.

例 9.5 还可视为由直线 $y=2x$，$y=2$ 与 y 轴围成的三角形旋转所形成的圆锥与抛物线旋转所形成的旋转抛物体的体积之差，即

$$V_y = V_{锥} - V_{抛} = \frac{1}{3}\pi \cdot 1^2 \cdot 2 - \pi\int_1^2 (y-1)\,\mathrm{d}y = \frac{2}{3}\pi - \pi\left(\frac{y^2}{2} - y\right)\Big|_1^2 = \frac{\pi}{6}$$

习题 9.2

1. 求下列旋转体体积.

(1) 由抛物线 $y^2=x$ 与直线 $y=x$ 所围成的图形分别绕两坐标轴旋转而成的立体；

(2) 由两条抛物线 $y=x^2$，$y=(x-2)^2$ 与 x 轴所围成的图形绕 x 轴旋转而成的立体.

2. 求由抛物线 $y=x^2+2$ 与直线 $x=1$ 及两坐标轴所围成的图形面积，以及该图形分别绕两条坐标轴旋转一周而成的立体体积.

3. 求由抛物线 $y=x^2$ 与直线 $y=x+2$ 所围成的图形面积以及该图形绕 y 轴旋转而成的立体体积.

9.3 连续函数的平均值

积分中值定理给出了连续函数 $y=f(x)$ 在区间 $[a,b]$ 上的平均值计算公式，如图 9.9 所示.

$$\bar{y} = \frac{1}{b-a}\int_a^b f(x)\,\mathrm{d}x$$

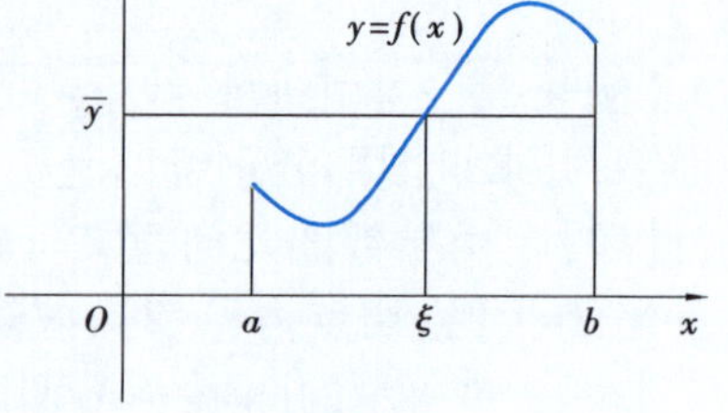

图 9.9

【例 9.6】 求函数 $y=\sqrt[3]{x^2}$ 在区间 $[0,8]$ 上的平均值.

【解】 $\bar{y} = \frac{1}{b-a}\int_a^b f(x)\,\mathrm{d}x = \frac{1}{8-0}\int_0^8 \sqrt[3]{x^2}\,\mathrm{d}x = \frac{1}{8}\cdot\frac{3}{5}x^{\frac{5}{3}}\Big|_0^8 = \frac{12}{5}$

【例 9.7】 设交流电的电动势 $E=E_0\sin\omega t$，试求在半个周期内的平均电动势.

【解】 交流电的电动势周期 $T=\frac{2\pi}{\omega}$，本题求在 $\left[0,\frac{\pi}{\omega}\right]$ 上的平均电动势，因此

$$\bar{E} = \frac{1}{\frac{\pi}{\omega}-0}\int_0^{\frac{\pi}{\omega}} E_0\sin\omega t\,\mathrm{d}t = \frac{E_0}{\pi}(-\cos\omega t)\Big|_0^{\frac{\pi}{\omega}} = \frac{2E_0}{\pi}$$

利用微元法在几何上可以计算平面图形面积以及平面曲线的弧长，在物理中可以求变力做功、液体的压力等. 具体内容可参见二维码内容.

平面曲线的弧长

定积分在物理中的应用

数学文化

数学之美

美是人类创造性实践活动的产物,是人类本质力量的感性显现,通常包含了自然美、艺术美、社会美等. 然而,数学之美反映的则是自然界中最客观的事实规律以及生活中的科学之美. 克莱茵曾说过:"音乐能激发或抚慰情怀,绘画使人赏心悦目,诗歌能动人心弦,哲学使人获得智慧,科技可以改善物质生活,但数学却能提供以上一切."所以,学习数学,体验数学之美,用欣赏的眼光学习定积分.

1)符号美

"$\int$"是拉丁文 Summa 首字母拉长,读作"Sum",意为"求和". 1675 年,莱布尼茨以"omn. 1"表示1的总和积分(Integrals),而"omn"为 omnia 缩写(意即所有、全部),而后他又改成了"$\int$",直至1698年通过一代又一代科学家改良,后发展为至今用法."d"是英文 differential, differentiation 的首个字母,即"差";1675年,莱布尼茨分别引入"dx"及"dy"以此来表示 x 和 y 的微分.

2)思想美

以直代曲,有限到无限,一般到特殊,分割、近似、求和、取极限.

3)公式美

$$\begin{cases}\text{不定积分}:\int f(x)\,\mathrm{d}x = F(x) + C \\ \text{定积分}:\int_a^b f(x)\,\mathrm{d}x = F(x)\Big|_a^b = F(b) - F(a)\text{(牛顿-莱布尼茨公式)}\end{cases}$$

4)互逆美

微分和积分互为逆运算:微分是无限细分,积分是无限求和. 然而,直至17世纪中叶,人类仍然认为微分和积分是两个独立的概念.

习题 9.3

1. 已知自由落体运动 $s=\frac{1}{2}gt^2$,求从 $t=0$ 到 $t=T$ 这段时间内的平均速度.

2. 求函数 $y=5+2\sin x-3\cos x$ 在区间$[0,\pi]$上的平均值.

综合练习题 3

1. 填空题.

(1) $\left[\int(x+\sin x)\,\mathrm{d}x\right]' =$ ____________.

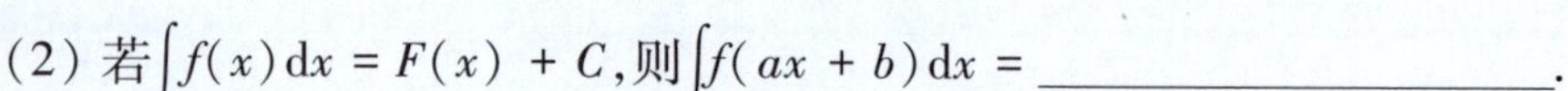

(2) 若$\int f(x)\,\mathrm{d}x = F(x) + C$，则$\int f(ax+b)\,\mathrm{d}x =$ ________.

(3) $\int x^2 e^{2x^3}\,\mathrm{d}x =$ ________.

(4) 设$f(x)=e^{-x}$，则$\int \frac{f'(\ln x)}{x}\,\mathrm{d}x =$ ________.

(5) 函数$f(x)=x^2$的积分曲线过点$(-1,2)$，则这条积分曲线是 ________.

(6) $\int xf(x^2)f'(x^2)\,\mathrm{d}x =$ ________.

(7) 若$\int f(x)\,\mathrm{d}x = x^2 e^{2x} + C$，则$f(x) =$ ________.

(8) $\int_{-2}^{2} |1-x|\,\mathrm{d}x =$ ________.

(9) $\int_{1}^{+\infty} \frac{3}{1+x^2}\,\mathrm{d}x =$ ________.

(10) 判定广义积分$\int_{-\infty}^{+\infty} \sin x\,\mathrm{d}x$的敛散性：________.

(11) 若广义积分$\int_{-\infty}^{0} e^{px}\,\mathrm{d}x$收敛于2，则$p =$ ________.

(12) 函数$y=2xe^{-x}$在$[0,2]$上的平均值$\bar{y} =$ ________.

(13) 连续曲线$y=f(x)\ (f(x)\geqslant 0)$与直线$x=a, x=b\ (a<b)$及$x$轴围成的图形面积$A =$ ________.

(14) 曲线$y=x^2$与直线$y=2$及y轴围成的图形绕y轴旋转而成的立体体积$V_y =$ ________.

(15) 写出下列图形阴影部分的面积的积分表达式(不计算).

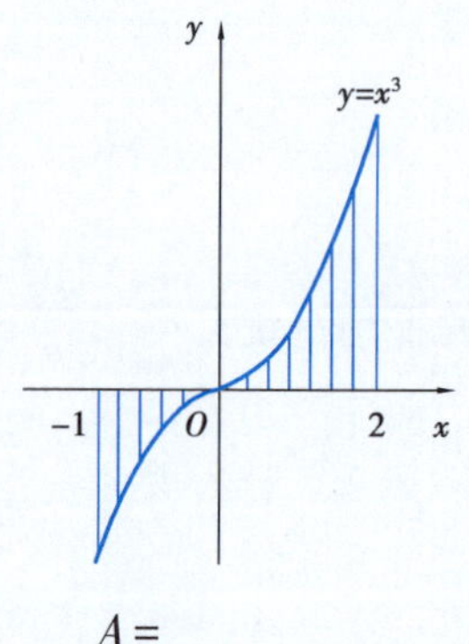

$A=$ ________

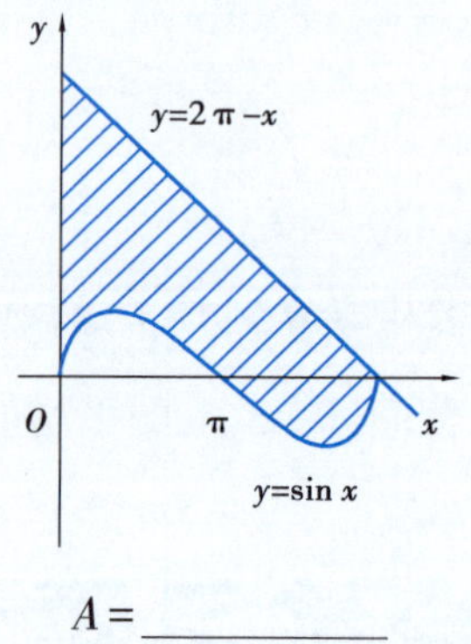

$A=$ ________

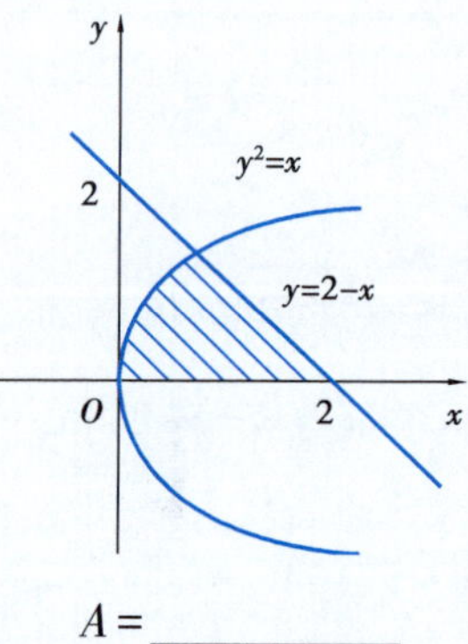

$A=$ ________

2. 选择题.

(1) 设在(a,b)内$f'(x)=g'(x)$，则下列各式中一定成立的是(　　).

A. $f(x)=g(x)$　　B. $f(x)=g(x)+1$

C. $\left(\int f(x)\,\mathrm{d}x\right)' = \left(\int g(x)\,\mathrm{d}x\right)'$　　D. $\int f'(x)\,\mathrm{d}x = \int g'(x)\,\mathrm{d}x$

(2)设 $F(x)$ 是 $f(x)$ 的一个原函数,则 $\int e^{-x}f(e^{-x})\,dx=($　　$)$.

A. $F(e^{-x})+C$　　B. $-F(e^{-x})+C$

C. $F(e^{x})+C$　　D. $-F(e^{x})+C$

(3)下列函数中是同一函数的原函数的是(　　).

A. $\ln x^2$ 与 $\ln 2x$　　B. $\sin^2 x$ 与 $\sin 2x$

C. $2\cos^2 x$ 与 $\cos 2x$　　D. $\arcsin x$ 与 $\arccos x$

(4)$\int \ln(2x)\,dx=($　　$)$.

A. $2x\ln 2x-2x+C$　　B. $2x\ln 2+\ln x+C$

C. $x\ln 2x-x+C$　　D. $\frac{1}{2}(x-1)\ln x+C$

(5)函数 $y=f(x)$ 的切线斜率为$\frac{x}{2}$,通过(2,2),则曲线方程为(　　).

A. $y=\frac{1}{4}x^2+3$　　B. $y=\frac{1}{2}x^2+1$

C. $y=\frac{1}{2}x^2+3$　　D. $y=\frac{1}{4}x^2+1$

(6)$d\left(\int f'(x)\,dx\right)=($　　$)$.

A. $f'(x)$　　B. $F(x)$　　C. $f'(x)+C$　　D. $f'(x)\,dx$

(7)设 $f'(x^2)=\frac{1}{x}$,则 $f(x)=($　　$)$.

A. $2x+C$　　B. $2\sqrt{x}+C$　　C. x^2+C　　D. $\frac{1}{\sqrt{x}}+C$

(8)定积分是(　　).

A. 一个原函数　　B. 一个函数族　　C. 一个非负常数　　D. 一个常数

(9)若 $f(x)$,$g(x)$ 均为连续函数,且 $f'(x)=g'(x)$,则(　　).

A. $f(x)=g(x)$　　B. $f(x)=g(x)+C$

C. $\int f(x)\,dx=\int g(x)\,dx$　　D. $\int_a^b f(x)\,dx=\int_a^b g(x)\,dx$

(10)若 $\int_0^1(2x+k)\,dx=2$,则 $k=($　　$)$.

A. 0　　B. -1　　C. 1　　D. $\frac{1}{2}$

(11)$\int_{-1}^{1}\frac{x\cos x}{\sqrt{4-x^2}}\,dx=($　　$)$.

A. 4　　B. 2　　C. 1　　D. 0

(12)使 $\int_1^{+\infty}f(x)\,dx=1$ 成立的 $f(x)=($　　$)$.

A. $\dfrac{1}{x^2}$　　B. $\dfrac{1}{x}$　　C. x　　D. $\dfrac{1}{1+x^2}$

(13)连续函数 $y=f(x)$ 在 $[a,b]$ 上的平均值 $\bar{y}=($　　$)$.

A. $\dfrac{1}{b-a}\int_a^b \dfrac{f(x)}{2}\mathrm{d}x$　　B. $\dfrac{1}{2}[f(b)+f(a)]$

C. $\dfrac{1}{2}[f(b)-f(a)]$　　D. $\dfrac{1}{b-a}\int_a^b f(x)\mathrm{d}x$

(14)曲线 $y=f(x),y=g(x)$ 与直线 $x=a,x=b(a<b)$ 围成的图形的面积为(　　).

A. $\int_a^b [f(x)-g(x)]\mathrm{d}x$　　B. $\int_a^b [g(x)-f(x)]\mathrm{d}x$

C. $\int_a^b |f(x)-g(x)|\mathrm{d}x$　　D. $\left|\int_a^b [f(x)-g(x)]\mathrm{d}x\right|$

(15)连续曲线 $y=f(x)(f(x)<0)$ 与直线 $x=a,x=b(a<b)$ 及 x 轴围成的图形绕 x 轴旋转而成的立体体积 $V_x=($　　$)$.

A. $\int_a^b f^2(x)\mathrm{d}x$　　B. $\pi\int_a^b f^2(x)\mathrm{d}x$

C. $\pi\int_a^b [-f(x)]\mathrm{d}x$　　D. $\pi\int_a^b [-f^2(x)]\mathrm{d}x$

3. 计算题.

(1) $\int\left(1-\dfrac{1}{x^2}\right)\sqrt{x\sqrt{x}}\,\mathrm{d}x$　　(2) $\int\left(\sin\dfrac{x}{2}+\cos\dfrac{x}{2}\right)^2\mathrm{d}x$

(3) $\int\dfrac{x^5}{x^3-1}\mathrm{d}x$　　(4) $\int\sin 2x\cos 4x\,\mathrm{d}x$

(5) $\int\sin^5 x\,\mathrm{d}x$　　(6) $\int_0^{+\infty} te^{-\frac{t^2}{2}}\mathrm{d}t$

(7) $\int_{-\infty}^{+\infty}\dfrac{1}{5+4x+4x^2}\mathrm{d}x$　　(8) $\int\sin\sqrt{x}\,\mathrm{d}x$

(9) $\int_0^1\dfrac{\sqrt{x}}{2-\sqrt{x}}\mathrm{d}x$　　(10) $\int_2^3\ln(x-1)\mathrm{d}x$

(11) $\int_0^{2\pi}x\cos^2x\,\mathrm{d}x$　　(12) $\int\dfrac{\ln(\ln x)}{x}\mathrm{d}x$

4. 求通过点 $\left(\dfrac{\pi}{2},2\right)$ 且曲线上任意点 (x,y) 处的切线斜率为 $\cos x$ 的曲线方程.

5. 应用题.

(1)求抛物线 $y=-x^2+4x-3$ 与抛物线上两点 $(0,-3),(3,0)$ 处的切线所围成的图形面积;

(2)求 $xy=3$ 与 $y=4-x$ 所围成的图形面积及其分别绕 x 轴与 y 轴旋转而成的立体体积;

(3)求抛物线 $y^2=2x$ 与直线 $y=x-4$ 所围成的图形面积及其绕 x 轴旋转而成的立体体积.

模块 4

微分方程

第 10 章　常微分方程

利用数学手段研究实际问题一般需要对问题建立数学模型，再对它进行求解和分析. 数学模型最常见的表达方式就是包含自变量和未知函数的关系式，在很多情形下这类表达式还包含未知函数的导数，这就是微分方程. 如在不定积分这一章中所介绍的$\frac{dy}{dx}=f(x)$，就是微分方程的一种形式. 其中$f(x)$是已知的，y是以x为自变量的未知函数. 本章主要介绍微分方程的基本概念和几种常见的微分方程及其基本解法.

10.1　常微分方程的基本概念

10.1.1　引例

引例 1　某质点从静止开始作匀加速直线运动，加速度为 0.6 m/s²，求该质点运动的路程函数.

【解】　设该质点运动的路程函数为 $S=S(t)$，路程函数应满足关系式

$$\frac{d^2S}{dt^2}=0.6 \tag{1}$$

且未知函数 $S=S(t)$ 满足条件：

$$当\ t=0\ 时, S=0, v=\frac{dS}{dt}=0 \tag{2}$$

对式(1)积分一次，得

$$v=\frac{dS}{dt}=0.6t+C_1 \tag{3}$$

再积分一次，得

$$S=0.3t^2+C_1t+C_2 \tag{4}$$

式中，C_1，C_2 都是任意常数. 将已知条件代入式(3)、式(4)可得：$C_1=0$，$C_2=0$.

因此质点运动的路程函数为

$$S=0.3t^2 \tag{5}$$

引例 2　设曲线通过点(0,2)，且该曲线上任意一点 $M(x,y)$ 处的切线斜率为 x^2，求该曲线方程.

【解】　设该曲线的方程为 $y=f(x)$，由导数的几何意义，得

$$\frac{dy}{dx}=x^2 \tag{6}$$

且当 $x=0$ 时，$y=2$. (7)

式(6)两端同时积分得

$$y=\int x^2 dx$$

即

$$y=\frac{1}{3}x^3+C \tag{8}$$

式中，C 为任意常数.

把条件(7)代入式(8)，得 $2=0+C$，即 $C=2$.

所求曲线的方程为

$$y=\frac{1}{3}x^3+2 \tag{9}$$

10.1.2 一些基本概念

两个引例中的关系式(1)和式(6)都含有未知函数的导数.

定义 10.1 一般地，将含有未知函数的导数或微分的方程称为微分方程. 其中，未知函数是一元函数的，称为常微分方程；未知函数是多元函数的，称为偏微分方程. 微分方程中，未知函数最高阶导数的阶数称微分方程的阶.

本章只讨论常微分方程.

微分方程中未知函数最高阶导数的阶数称为微分方程的阶.

例如，方程(1)是二阶微分方程，方程(6)是一阶微分方程，方程 $yy'''+x\frac{d^4y}{dx^4}+xy=0$ 是四阶微分方程.

一般地，n 阶微分方程的形式是

$$F(x,y,y',\cdots,y^{(n)})=0 \tag{10}$$

在方程(10)中，$y^{(n)}$ 是必须出现的，而 $x,y,y',\cdots,y^{(n-1)}$ 等变量则可以不出现.

使微分方程恒成立的函数称为**微分方程的解**. 如果微分方程的解中含有独立的任意常数(任意常数相互独立，它们不能合并而使得任意常数的个数减少)，且任意常数的个数与微分方程的阶数相同，这样的解称为微分方程的通解.

例如，函数(4)是方程(1)的解，它含有两个任意常数，而方程(1)是二阶的，所以函数(4)是方程(1)的通解. 又如，函数(8)是方程(6)的解，它含有一个任意常数，而方程(6)是一阶的，所以函数(8)是方程(6)的通解.

因为通解中含有任意常数，而在具体问题中，往往需要得出其中一个确定的解，因此必须确定这些任意常数的值. 在具体问题中，根据实际需要，会给出确定这些常数的条件. 如引例 1 中条件(2)及引例 2 中的条件(7).

用来确定通解中任意常数值的条件称为微分方程的初始条件.

例如，一阶微分方程的初始条件是：当 $x=x_0$ 时，$y=y_0$，也可写成

$$y\big|_{x=x_0}=y_0$$

二阶微分方程的初始条件是：当 $x=x_0$ 时，$y=y_0$，$y'=y'_0$，也可写成

$$y|_{x=x_0}=y_0, y'|_{x=x_0}=y'_0 \quad (\text{其中 } x_0, y_0, y'_0 \text{ 都是给定的值})$$

不含任意常数的解，即确定了通解中任意常数的值的解称为**微分方程的特解**.

例如(5)是方程(1)满足条件(2)的特解，(9)是方程(6)满足条件(7)的特解.

求微分方程满足初始条件的特解称为微分方程的初值问题.

微分方程的解的图形称为微分方程的积分曲线.

【例 10.1】 验证函数

$$y=C_1+C_2e^{-x}+\frac{1}{6}e^{2x} \tag{11}$$

是微分方程

$$y''+y'=e^{2x} \tag{12}$$

的通解，并求满足初始条件 $y|_{x=0}=0$，$y'|_{x=0}=1$ 的特解.

【解】 分别求出函数 $y=C_1+C_2e^{-x}+\frac{1}{6}e^{2x}$ 的一、二阶导数

$$y'=-C_2e^{-x}+\frac{1}{3}e^{2x} \tag{13}$$

$$y''=C_2e^{x}+\frac{2}{3}e^{2x} \tag{14}$$

将 y'，y''的表达式代入微分方程 $y''+y'=e^{2x}$，得

$$C_2e^{x}+\frac{2}{3}e^{2x}-C_2e^{-x}+\frac{1}{3}e^{2x}=e^{2x}$$

是一个恒等式，因此函数(11)是微分方程(12)的解.

因为函数(11)中有两个独立的任意常数，所以是二阶微分方程(12)的通解.

将 $y|_{x=0}=0$ 带入式(11)，将 $y'|_{x=0}=1$ 代入式(13)得

$$\begin{cases} C_1+C_2+\frac{1}{6}=0 \\ -C_2+\frac{1}{3}=1 \end{cases}$$

即 $C_1=\frac{1}{2}$，$C_2=-\frac{2}{3}$. 故所求的特解为

$$y=\frac{1}{2}-\frac{2}{3}e^{-x}+\frac{1}{6}e^{2x}$$

【例 10.2】 求微分方程 $y'''=e^x+2\sin x$ 的通解.

【解】 将 $y'''=e^x+2\sin x$ 两端积分一次，得

$$y''=\int(e^x+2\sin x)dx=e^x-2\cos x+C_1$$

再积分一次，得

$$y'=\int(e^x-2\cos x+C_1)dx=e^x-2\sin x+C_1x+C_2$$

再积分一次，得

$$y=\int(\mathrm{e}^{x}-2\sin x+C_1x+C_2)\mathrm{d}x=\mathrm{e}^{x}+2\cos x+\frac{1}{2}C_1x^2+C_2x+C_3$$

上式即为原方程的通解.

习题 10.1

1. 指出下列微分方程的自变量及阶数。

(1) $\frac{\mathrm{d}y}{\mathrm{d}x}=xy-5$　　(2) $x(y'')^2=-4y'$

(3) $\frac{\mathrm{d}^2y}{\mathrm{d}x^2}+y\frac{\mathrm{d}y}{\mathrm{d}x}=x$　　(4) $\frac{\mathrm{d}^3S}{\mathrm{d}t^3}=S^2-4St$

(5) $xy'+xy-3x=0$　　(6) $\frac{\mathrm{d}^2v}{\mathrm{d}t^2}=3$

2. 求下列微分方程的通解.

(1) $\frac{\mathrm{d}y}{\mathrm{d}x}=3+\ln x$　　(2) $\frac{\mathrm{d}^2y}{\mathrm{d}x^2}=\cos x$

(3) $\frac{\mathrm{d}y}{\mathrm{d}x}=\frac{3}{x}-2$　　(4) $\frac{\mathrm{d}^2y}{\mathrm{d}x^2}=\mathrm{e}^{x}+1$

3. 求出下列微分方程满足所给初始条件的特解.

(1) $\frac{\mathrm{d}y}{\mathrm{d}x}=\cos x, y|_{x=0}=2$

(2) $\frac{\mathrm{d}^2y}{\mathrm{d}x^2}=3x^2, y|_{x=0}=2, \left.\frac{\mathrm{d}y}{\mathrm{d}x}\right|_{x=0}=4$

4. 验证函数 $y=3\sin x-4\cos x$ 是微分方程 $y''+y=0$ 的解.

10.2　可分离变量的微分方程

10.2.1　可分离变量的微分方程的认识

在 10.1 引例 2 中所遇到一阶微分方程

$$\frac{\mathrm{d}y}{\mathrm{d}x}=x^2 \quad 即 \quad \mathrm{d}y=x^2\mathrm{d}x$$

将上式两端积分,即可得到方程的通解

$$y=\frac{1}{3}x^3+C$$

但不是所有的一阶微分方程都能这样求解,例如

$$\frac{\mathrm{d}y}{\mathrm{d}x}=xy^2 \tag{1}$$

不能直接对两端积分求出它的通解. 因为方程(1)的右边含有变量 y,积分 $\int xy^2\mathrm{d}x$ 求解不

出.为了解决这个困难,将方程(1)变形为

$$\frac{\mathrm{d}y}{y^2}=x\mathrm{d}x$$

两端同时积分

$$\int\frac{1}{y^2}\mathrm{d}y=\int x\mathrm{d}x$$

得

$$-\frac{1}{y}=\frac{1}{2}x^2+C_1$$

即

$$y=\frac{-1}{\frac{1}{2}x^2+C_1}=\frac{-2}{x^2+C} \tag{2}$$

式中,C_1 与 C 是任意常数.可以验证,函数(2)是方程(1)的通解.

定义 10.2 如果一阶微分方程能写成

$$g(y)\mathrm{d}y=f(x)\mathrm{d}x \tag{3}$$

的形式,那么原方程就称为可分离变量的微分方程.

可分离变量微分方程的特点是:微分方程一端只含有 y 的函数和 $\mathrm{d}y$,而另一端只含有 x 的函数和 $\mathrm{d}x$.

解可分离变量微分方程的一般步骤:

(1)分离变量　　$g(y)\mathrm{d}y=f(x)\mathrm{d}x$

(2)两端积分　　$\int g(y)\mathrm{d}y=\int f(x)\mathrm{d}x$

(3)求积分得通解　　$G(y)=F(x)+C$

其中,$G(y)$ 及 $F(x)$ 分别为 $g(y)$ 及 $f(x)$ 的原函数.

10.2.2 例题讲解

【例 10.3】 求微分方程

$$y'=\frac{x^2}{y}$$

的通解.

【解】 该方程是可分离变量微分方程,分离变量得

$$y\mathrm{d}y=x^2\mathrm{d}x$$

两端积分

$$\int y\mathrm{d}y=\int x^2\mathrm{d}x$$

得

$$\frac{y^2}{2}=\frac{x^3}{3}+C$$

即

$$3y^2-2x^3=C$$

所以通解为 $3y^2-2x^3=C$.

【例 10.4】　求微分方程

$$\frac{dy}{dx}=3x^2y$$

的通解.

【解】　该方程是可分离变量微分方程,分离变量得

$$\frac{dy}{y}=3x^2dx$$

两端积分

$$\int\frac{dy}{y}=\int 3x^2dx$$

得

$$\ln|y|=x^3+C_1$$

即

$$y=\pm e^{x^3+C_1}=\pm e^{C_1}e^{x^3}=Ce^{x^3}$$

式中,C 为任意非零常数,但当 $C=0$ 时,$y=0$ 也是该方程的解,因在方程分离变量过程中 $y\neq0$,产生了失根 $y=0$,故该方程的通解为 $y=Ce^{x^3}$,C 为任意常数.

【例 10.5】　求微分方程

$$y'=e^{x-y}$$

满足初始条件 $y|_{x=0}=0$ 的特解.

【解】　该方程可写成 $\frac{dy}{dx}=e^{x-y}$,分离变量得

$$e^ydy=e^xdx$$

两端积分

$$\int e^ydy=\int e^xdx$$

得

$$e^y=e^x+C$$

将 $y|_{x=0}=0$ 代入上式,得 $C=0$,所求微分方程的特解为

$$e^y=e^x \quad 即 \quad y=x$$

【例 10.6】　某企业的经营成本 C 随产量 x 增加而增加,其变化率为 $\frac{dC}{dx}=(2+x)C$,且固定成本为 5,求成本函数 $C=C(x)$.

【解】　本题的微分方程为

$$\frac{dC}{dx}=(2+x)C$$

按题意,初始条件为 $C|_{x=0}=5$,该方程分离变量后得

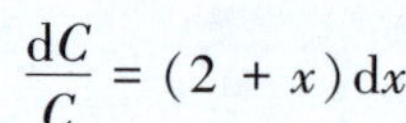

$$\frac{\mathrm{d}C}{C}=(2+x)\,\mathrm{d}x$$

两端积分

$$\int\frac{\mathrm{d}C}{C}=\int(2+x)\,\mathrm{d}x$$

以 $\ln A$ 表示任意常数,得

$$\ln C=2x+\frac{1}{2}x^2+\ln A$$

即

$$C=A\mathrm{e}^{2x+\frac{1}{2}x^2}$$

这就是该方程的通解. 代入初始条件得 $A=5$,故成本函数为

$$C(x)=5\mathrm{e}^{2x+\frac{1}{2}x}$$

习题 10.2

1. 求下列微分方程的通解.

(1) $y'+y\sin x=0$　　(2) $y'-2x=5$　　(3) $y'-\mathrm{e}^{x+y}=0$

2. 求下列微分方程满足所给初始条件的特解.

(1) $\cos x\sin y\,\mathrm{d}y=\cos y\sin x\,\mathrm{d}x,\ y\big|_{x=0}=\frac{\pi}{4}$

(2) $y^2\mathrm{d}x+(x+1)\,\mathrm{d}y,\ y\big|_{x=0}=1$

10.3　一阶线性微分方程

10.3.1　一阶线性微分方程的认识

定义 10.3　形如

$$\frac{\mathrm{d}y}{\mathrm{d}x}+P(x)y=Q(x) \tag{1}$$

的微分方程称为**一阶线性微分方程**. 其中,$P(x)$ 和 $Q(x)$ 均为 x 的连续函数.

特征:它是关于未知函数 y 及其导数的一次方程,例如 $y'+xy=1$.

如果 $Q(x)=0$,则

$$\frac{\mathrm{d}y}{\mathrm{d}x}+P(x)y=0$$

此方程称为**一阶齐次线性微分方程**,也称作方程(1)所对应的齐次线性方程.

如果 $Q(x)\neq0$,则方程(1)称为**一阶非齐次线性微分方程**.

10.3.2　一阶线性微分方程的求解

首先,求出方程(1)对应的齐次线性微分方程

$$\frac{\mathrm{d}y}{\mathrm{d}x}+P(x)y=0 \tag{2}$$

的通解.

方程(2)是可分离变量的,分离变量后得

$$\frac{\mathrm{d}y}{y}=-P(x)\mathrm{d}x$$

两端积分得

$$\ln|y|=-\int P(x)\mathrm{d}x+\ln C_1$$

即

$$y=C\mathrm{e}^{-\int P(x)\mathrm{d}x}(C=\pm\mathrm{e}^{C_1})$$

上式为齐次线性方程(2)的通解.

其次,利用常数变易法求非齐次线性微分方程(1)的通解.

将上述通解中的常数 C 换成一个 x 的未知函数 $u=u(x)$,即

$$y=u(x)\mathrm{e}^{-\int P(x)\mathrm{d}x} \tag{3}$$

两边求导,得

$$\frac{\mathrm{d}y}{\mathrm{d}x}=u'(x)\mathrm{e}^{-\int P(x)\mathrm{d}x}-u(x)P(x)\mathrm{e}^{-\int P(x)\mathrm{d}x} \tag{4}$$

将式(3)和式(4)代入方程(1)得

$$u'\mathrm{e}^{-\int P(x)\mathrm{d}x}-uP(x)\mathrm{e}^{-\int P(x)\mathrm{d}x}+uP(x)\mathrm{e}^{-\int P(x)\mathrm{d}x}=Q(x)$$

即

$$u'\mathrm{e}^{-\int P(x)\mathrm{d}x}=Q(x)$$

得

$$u'=Q(x)\mathrm{e}^{\int P(x)\mathrm{d}x}$$

两端积分得

$$u=\int Q(x)\mathrm{e}^{\int P(x)\mathrm{d}x}\mathrm{d}x+C$$

将上式代入式(3),于是得非齐次线性方程(1)的通解

$$y=\mathrm{e}^{-\int P(x)\mathrm{d}x}\left(\int Q(x)\mathrm{e}^{\int P(x)\mathrm{d}x}\mathrm{d}x+C\right) \tag{5}$$

即

$$y=C\mathrm{e}^{-\int P(x)\mathrm{d}x}+\mathrm{e}^{-\int P(x)\mathrm{d}x}\int Q(x)\mathrm{e}^{\int P(x)\mathrm{d}x}\mathrm{d}x$$

这种方法称为常数变易法.上式右端第一项恰好对应的齐次线性微分方程(2)的通解,第二项是非齐次线性方程(1)的一个特解[式(5)中取 $C=0$ 便得到这个特解].由此可知,一阶非齐次线性微分方程的通解等于对应的齐次线性微分方程的通解与非齐次线性微分方程的一个特解之和.

10.3.3 例题讲解

【例 10.7】 解微分方程 $y'-\frac{2}{x+1}y=(x+1)^4$.

【解】 与原方程对应的齐次方程为

$$y'-\frac{2}{x+1}y=0$$

$$\frac{dy}{y}=\frac{2}{x+1}dx$$

$$\int\frac{dy}{y}=\int\frac{2}{x+1}dx$$

$$\ln|y|=2\ln|x+1|+\ln C$$

$$y=C(1+x)^2$$

用常数变易法，将 C 换成 $u=u(x)$，即

$$y=u(1+x)^2 \tag{6}$$

则

$$y'=u'(1+x)^2+2u(1+x)$$

将 y 和 y' 代入题目的微分方程中，得

$$u'=(1+x)^2$$

两端积分，得

$$u=\frac{1}{3}(1+x)^3+C$$

将上式代入式(6)，得原方程的通解为

$$y=(x+1)^2\left[\frac{1}{3}(x+1)^3+C\right]$$

【例 10.8】 求微分方程 $\frac{dy}{dx}-2xy=x$ 满足初始条件 $y|_{x=0}=1$ 的特解.

【解】 对应一阶线性非齐次方程(1)，得 $P(x)=-2x, Q(x)=x$，代入通解公式(5)，得

$$\begin{aligned}y&=e^{-\int -2x dx}\left(\int x e^{\int -2x dx}dx+C\right)\\&=e^{x^2}\left(-\frac{1}{2}e^{-x^2}+C\right)\end{aligned}$$

将 $y|_{x=0}=1$ 代入上式，得

$$1=C-\frac{1}{2}, \text{即 } C=\frac{3}{2}$$

因此，微分方程满足初始条件的特解为

$$y=\frac{3}{2}e^{x^2}-\frac{1}{2}$$

【例 10.9】 某公司的年利润 L 随广告费 x 的变化而变化，其变化率为 $\frac{dL}{dx}=5-2(L+x)$，

当 $x=0$ 时 $L=10$. 求年利润 L 与广告费 x 之间的函数关系.

【解】 方程变形为

$$\frac{\mathrm{d}L}{\mathrm{d}x}+2L=5-2x$$

其中,$P(x)=2,Q(x)=5-2x$,代入通解公式(5),得

$$\begin{aligned}L&=\mathrm{e}^{-\int 2\mathrm{d}x}\left[\int(5-2x)\mathrm{e}^{\int 2\mathrm{d}x}\mathrm{d}x+C\right]\\&=\mathrm{e}^{-2x}\left[\int(5-2x)\mathrm{e}^{2x}\mathrm{d}x+C\right]\\&=3-x+C\mathrm{e}^{-2x}\end{aligned}$$

将初始条件 $x=0,L=10$ 代入上式,得 $C=7$. 因此,年利润 L 与广告费 x 之间的函数关系为

$$L=3-x+7\mathrm{e}^{-2x}$$

习题 10.3

1. 判断下列方程是否是一阶线性微分方程.

(1) $xy+y'=x^2$　　(2) $\frac{\mathrm{d}\rho}{\mathrm{d}\theta}+3\rho=2$

(3) $\left(\frac{\mathrm{d}y}{\mathrm{d}x}\right)^2+x\frac{\mathrm{d}y}{\mathrm{d}x}=2y$　　(4) $(x-2)\frac{\mathrm{d}y}{\mathrm{d}x}=y+2(x-2)^3$

2. 求下列微分方程的通解.

(1) $\frac{\mathrm{d}y}{\mathrm{d}x}+y=\mathrm{e}^{-x}$　　(2) $xy'+y=x^2+3x+2$

(3) $y'+y\cos x=\mathrm{e}^{-\sin x}$

3. 求下列微分方程满足所给初始条件的特解.

(1) $\frac{\mathrm{d}y}{\mathrm{d}x}+3y=8,y|_{x=0}=2$

(2) $\frac{\mathrm{d}y}{\mathrm{d}x}-y\tan x=\sec x,y|_{x=0}=0$

4. 某一曲线通过原点,并且它在任一点 (x,y) 处的切线斜率等于 $x+y$,求此曲线的方程.

10.4　二阶常系数线性微分方程

定义 10.4　形如

$$y''+py'+qy=f(x) \tag{1}$$

的微分方程称为**二阶常系数线性微分方程**. 其中,p,q 均为常数. 如果 $f(x)=0$,方程(1)称为**二阶常系数齐次线性微分方程**,如果 $f(x)\neq 0$,方程(1)则称为**二阶常系数非齐次线性微**

分方程. 本节主要讨论二阶常系数齐次线性微分方程的求解方法.

对于二阶常系数齐次线性微分方程

$$y'' + py' + qy = 0 \tag{2}$$

有以下重要定理:

定理 10.1 如果函数 $y_1(x)$ 和 $y_2(x)$ 是方程(2)的两个解,那么

$$y = C_1y_1(x) + C_2y_2(x) \tag{3}$$

也是方程(2)的解,其中 C_1,C_2 为任意常数.

方程(3)从形式上看含有 C_1,C_2 两个任意常数,但它不一定是方程(2)的通解.

例如,假定 $y_1(x)$ 是方程(2)的一个解,则 $y_2(x)=2y_1(x)$ 也是方程(2)的解. 这时式(3)成为

$$y = C_1y_1(x) + 2C_2y_1(x)$$

即

$$y=Cy_1(x)$$

式中,$C=C_1+2C_2$. 也就是说,C_1,C_2 不是两个独立常数,所以不是方程(2)的通解.

什么情况下 $y=C_1y_1(x)+C_2y_2(x)$ 才是方程(2)的通解呢? 要解决这个问题,还得引入一个新的概念,即函数组的线性相关与线性无关.

定义 10.5 设 $y_1=y_1(x)$ 和 $y_2=y_2(x)$ 是定义在某区间内的函数,若 $\dfrac{y_1}{y_2}=k$(其中 k 为常数),则称 y_1 和 y_2 线性相关,否则称 y_1 和 y_2 线性无关.

定理 10.2 如果函数 $y_1(x)$ 和 $y_2(x)$ 是方程(2)的两个线性无关的特解,那么

$$y = C_1y_1(x) + C_2y_2(x) \quad (C_1,C_2\text{ 是任意常数})$$

就是方程(2)的通解.

由定理 10.2 可知,求微分方程(2)的通解,可以先求出它的两个线性无关的特解 y_1 和 $y_2\left(\dfrac{y_2}{y_1}\neq\text{常数}\right)$,那么 $y=C_1y_1(x)+C_2y_2(x)$ 就是方程(2)的通解.

当 r 为常数时,指数函数 $y=e^{rx}$ 和它的各阶导数都只相差一个常数因子. 因此用 $y=e^{rx}$ 来尝试,看能否选取适当的常数 r 使 $y=e^{rx}$ 满足方程(2).

将 $y=e^{rx}$ 分别求一、二阶导数,得到

$$y' = re^{rx}, y'' = r^2e^{rx}$$

将 y,y' 和 y'' 代入方程(2),得

$$e^{rx}(r^2 + pr + q) = 0$$

因为 $e^{rx}\neq0$,所以上式要成立,就必须

$$r^2 + pr + q = 0 \tag{4}$$

由此可见,只要 r 满足代数方程:$r^2+pr+q=0$,函数 $y=e^{rx}$ 就是微分方程(2)的解.

代数方程(4)称作微分方程(2)的特征方程.

特征方程(4)是一个二次代数方程,其中 r^2,r 的系数及常数项恰好依次是微分方程(2)中 y'',y' 及 y 的系数. 特征方程(4)的两个根 r_1,r_2 为

$$r_{1,2}=\frac{-p\pm\sqrt{p^2-4q}}{2}$$

下面根据特征方程根的三种不同情况讨论方程(2)的通解.

①特征方程有两个不相等的实根($p^2-4q>0$),即 $r_1\neq r_2$. 这时可得 $y_1=e^{r_1x}$,$y_2=e^{r_2x}$ 是微分方程(2)的两个解,并且$\frac{y_1}{y_2}=\frac{e^{r_1x}}{e^{r_2x}}=e^{(r_1-r_2)x}\neq$常数,即 y_1 和 y_2 是两个线性无关的解,因此微分方程(2)的通解为

$$y=C_1e^{r_1x}+C_2e^{r_2x}$$

【例 10.10】　求方程 $y''-5y'+6y=0$ 的通解.

【解】　特征方程为

$$r^2-5r+6=0$$

其根 $r_1=3$,$r_2=2$ 是两个不相等的实根,因此所求通解为

$$y=C_1e^{3x}+C_2e^{2x}$$

②特征方程有两个相同的实根($p^2-4q=0$),即 $r_1=r_2$. 这时只能找到方程(2)的一个特解 $y_1=e^{r_1x}$,要得到通解,就需找到另一个与 y_1 线性无关的特解. 设$\frac{y_2}{y_1}=u(x)$,即 $y_2=e^{r_1x}u(x)$. 将 y_2 求导,得

$$y_2'=r_1u(x)e^{r_1x}+u'(x)e^{r_1x}$$

$$y_2''=2r_1u'(x)e^{r_1x}+r_1^2u(x)e^{r_1x}+u''(x)e^{r_1x}$$

将 y_2,y_2',y_2'' 代入方程(2),得

$$[u''(x)+(2r_1+p)u'(x)+(r_1^2+pr_1+q)u(x)]e^{r_1x}=0$$

由于 r_1 是特征方程(4)的重根,所以 $r_1^2+pr_1+q=0$,且 $2r_1+p=0$,于是得

$$u''(x)=0$$

因为这里只要得到一个不为常数的解即可,所以选择最简单的函数 $u(x)=x$,可得另一个特解

$$y_2=xe^{r_1x}$$

微分方程(2)的通解为

$$y=(C_1+C_2x)e^{r_1x}$$

【例 10.11】　求方程 $y''-2y'+y=0$ 满足初始条件 $y'|_{x=0}=0$和 $y|_{x=0}=1$的特解.

【解】　特征方程为

$$r^2-2r+1=0$$

其根 $r_1=r_2=1$ 是两个相等的实根,因此所求微分方程的通解为

$$y=(C_1+C_2x)e^x\tag{5}$$

将上式对 x 求导,得

$$y'=C_1e^x+(C_2+C_2x)e^x\tag{6}$$

将初始条件 $y'|_{x=0}=0$代入式(6),$y|_{x=0}=1$代入式(5),得

$$\begin{cases}1 = C_1 e^0 \\ 0 = C_2 + C_1\end{cases}$$

即 $C_1=1, C_2=-1$. 因此原方程的特解为

$$y = (1-x)e^x$$

③特征方程有一对共轭复数根($p^2-4q<0$)，即 $r_{1,2}=\alpha\pm\beta i$（α,β 是常数，$\beta\neq 0$）. 这时方程的两个特解为 $y_1=e^{(\alpha+\beta i)x}$ 和 $y_2=e^{(\alpha-\beta i)x}$，但它们是复值函数形式. 为了得到实值函数形式的解，可利用欧拉公式($e^{i\theta}=\cos\theta+i\sin\theta$)把 y_1,y_2 改写为

$$y_1 = e^{\alpha x}(\cos\beta x + i\sin\beta x)$$

$$y_2 = e^{\alpha x}(\cos\beta x - i\sin\beta x)$$

由定理 10.1 知

$$\frac{y_1+y_2}{2} = e^{\alpha x}\cos\beta x$$

$$\frac{y_1-y_2}{2i} = e^{\alpha x}\sin\beta x$$

都是方程(2)的特解，且 $\frac{e^{\alpha x}\cos\beta x}{e^{\alpha x}\sin\beta x}=\cot\beta x$ 不是常数，所以这两个解线性无关.

微分方程(2)的通解为

$$y = e^{\alpha x}(C_1\cos\beta x + C_2\sin\beta x)$$

【例 10.12】 求方程 $y''-4y'+5y=0$ 的通解.

【解】 特征方程为

$$r^2-4r+5=0$$

其根 $r_{1,2}=2\pm i$ 为一对共轭复根，因此所求通解为

$$y = e^{2x}(C_1\cos x + C_2\sin x)$$

综上所述，二阶常系数齐次线性微分方程的通解形式见表 10.1.

表 10.1 二阶常系数齐次线性微分方程的通解

特征方程 $r^2+pr+q=0$ 的两根 r_1,r_2	微分方程 $y''+py'+q=0$ 的通解
$r_1\neq r_2$(r_1,r_2 是实数)	$y=C_1e^{r_1x}+C_2e^{r_2x}$
$r_1=r_2$(r_1,r_2 是实数)	$y=(C_1+C_2x)e^{r_1x}$
一对共轭复数 $r_{1,2}=\alpha\pm\beta i$	$y=e^{\alpha x}(C_1\cos\beta x+C_2\sin\beta x)$

数学文化

微分方程在各学科中的应用

微分方程是伴随着微积分学一起发展起来的，其应用十分广泛，可以解决许多与导数(或微分)有关的问题.

在航天航空技术发展中，微分方程的应用不仅在理论研究中占据重要地位，还在实际工程中发挥了关键作用. 例如：

(1)进行火箭推进过程中的力学分析. 在火箭推进过程中，微分方程的应用至关重要. 火箭发射时，推进剂在燃烧室内发生化学反应，产生大量高速气体，这些气体通过喷嘴高速喷出，从而产生推力. 根据牛顿第三定律，火箭受到的推力与其喷出的气体动量变化相等且方向相反. 通过建立微分方程来描述这一过程，可以精确计算火箭的推力和稳定性.

(2)对航天器轨道运动进行预测. 航天器在地球引力场中的运动轨迹和速度分布可以通过微分方程进行精确描述. 这些微分方程基于万有引力定律和航天器的动力学特性，如质量、速度、加速度等，在描述轨道运动时，需要考虑地球的非球形引力场、大气阻力、太阳辐射压力等因素. 通过求解这些微分方程，可以预测航天器的轨道变化，为航天任务规划和控制提供科学依据.

生物学是微分方程的另一个重要应用领域. 例如：

(1)微分方程在种群增长模型中有广泛应用. Logistic 模型用于描述在有限资源下的种群数量变化. 该模型考虑了种群增长的环境容量限制，反映了资源竞争效应. 此外，指数增长模型用于描述无资源限制时的种群数量指数增长.

(2)在流行病学中，SIR 模型(Susceptible-Infectious-Recovered Model)是一种常用的微分方程模型，用于分析疾病传播的过程. 该模型通过微分方程组划分易感者(S)、感染者(I)、康复者(R)三类人群，分析疾病传播速率.

医学领域中微分方程也有广泛的应用. 例如：

(1)在药物动力学中，通过建立微分方程模型来描述药物在体内的吸收、分布、代谢和排泄过程，可以帮助优化药物的使用方案，提高治疗效果.

(2)在心电图分析时，心脏的生理活动可以用复杂的微分方程模型来描述，如 Hodgkin-Huxley 模型. 它通过多个微分方程描述了神经细胞膜上离子通道的开闭和离子电流的变化，进而模拟心脏细胞的动作电位. 虽然该模型最初是用于神经细胞，但类似的原理也适用于心脏细胞. 通过对这些模型的研究，可以更好地理解心脏的正常电生理机制以及心律失常等疾病的发生机制，为心电图的解读和心脏疾病的诊断提供理论支持.

习题 10.4

1. 求下列齐次线性微分方程的通解.

(1) $y'' - 4y = 0$　　(2) $y'' - 4y' = 0$

(3) $\dfrac{d^2y}{dx^2} + 4\dfrac{dy}{dx} + 4y = 0$　　(4) $y'' + 2y' + 5y = 0$

2. 求下列齐次线性微分方程满足初始条件的特解.

(1) $y'' - 4y' + 3y = 0, y|_{x=0} = 6, y'|_{x=0} = 10$

(2) $y'' + 25y' = 0, y|_{x=0} = 2, y'|_{x=0} = 5$

综合练习题 4

1. 选择题.

(1)方程(　　)是可分离变量的微分方程.

A. $y'+y=x$　　B. $y''-4y=\sin x$

C. $y'+2x=0$　　D. $y''+e^x=0$

(2)方程(　　)是一阶线性微分方程.

A. $y'+y=2x$　　B. $y''+y'+2y=0$

C. $y''-2x+1=0$　　D. $(y')^2+3e^x=0$

(3)方程(　　)是一阶齐次线性微分方程

A. $y'-2y=3x-1$　　B. $y''-4y=3x-2$

C. $y'+3y=0$　　D. $y''-2y=\ln x$

2. 求下列微分方程的通解.

(1)$\dfrac{dy}{dx}=\dfrac{3}{x^3}$　　(2)$y'=e^{2x-3y}$

(3)$\dfrac{d\rho}{d\theta}+3\rho=2$　　(4)$y''-10y'+21y=0$

(5)$y'-\dfrac{2}{x+1}y=(x+1)^3$

3. 求下列微分方程满足初始条件的特解.

(1)$\dfrac{dy}{dx}=\dfrac{\sin x}{1+y}, y|_{x=0}=1$

(2)$xy'-y=xe^x, y|_{x=1}=3$

(3)$y''-2y'+2y=0, y|_{x=0}=0, y'|_{x=0}=2$

4. 设一曲线通过原点，且在任一点(x,y)的切线斜率为该点横坐标的 3 倍与纵坐标的和，求该曲线方程.

5. 在一个化学反应中，反应速度 v 与质量 M 成正比，且经过 100 s 后分解了原有物质质量 M_0 的一半. 求物质的质量 M 与时间 t 之间的函数关系.

附　录

附录 1　初等数学常用公式

1）代数公式

（1）绝对值

$|a|=\begin{cases}a, a\geqslant 0\\ -a, a<0\end{cases}$　　$|x|\leqslant a\Leftrightarrow -a\leqslant x\leqslant a$

$|x|\geqslant a\Leftrightarrow x\geqslant a$ 或 $x\leqslant -a$　　$|a|-|b|\leqslant|a\pm b|\leqslant|a|+|b|$

（2）指数公式

$a^m\cdot a^n=a^{m+n}$　　$a^m\div a^n=a^{m-n}$　　$(ab)^m=a^m\cdot b^m$

$a^0=1(a\neq 0)$　　$a^{-p}=\dfrac{1}{a^p}$　　$a^{\frac{n}{m}}=\sqrt[m]{a^n}$

（3）对数公式（设 $a>0$ 且 $a\neq 1$）

$a^x=b\Leftrightarrow x=\log_a b$　　$\log_a 1=0$　　$\log_a a=1$

$a^{\log_a N}=N$　　$\log_a b=\dfrac{\log_c b}{\log_c a}(c>0, c\neq 1)$

$\log_a MN=\log_a M+\log_a N$　　$\log_a \dfrac{M}{N}=\log_a M-\log_a N$　　$\log_a M^n=n\log_a M$

（4）乘法公式及因式分解公式

$(a+b)^n=C_n^0a^n+C_n^1ab^{n-1}+\cdots+C_n^ra^rb^{n-r}+\cdots+C_n^nb^n$

$(a\pm b)^2=a^2\pm 2ab+b^2$　　$(a\pm b)^3=a^3\pm 3a^2b+3ab^2\pm b^3$

$a^n-b^n=(a-b)(a^{n-1}+a^{n-2}b+a^{n-3}b^2+\cdots+ab^{n-2}+b^{n-1})$

$a^2-b^2=(a+b)(a-b)$

$a^3\pm b^3=(a\pm b)(a^2\mp ab+b^2)$

（5）数列公式

首项为 a_1，公差为 d 的等差数列　$a_n=a_1+(n-1)d, S_n=\dfrac{n(a_1+a_n)}{2}$

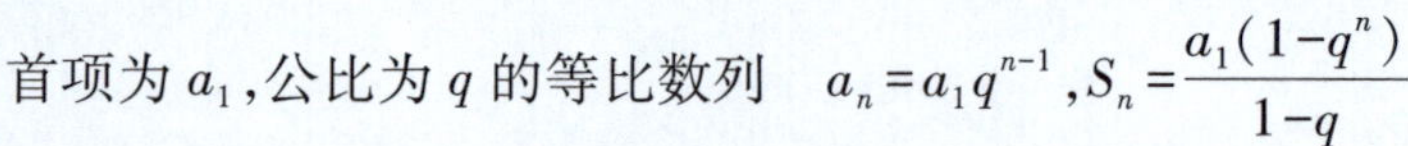

首项为 a_1，公比为 q 的等比数列　$a_n=a_1q^{n-1}$，$S_n=\dfrac{a_1(1-q^n)}{1-q}$

$1+2+\cdots+n=\dfrac{n(n+1)}{2}$　　　$1+3+5+\cdots+(2n-1)=n^2$

$1^2+2^2+3^2+\cdots+n^2=\dfrac{n(n+1)(2n+1)}{6}$　　　$1^3+2^3+3^3+\cdots+n^3=\left[\dfrac{n(n+1)}{2}\right]^2$

2）三角公式

（1）同角三角函数间的关系

$\sin^2x+\cos^2x=1$　　$1+\tan^2x=\sec^2x$　　$1+\cot^2x=\csc^2x$

$\sin x\csc x=1$　　$\cos x\sec x=1$　　$\tan x\cot x=1$

$\tan x=\dfrac{\sin x}{\cos x}$　　$\cot x=\dfrac{\cos x}{\sin x}$

（2）倍角公式

$\sin 2x=2\sin x\cos x$　　$\cos 2x=\cos^2x-\sin^2x=2\cos^2x-1=1-2\sin^2x$

$\tan 2x=\dfrac{2\tan x}{1-\tan^2x}$　　$\sin^2x=\dfrac{1-\cos 2x}{2}$　　$\cos^2x=\dfrac{1+\cos 2x}{2}$

积化和差与和差化积：

$\sin\alpha\cos\beta=\dfrac{1}{2}[\sin(\alpha+\beta)+\sin(\alpha-\beta)]$　　$\cos\alpha\sin\beta=\dfrac{1}{2}[\sin(\alpha+\beta)-\sin(\alpha-\beta)]$

$\cos\alpha\cos\beta=\dfrac{1}{2}[\cos(\alpha+\beta)+\cos(\alpha-\beta)]$　　$\sin\alpha\sin\beta=-\dfrac{1}{2}[\cos(\alpha+\beta)-\cos(\alpha-\beta)]$

$\sin\alpha+\sin\beta=2\sin\dfrac{\alpha+\beta}{2}\cos\dfrac{\alpha-\beta}{2}$　　$\sin\alpha-\sin\beta=2\cos\dfrac{\alpha+\beta}{2}\sin\dfrac{\alpha-\beta}{2}$

$\cos\alpha+\cos\beta=2\cos\dfrac{\alpha+\beta}{2}\cos\dfrac{\alpha-\beta}{2}$　　$\cos\alpha-\cos\beta=-2\sin\dfrac{\alpha+\beta}{2}\sin\dfrac{\alpha-\beta}{2}$

正余弦定理及面积公式：

$\dfrac{a}{\sin A}=\dfrac{b}{\sin B}=\dfrac{c}{\sin C}=2R$

$a^2=b^2+c^2-2bc\cos A$　　$b^2=a^2+c^2-2ac\cos B$　　$c^2=a^2+b^2-2ab\cos C$

$S=\dfrac{1}{2}ab\sin C=\dfrac{1}{2}bc\sin A=\dfrac{1}{2}ac\sin B$

$S=\sqrt{p(p-a)(p-b)(p-c)}$，其中 $p=\dfrac{1}{2}(a+b+c)$

3）解析几何公式

两点 $P_1(x_1,y_1)$ 与 $P_2(x_2,y_2)$ 的距离公式　$d=\sqrt{(x_2-x_1)^2+(y_2-y_1)^2}$

经过两点 $P_1(x_1,y_1)$ 与 $P_2(x_2,y_2)$ 的直线的斜率公式　$k=\dfrac{y_2-y_1}{x_2-x_1}$

经过点 $P(x_0,y_0)$，斜率为 k 直线方程　$y-y_0=k(x-x_0)$

斜率为 k，纵截距为 b 的直线方程　$y=kx+b$

点 $P(x_0,y_0)$ 到直线 $Ax+By+C=0$ 的距离　$d=\dfrac{|Ax_0+By_0+C|}{\sqrt{A^2+B^2}}$

附录 2　积分表

1）含有 $ax+b$ 的积分（$a\neq0$）

(1) $\displaystyle\int\frac{\mathrm{d}x}{ax+b}=\frac{1}{a}\ln|ax+b|+C$

(2) $\displaystyle\int(ax+b)^{\mu}\mathrm{d}x=\frac{1}{a(\mu+1)}(ax+b)^{\mu+1}+C\quad(\mu\neq-1)$

(3) $\displaystyle\int\frac{x}{ax+b}\mathrm{d}x=\frac{1}{a^2}(ax+b-b\ln|ax+b|)+C$

(4) $\displaystyle\int\frac{x^2}{ax+b}\mathrm{d}x=\frac{1}{a^3}\left[\frac{1}{2}(ax+b)^2-2b(ax+b)+b^2\ln|ax+b|\right]+C$

(5) $\displaystyle\int\frac{\mathrm{d}x}{x(ax+b)}=-\frac{1}{b}\ln\left|\frac{ax+b}{x}\right|+C$

(6) $\displaystyle\int\frac{\mathrm{d}x}{x^2(ax+b)}=-\frac{1}{bx}+\frac{a}{b^2}\ln\left|\frac{ax+b}{x}\right|+C$

(7) $\displaystyle\int\frac{x}{(ax+b)^2}\mathrm{d}x=\frac{1}{a^2}\left(\ln|ax+b|+\frac{b}{ax+b}\right)+C$

(8) $\displaystyle\int\frac{x^2}{(ax+b)^2}\mathrm{d}x=\frac{1}{a^3}\left(ax+b-2b\ln|ax+b|-\frac{b^2}{ax+b}\right)+C$

(9) $\displaystyle\int\frac{\mathrm{d}x}{x(ax+b)^2}=\frac{1}{b(ax+b)}-\frac{1}{b^2}\ln\left|\frac{ax+b}{x}\right|+C$

2）含有 $\sqrt{ax+b}$ 的积分

(10) $\displaystyle\int\sqrt{ax+b}\,\mathrm{d}x=\frac{2}{3a}\sqrt{(ax+b)^3}+C$

(11) $\displaystyle\int x\sqrt{ax+b}\,\mathrm{d}x=\frac{2}{15a^2}(3ax-2b)\sqrt{(ax+b)^3}+C$

(12) $\displaystyle\int x^2\sqrt{ax+b}\,\mathrm{d}x=\frac{2}{105a^3}(15a^2x^2-12abx+8b^2)\sqrt{(ax+b)^3}+C$

(13) $\displaystyle\int\frac{x}{\sqrt{ax+b}}\mathrm{d}x=\frac{2}{3a^2}(ax-2b)\sqrt{ax+b}+C$

(14) $\displaystyle\int\frac{x^2}{\sqrt{ax+b}}\mathrm{d}x=\frac{2}{15a^3}(3a^2x^2-4abx+8b^2)\sqrt{ax+b}+C$

(15) $\int \frac{dx}{x\sqrt{ax+b}} = \begin{cases} \frac{1}{\sqrt{b}}\ln\left|\frac{\sqrt{ax+b}-\sqrt{b}}{\sqrt{ax+b}+\sqrt{b}}\right| + C & (b>0) \\ \frac{2}{\sqrt{-b}}\arctan\sqrt{\frac{ax+b}{-b}} + C & (b<0) \end{cases}$

(16) $\int \frac{dx}{x^2\sqrt{ax+b}} = -\frac{\sqrt{ax+b}}{bx} - \frac{a}{2b}\int \frac{dx}{x\sqrt{ax+b}}$

(17) $\int \frac{\sqrt{ax+b}}{x}dx = 2\sqrt{ax+b} + b\int \frac{dx}{x\sqrt{ax+b}}$

(18) $\int \frac{\sqrt{ax+b}}{x^2}dx = -\frac{\sqrt{ax+b}}{x} + \frac{a}{2}\int \frac{dx}{x\sqrt{ax+b}}$

3)含有 $x^2 \pm a^2$ 的积分

(19) $\int \frac{dx}{x^2+a^2} = \frac{1}{a}\arctan\frac{x}{a} + C$

(20) $\int \frac{dx}{(x^2+a^2)^n} = \frac{x}{2(n-1)a^2(x^2+a^2)^{n-1}} + \frac{2n-3}{2(n-1)a^2}\int \frac{dx}{(x^2+a^2)^{n-1}}$

(21) $\int \frac{dx}{x^2-a^2} = \frac{1}{2a}\ln\left|\frac{x-a}{x+a}\right| + C$

4)含有 $ax^2+b(a>0)$ 的积分

(22) $\int \frac{dx}{ax^2+b} = \begin{cases} \frac{1}{\sqrt{ab}}\arctan\sqrt{\frac{a}{b}}x + C & (b>0) \\ \frac{1}{2\sqrt{-ab}}\ln\left|\frac{\sqrt{a}x-\sqrt{-b}}{\sqrt{a}x+\sqrt{-b}}\right| + C & (b<0) \end{cases}$

(23) $\int \frac{x}{ax^2+b}dx = \frac{1}{2a}\ln|ax^2+b| + C$

(24) $\int \frac{x^2}{ax^2+b}dx = \frac{x}{a} - \frac{b}{a}\int \frac{dx}{ax^2+b}$

(25) $\int \frac{dx}{x(ax^2+b)} = \frac{1}{2b}\ln\frac{x^2}{|ax^2+b|} + C$

(26) $\int \frac{dx}{x^2(ax^2+b)} = -\frac{1}{bx} - \frac{a}{b}\int \frac{dx}{ax^2+b}$

(27) $\int \frac{dx}{x^3(ax^2+b)} = \frac{a}{2b^2}\ln\frac{|ax^2+b|}{x^2} - \frac{1}{2bx^2} + C$

(28) $\int \frac{dx}{(ax^2+b)^2} = \frac{x}{2b(ax^2+b)} + \frac{1}{2b}\int \frac{dx}{ax^2+b}$

5）含有 $ax^2+bx+c\ (a>0)$ 的积分

(29) $\int \frac{dx}{ax^2+bx+c} = \begin{cases} \frac{2}{\sqrt{4ac-b^2}}\arctan\frac{2ax+b}{\sqrt{4ac-b^2}} + C & (b^2 < 4ac) \\ \frac{1}{\sqrt{b^2-4ac}}\ln\left|\frac{2ax+b-\sqrt{b^2-4ac}}{2ax+b+\sqrt{b^2-4ac}}\right| + C & (b^2 > 4ac) \end{cases}$

(30) $\int \frac{x}{ax^2+bx+c}dx = \frac{1}{2a}\ln|ax^2+bx+c| - \frac{b}{2a}\int\frac{dx}{ax^2+bx+c}$

6）含有 $\sqrt{x^2+a^2}\ (a>0)$ 的积分

(31) $\int \frac{dx}{\sqrt{x^2+a^2}} = \ln(x+\sqrt{x^2+a^2}) + C$

(32) $\int \frac{dx}{\sqrt{(x^2+a^2)^3}} = \frac{x}{a^2\sqrt{x^2+a^2}} + C$

(33) $\int \frac{x}{\sqrt{x^2+a^2}}dx = \sqrt{x^2+a^2} + C$

(34) $\int \frac{x}{\sqrt{(x^2+a^2)^3}}dx = -\frac{1}{\sqrt{x^2+a^2}} + C$

(35) $\int \frac{x^2}{\sqrt{x^2+a^2}}dx = \frac{x}{2}\sqrt{x^2+a^2} - \frac{a^2}{2}\ln(x+\sqrt{x^2+a^2}) + C$

(36) $\int \frac{x^2}{\sqrt{(x^2+a^2)^3}}dx = -\frac{x}{\sqrt{x^2+a^2}} + \ln(x+\sqrt{x^2+a^2}) + C$

(37) $\int \frac{dx}{x\sqrt{x^2+a^2}} = \frac{1}{a}\ln\frac{\sqrt{x^2+a^2}-a}{|x|} + C$

(38) $\int \frac{dx}{x^2\sqrt{x^2+a^2}} = -\frac{\sqrt{x^2+a^2}}{a^2x} + C$

(39) $\int \sqrt{x^2+a^2}\,dx = \frac{x}{2}\sqrt{x^2+a^2} + \frac{a^2}{2}\ln(x+\sqrt{x^2+a^2}) + C$

(40) $\int \sqrt{(x^2+a^2)^3}\,dx = \frac{x}{8}(2x^2+5a^2)\sqrt{x^2+a^2} + \frac{3}{8}a^4\ln(x+\sqrt{x^2+a^2}) + C$

(41) $\int x\sqrt{x^2+a^2}\,dx = \frac{1}{3}\sqrt{(x^2+a^2)^3} + C$

(42) $\int x^2\sqrt{x^2+a^2}\,dx = \frac{x}{8}(2x^2+a^2)\sqrt{x^2+a^2} - \frac{a^4}{8}\ln(x+\sqrt{x^2+a^2}) + C$

(43) $\int \frac{\sqrt{x^2+a^2}}{x}dx = \sqrt{x^2+a^2} + a\ln\frac{\sqrt{x^2+a^2}-a}{|x|} + C$

(44) $\int \frac{\sqrt{x^2+a^2}}{x^2}dx = -\frac{\sqrt{x^2+a^2}}{x} + \ln(x+\sqrt{x^2+a^2}) + C$

7）含有$\sqrt{x^2-a^2}$（$a>0$）的积分

(45) $\int \frac{dx}{\sqrt{x^2-a^2}} = \frac{x}{|x|}\text{arch}\frac{|x|}{a} + C_1 = \ln\left|x+\sqrt{x^2-a^2}\right| + C$

(46) $\int \frac{dx}{\sqrt{(x^2-a^2)^3}} = -\frac{x}{a^2\sqrt{x^2-a^2}} + C$

(47) $\int \frac{x}{\sqrt{x^2-a^2}}dx = \sqrt{x^2-a^2} + C$

(48) $\int \frac{x}{\sqrt{(x^2-a^2)^3}}dx = -\frac{1}{\sqrt{x^2-a^2}} + C$

(49) $\int \frac{x^2}{\sqrt{x^2-a^2}}dx = \frac{x}{2}\sqrt{x^2-a^2} + \frac{a^2}{2}\ln\left|x+\sqrt{x^2-a^2}\right| + C$

(50) $\int \frac{x^2}{\sqrt{(x^2-a^2)^3}}dx = -\frac{x}{\sqrt{x^2-a^2}} + \ln\left|x+\sqrt{x^2-a^2}\right| + C$

(51) $\int \frac{dx}{x\sqrt{x^2-a^2}} = \frac{1}{a}\arccos\frac{a}{|x|} + C$

(52) $\int \frac{dx}{x^2\sqrt{x^2-a^2}} = \frac{\sqrt{x^2-a^2}}{a^2x} + C$

(53) $\int \sqrt{x^2-a^2}\,dx = \frac{x}{2}\sqrt{x^2-a^2} - \frac{a^2}{2}\ln\left|x+\sqrt{x^2-a^2}\right| + C$

(54) $\int \sqrt{(x^2-a^2)^3}\,dx = \frac{x}{8}(2x^2-5a^2)\sqrt{x^2-a^2} + \frac{3}{8}a^4\ln\left|x+\sqrt{x^2-a^2}\right| + C$

(55) $\int x\sqrt{x^2-a^2}\,dx = \frac{1}{3}\sqrt{(x^2-a^2)^3} + C$

(56) $\int x^2\sqrt{x^2-a^2}\,dx = \frac{x}{8}(2x^2-a^2)\sqrt{x^2-a^2} - \frac{a^4}{8}\ln\left|x+\sqrt{x^2-a^2}\right| + C$

(57) $\int \frac{\sqrt{x^2-a^2}}{x}dx = \sqrt{x^2-a^2} - a\arccos\frac{a}{|x|} + C$

(58) $\int \frac{\sqrt{x^2-a^2}}{x^2}dx = -\frac{\sqrt{x^2-a^2}}{x} + \ln\left|x+\sqrt{x^2-a^2}\right| + C$

8）含有$\sqrt{a^2-x^2}$（$a>0$）的积分

(59) $\int \frac{dx}{\sqrt{a^2-x^2}} = \arcsin\frac{x}{a} + C$

(60) $\int \frac{dx}{\sqrt{(a^2-x^2)^3}} = \frac{x}{a^2\sqrt{a^2-x^2}} + C$

(61) $\int \frac{x}{\sqrt{a^2-x^2}}dx = -\sqrt{a^2-x^2} + C$

(62) $\int \frac{x}{\sqrt{(a^2-x^2)^3}}\mathrm{d}x = \frac{1}{\sqrt{a^2-x^2}} + C$

(63) $\int \frac{x^2}{\sqrt{a^2-x^2}}\mathrm{d}x = -\frac{x}{2}\sqrt{a^2-x^2} + \frac{a^2}{2}\arcsin\frac{x}{a} + C$

(64) $\int \frac{x^2}{\sqrt{(a^2-x^2)^3}}\mathrm{d}x = \frac{x}{\sqrt{a^2-x^2}} - \arcsin\frac{x}{a} + C$

(65) $\int \frac{\mathrm{d}x}{x\sqrt{a^2-x^2}} = \frac{1}{a}\ln\frac{a-\sqrt{a^2-x^2}}{|x|} + C$

(66) $\int \frac{\mathrm{d}x}{x^2\sqrt{a^2-x^2}} = -\frac{\sqrt{a^2-x^2}}{a^2x} + C$

(67) $\int \sqrt{a^2-x^2}\,\mathrm{d}x = \frac{x}{2}\sqrt{a^2-x^2} + \frac{a^2}{2}\arcsin\frac{x}{a} + C$

(68) $\int \sqrt{(a^2-x^2)^3}\,\mathrm{d}x = \frac{x}{8}(5a^2-2x^2)\sqrt{a^2-x^2} + \frac{3}{8}a^4\arcsin\frac{x}{a} + C$

(69) $\int x\sqrt{a^2-x^2}\,\mathrm{d}x = -\frac{1}{3}\sqrt{(a^2-x^2)^3} + C$

(70) $\int x^2\sqrt{a^2-x^2}\,\mathrm{d}x = \frac{x}{8}(2x^2-a^2)\sqrt{a^2-x^2} + \frac{a^4}{8}\arcsin\frac{x}{a} + C$

(71) $\int \frac{\sqrt{a^2-x^2}}{x}\mathrm{d}x = \sqrt{a^2-x^2} + a\ln\frac{a-\sqrt{a^2-x^2}}{|x|} + C$

(72) $\int \frac{\sqrt{a^2-x^2}}{x^2}\mathrm{d}x = -\frac{\sqrt{a^2-x^2}}{x} - \arcsin\frac{x}{a} + C$

9）含有$\sqrt{\pm ax^2+bx+c}$（$a>0$）的积分

(73) $\int \frac{\mathrm{d}x}{\sqrt{ax^2+bx+c}} = \frac{1}{\sqrt{a}}\ln\left|2ax+b+2\sqrt{a}\sqrt{ax^2+bx+c}\right| + C$

(74) $\int \sqrt{ax^2+bx+c}\,\mathrm{d}x = \frac{2ax+b}{4a}\sqrt{ax^2+bx+c} + \frac{4ac-b^2}{8\sqrt{a^3}}\ln\left|2ax+b+2\sqrt{a}\sqrt{ax^2+bx+c}\right| + C$

(75) $\int \frac{x}{\sqrt{ax^2+bx+c}}\mathrm{d}x = \frac{1}{a}\sqrt{ax^2+bx+c} - \frac{b}{2\sqrt{a^3}}\ln\left|2ax+b+2\sqrt{a}\sqrt{ax^2+bx+c}\right| + C$

(76) $\int \frac{\mathrm{d}x}{\sqrt{c+bx-ax^2}} = -\frac{1}{\sqrt{a}}\arcsin\frac{2ax-b}{\sqrt{b^2+4ac}} + C$

(77) $\int \sqrt{c+bx-ax^2}\,\mathrm{d}x = \frac{2ax-b}{4a}\sqrt{c+bx-ax^2} + \frac{b^2+4ac}{8\sqrt{a^3}}\arcsin\frac{2ax-b}{\sqrt{b^2+4ac}} + C$

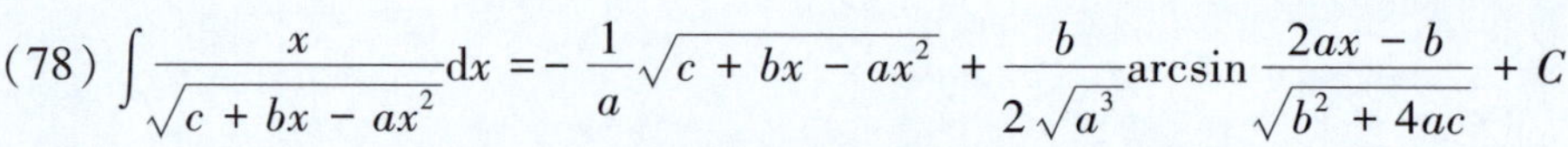

(78) $\int \frac{x}{\sqrt{c+bx-ax^2}}\mathrm{d}x = -\frac{1}{a}\sqrt{c+bx-ax^2}+\frac{b}{2\sqrt{a^3}}\arcsin\frac{2ax-b}{\sqrt{b^2+4ac}}+C$

10）含有$\sqrt{\pm\frac{x-a}{x-b}}$或$\sqrt{(x-a)(b-x)}$的积分

(79) $\int\sqrt{\frac{x-a}{x-b}}\mathrm{d}x=(x-b)\sqrt{\frac{x-a}{x-b}}+(b-a)\ln(\sqrt{|x-a|}+\sqrt{|x-b|})+C$

(80) $\int\sqrt{\frac{x-a}{b-x}}\mathrm{d}x=(x-b)\sqrt{\frac{x-a}{b-x}}+(b-a)\arcsin\sqrt{\frac{x-a}{b-x}}+C$

(81) $\int\frac{\mathrm{d}x}{\sqrt{(x-a)(b-x)}}=2\arcsin\sqrt{\frac{x-a}{b-x}}+C\quad(a<b)$

(82) $\int\sqrt{(x-a)(b-x)}\,\mathrm{d}x=$

$$\frac{2x-a-b}{4}\sqrt{(x-a)(b-x)}+\frac{(b-a)^2}{4}\arcsin\sqrt{\frac{x-a}{b-x}}+C\quad(a<b)$$

11）含有三角函数的积分

(83) $\int\sin x\,\mathrm{d}x=-\cos x+C$

(84) $\int\cos x\,\mathrm{d}x=\sin x+C$

(85) $\int\tan x\,\mathrm{d}x=-\ln|\cos x|+C$

(86) $\int\cot x\,\mathrm{d}x=\ln|\sin x|+C$

(87) $\int\sec x\,\mathrm{d}x=\ln\left|\tan\left(\frac{\pi}{4}+\frac{x}{2}\right)\right|+C=\ln|\sec x+\tan x|+C$

(88) $\int\csc x\,\mathrm{d}x=\ln\left|\tan\frac{x}{2}\right|+C=\ln|\csc x-\cot x|+C$

(89) $\int\sec^2x\,\mathrm{d}x=\tan x+C$

(90) $\int\csc^2x\,\mathrm{d}x=-\cot x+C$

(91) $\int\sec x\tan x\,\mathrm{d}x=\sec x+C$

(92) $\int\csc x\cot x\,\mathrm{d}x=-\csc x+C$

(93) $\int\sin^2x\,\mathrm{d}x=\frac{x}{2}-\frac{1}{4}\sin 2x+C$

(94) $\int\cos^2x\,\mathrm{d}x=\frac{x}{2}+\frac{1}{4}\sin 2x+C$

(95) $\int\sin^nx\,\mathrm{d}x=-\frac{1}{n}\sin^{n-1}x\cos x+\frac{n-1}{n}\int\sin^{n-2}x\,\mathrm{d}x$

(96) $\int \cos^n x \, dx = \frac{1}{n}\cos^{n-1}x \sin x + \frac{n-1}{n}\int \cos^{n-2}x dx$

(97) $\int \frac{dx}{\sin^n x} = -\frac{1}{n-1} \cdot \frac{\cos x}{\sin^{n-1}x} + \frac{n-2}{n-1}\int \frac{dx}{\sin^{n-2}x}$

(98) $\int \frac{dx}{\cos^n x} = \frac{1}{n-1} \cdot \frac{\sin x}{\cos^{n-1}x} + \frac{n-2}{n-1}\int \frac{dx}{\cos^{n-2}x}$

(99) $\int \cos^m x \, \sin^n x \, dx = \frac{1}{m+n}\cos^{m-1}x \, \sin^{n+1}x + \frac{m-1}{m+n}\int \cos^{m-2}x \, \sin^n x \, dx$

$$= -\frac{1}{m+n}\cos^{m+1}x \, \sin^{n-1}x + \frac{n-1}{m+n}\int \cos^m x \, \sin^{n-2}x \, dx$$

(100) $\int \sin ax \cos bx \, dx = -\frac{1}{2(a+b)}\cos(a+b)x - \frac{1}{2(a-b)}\cos(a-b)x + C$

(101) $\int \sin ax \sin bx \, dx = -\frac{1}{2(a+b)}\sin(a+b)x + \frac{1}{2(a-b)}\sin(a-b)x + C$

(102) $\int \cos ax \cos bx \, dx = \frac{1}{2(a+b)}\sin(a+b)x + \frac{1}{2(a-b)}\sin(a-b)x + C$

(103) $\int \frac{dx}{a + b\sin x} = \frac{2}{\sqrt{a^2 - b^2}}\arctan \frac{a \tan \frac{x}{2} + b}{\sqrt{a^2 - b^2}} + C \quad (a^2 > b^2)$

(104) $\int \frac{dx}{a + b\sin x} = \frac{1}{\sqrt{b^2 - a^2}}\ln \left| \frac{a \tan \frac{x}{2} + b - \sqrt{b^2 - a^2}}{a \tan \frac{x}{2} + b + \sqrt{b^2 - a^2}} \right| + C \quad (a^2 < b^2)$

(105) $\int \frac{dx}{a + b\cos x} = \frac{2}{a+b}\sqrt{\frac{a+b}{a-b}}\arctan\left(\sqrt{\frac{a-b}{a+b}}\tan \frac{x}{2}\right) + C \quad (a^2 > b^2)$

(106) $\int \frac{dx}{a + b\cos x} = \frac{1}{a+b}\sqrt{\frac{a+b}{b-a}}\ln \left| \frac{\tan \frac{x}{2} + \sqrt{\frac{a+b}{b-a}}}{\tan \frac{x}{2} - \sqrt{\frac{a+b}{b-a}}} \right| + C \quad (a^2 < b^2)$

(107) $\int \frac{dx}{a^2\cos^2 x + b^2\sin^2 x} = \frac{1}{ab}\arctan\left(\frac{b}{a}\tan x\right) + C$

(108) $\int \frac{dx}{a^2\cos^2 x - b^2\sin^2 x} = \frac{1}{2ab}\ln \left| \frac{b \tan x + a}{b \tan x - a} \right| + C$

(109) $\int x \sin ax \, dx = \frac{1}{a^2}\sin ax - \frac{1}{a}x \cos ax + C$

(110) $\int x^2 \sin ax \, dx = -\frac{1}{a}x^2 \cos ax + \frac{2}{a^2}x \sin ax + \frac{2}{a^3}\cos ax + C$

(111) $\int x \cos ax \, dx = \frac{1}{a^2}\cos ax + \frac{1}{a}x \sin ax + C$

(112) $\int x^2\cos ax\,\mathrm{d}x=\frac{1}{a}x^2\sin ax+\frac{2}{a^2}x\cos ax-\frac{2}{a^3}\sin ax+C$

12)含有反三角函数的积分(其中 $a>0$)

(113) $\int\arcsin\frac{x}{a}\mathrm{d}x=x\arcsin\frac{x}{a}+\sqrt{a^2-x^2}+C$

(114) $\int x\arcsin\frac{x}{a}\mathrm{d}x=\left(\frac{x^2}{2}-\frac{a^2}{4}\right)\arcsin\frac{x}{a}+\frac{x}{4}\sqrt{a^2-x^2}+C$

(115) $\int x^2\arcsin\frac{x}{a}\mathrm{d}x=\frac{x^3}{3}\arcsin\frac{x}{a}+\frac{1}{9}(x^2+2a^2)\sqrt{a^2-x^2}+C$

(116) $\int\arccos\frac{x}{a}\mathrm{d}x=x\arccos\frac{x}{a}-\sqrt{a^2-x^2}+C$

(117) $\int x\arccos\frac{x}{a}\mathrm{d}x=\left(\frac{x^2}{2}-\frac{a^2}{4}\right)\arccos\frac{x}{a}-\frac{x}{4}\sqrt{a^2-x^2}+C$

(118) $\int x^2\arccos\frac{x}{a}\mathrm{d}x=\frac{x^3}{3}\arccos\frac{x}{a}-\frac{1}{9}(x^2+2a^2)\sqrt{a^2-x^2}+C$

(119) $\int\arctan\frac{x}{a}\mathrm{d}x=x\arctan\frac{x}{a}-\frac{a}{2}\ln(a^2+x^2)+C$

(120) $\int x\arctan\frac{x}{a}\mathrm{d}x=\frac{1}{2}(a^2+x^2)\arctan\frac{x}{a}-\frac{a}{2}x+C$

(121) $\int x^2\arctan\frac{x}{a}\mathrm{d}x=\frac{x^3}{3}\arctan\frac{x}{a}-\frac{a}{6}x^2+\frac{a^3}{6}\ln(a^2+x^2)+C$

13)含有指数函数的积分

(122) $\int a^x\mathrm{d}x=\frac{1}{\ln a}a^x+C$

(123) $\int\mathrm{e}^{ax}\mathrm{d}x=\frac{1}{a}\mathrm{e}^{ax}+C$

(124) $\int x\mathrm{e}^{ax}\mathrm{d}x=\frac{1}{a^2}(ax-1)\mathrm{e}^{ax}+C$

(125) $\int x^n\mathrm{e}^{ax}\mathrm{d}x=\frac{1}{a}x^n\mathrm{e}^{ax}-\frac{n}{a}\int x^{n-1}\mathrm{e}^{ax}\mathrm{d}x$

(126) $\int xa^x\mathrm{d}x=\frac{x}{\ln a}a^x-\frac{1}{(\ln a)^2}a^x+C$

(127) $\int x^na^x\mathrm{d}x=\frac{1}{\ln a}x^na^x-\frac{n}{\ln a}\int x^{n-1}a^x\mathrm{d}x$

(128) $\int\mathrm{e}^{ax}\sin bx\,\mathrm{d}x=\frac{1}{a^2+b^2}\mathrm{e}^{ax}(a\sin bx-b\cos bx)+C$

(129) $\int\mathrm{e}^{ax}\cos bx\,\mathrm{d}x=\frac{1}{a^2+b^2}\mathrm{e}^{ax}(b\sin bx+a\cos bx)+C$

(130) $\int\mathrm{e}^{ax}\sin^n bx\,\mathrm{d}x=\frac{1}{a^2+b^2n^2}\mathrm{e}^{ax}\sin^{n-1}bx(a\sin bx-nb\cos bx)+$

$$\frac{n(n-1)b^2}{a^2+b^2n^2}\int e^{ax}\sin^{n-2}bx\,dx$$

(131) $\int e^{ax}\cos^n bx\,dx=\frac{1}{a^2+b^2n^2}e^{ax}\cos^{n-1}bx(a\cos bx+nb\sin bx)+$

$$\frac{n(n-1)b^2}{a^2+b^2n^2}\int e^{ax}\cos^{n-2}bx\,dx$$

14）含有对数函数的积分

(132) $\int \ln x\,dx = x\ln x - x + C$

(133) $\int \frac{dx}{x\ln x} = \ln|\ln x| + C$

(134) $\int x^n\ln x\,dx = \frac{1}{n+1}x^{n+1}\left(\ln x - \frac{1}{n+1}\right) + C$

(135) $\int (\ln x)^n dx = x(\ln x)^n - n\int (\ln x)^{n-1}dx$

(136) $\int x^m(\ln x)^n dx = \frac{1}{m+1}x^{m+1}(\ln x)^n - \frac{n}{m+1}\int x^m(\ln x)^{n-1}dx$

15）含有双曲函数的积分

(137) $\int \mathrm{sh}\,x\,dx = \mathrm{ch}\,x + C$

(138) $\int \mathrm{ch}\,x\,dx = \mathrm{sh}\,x + C$

(139) $\int \mathrm{th}\,x\,dx = \ln\mathrm{ch}\,x + C$

(140) $\int \mathrm{sh}^2x\,dx = -\frac{x}{2} + \frac{1}{4}\mathrm{sh}\,2x + C$

(141) $\int \mathrm{ch}^2x\,dx = \frac{x}{2} + \frac{1}{4}\mathrm{sh}\,2x + C$

16）定积分

(142) $\int_{-\pi}^{\pi}\cos nx\,dx = \int_{-\pi}^{\pi}\sin nx\,dx = 0$

(143) $\int_{-\pi}^{\pi}\cos mx\sin nx\,dx = 0$

(144) $\int_{-\pi}^{\pi}\cos mx\cos nx\,dx = \begin{cases}0 & m\neq n\\ \pi & m=n\end{cases}$

(145) $\int_{-\pi}^{\pi}\sin mx\sin nx\,dx = \begin{cases}0 & m\neq n\\ \pi & m=n\end{cases}$

(146) $\int_{0}^{\pi}\sin mx\sin nx\,dx = \int_{0}^{\pi}\cos mx\cos nx\,dx = \begin{cases}0 & m\neq n\\ \frac{\pi}{2} & m=n\end{cases}$

(147) $I_n=\int_0^{\frac{\pi}{2}}\sin^n x\,\mathrm{d}x=\int_0^{\frac{\pi}{2}}\cos^n x\,\mathrm{d}x$

$$I_n=\frac{n-1}{n}I_{n-2}$$

$$I_n=\frac{n-1}{n}\cdot\frac{n-3}{n-2}\cdot\cdots\cdot\frac{4}{5}\cdot\frac{2}{3}\quad(n\text{ 为大于 1 的正奇数}),I_1=1$$

$$I_n=\frac{n-1}{n}\cdot\frac{n-3}{n-2}\cdot\cdots\cdot\frac{3}{4}\cdot\frac{1}{2}\cdot\frac{\pi}{2}\quad(n\text{ 为正偶数}),I_0=\frac{\pi}{2}$$

参考答案

参考文献

[1] 余英,李坤琼.应用高等数学(工科类·上册)[M].3版.重庆:重庆大学出版社,2015.

[2] 同济大学数学教研室.高等数学[M].北京:高等教育出版社,2003.

[3] 余英,李开慧.应用高等数学基础[M].重庆:重庆大学出版社,2005.

[4] 李先明.高等数学(理工类)[M].重庆:重庆出版社,2007.

[5] 胡先富,彭光辉.应用高等数学(文经管类)[M].重庆:重庆大学出版社,2012.

[6] 代子玉,王平.大学数学[M].北京:北京交通大学出版社,2010.